“十三五”高等院校数字艺术精品课程规划教材

After Effects CC 核心应用案例教程

全彩慕课版

王玉军 邹志龙 主编 / 蔡少婷 郭福 钟毅 副主编

人 民 邮 电 出 版 社

北 京

图书在版编目（CIP）数据

After Effects CC核心应用案例教程 ： 全彩慕课版 / 王玉军，邹志龙主编. -- 北京 ： 人民邮电出版社，2021.6（2024.1重印）
“十三五”高等院校数字艺术精品课程规划教材
ISBN 978-7-115-55670-7

Ⅰ. ①A… Ⅱ. ①王… ②邹… Ⅲ. ①图像处理软件－高等学校－教材 Ⅳ. ①TP391.413

中国版本图书馆CIP数据核字(2020)第257932号

内容提要

本书全面、系统地介绍了 After Effects CC 2019 的基本操作方法和视频制作技巧，包括初识 After Effects、After Effects 入门知识、时间轴、文字、声音、蒙版、抠像、效果、跟踪与表达式、三维动画、商业案例等内容。

本书内容的讲解以案例为主线。通过案例制作，学生可以快速熟悉软件功能和视频设计的思路。书中的软件功能解析部分使学生能够深入学习软件功能；课堂案例和课后习题可以拓展学生的实际应用能力，提高学生的软件使用技巧。本书最后一章，精心安排了专业设计公司的综合设计案例，力求通过这些案例的制作，提高学生的视频设计创意能力。

本书既可作为高等院校数字媒体艺术类专业课程的教材，也可作为相关人员的自学参考用书。

◆ 主　　编　王玉军　邹志龙
　副 主 编　蔡少婷　郭　福　钟　毅
　责任编辑　刘　佳
　责任印制　王　郁　彭志环

◆ 人民邮电出版社出版发行　　北京市丰台区成寿寺路 11 号
　邮编　100164　　电子邮件　315@ptpress.com.cn
　网址　https://www.ptpress.com.cn
　北京瑞禾彩色印刷有限公司印刷

◆ 开本：787×1092　1/16
　印张：13　　　　2021 年 6 月第 1 版
　字数：469 千字　　　　2024 年 1 月北京第 6 次印刷

定价：69.80 元

读者服务热线：(010)81055256　印装质量热线：(010)81055316
反盗版热线：(010)81055315
广告经营许可证：京东市监广登字 20170147 号

FOREWORD 前言

本书全面贯彻党的二十大精神，以社会主义核心价值观为引领，传承中华优秀传统文化，坚定文化自信，使内容更好体现时代性、把握规律性、富于创造性。

After Effects CC 2019 简介

After Effects，简称“AE”，是由 Adobe 公司开发的一款动态图形和视觉特效制作软件。After Effects CC 2019 拥有强大的视频编辑和动画制作工具，可以创建影片字幕、片头片尾和过渡，可以完成视频特效设计制作和动画设计制作等工作，深受影视后期和动画设计人员以及影视制作爱好者的喜爱，适用于电视台、影视后期公司、动画制作公司、新媒体工作室等视频编辑和设计机构。

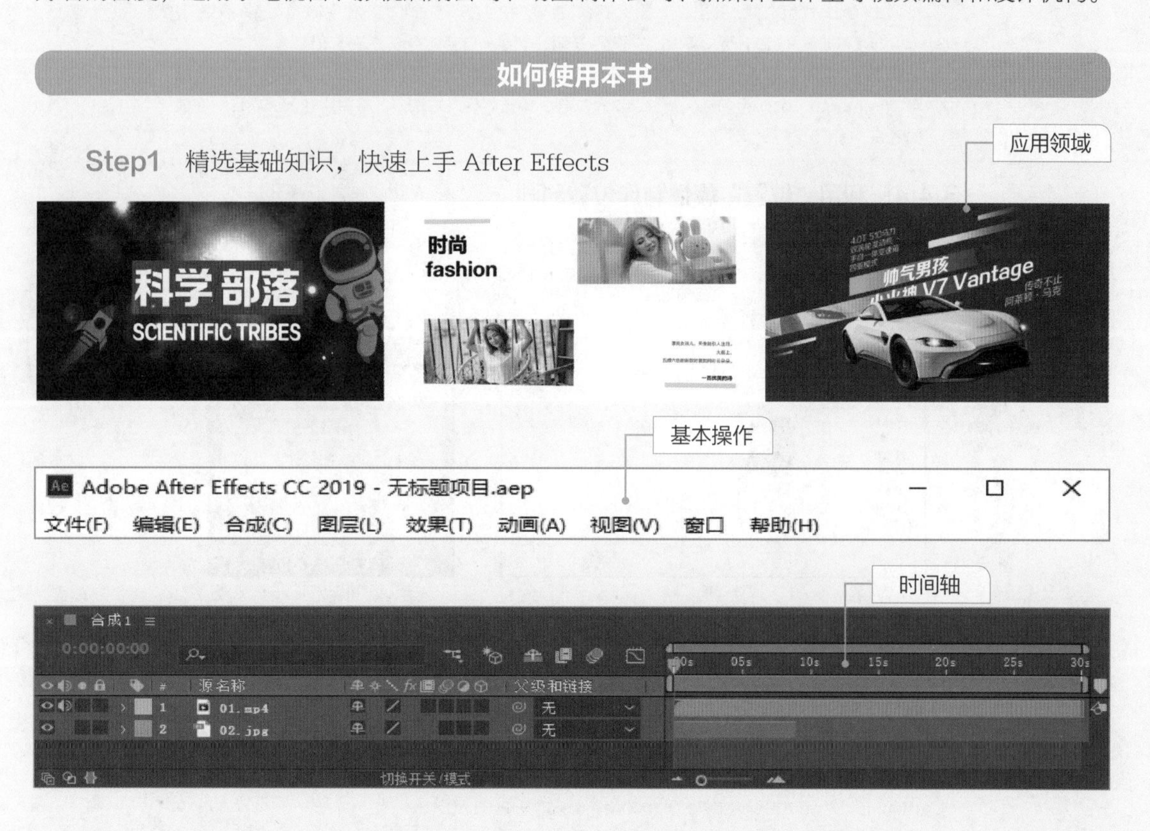

Step2 课堂案例 + 软件功能解析，边做边学软件功能，熟悉设计思路

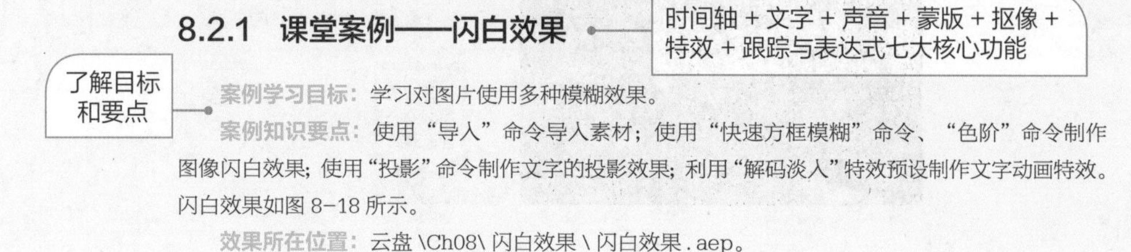

8.2.1 课堂案例——闪白效果

案例学习目标： 学习对图片使用多种模糊效果。

案例知识要点： 使用“导入”命令导入素材；使用“快速方框模糊”命令、“色阶”命令制作图像闪白效果；使用“投影”命令制作文字的投影效果；利用“解码淡入”特效预设制作文字动画特效。闪白效果如图 8-18 所示。

效果所在位置： 云盘 \Ch08\ 闪白效果 \ 闪白效果 . aep。

图 8-18

1. 导入素材

（1）按 Ctrl+N 组合键，弹出“合成设置”对话框，在“合成名称”文本框中输入“最终效果”，其他选项的设置如图 8-19 所示，单击“确定”按钮，创建一个新的合成“最终效果”。

（2）选择“文件 > 导入 > 文件”命令，在弹出的“导入文件”对话框中，选择云盘中的“Ch08 \ 闪白效果 \ (Footage) \ 01.jpg ~ 07.jpg”共 7 个文件，单击“导入”按钮，将图片导入“项目”面板中，如图 8-20 所示。

3.4.4 利用“位置”属性制作位置动画

选择“文件 > 打开项目”命令，或按 Ctrl+O 组合键，弹出“打开”对话框，选择云盘中的“基础素材 \Ch03\ 纸飞机 \ 纸飞机 .aep”文件，如图 3-132 所示，单击“打开”按钮，打开此文件，如图 3-133 所示。

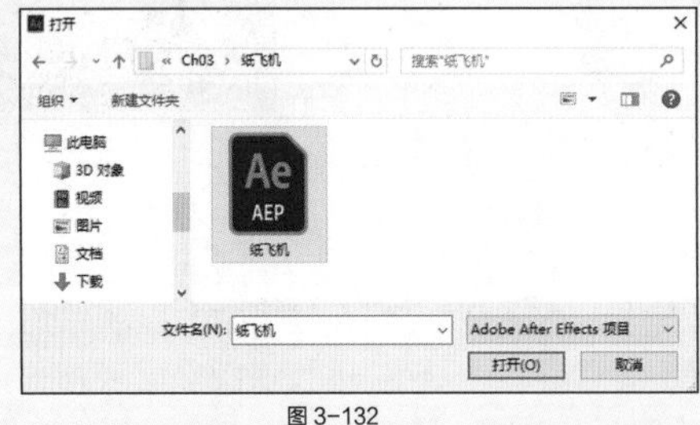

图 3-132

图 3-133

Step3 课堂练习 + 课后习题，拓展实际应用能力

4.3 课堂练习——飞舞数字流

练习知识要点：使用“横排文字”工具输入文字并编辑；使用“导入”命令导入文件；使用“Particular”命令制作飞舞数字。飞舞数字流效果如图 4-53 所示。

效果所在位置：云盘 \Ch04\ 飞舞数字流 \ 飞舞数字流 .aep。

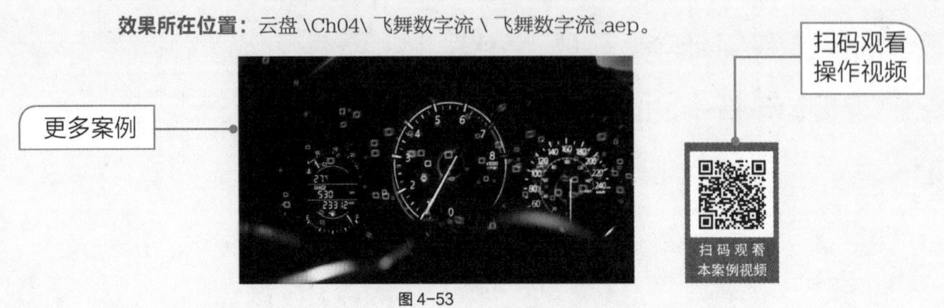

图 4-53

4.4　课后习题——运动模糊文字

习题知识要点：使用“导入”命令导入素材；使用“镜头光晕”命令添加光晕效果；通过“模式”选项编辑图层的混合模式。运动模糊文字效果如图 4-54 所示。

效果所在位置：云盘 \Ch04\ 运动模糊文字 \ 运动模糊文字 .aep。

图 4-54

Step4　综合实战，演练真实商业项目制作过程

配套资源及获取方式

- 所有案例的素材及最终效果文件。
- 扩展案例。
- 全书 11 章 PPT 课件。
- 课程标准。
- 课程计划。
- 教学教案。
- 全书慕课视频，登录人邮学院网站（www.rymooc.com）或扫描封面上的二维码，使用手机号码完成注册，在首页右上角单击“学习卡”选项，输入封底刮刮卡中的激活码，即可在线观看视频。扫描书中二维码也可以使用手机移动观看视频。

任课教师可登录人邮教育社区（www.ryjiaoyu.com），在本书页面中免费下载以上资源。

教学指导

本书的参考学时为 64 学时，其中实训环节为 18 学时，各章的参考学时参见下面的学时分配表。

章	课程内容	学时分配	
		讲　授	实　训
第 1 章	初识 After Effects	2	—
第 2 章	After Effects 入门知识	2	—
第 3 章	时间轴	6	2
第 4 章	文字	2	2
第 5 章	声音	2	2
第 6 章	蒙版	4	2
第 7 章	抠像	4	2
第 8 章	效果	10	2
第 9 章	跟踪与表达式	2	2
第 10 章	三维动画	4	2
第 11 章	商业案例	8	2
学时总计		46	18

本书约定

本书案例素材所在位置：章号 / 素材 / 案例名，如 Ch06/ 素材 / 制作电商广告。

本书案例效果文件所在位置：章号 / 效果 / 案例名，如 Ch06/ 效果 / 制作电商广告 .fla。

本书中关于颜色设置的表述，括号中的数值分别代表其 R、G、B 的值。

本书由王玉军、邹志龙任主编，蔡少婷、郭福、钟毅任副主编。

由于作者水平有限，书中难免存在错误和不妥之处，敬请广大读者批评指正。

编　者

2023 年 5 月

After Effects CC

CONTENTS 目录

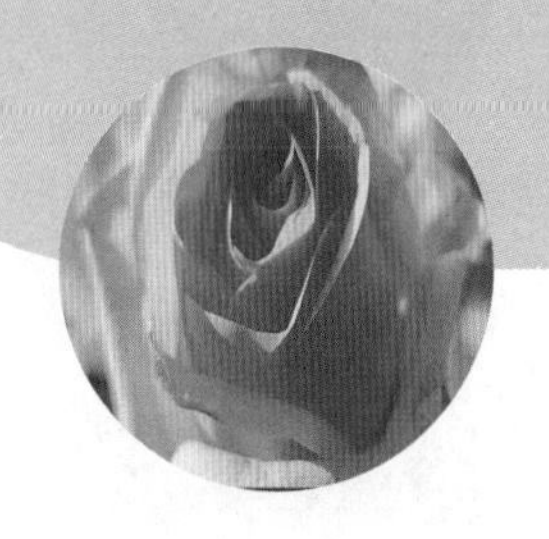

—01—

第 1 章 初识 After Effects

1.1 After Effects 概述 1
1.2 After Effects 的应用领域 1
1.2.1 动态图形制作 1
1.2.2 视频包装制作 2
1.2.3 视觉特效制作 2

—02—

第 2 章 After Effects 入门知识

2.1 工作界面 3
2.1.1 菜单栏 3
2.1.2 “项目”面板 4
2.1.3 “工具”面板 4
2.1.4 “合成”预览面板 4
2.1.5 “时间轴”面板 4
2.2 基础术语 5
2.2.1 像素比 5
2.2.2 分辨率 5
2.2.3 帧速率 5
2.2.4 安全框 6
2.2.5 场 6
2.2.6 运动模糊 7
2.2.7 帧混合 7
2.2.8 抗锯齿 8
2.3 文件格式 8
2.3.1 常用图形图像文件格式 8
2.3.2 常用视频压缩编码格式 9
2.3.3 常用音频压缩编码格式 10
2.3.4 视频输出格式的设置 11
2.4 渲染与输出 12
2.4.1 渲染 12
2.4.2 输出 17

—03—

第 3 章 时间轴

3.1 图层概念 18
3.2 图层的基本操作 19
3.2.1 课堂案例——飞舞组合字 19
3.2.2 素材放置 23

After Effects CC

3.2.3 改变图层顺序 ……24
3.2.4 复制层与替换层 ……24
3.2.5 让层自动适合合成图像尺寸 ……25
3.2.6 层与层对齐和自动分布功能 ……25
3.3 关键帧 ……25
3.3.1 课堂案例——旅游广告 ……26
3.3.2 关键帧自动记录器 ……28
3.3.3 添加关键帧 ……28
3.3.4 关键帧导航 ……28
3.3.5 选择关键帧 ……29
3.3.6 编辑关键帧 ……29
3.4 属性动画 ……31
3.4.1 课堂案例——海上动画 ……31
3.4.2 了解层的5个基本变换属性 ……35
3.4.3 调整“锚点”属性 ……38
3.4.4 利用“位置”属性制作位置动画 ……39
3.4.5 利用“缩放”属性制作缩放动画 ……40
3.4.6 利用“旋转”属性制作旋转动画 ……41
3.4.7 利用“不透明度”属性制作不透明度动画 ……42
3.5 时间控制 ……43
3.5.1 课堂案例——粒子汇集文字 ……43
3.5.2 伸缩控速 ……46
3.5.3 入和出控速 ……46
3.5.4 关键帧控速 ……47
3.5.5 颠倒时间 ……47
3.5.6 调整基准点 ……47
3.6 课堂练习——运动的线条 ……48
3.7 课后习题——运动的圆圈 ……48

—04—

第4章 文字

4.1 创建文字 ……49
4.1.1 课堂案例——打字效果 ……50
4.1.2 文字工具 ……52
4.1.3 文字层 ……52
4.2 文字特效 ……53
4.2.1 课堂案例——烟飘文字 ……53
4.2.2 基本文字 ……57
4.2.3 路径文字 ……57
4.2.4 编号 ……58
4.2.5 时间码 ……58
4.3 课堂练习——飞舞数字流 ……59
4.4 课后习题——运动模糊文字 ……59

CONTENTS 目录

05

第5章 声音

5.1 导入声音 60

5.1.1 课堂案例——为《女孩》短片添加背景音乐 60

5.1.2 声音的导入与监听 61

5.1.3 声音的缩放 62

5.1.4 声音的淡入淡出 63

5.2 声音特效 63

5.2.1 课堂案例——为《桥》影片添加背景音乐 63

5.2.2 倒放 64

5.2.3 低音和高音 64

5.2.4 延迟 64

5.2.5 变调与合声 65

5.2.6 高通 / 低通 65

5.2.7 调制器 65

5.3 课堂练习——为《旅行》影片添加背景音乐 66

5.4 课后习题——为《青春》短片添加背景音乐 66

06

第6章 蒙版

6.1 设置蒙版 67

6.1.1 课堂案例——粒子文字 67

6.1.2 使用蒙版设计图形 73

6.1.3 调整蒙版图形形状 75

6.1.4 蒙版的变换 76

6.2 编辑蒙版 76

6.2.1 课堂案例——粒子破碎效果 76

6.2.2 编辑蒙版的多种方式 80

6.2.3 调整蒙版的属性 82

6.2.4 制作蒙版动画 87

6.3 课堂练习——调色效果 90

6.4 课后习题——运动的线条 90

07

第7章 抠像

7.1 抠像特效 91

After Effects CC

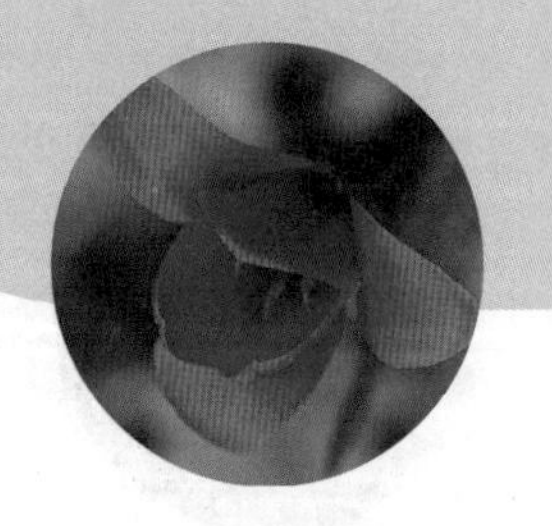

7.1.1 课堂案例——数码家电广告……91
7.1.2 颜色差值键……94
7.1.3 颜色键……95
7.1.4 颜色范围……95
7.1.5 差值遮罩……95
7.1.6 提取……96
7.1.7 内部/外部键……96
7.1.8 线性颜色键……96
7.1.9 亮度键……97
7.1.10 高级溢出抑制器……97

7.2 外挂抠像……98

7.2.1 课堂案例——抠像效果……98
7.2.2 Keylight（1.2）简介……99

7.3 课堂练习——洗衣机广告……101

7.4 课后习题——运动鞋广告……101

—08—

第8章 效果

8.1 初步了解特效……102

8.1.1 为图层添加效果……102
8.1.2 调整、删除、复制和暂时关闭效果……104
8.1.3 制作关键帧动画……105
8.1.4 使用效果预设……106

8.2 模糊和锐化……106

8.2.1 课堂案例——闪白效果……106
8.2.2 高斯模糊……112
8.2.3 定向模糊……113
8.2.4 径向模糊……113
8.2.5 快速方框模糊……114
8.2.6 锐化……114

8.3 颜色校正……115

8.3.1 课堂案例——水墨画效果……115
8.3.2 亮度和对比度……119
8.3.3 曲线……119
8.3.4 色相/饱和度……119
8.3.5 课堂案例——修复影片色调……120
8.3.6 颜色平衡……122
8.3.7 色阶……123

8.4 生成……123

8.4.1 课堂案例——动感模糊文字……123
8.4.2 高级闪电……128
8.4.3 镜头光晕……129
8.4.4 课堂案例——透视光芒……130
8.4.5 单元格图案……134
8.4.6 棋盘……135

8.5 扭曲……135

8.5.1 课堂案例——放射光芒……135
8.5.2 凸出……139
8.5.3 边角定位……139

CONTENTS 目录

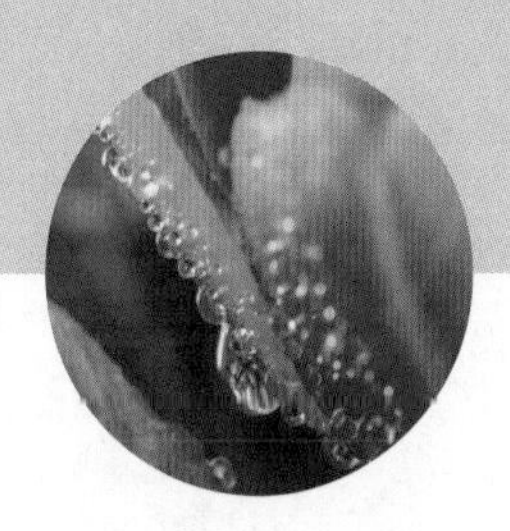

8.5.4 网格变形 140

8.5.5 极坐标 140

8.5.6 置换图 140

8.6 杂波和颗粒 141

8.6.1 课堂案例——降噪 141

8.6.2 分形杂色 143

8.6.3 中间值（旧版） 143

8.6.4 移除颗粒 144

8.7 模拟 144

8.7.1 课堂案例——气泡效果 144

8.7.2 泡沫 146

8.8 风格化 148

8.8.1 课堂案例——手绘效果 148

8.8.2 查找边缘 150

8.8.3 发光 151

8.9 课堂练习——保留颜色 152

8.10 课后习题——随机线条 152

—09—

第 9 章 跟踪与表达式

9.1 跟踪运动 153

9.1.1 课堂案例——单点跟踪 154

9.1.2 单点跟踪 156

9.1.3 课堂案例——四点跟踪 157

9.1.4 多点跟踪 159

9.2 表达式 160

9.2.1 课堂案例——放大镜效果 160

9.2.2 创建表达式 163

9.2.3 编写表达式 163

9.3 课堂练习——跟踪机车男孩 164

9.4 课后习题——跟踪对象运动 164

—10—

第 10 章 三维动画

10.1 三维合成 165

10.1.1 课堂案例——特卖广告 165

10.1.2 转换成三维层 168

10.1.3 变换三维层的位置属性 168

10.1.4 变换三维层的旋转属性 169

10.1.5 三维视图 170

10.1.6 多视图方式观测三维空间 172

10.1.7 坐标体系 173

10.1.8 三维层的材质属性 173

10.2 灯光和摄像机 175

10.2.1 课堂案例——星光碎片 175

10.2.2 创建和设置摄像机 185

10.2.3 利用工具移动摄像机 186

10.2.4 摄像机和灯光的入点与出点 186

10.3 课堂练习——旋转文字 186

10.4 课后习题——冲击波 187

After Effects CC

11

第 11 章　商业案例

11.1　动态标志制作——制作动漫影视公司动态标志 ······ 189
11.1.1　项目背景 ······ 189
11.1.2　设计要求 ······ 189
11.1.3　项目设计 ······ 189
11.1.4　项目要点 ······ 189
11.1.5　项目制作 ······ 189
11.2　宣传片制作——制作端午节宣传片 ······ 190
11.2.1　项目背景 ······ 190
11.2.2　设计要求 ······ 190
11.2.3　项目设计 ······ 190
11.2.4　项目要点 ······ 190
11.2.5　项目制作 ······ 190
11.3　特效相册制作——制作女孩相册 ······ 191
11.3.1　项目背景 ······ 191
11.3.2　设计要求 ······ 191
11.3.3　项目设计 ······ 191
11.3.4　项目要点 ······ 191
11.3.5　项目制作 ······ 191
11.4　广告制作——制作汽车广告 ······ 192
11.4.1　项目背景 ······ 192
11.4.2　设计要求 ······ 192
11.4.3　项目设计 ······ 192
11.4.4　项目要点 ······ 192
11.4.5　项目制作 ······ 192
11.5　节目片头制作——制作科技片头 ······ 193
11.5.1　项目背景 ······ 193
11.5.2　设计要求 ······ 193
11.5.3　项目设计 ······ 193
11.5.4　项目要点 ······ 193
11.5.5　项目制作 ······ 193
11.6　MG 动画制作——制作 MG 风动画 ······ 194
11.6.1　项目背景 ······ 194
11.6.2　设计要求 ······ 194
11.6.3　项目设计 ······ 194
11.6.4　项目要点 ······ 194
11.6.5　项目制作 ······ 194
11.7　课堂练习——制作美食片头 ······ 195
11.7.1　项目背景 ······ 195
11.7.2　设计要求 ······ 195
11.7.3　项目设计 ······ 195
11.7.4　项目要点 ······ 195
11.8　课后习题——制作新年宣传片 ······ 196
11.8.1　项目背景 ······ 196
11.8.2　设计要求 ······ 196
11.8.3　项目设计 ······ 196
11.8.4　项目要点 ······ 196

第 1 章 初识 After Effects

本章介绍

在学习 After Effects CC 2019 软件之前，应首先了解一下 After Effects 及其应用领域，只有认识了 After Effects 的软件特点和功能特色，才能更有效率地学习和应用 After Effects，从而为我们的工作和学习带来便利。

初识 After Effects

学习目标

- **了解 After Effects 的应用领域**

1.1 After Effects 概述

After Effects 概述

After Effects，简称“AE”，是由 Adobe 公司开发的一款动态图形和视觉特效制作软件。After Effects 拥有功能强大的视频编辑和动画制作工具，可以创建影片字幕、片头片尾和过渡，可以完成视频特效设计制作和动画设计制作等工作，深受影视后期及动画设计人员和影视制作爱好者的喜爱，适用于电视台、影视后期公司、动画制作公司、新媒体工作室等视频编辑和设计机构。

1.2 After Effects 的应用领域

After Effects 的应用领域

随着互联网技术和 After Effects 产品的发展，After Effects 的应用领域越来越广泛。下面我们分别介绍 After Effects 的主要应用领域。

1.2.1 动态图形制作

动态图形，英文全称为 Motion Graphic，简称 MG 动画，是一种融合了图形设计与影视动画的语言，在视觉表现上基于平面设计的原理，在技术上融入了影视动画制作的方法。动态图形的表现形式非常丰富，其主要应用领域包括动态标志、商业广告、节目包装、影视片头和展览展示等。应用 After Effects 强大的功能，可以制作出多样的动态图形效果，如图 1-1 所示。

图 1-1

1.2.2 视频包装制作

视频包装制作主要包括对影视、电视节目、广告、宣传片等项目的包装制作，应用 After Effects 的视频编辑和动画制作工具，可以创建影片字幕、片头片尾和过渡，可以利用关键帧或表达式将任意内容转化为动画，从而获得丰富的表现效果，出色地完成视频包装任务，如图 1-2 所示。

图 1-2

1.2.3 视觉特效制作

应用 After Effects 强大的视频特效编辑工具和命令，可以在视频中设计制作令人震撼的特殊效果，包括移除不需要的物体，制作火焰、下雨和爆炸等多种特殊效果；还可以创建 VR 视频，让受众沉浸其中，如图 1-3 所示。

图 1-3

第 2 章 After Effects 入门知识

本章介绍

本章对 After Effects CC 2019 的工作界面、基础术语、文件格式、渲染与输出进行了详细讲解。读者通过对本章的学习，可以快速了解并掌握 After Effects 的入门知识，为后面的学习打下坚实的基础。

学习目标

- 了解 After Effects CC 2019 工作界面
- 掌握 After Effects CC 2019 基础知识
- 了解文件格式以及视频输出格式的设置
- 了解渲染与输出

After Effects 入门知识

2.1 工作界面

After Effects 允许用户定制工作区的布局，用户可以根据工作的需要移动和重新组合工作区中的工具箱和面板，下面将详细介绍常用工作界面。

工作界面

2.1.1 菜单栏

菜单栏几乎是所有软件都有的重要界面要素之一，它包含了软件全部功能的命令操作。After Effects CC 2019 提供了 9 项菜单，分别为文件、编辑、合成、图层、效果、动画、视图、窗口和帮助，如图 2–1 所示。

Adobe After Effects CC 2019 - 无标题项目.aep

文件(F) 编辑(E) 合成(C) 图层(L) 效果(T) 动画(A) 视图(V) 窗口 帮助(H)

图 2–1

2.1.2 “项目”面板

导入 After Effects CC 2019 中的所有文件以及创建的所有合成文件和图层等，都可以在“项目”面板中找到。在“项目”面板中可以清楚地看到每个文件的类型、大小、媒体持续时间和文件路径等，当选中某一个文件时，可以在“项目”面板的上部查看对应的缩略图和属性，如图 2-2 所示。

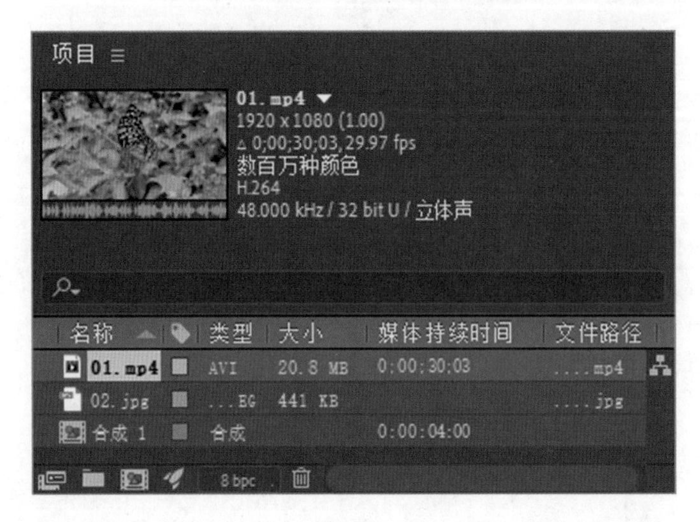

图 2-2

2.1.3 “工具”面板

“工具”面板中包括了经常使用的工具。有些工具按钮不是单独的工具，只要在其右下角有三角标记的都含有多重工具选项，例如，在“矩形”工具上单击鼠标左键，即会展开新的工具选项，移动鼠标可进行选择。

工具栏中的工具如图 2-3 所示，包括“选取”工具、“手形”工具、“缩放”工具、“旋转”工具、“统一摄像机”工具、“向后平移（锚点）”工具、“矩形”工具、“钢笔”工具、“横排文字”工具、“画笔”工具、“仿制图章”工具、“橡皮擦”工具、“Roto 笔刷”工具、“自由位置定位”工具、“本地轴模式”工具、“世界轴模式”工具和“视图轴模式”工具。

图 2-3

2.1.4 “合成”预览面板

“合成”预览面板可直接显示出素材组合特效处理后的合成画面。该面板不仅具有预览功能，还具有控制，操作，管理素材，缩放面板比例，调整当前时间、分辨率、图层线框、3D 视图模式和标尺等操作功能，是 After Effects CC 2019 中非常重要的工作面板，如图 2-4 所示。

图 2-4

2.1.5 “时间轴”面板

利用“时间轴”面板可以精确设置在合成中的各种素材的位置、时间、特效和属性等，可以进行影片的合成，还可以进行层的顺序调整和关键帧动画的操作，如图 2-5 所示。

图 2-5

2.2 基础术语

在常见的影视制作中，素材的输入和输出格式的不统一，视频标准的多样化，都会导致视频产生变形、抖动等错误，还会导致视频分辨率和像素比发生变化。这些都是在制作前需要了解清楚的。

2.2.1 像素比

不同规格的电视像素的长宽比都是不一样的，在计算机中播放时，使用像素长宽比为 1 ： 1 的方形像素比；在电视上播放时，使用 D1/DV PAL（1.09）的像素比，以保证在实际播放时画面不变形。

选择“合成 > 新建合成”命令，或按 Ctrl+N 组合键，在弹出的“合成设置”对话框中设置相应的像素比，如图 2-6 所示。

选择“项目”面板中的视频素材，选择“文件 > 解释素材 > 主要”命令，弹出图 2-7 所示的对话框，在这里可以设置导入素材的透明度、帧速率、场和像素比等。

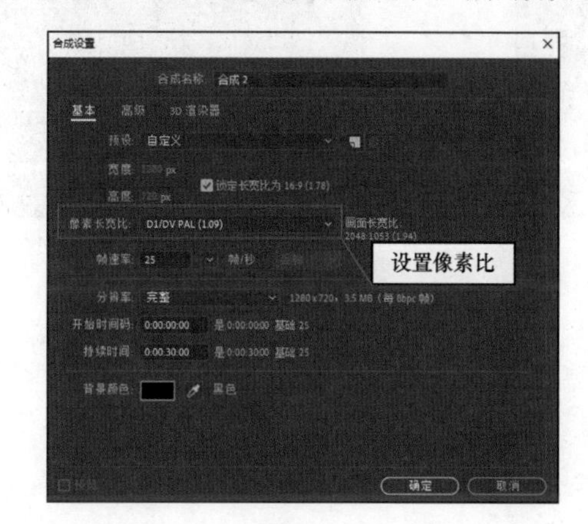

图 2-6

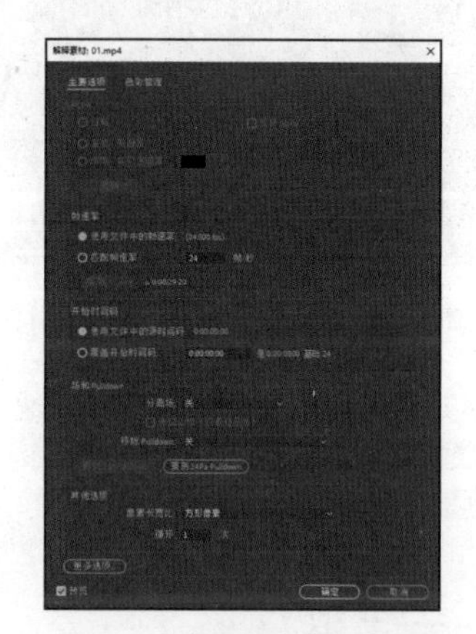

图 2-7

2.2.2 分辨率

普通电视和 DVD 的分辨率是 720 像素 ×576 像素。软件设置时应尽量使用同一尺寸，以保证分辨率统一。

分辨率过大的图像在制作时会占用大量制作时间和计算机资源，分辨率过小的图像则会在播放时清晰度不够，故应根据实际情况选择合适的分辨率。

选择“合成 > 新建合成”命令，或按 Ctrl+N 组合键，在弹出的对话框中进行设置，如图 2-8 所示。

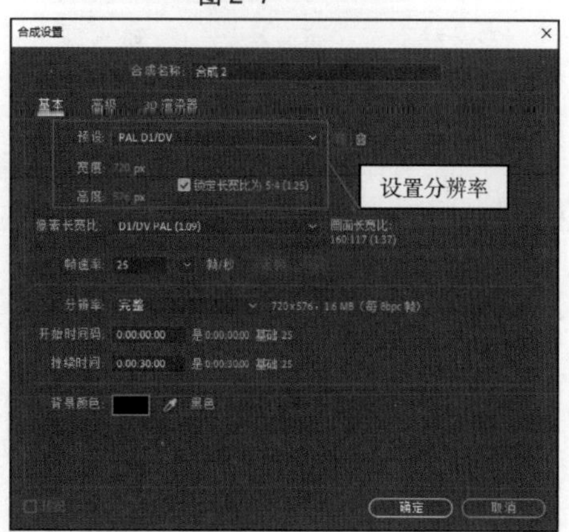

图 2-8

2.2.3 帧速率

PAL 制式电视的帧速率是每秒 25 幅画面，也就是 25f/s，

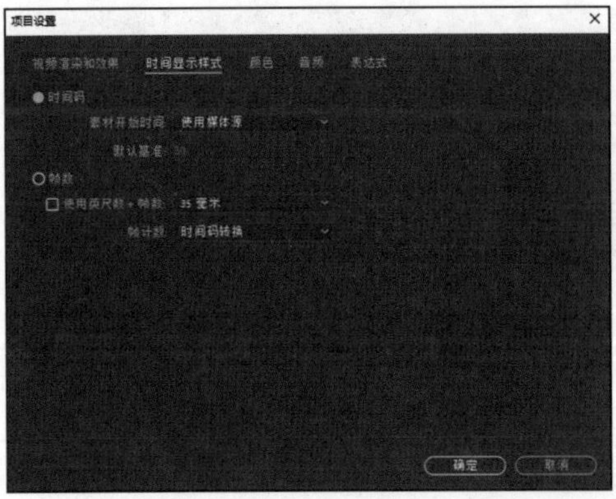

图 2-9

只有使用正确的播放帧速率才能流畅地播放动画。过高的帧速率会导致资源浪费，过低的帧速率会使画面播放不流畅从而产生抖动。

选择“文件 > 项目设置”命令，或按 Ctrl+Alt+Shift+K 组合键，在弹出的对话框中设置帧速率，如图 2-9 所示。

提示：这里设置的是时间线的显示方式。如果要按帧制作动画可以选择“项目设置”面板“时间显示样式”选项卡中的“帧数”选项，这样不会影响最终的动画帧速率。

也可选择“合成 > 新建合成”命令，在弹出的对话框中设置帧速率，如图 2-10 所示。

还可以选择“项目”面板中的视频素材，选择“文件 > 解释素材 > 主要”命令，在弹出的对话框中设置帧速率，如图 2-11 所示。

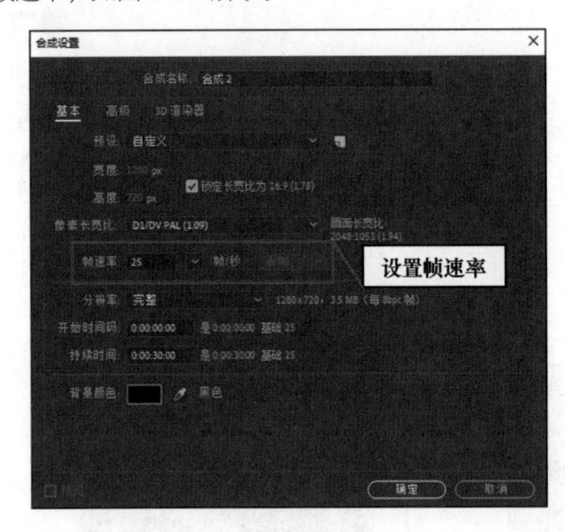

图 2-10

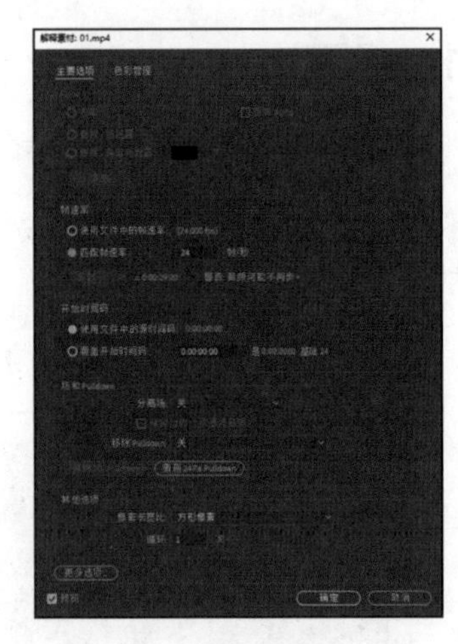

图 2-11

提示：如果是动画序列，需要将帧速率设置为 25f/s；如果是动画文件，则不需要修改帧速率，因为动画文件会自动包括帧速率信息，并且会被 After Effects 识别，如果修改这个设置会改变原有动画的播放速度。

2.2.4 安全框

安全框限定了可以被用户看到的画面范围。安全框以外的部分播放时不会显示，安全框以内的部分可以保证完全显示。

单击“选择网格和参考线选项”按钮，在弹出的列表中选择“标题 / 动作安全”选项，即可打开安全框参考可视范围，如图 2-12 所示。

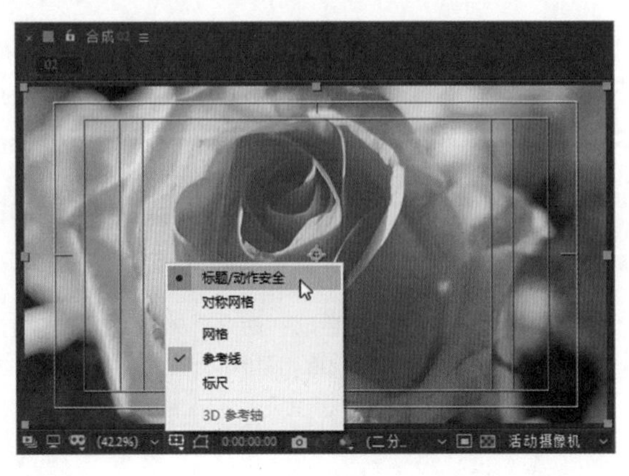

图 2-12

2.2.5 场

场是隔行扫描的产物，扫描一帧画面时由上到下扫描，先扫描奇数行，再扫描偶数行，两次扫描完成一幅图像。由上到下扫描一次叫作一个场，一幅画面需要两个场扫描来完成。扫描 25f/s 的图像时，由上到下扫描需要 50 次，也就是每个场间隔

1/50s。如果制作奇数行和偶数行间隔 1/50s 的有场图像，就可以在隔行扫描的 25f/s 的电视上每秒显示 50 幅画面。画面多了自然流畅，跳动的效果就会减弱，但是场会加重图像锯齿。

要在 After Effects 中将有场文件导入，可以选择“文件 > 解释素材 > 主要”命令，在弹出的对话框中进行设置即可，如图 2-13 所示。

提示：这个步骤叫作“分离场”，如果选择“高场”，并且在制作中加入了后期效果，那么在最终渲染输出的时候，输出文件必须带场，才能将低场加入到后期效果；否则“低场”就会自动丢弃，图像质量也就只有一半。

在 After Effects 中输出有场文件的相关操作如下。

按 Ctrl+M 组合键，弹出“渲染队列”面板，单击“最佳设置”按钮，在弹出的“渲染设置”对话框的“场渲染”选项的下拉列表中选择输出场的方式，如图 2-14 所示。

提示：如果使用场渲染方法生成动画，在电视上播放时会出现因为场错误而导致的问题；这说明素材使用的是低场，需要选择动画素材后按 Ctrl+F 组合键，在弹出的对话框中选择低场优先。

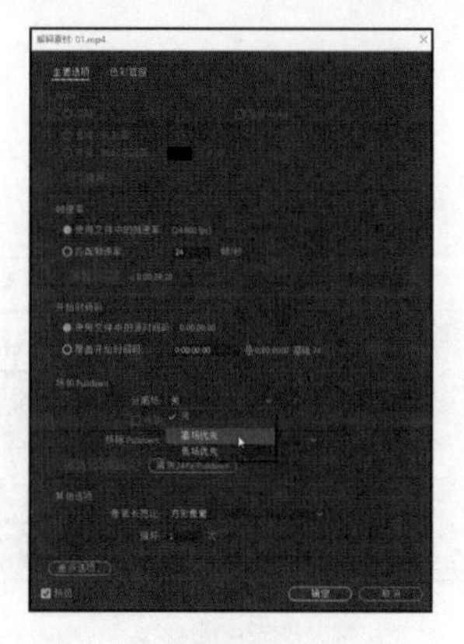

图 2-13

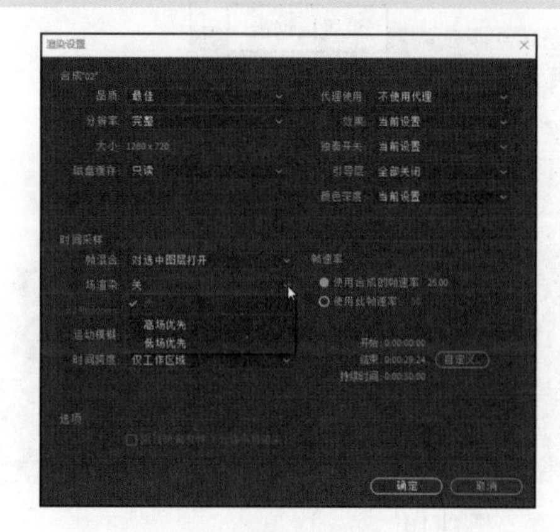

图 2-14

2.2.6 运动模糊

运动模糊会产生拖尾效果，以使每帧画面更接近，减少帧之间因为画面差距大而引起的闪烁或抖动，但这要牺牲图像的清晰度。

按 Ctrl+M 组合键，弹出“渲染队列”面板，单击“最佳设置”按钮，在弹出的“渲染设置”对话框中设置运动模糊，如图 2-15 所示。

2.2.7 帧混合

帧混合可以用来消除画面的轻微抖动；对于有场的素材，也可以用来抗锯齿，但效果有限。在 After Effects 中，帧混合的相关设置如图 2-16 所示。

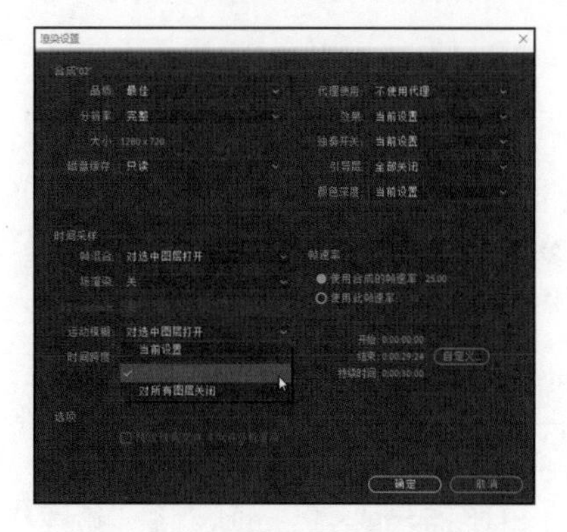

图 2-15

图 2-16

按 Ctrl+M 组合键，弹出“渲染队列”面板，单击“最佳设置”按钮，在弹出的“渲染设置”对话框中设置帧混合参数，如图 2–17 所示。

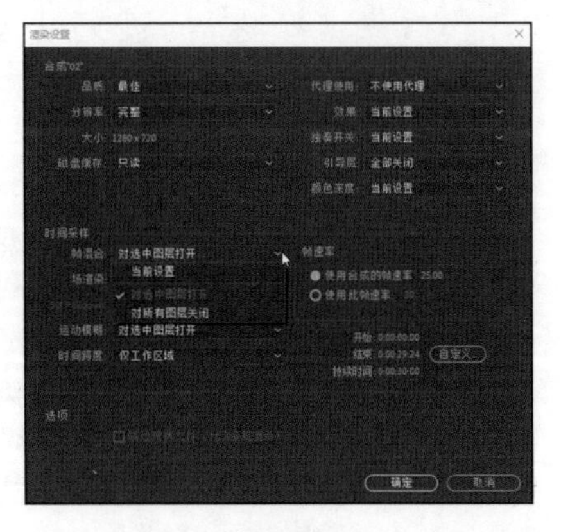

图 2–17

2.2.8 抗锯齿

锯齿的出现会使图像粗糙，不精细。提高图像质量是消除锯齿的主要办法，但对于有场的图像只有通过添加模糊、牺牲清晰度的方法来抗锯齿。

按 Ctrl+M 组合键，弹出“渲染队列”面板，单击“最佳设置”按钮，在弹出的“渲染设置”对话框中设置抗锯齿参数，如图 2–18 所示。

如果是矢量图像，可以在“时间轴”面板中单击按钮，一帧一帧地对矢量重新计算分辨率，如图 2–19 所示。

图 2–18

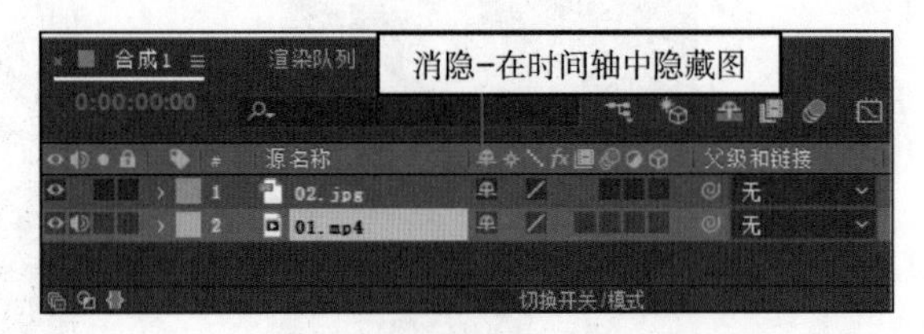

图 2–19

2.3 文件格式

在 After Effects CC 2019 中，常用的图形图像文件格式、视频压缩编码格式、音频压缩编码格式有多种。使用 After Effects CC 2019 还可以根据视频输出设置对视频进行不同格式的输出。

2.3.1 常用图形图像文件格式

1. GIF 格式

GIF 格式是 CompuServe 公司开发的存储 8 位图像的文件格式，支持图像的透明背景，采用无失真压缩技术，多用于网页制作和网络传输。

2. JPEG 格式

JPEG 格式是采用静止图像压缩编码技术的图像文件格式，是目前网络上应用较广的图像格式，支持不同的压缩比。

3. BMP 格式

BMP 格式最初是 Windows 操作系统的画笔软件所使用的图像格式，现在已经被多种图形图像处理软件所支持和使用。它是位图格式，有单色位图、16 色位图、256 色位图、24 位真彩色位图等。

4. PSD 格式

PSD 格式是 Adobe 公司开发的图像处理软件 Photoshop 所使用的图像格式，它能保留 Photoshop 制作流程中各图层的图像信息，越来越多的图像处理软件开始支持这种文件格式。

5. FLM 格式

FLM 格式是 Adobe 公司开发的视频编辑软件 Premiere 输出的一种图像格式。Premiere 将视频片段输出成序列帧图像，每帧的左下角为时间编码，以 SMPTE 时间编码标准显示，右下角为帧编号，可以在

Photoshop 软件中对其进行处理。

6. TGA 格式

TGA 格式是一种图形、图像数据的通用格式，在多媒体领域有着很大影响，是计算机生成图像向电视转换的一种首选格式。TGA 格式的文件结构比较简单。

7. TIFF 格式

TIFF 格式是一种可以存储高质量图像的位图格式。TIFF 格式与 JPEG 格式和 PNG 格式一样，受到业界广泛欢迎。

8. DXF 格式

DXF 格式是一种开放的矢量数据格式，DXF 格式由于拥有较强的通用性，因此被广泛使用。

9. PIC 格式

PIC 格式是一种可以记录和存储影像信息的格式，其使用针对性强，常用于工程制图中。

10. PCX 格式

PCX 格式是 Z-soft 公司为存储画笔软件产生的图像而建立的图像文件格式，是位图文件的标准格式，是一种基于个人计算机绘图程序的专用格式。

11. EPS 格式

EPS 格式可用于矢量和位图图形，几乎支持所有的图形和页面排版程序。EPS 格式用于在应用程序间传输 PostScript 语言图稿。在 Photoshop 中打开其他程序创建的包含矢量图形的 EPS 文件时，Photoshop 会对此文件进行栅格化，将矢量图形转换为位图。EPS 格式支持多种颜色模式，还支持剪贴路径，但不支持 Alpha 通道。

12. RLA/RPF 格式

RLA/RPF 格式是一种可以包括 3D 信息的文件格式，通常用于 3D 图形在特效合成软件中的后期合成。该格式中可以包括对象的 ID 信息、*z* 轴信息、法线信息等。相对于 RLA 来说，RPF 可以包含更多的信息，是一种较先进的文件格式。

2.3.2 常用视频压缩编码格式

1. AVI 格式

音频视频交错（即 Audio Video Interleaved，AVI），所谓“音频视频交错”就是可以将视频和音频交织在一起进行同步播放。AVI 格式的优点是图像质量好，可以跨多个平台使用；缺点是文件过于庞大，且压缩标准不统一，因此经常会遇到高版本 Windows 媒体播放器播放不了采用早期编码编辑的 AVI 格式视频，而低版本 Windows 媒体播放器又播放不了采用最新编码编辑的 AVI 格式视频的情况。

2. DV-AVI 格式

目前非常流行的数码摄像机就是使用 DV-AVI（Digital Video AVI）格式记录视频数据的。可以通过计算机的 IEEE 1394 端口传输这种格式的视频数据到计算机，也可以将计算机中编辑好的这种格式的视频数据回录到数码摄像机中。这种视频格式的文件扩展名和 AVI 格式的一样，都是 .avi，所以人们习惯叫它为 DV-AVI 格式。

3. MPEG 格式

MPEG 格式是运动图像的压缩算法的国际标准，它采用有损压缩方法从而减少了运动图像中的冗余信息。MPEG 的压缩方法说得更加深入一些就是保留相邻两幅画面绝大多数相同的部分，而把后续图像中冗余的部分去除，从而达到压缩的目的。常见的 VCD、SVCD、DVD 就使用这种格式。目前 MPEG 格式有 3 个压缩标准，分别是 MPEG-1、MPEG-2 和 MPEG-4。

- **MPEG-1**：它是针对 1.5Mbit/s 以下数据传输速率的数字存储媒体运动图像及其伴音编码而设计的国际标准，也就是通常见到的 VCD 制式格式。这种视频格式的扩展名包括 .mpg、.mlv、.mpe、.mpeg 及 VCD 光盘中的 .dat 文件等。
- **MPEG-2**：其设计目标为高级工业标准的图像质量以及更高的传输速率。这种格式主要应用在 DVD/SCVD 的制作（压缩）方面，同时在一些 HDTV（高清晰度电视）和一些高要求视频编辑、处理上也有相当的应用。这种格式的文件扩展名包括 .mpg、.mlv、.mpe、.mpeg、.m2v 及 DVD 光盘中的 .vob 文件等。
- **MPEG-4**：MPEG-4 是为了播放流式媒体的高质量视频专门设计的。它可以利用很窄的带宽，通过帧重建技术压缩和传输数据，以求使用最少的数据获得最佳的图像质量。MPEG-4 最有吸引力的地方在于它能够保存接近于 DVD 画质的文件量较小的视频文件。这种视频格式的文件扩展名包括 .asf、.mov、.DivX 和 .avi 等。

4. H.264 格式

H.264 格式是由国际标准化组织 / 国际电工委员会（ISO/IEC）与国际电信联盟电信标准化部门（ITU-T）组成的联合视频组（Joint Video Team，JVI）制定的新一代视频压缩编码标准。在 ISO/IEC 中，该标准命名为 AVC（Advanced Video Coding），作为 MPEG-4 标准的第 10 个选项；在 ITU-T 中，该标准正式命名为 H.264 标准。

H.264 和 H.261、H.263 一样，也是采用 DCT 变换编码加 DPCM 的差分编码，即混合编码结构。同时，H.264 在混合编码的框架下引入新的编辑方式，提高了编辑效率，更贴近实际应用。

H.264 没有烦琐的选项，而是力求简洁地“回归基本”。它具有比 H.263++ 更好的压缩性能，又具有适应多种信道的能力。

H.264 应用广泛，可满足不同传输速率、不同场合的视频应用，具有良好的抗误码和抗丢包处理能力。

H.264 的基本系统无须使用版权，具有开放的性质，能很好地适应 IP 和无线网络的使用环境，这对目前在因特网中传输多媒体信息、在移动网中传输宽带信息等都具有重要意义。

H.264 标准使运动图像压缩技术上升到了更高的阶段，在较低带宽上提供高质量的图像传输是 H.264 的应用亮点。

5. DivX 格式

DivX 格式是由 MPEG-4 衍生出的一种视频编码（压缩）标准，也就是通常所说的 DVDrip 格式，它在采用 MPEG-4 的压缩算法同时综合了 MPEG-4 与 MP3 各方面的技术，即使用 DivX 压缩技术对 DVD 盘片的视频图像进行高质量压缩，同时使用 MP3 和 AC3 对音频进行压缩，然后将视频与音频合成并加上相应的外挂字幕文件。其画质接近 DVD 并且文件量只有 DVD 的几分之一。

6. MOV 格式

MOV 格式是由美国 Apple 公司开发的一种视频格式，默认的播放器是苹果的 QuickTime Player。它具有较高的压缩比和较完美的视频清晰度等特点，但是其最大的特点还是跨平台性，不仅支持 Mac OS 系统，而且支持 Windows 系列。

7. ASF 格式

ASF 格式是微软为了和现在的 RealPlayer 竞争而推出的一种视频格式，可以直接使用 Windows Media Player 播放 ASF 格式视频。由于它使用了 MPEG-4 的压缩算法，所以压缩比和图像的质量都很不错。

8. RM 格式

Real Networks 公司所制定的音频视频压缩规范，称为 RM（Real Media），用户可以使用 RealPlayer 和 RealOne Player 对符合 Real Media 技术规范的网络音频 / 视频资源进行实时播放，并且 Real Media 还可以根据不同的网格传输速率制定出不同的压缩比，从而实现在低速率的网络上实时传送和播放影像数据。这种格式的另一个特点是用户使用 RealPlayer 或 RealOne Player 播放器可以在不下载音频 / 视频内容的条件下实现在线播放。

9. RMVB 格式

这是一种由 RM 视频格式升级衍生出的新视频格式，RMVB 格式的先进之处在于打破了原 RM 格式平均压缩采样的方式，在保证平均压缩比的基础上合理利用了浮动码率编码方式，即静止和动作场面少的画面场景采用较低的码率，这样可以留出更多的带宽空间，而这些带宽会在出现快速运动的画面场景时被利用。这样在保证静止画面质量的前提下大幅提高了运动图像的画面质量，从而使图像画面质量和文件大小之间达到了巧妙的平衡。

2.3.3 常用音频压缩编码格式

1. CD 格式

目前音质最好的音频格式是 CD（Compact Disk）格式。在大多数播放软件的“打开文件类型”中，都可以看到 .cda 文件，这就是 CD 音轨。标准 CD 格式采用 44.1kHz 的采样频率，88Kbit/s 的速率，16 位量化位数。CD 音轨可以说是近似无损的，因此它播放出的声音是非常接近原声的。

CD 光盘可以在 CD 唱片机中播放，也能用计算机中的各种播放软件来播放。一个 CD 音频文件是一个 .cda 文件，这只是一个索引信息，并没有真正地包含声音信息，所以不论 CD 音乐长短，在计算机上看到的 .cda 文件都是 44 字节。

提示：不能直接将 CD 格式的 .cda 文件复制到硬盘上播放，需要使用像 EAC 这样的抓音轨软件把 CD 格式的文件转换成 WAV 格式。如果光盘驱动器质量过关而且 EAC 的参数设置得当的话，可以基本做到无损抓音轨，推荐大家使用这种方法。

2. WAV 格式

WAV 格式是微软公司开发的一种声音文件格式，它符合资源交换文件格式（Resource Interchange File Format，RIFF）文件规范，用于保存 Windows 平台的音频资源，被 Windows 平台及其应用程序所支持。WAV 格式支持 MSADPCM、CCITT ALAW 等多种压缩算法，支持多种音频位数、采样频率和声道。标准格式的 WAV 文件和 CD 格式文件一样，也是 44.1kHz 的采样频率，88 Kbit/s 的码率，16 位量化位数。

3. MP3 格式

MP3 格式诞生于 20 世纪 80 年代的德国，所谓 MP3 指的是 MPEG 标准中的音频部分，也就是 MPEG 音频层。根据压缩质量和编码处理的不同分为 3 层，分别对应 .mp1、.mp2、.mp3 这 3 种声音文件。

提示： MPEG 音频文件的压缩方式是一种有损压缩，MPEG-3 音频编码具有 1 ： 12~1 ： 10 的高压缩比，可基本保持低音频部分不失真，但是牺牲了声音文件中 12kHz ~ 16kHz 高频部分的质量来换缩小文件的尺寸。

相同长度的音乐文件，用 MP3 格式来存储，一般只有 WAV 格式文件的十分之一，而音质次于 CD 格式或 WAV 格式的声音文件。

4. MIDI 格式

乐器数字接口格式（Musical Instrument Digital Interface，MIDI）文件格式，它允许数字合成器和其他设备交换数据。MIDI 文件并不是一段录制好的声音，而是记录声音的信息，然后告诉声卡如何再现音乐的一组指令。这样一个 MIDI 文件每存 1 分钟的音乐只用 5~10KB 空间。

MIDI 文件主要用于原始乐器作品、流行歌曲的业余表演、游戏音轨以及电子贺卡等。MIDI 文件重放的效果完全依赖于声卡的档次。MIDI 格式的最大用处是在计算机作曲领域。MIDI 文件可以用作曲软件写出，也可以通过声卡的 MIDI 口把外接乐器演奏的乐曲输入计算机里，制成 MIDI 文件。

5. WMA 格式

微软音频格式（Windows Media Audio，WMA），音质要强于 MP3 格式，它和日本 YAMAHA 公司开发的 VQF 格式一样，是以减少数据流量但保持音质的方法来达到比 MP3 压缩比更高的目的，WMA 的压缩比一般都可以达到 1 ： 18 左右。

WMA 格式的另一个优点是内容提供商可以通过数字版权管理（Digital Rights Management，DRM）方案如 Windows Media Rights Manager 7 加入防复制保护。这种内置的版权保护技术可以限制播放时间和播放次数甚至播放的机器等，这对被盗版搅得焦头烂额的音乐公司来说是一个福音。另外，WMA 还支持音频流（Stream）技术，适合网络上在线播放。

WMA 格式在录制时可以对音质进行调节。同一格式，音质好的可与 CD 格式媲美，压缩率较高的可用于网络广播。

2.3.4 视频输出格式的设置

按 Ctrl+M 组合键，弹出“渲染队列”面板，单击“输出组件”选项右侧的“无损”按钮，弹出“输出模块设置”对话框，在这个对话框中可以对视频的输出格式及其相应的编码方式、视频大小、比例以及音频等进行输出设置，如图 2-20 所示。

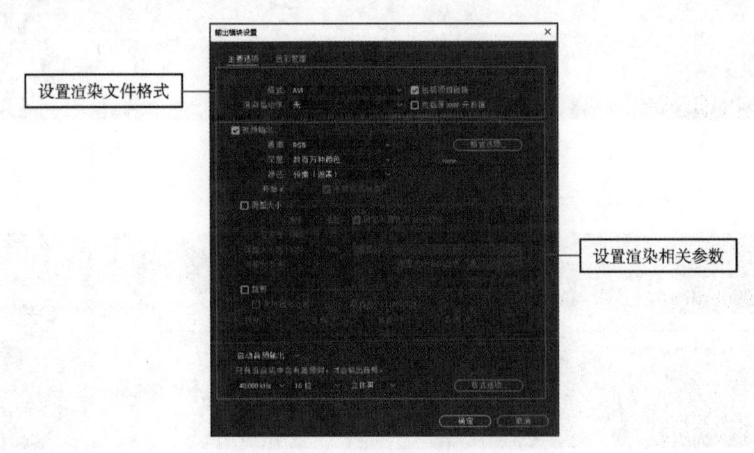

图 2-20

格式： 在“格式”下拉列表中可以选择输出格式和输出图片序列，一般使用 TGA 格式的序列文件，输出样品成片可以使用 AVI 格式和 MOV 格式，输出贴图可以使用 TIF 格式和 PIC 格式。

格式选项： 输出图片序列时，可以选择输出颜色位数；输出影片时，可以设置压缩方式和压缩比。

2.4 渲染与输出

对于制作完成的影片，渲染与输出的好坏会直接影响影片的质量，好的渲染与输出可以使影片在不同的设备上都能得到很好的播出效果，还可以使用户的作品在各种媒介上得到传播。

渲染与输出

2.4.1 渲染

渲染是整个影视制作过程的最后一步，也是相当关键的一步。即使前面制作得再精妙，若渲染不成功，也会直接导致操作的失败，所以渲染方式影响着影片最终呈现出的效果。

After Effects 可以将合成项目渲染输出成视频文件、音频文件或者序列图片等。输出的方式包括两种：一种是选择“文件 > 导出”命令直接输出单个的合成项目；另一种是选择“合成 > 添加到渲染队列”命令，将一个或多个合成项目添加到“渲染队列”中，逐一批量输出，如图 2-21 所示。

图 2-21

其中，通过“文件 > 导出 ”命令输出时，可选的格式和解码较少；通过“渲染队列”面板进行输出，可以进行非常高级的专业控制，也可以选择多种格式和解码方式。因此，在这里主要探讨如何使用“渲染队列”面板进行输出，掌握了它，也能同时掌握使用“文件 > 导出”方式输出影片。

1. “渲染队列”面板

“渲染队列”面板可以控制整个渲染进程，调整各个合成项目的渲染顺序，设置每个合成项目的渲染质量，选择输出格式和路径等。在新添加项目到渲染队列时，“渲染队列”面板将自动打开，如果不小心关闭了，也可以通过菜单“窗口 > 渲染队列”命令或按 Ctrl+Shift+0 组合键再次打开此面板。

单击“当前渲染”左侧的小箭头按钮▶，显示的信息如图 2-22 所示，主要包括当前正在渲染的合成项目的进度、正在执行的操作、当前输出的路径、文件大小、最终估计文件大小和可用磁盘空间等。

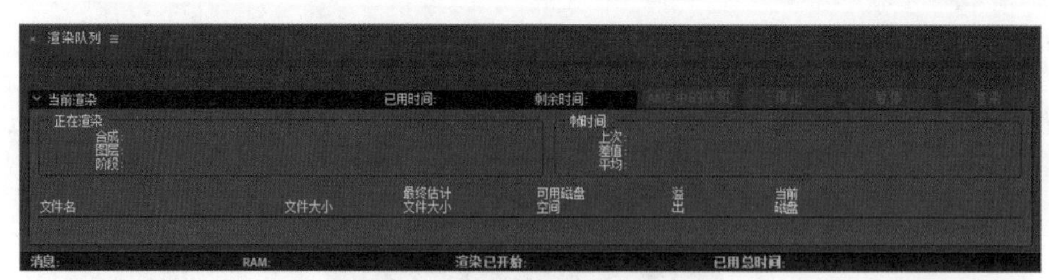

图 2-22

渲染队列区如图 2-23 所示。

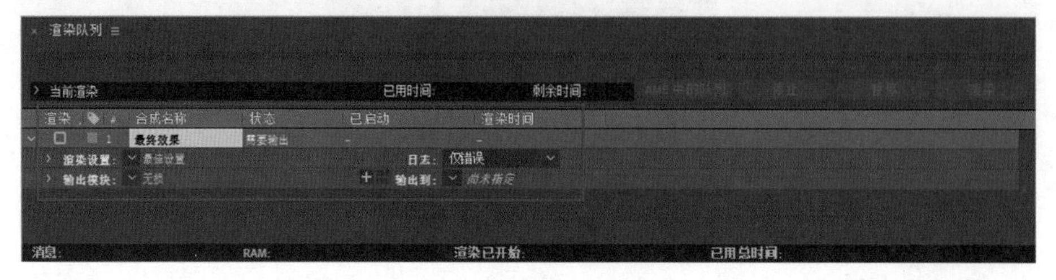

图 2-23

需要渲染的合成项目都将逐一排列在渲染队列里，在此，可以设置项目的“渲染设置”“输出模块”（输出模式、格式和解码方式等）“输出到”（文件名和路径）等。

渲染：是否进行渲染操作，只有勾选的合成项目会被渲染。

■：标签颜色选择，用于区分不同类型的合成项目，方便用户识别。

#：队列序号，决定渲染的顺序，可以在合成项目上按下鼠标左键并将其拖曳到目标位置，改变先后顺序。

合成名称：显示合成项目的名称。

状态：显示当前状态。

已启动：显示渲染开始的时间。

渲染时间：显示渲染所花费的时间。

单击左侧的小箭头按钮▶展开具体设置信息，如图 2–24 所示。单击按钮▾可以选择已有的设置预置，通过单击当前设置标题，可以打开具体的设置对话框。

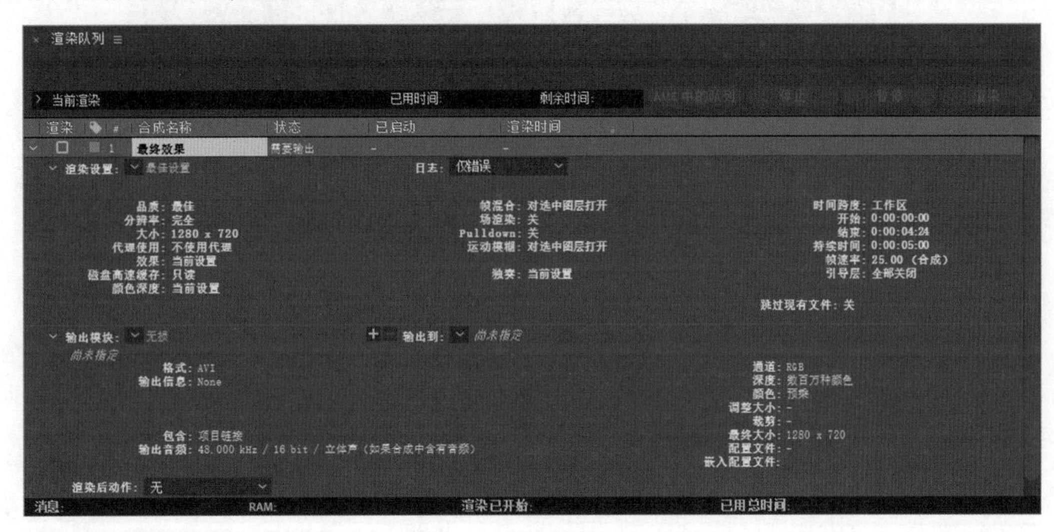

图 2–24

2. 渲染设置

渲染设置的方法：单击按钮▾右侧的“最佳设置”标题文字，弹出“渲染设置”对话框，如图 2–25 所示。

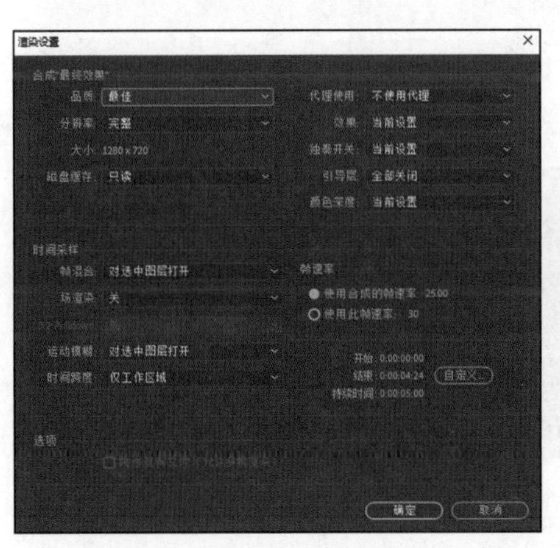

图 2–25

（1）“合成组”项目质量设置区如图 2–26 所示。

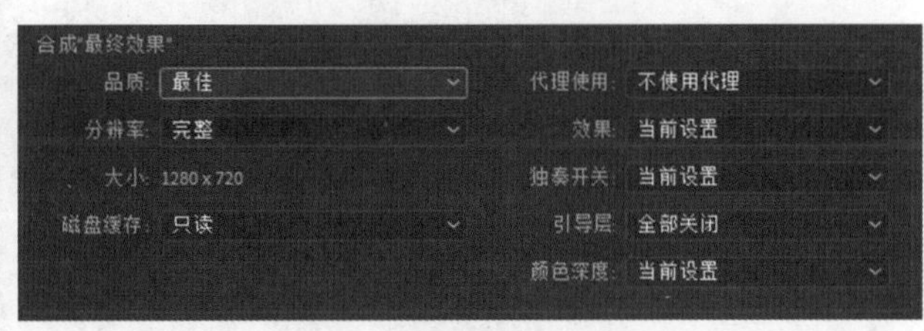

图 2–26

品质：层质量设置，其中，“当前设置”表示采用各层当前设置，即根据“时间轴”面板中各层属性开关面板上的图层画质设定而定；“最佳”表示全部采用最好的质量（忽略各层的质量设置）；“草图”表示全部采用粗略质量（忽略各层的质量设置）；“线框”表示全部采用线框模式（忽略各层的质量设置）。

分辨率：设置像素采样质量，其中包括完整、二分之一、三分之一和四分之一。另外，用户还可以通过选择“自定义”质量命令，在弹出的“自定义分辨率”对话框中自定义分辨率。

磁盘缓存：决定是否采用“编辑 > 首选项 > 媒体和磁盘缓存”命令中的磁盘缓存设置，如图 2–27 所示。如果选择“只读”则代表不采用当前“首选项”里的设置，而且在渲染过程中，不会有任何新的帧被写入内存。

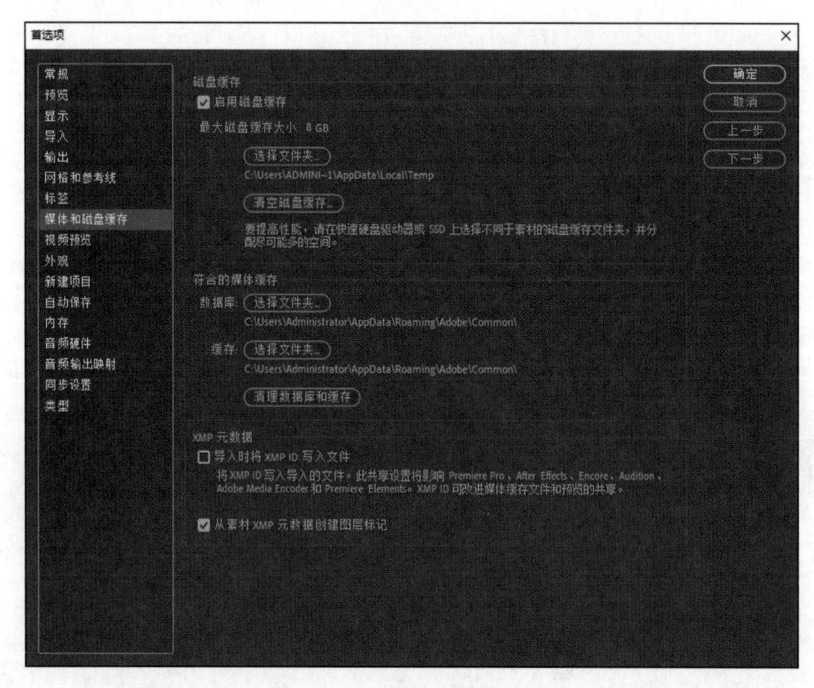

图 2-27

代理使用：指定是否使用代理素材。其中，“当前设置”表示采用当前“项目”面板中各素材当前的设置；“使用所有代理”表示全部使用代理素材进行渲染；“仅使用合成的代理”表示只对合成项目使用代理素材；“不使用代理”表示全部不使用代理素材。

效果：指定是否采用特效滤镜。其中，“当前设置”表示采用当前时间轴中各个特效当前的设置；“全部开启”表示启用所有的特效滤镜，即使某些滤镜暂时是关闭状态；全部关闭”表示关闭所有特效滤镜。

独奏开关：指定是否只渲染“时间轴”面板中“独奏”开关开启的层，如果设置为“全部关闭”则代表不考虑独奏开关的状态。

引导层：指定是否只渲染参考层。

颜色深度：选择色深，如果是标准版的 After Effects，则设有“当前设置”“每通道 8 位”“每通道 16 位”“每通道 32 位”等选项。

（2）“时间采样”设置区如图 2-28 所示。

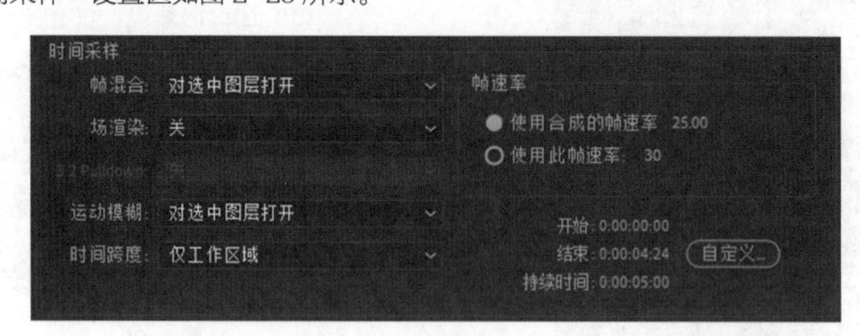

图 2-28

帧混合：指定是否采用“帧混合”模式。其中，“当前设置”表示根据当前“时间轴”面板中的“帧混合开关”的状态和各个层“帧混合模式”的状态，来决定是否使用帧混合功能；“对选中图层打开”表示忽略“帧混合开关”的状态，对所有设置了“帧混合模式”的图层应用帧混合功能；“对所有图层关闭”表示不启用“帧混合”功能。

场渲染：指定是否采用场渲染方式，其中，“关”表示渲染成不含场的视频影片；“高场优先”表示渲染成上场优先的含场的视频影片；“低场优先”表示渲染成下场优先的含场的视频影片。

3 ： 2 Pulldown：决定 3 ： 2 下拉的引导相位法。

运动模糊：指定是否采用运动模糊，其中，“当前设置”表示根据当前“时间轴”面板中“运动模糊开关”的状态和各个层“运动模糊”的状态，来决定是否使用动态模糊功能；“对选中图层打开”

表示忽略“运动模糊开关”的状态，对所有设置了“运动模糊”的图层应用运动模糊效果；“对所有图层关闭”表示不启用动态模糊功能。

时间跨度：定义当前合成项目的渲染的时间范围，其中，“合成长度”表示渲染整个合成项目，即合成项目设置了多长的持续时间，输出的影片就有多长时间；“仅工作区域”表示根据时间线中设置的工作环境范围来设定渲染的时间范围（按 B 键，工作环境范围开始；按 N 键，工作环境范围结束）；“自定义”表示自定义渲染的时间范围。

使用合成的帧速率：使用合成项目中设置的帧速率。

使用此帧速率：使用此处设置的帧速率。

（3）“选项”设置区如图 2-29 所示。

图 2-29

跳过现有文件（允许多机渲染）：选中此选项将自动忽略已存在的序列图片，即忽略已经渲染过的序列帧图片。此功能主要用在网络渲染时。

3. 输出模块设置

渲染设置完成后，就开始进行输出模块设置，这一步主要是设定输出的格式和解码方式等。通过单击“输出模块”右侧按钮旁的“无损”标题文字，弹出“输出模块设置”对话框，如图 2-30 所示。

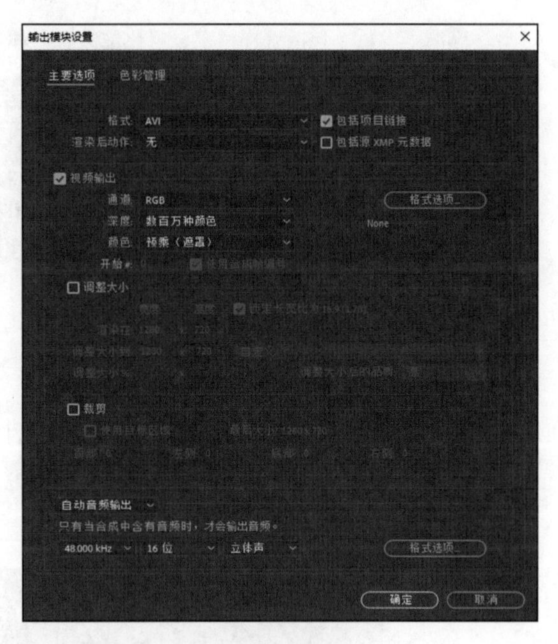

图 2-30

（1）基础设置区如图 2-31 所示。

格式：设置输出的文件格式，包括 QuickTime Movie、AVI 等视频格式，JPEG 序列等序列图格式，WAV 等音频格式，非常丰富。

渲染后的操作：指定 After Effects 软件是否使用刚渲染的文件作为素材或者代理素材。包括以下选项：“导入”表示渲染完成后自动作为素材置入当前项目中；“导入和替换用法”表示渲染完成后自动置入项目中替代合成项目，包括这个合成项目被嵌入其他合成项目中的情况；“设置代理”表示渲染完成后作为代理素材置入项目中。

（2）视频设置区如图 2-32 所示。

图 2-31

视频输出：是否输出视频信息，包含以下选项。

- **通道：**选择输出的通道，包括“RGB”（3 个色彩通道）、“Alpha”（仅输出 Alpha 通道）和“RGB+Alpha”（3 个色彩通道和 Alpha 通道）。
- **深度：**选择色深。
- **颜色：**指定输出的视频包含的 Alpha 通道为哪种模式，包括“直通（无遮罩）”模式和“预乘（遮罩）”模式。
- **开始 #：**当输出的格式选择的是序列图格式时，在这里可以指定序列图的文件名序列数，为了方便识别，也可以选择“使用合成帧编号”选项，使输出的序列图片数字就是其帧数字。

格式选项：选择视频的编码方式。虽然之前确定了输出的格式，但是每种文件格式中又有多种编码方式，编码方式不同会生成完全不同质量的影片，最后生成的文件量也会有所不同。

调整大小：指定是否对画面进行缩放处理，包括以下选项。

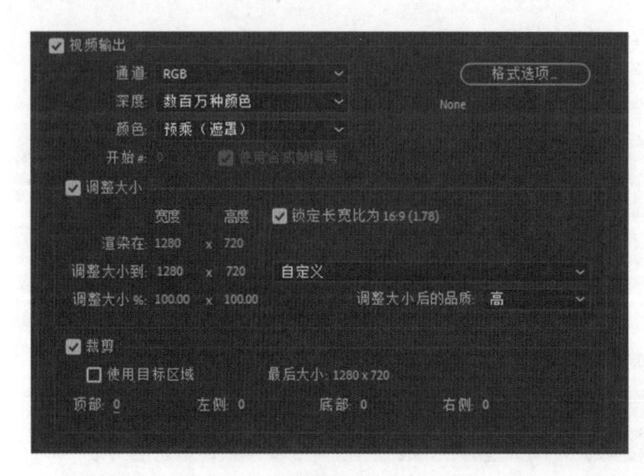

图 2-32

● **调整大小到：** 设置缩放的具体高宽尺寸，也可以从右侧的预置列表中选择。

● **调整大小后的品质：** 选择缩放质量。

● **锁定长宽比为：** 指定是否强制高宽比为特殊比例。

裁剪： 指定是否裁切画面，包括以下选项。

● **使用目标区域：** 仅采用"合成"预览目标中的"目标区域"工具▣确定的画面区域。

● **顶部、左侧、底部、右侧：** 这 4 个选项分别用于设置上、左、下、右 4 个被裁切掉的像素尺寸。

（3）音频设置区如图 2-33 所示。

音频输出： 指定是否输出音频信息。

格式选项： 设置音频的编码方式，也就是用什么压缩方式压缩音频信息。

音频质量设置： 包括采样频率、量化位数、立体声或单声道设置。

图 2-33

4. 渲染和输出的预置

虽然 After Effects 已经提供了众多的"渲染设置"和"输出模块"预置，不过可能还是无法满足更多的个性化需求。用户可以将常用的一些设置存储为自定义的预置模板，以便以后进行输出操作时，不需要一遍遍地反复设置，只需要单击按钮▾，在弹出的列表中选择即可。

使用"渲染设置模板"和"输出模块模板"的命令分别是"编辑 > 模板 > 渲染设置"和"编辑 > 模板 > 输出模块"，如图 2-34 和图 2-35 所示。

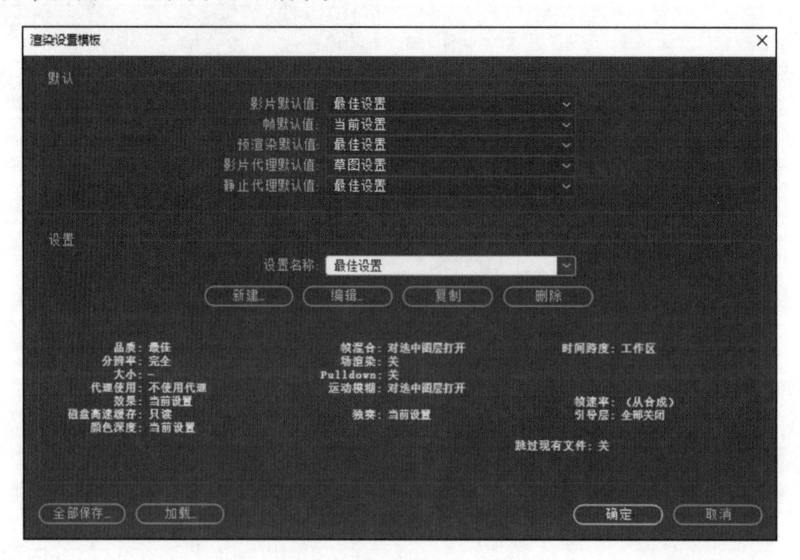

图 2-34

5. 编码和解码问题

完全不压缩的视频和音频数据量是非常庞大的，因此在输出时需要通过特定的压缩技术对数据进行压缩处理，以减少最终的文件量，便于传输和存储。这样就产生了输出时选择恰当的编码器编码，播放时使用对应的解码器解压还原画面的过程。

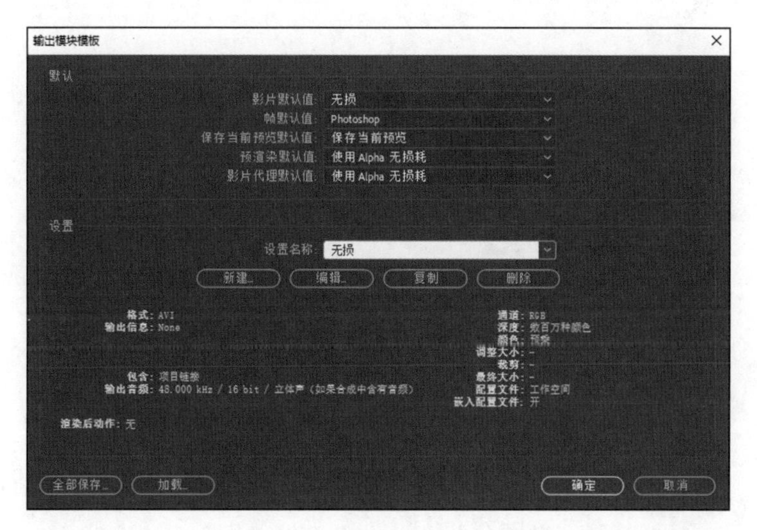

图 2-35

目前视频流传输中最为重要的编码标准有国际电信联盟的 H.261、H.263，运动静止图像专家组的 M-JPEG 和国际标准化组织运动图像专家组的 MPEG 系列标准。此外，互联网上被广泛应用的还有 RealNetworks 公司的 RealVideo、微软公司的 WMT 以及苹果公司的 QuickTime 等。

就文件的格式来讲，对于 AVI 这种在 Windows 操作系统中的通用视频格式，现在流行的编码和解码方式有 Xvid、MPEG-4、DivX、Microsoft DV 等；对于 MOV 格式，比较流行的编码和解码方式有 MPEG-4、H.263、Sorenson Video 等。

在输出时，最好选择应用较为广泛的编码器和文件格式，或者目标客户平台共有的编码器和文件格式，否则，在其他播放环境中播放时，可能会因为缺少解码器或相应的播放器而无法看见视频或者听到声音。

2.4.2 输出

可以将设计制作好的视频进行多种方式的输出，如输出标准视频、输出合成项目中的某一帧、输出序列图片、输出胶片文件、输出 Flash 格式文件和跨卷渲染等。下面具体介绍视频的输出方式。

1. 标准视频的输出方式

（1）在“项目”面板中，选择需要输出的合成项目。

（2）选择“合成 > 添加到渲染队列”命令，或按 Ctrl+M 组合键，将合成项目添加到渲染队列中。

（3）在“渲染队列”面板中进行渲染属性、输出格式和输出路径的设置。

（4）单击“渲染”按钮开始渲染运算，如图 2-36 所示。

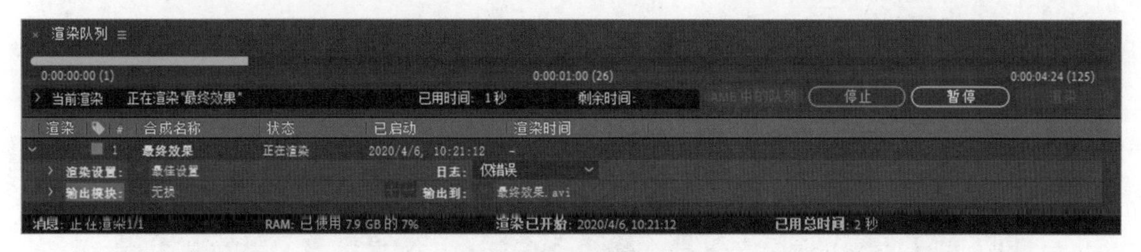

图 2-36

（5）如果需要将此合成项目渲染成多种格式或者多种解码方式，可以在第（3）步之后，选择“图像合成 > 添加输出组件”命令，添加输出格式，并指定另一个输出文件的路径和名称，这样可以方便地做到一次创建、任意发布。

2. 输出合成项目中的某一帧

（1）在“时间轴”面板中，移动当前时间指针到目标帧。

（2）选择“合成 > 帧另存为 > 文件”命令，或按 Ctrl+Alt+S 组合键，添加渲染任务到渲染队列中。

（3）单击“渲染”按钮开始渲染运算。

另外，如果选择“合成 > 帧另存为 > Photoshop 图层”命令，则直接打开文件存储对话框，选择好路径和文件名即可完成单帧画面的输出。

第3章 时间轴

本章介绍

本章对 After Effects 中时间轴的应用与操作进行了详细讲解。读者通过对本章的学习，可以充分掌握时间轴的应用，并能够掌握时间轴中的基本操作方法和使用技巧。

学习目标

- 理解图层概念
- 了解图层的基本操作
- 掌握关键帧的应用方法
- 掌握属性动画的制作方法
- 掌握时间控制的方法

3.1 图层概念

在 After Effects CC 2019 中，无论是创作合成、动画，还是进行特效处理等操作都离不开图层，因此制作动态影像的第一步就是要真正了解和掌握图层。在“时间轴”面板中的素材都是以图层的方式按照上下位置关系依次排列的，如图 3-1 所示。

图 3-1

可以将 After Effects 软件中的图层想象为一层层叠放的透明胶片，上一层有内容的地方将遮盖住下一层的内容，而上一层没有内容的地方则露出下一层的内容，如果上一层的部分处于半透明状态，将依据半透明程度混合显示下层内容，这是图层最简单、最基本的概念。图层与图层之间还存在更复杂的合成组合关系，例如叠加模式、蒙版合成方式等。

3.2 图层的基本操作

对图层的操作有素材放置、改变图层顺序、复制层与替换层、让层自动适合合成图像尺寸、层与层对齐和自动分布功能等多种基本操作。

3.2.1 课堂案例——飞舞组合字

案例学习目标：学习使用文字的动画控制器来实现丰富多彩的文字特效动画。

案例知识要点：使用“导入”命令，导入文件；新建合成文件并命名为“最终效果”，为文字添加动画控制器，同时设置相关的关键帧，制作文字飞舞并最终组合效果；使用“斜面 Alpha”“阴影”命令为文字添加立体效果。飞舞组合字效果如图 3-2 所示。

效果所在位置：云盘 \Ch03\ 飞舞组合字 \ 飞舞组合字 . aep。

扫码查看
本案例视频

扫码查看
扩展案例

图 3-2

1. 输入文字

（1）按 Ctrl+N 组合键，弹出“合成设置”对话框，在“合成名称”文本框中输入“最终效果”，其他选项的设置如图 3-3 所示，单击“确定”按钮，创建一个新的合成“最终效果”。选择“文件 > 导入 > 文件”命令，在弹出的“导入文件”对话框中选择云盘中的“Ch03\ 飞舞组合字 \ (Footage) \01.jpg”文件，如图 3-4 所示，单击“导入”按钮，导入背景图片，并将其拖曳到“时间轴”面板中。

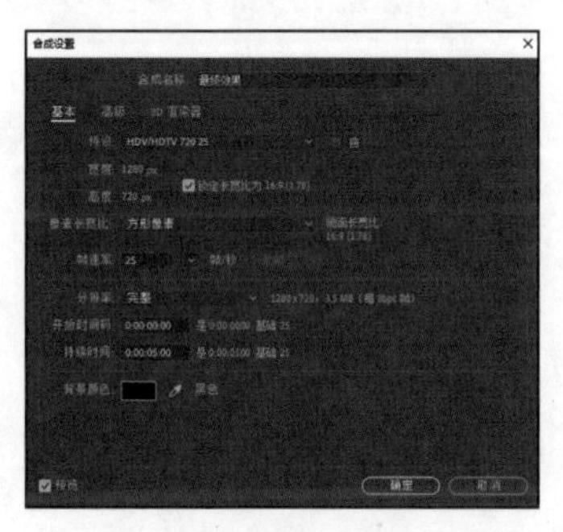

图 3-3

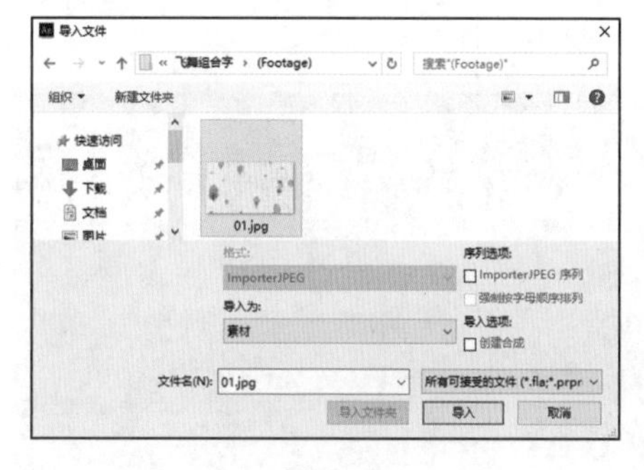

图 3-4

（2）选择“横排文字”工具T，在“合成”面板输入文字“3 月 12 日 全民植树节”，在“字符”面板中，设置“填充颜色”为黄绿色（182、193、0），其他选项的设置如图 3-5 所示。“合成”预览面板中的效果如图 3-6 所示。

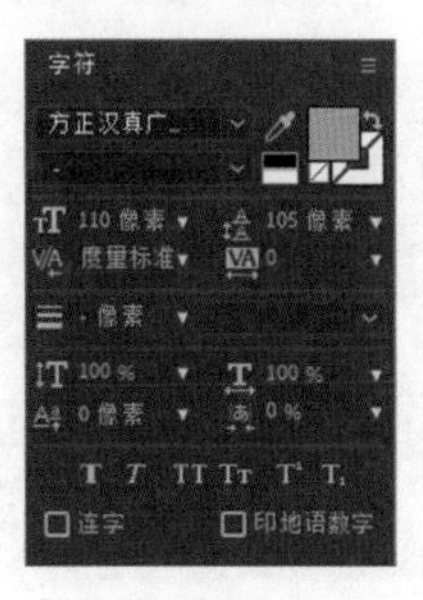

图 3-5

图 3-6

（3）选中文字“3 月 12 日”，在“字符”面板中设置文字参数，如图 3-7 所示。“合成”预览面板中的效果如图 3-8 所示。

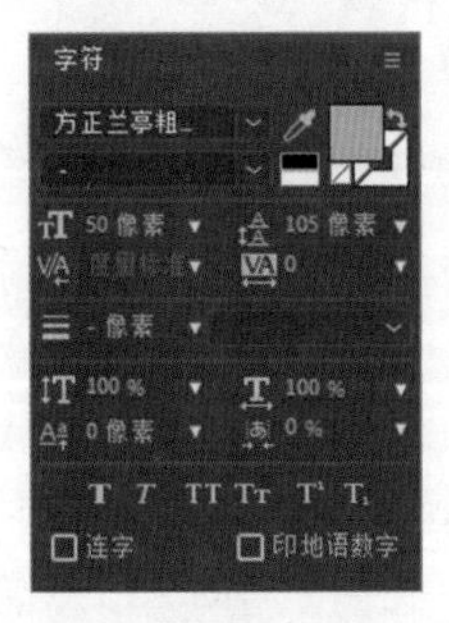

图 3-7

图 3-8

（4）选中文字层，单击“段落”面板中的“右对齐文本”按钮，如图 3-9 所示。“合成”预览面板中的效果如图 3-10 所示。

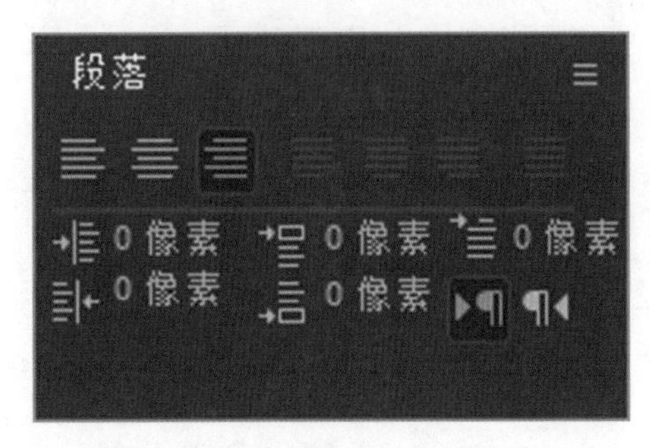

图 3-9

图 3-10

2. 添加关键帧动画

（1）展开文字层“变换”属性，设置“位置”选项的数值为 911.0,282.0，如图 3-11 所示。“合成”预览面板中的效果如图 3-12 所示。

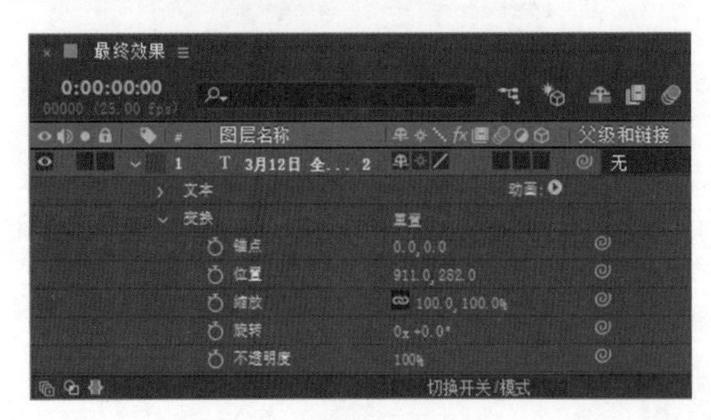

图 3-11

图 3-12

（2）单击“动画”右侧的按钮，在弹出的菜单中选择“锚点”选项，如图 3-13 所示。在“时间轴”面板中会自动添加一个“动画制作工具 1”选项，设置“锚点”选项的数值为 0.0,-30.0，如图 3-14 所示。

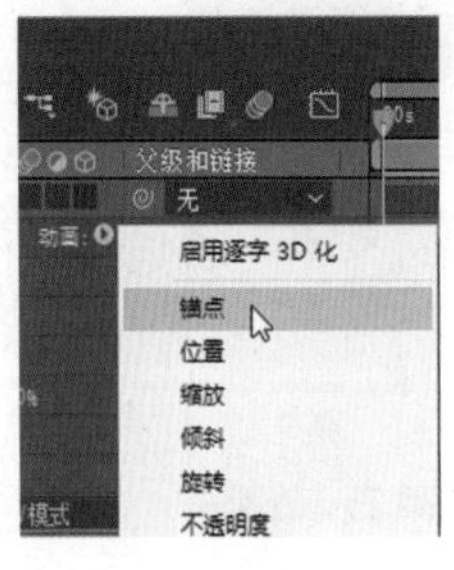

图 3-13

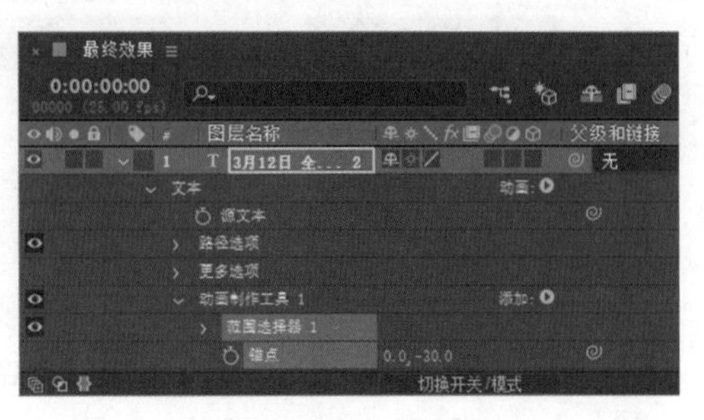

图 3-14

（3）按照上述方法再添加一个“动画制作工具 2”选项。单击“动画制作工具 2”右侧的“添加”按钮，在弹出的菜单中选择“选择器 > 摆动”选项，如图 3-15 所示，展开“摆动选择器 1”属性，设置“摇摆 / 秒”选项的数值为 0.0，“关联”选项的数值为 73%，如图 3-16 所示。

图 3-15

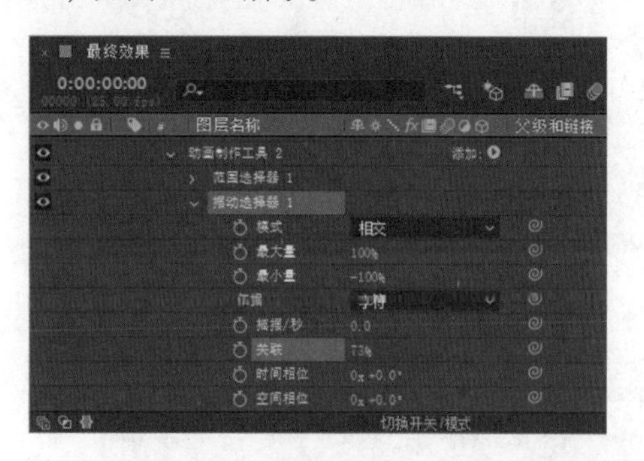

图 3-16

（4）再次单击“添加”按钮，添加“位置”“缩放”“旋转”“填充色相”选项，分别选择后再设定各自的参数值，如图 3-17 所示。在“时间轴”面板中，将时间标签放置在 0:00:03:00 的位置，分别单击这 4 个选项左侧的“关键帧自动记录器”按钮，如图 3-18 所示，记录第 1 个关键帧。

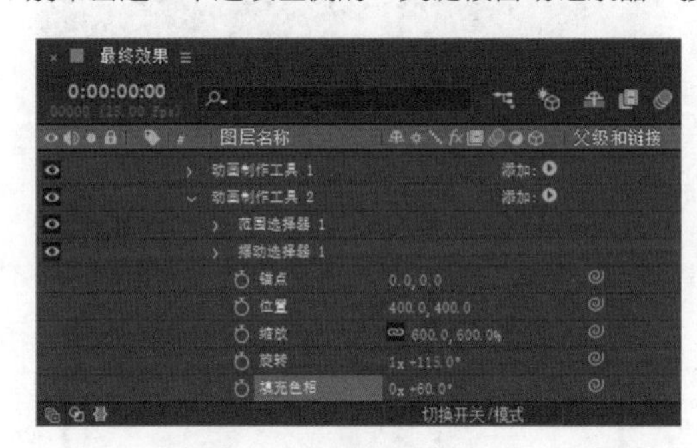

图 3-17

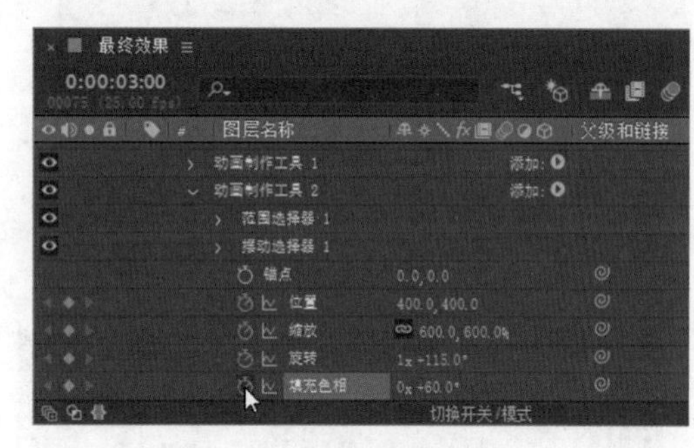

图 3-18

（5）在“时间轴”面板中，将时间标签放置在 0:00:04:00 的位置，设置“位置”选项的数值为 0.0,0.0，“缩放”选项的数值为 100.0,100.0%，“旋转”选项的数值为 0x+0.0°，“填充色相”选项的数值为 0x+0.0°，如图 3-19 所示，记录第 2 个关键帧。

（6）展开“摆动选择器 1”属性，将时间标签放置在 0:00:00:00 的位置，分别单击“时间相位”和“空间相位”选项左侧的“关键帧自动记录器”按钮，记录第 1 个关键帧。设置“时间相位”选项的数值为 2x+0.0°，“空间相位”选项的数值为 2x+0.0°，如图 3-20 所示。

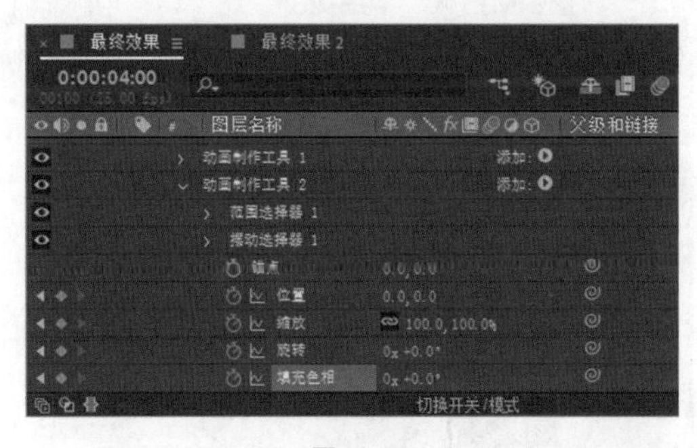

图 3-19

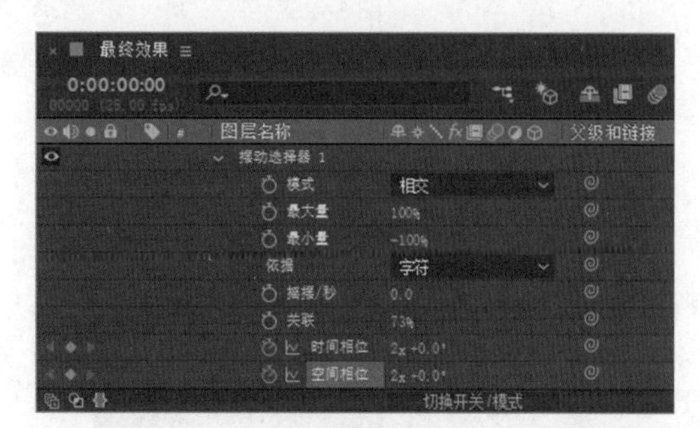

图 3-20

（7）将时间标签放置在 0:00:01:00 的位置，如图 3-21 所示，在“时间轴”面板中，设置“时间相位”选项的数值为 2x+200.0°，“空间相位”选项的数值为 2x+150.0°，如图 3-22 所示，记录第 2 个关键帧。将时间标签放置在 0:00:02:00 的位置，设置“时间相位”选项的数值为 3x+160.0°，“空间相位”选项的数值为 3x+125.0°，如图 3-23 所示，记录第 3 个关键帧。将时间标签放置在 0:00:03:00 的位置，设置“时间相位”选项的数值为 4x+150.0°，“空间相位”选项的数值为 4x+110.0°，如图 3-24 所示，记录第 4 个关键帧。

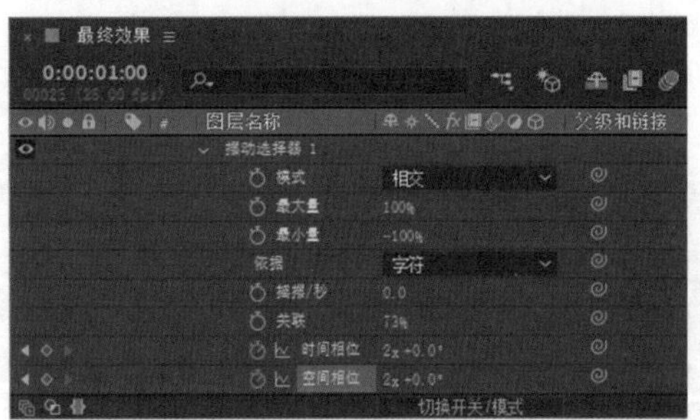

图 3-21

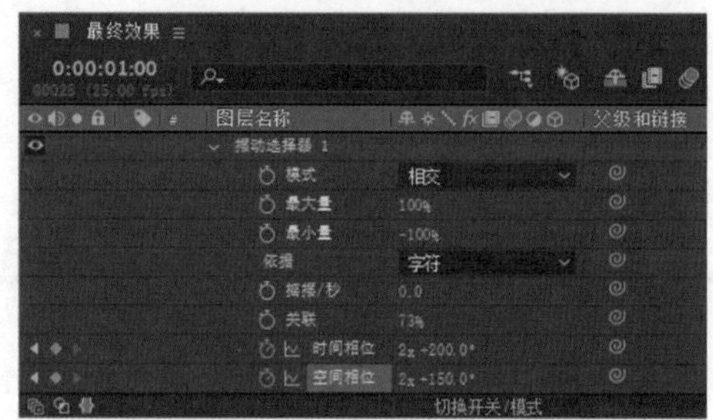

图 3-22

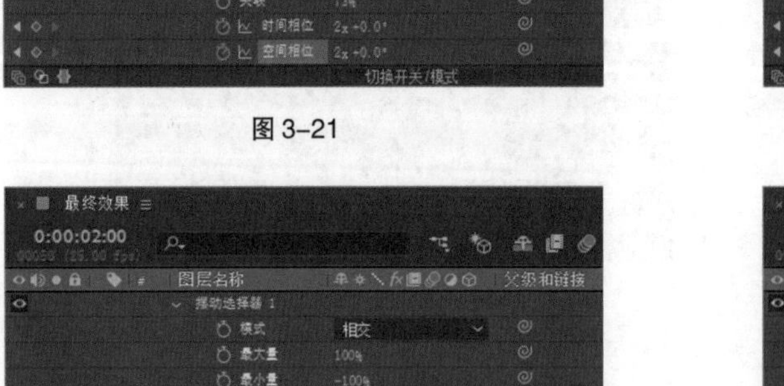

图 3-23

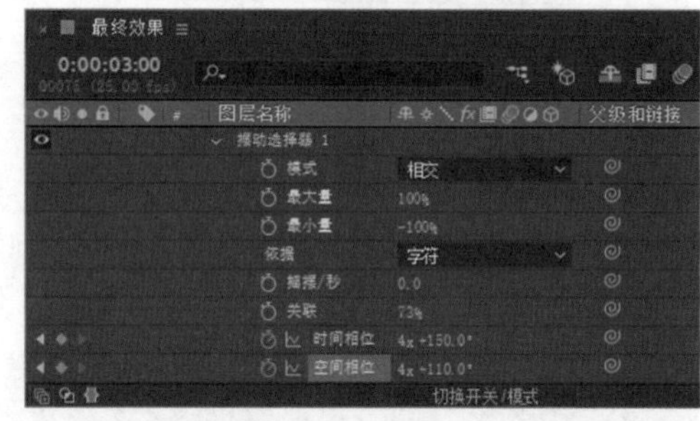

图 3-24

3. 添加立体效果

（1）选中文字层，选择“效果 > 透视 > 斜面 Alpha”命令，在“效果控件”面板中设置参数，如图 3-25 所示。“合成”预览面板中的效果如图 3-26 所示。

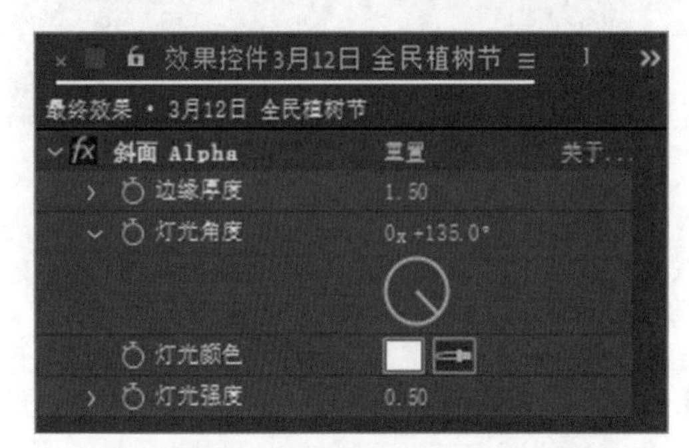

图 3-25

图 3-26

（2）选择“效果 > 透视 > 投影”命令，在“效果控件”面板中设置参数，如图 3-27 所示。“合成”预览面板中的效果如图 3-28 所示。

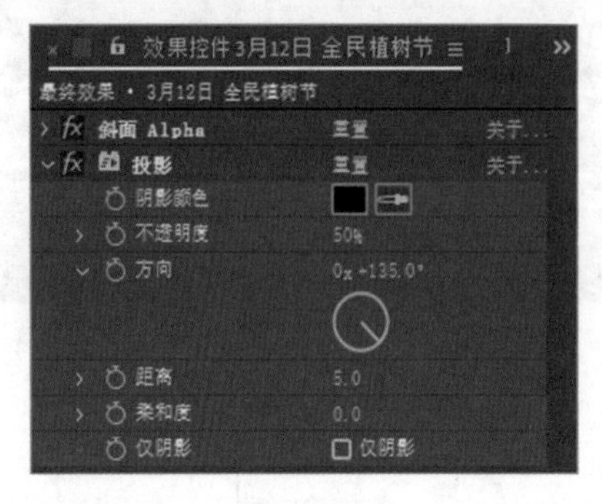

图 3-27

图 3-28

（3）在“时间轴”面板中单击“运动模糊”按钮，将其激活。单击“文字”层右侧的“运动模糊”按钮，如图 3-29 所示。飞舞组合字制作完成，如图 3-30 所示。

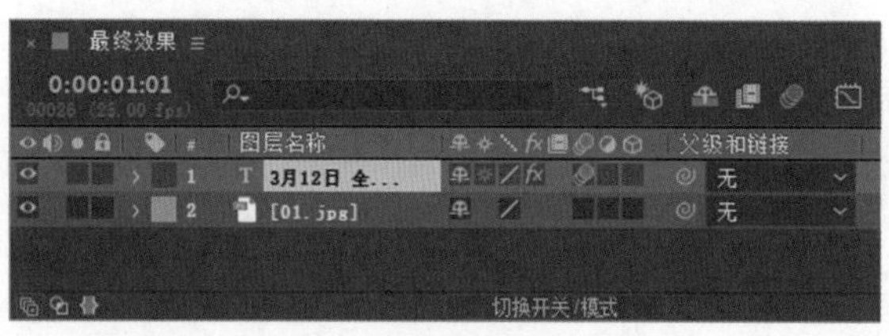

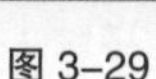

图 3-29

图 3-30

3.2.2 素材放置

素材只有放入“时间轴”中才可以进行编辑。将素材放入“时间轴”的方法如下。

（1）将素材直接从“项目”面板拖曳到“合成”预览面板中，如图 3-31 所示，可以决定素材在合成画面中的位置。

（2）在“项目”面板中拖曳素材到合成层上，如图 3-32 所示。

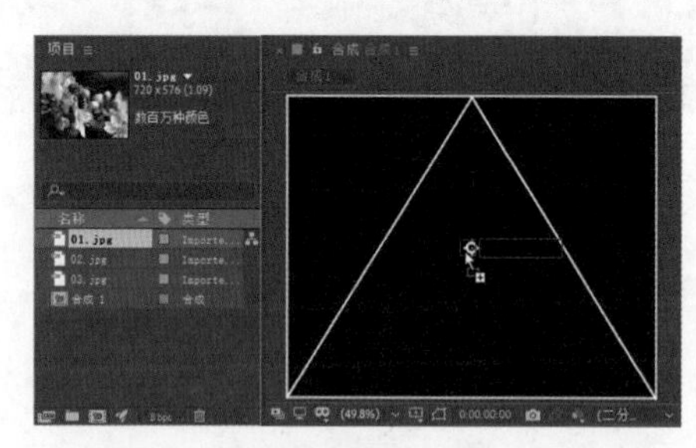

图 3-31

图 3-32

（3）在“项目”面板选中素材，按 Ctrl+ / 组合键，将所选素材置入当前“时间轴”面板中。

（4）将素材从“项目”面板拖曳到“时间轴”面板区域，在未松开鼠标时，“时间轴”面板中会显示一条蓝色线，根据它所在的位置可以决定置入哪一层，如图 3-33 所示。

（5）将素材从“项目”面板拖曳到“时间轴”面板，在未松开鼠标时，不仅出现一条蓝色线，用于决定置入到哪一层，同时还会在时间标尺处显示时间指针，用于决定素材入场的时间，如图 3-34 所示。

图 3-33

图 3-34

（6）在“项目”面板中双击素材，通过“素材”预览面板打开素材，单击、两个按钮设置素材的入点和出点，再单击“波纹插入编辑”按钮或者“叠加编辑”按钮将素材插入“时间轴”面板，如图 3-35 所示。

图 3-35

3.2.3 改变图层顺序

改变图层顺序的方式有以下两种。

（1）在“时间轴”面板中选择层，将其上下拖曳到适当的位置，可以改变图层顺序，注意观察蓝色水平线的位置，如图 3-36 所示。

（2）在“时间轴”面板中选择层，通过菜单命令或快捷键移动上下层位置。

① 选择“图层 > 排列 > 将图层置于顶层”命令，或按 Ctrl+Shift+] 组合键将层移到最上方。

② 选择“图层 > 排列 > 将图层前移一层”命令，或按 Ctrl+] 组合键将层往上移一层。

③ 选择“图层 > 排列 > 将图层后移一层”命令，或按 Ctrl+ [组合键将层往下移一层。

④ 选择“图层 > 排列 > 将图层置于底层”命令，或按 Ctrl+Shift+ [组合键将层移到最下方。

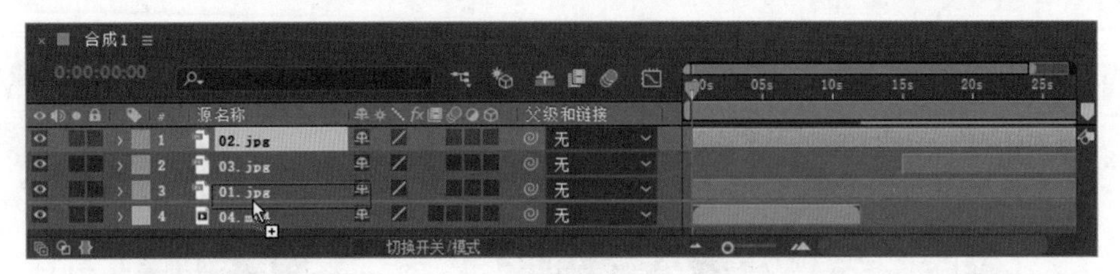

图 3-36

3.2.4 复制层与替换层

1. 复制层

方法一如下。

（1）选中层，选择“编辑 > 复制”命令，或按 Ctrl+C 组合键复制层。

（2）选择“编辑 > 粘贴”命令，或按 Ctrl+V 组合键粘贴层，粘贴出来的新层将保持开始所选层的所有属性。

方法二如下。

选中层，选择“编辑 > 重复”命令，或按 Ctrl+D 组合键快速复制层。

2. 替换层

方法一如下。

在“时间轴”面板中选择需要替换的层，在“项目”面板中，按住 Alt 键的同时，拖曳替换的新素材到“时间轴”面板，如图 3-37 所示。

方法二如下。

（1）在“时间轴”面板中选择需要替换的层，单击鼠标右键，在弹出菜单中选择“显示 > 在项目流程图中显示图层”命令，打开“流程图”面板。

（2）在“项目”面板中，拖曳替换的新素材到“流程图”面板中目标层图标上方，如图 3-38 所示。

图 3-37

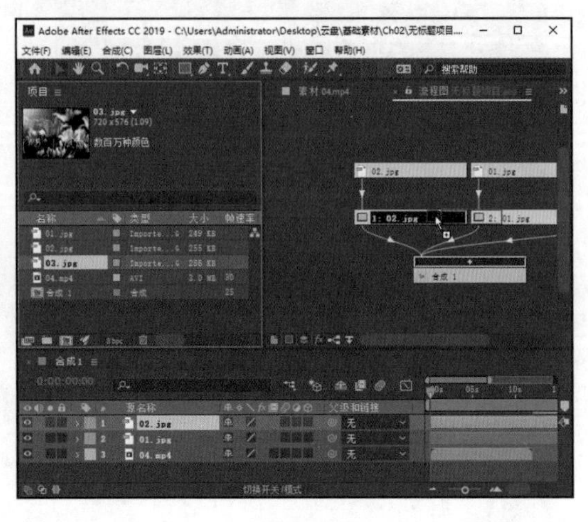

图 3-38

3.2.5 让层自动适合合成图像尺寸

让层自动适合合成图像尺寸的具体方法如下。

（1）选择图层，选择“图层 > 变换 > 适合复合”命令，或按 Ctrl+Alt+F 组合键实现层尺寸与图像尺寸完全适配，如果层的长宽比与合成图像长宽比不一致，将导致层图像变形，如图 3–39 所示。

（2）选择“图层 > 变换 > 适合复合宽度”命令，或按 Ctrl+Alt+Shift+H 组合键实现层宽与合成图像宽适配，如图 3–40 所示。

（3）选择“图层 > 变换 > 适合复合高度”命令，或按 Ctrl+Alt+Shift+G 组合键实现层高与合成图像高适配，如图 3–41 所示。

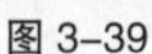

图 3–39

图 3–40

图 3–41

3.2.6 层与层对齐和自动分布功能

选择“窗口 > 对齐”命令，弹出“对齐”面板，如图 3–42 所示。“对齐”面板上的按钮第一行从左到右分别为“左对齐”按钮、“水平对齐”按钮、“右对齐”按钮、“顶对齐”按钮、“垂直对齐”按钮、“底对齐”按钮；第二行从左到右分别为“按顶分布”按钮、“垂直均匀分布”按钮、“按底分布”按钮、“按左分布”按钮、“水平均匀分布”按钮和“水平向右分布”按钮。使层与层对齐和自动分布的具体步骤如下。

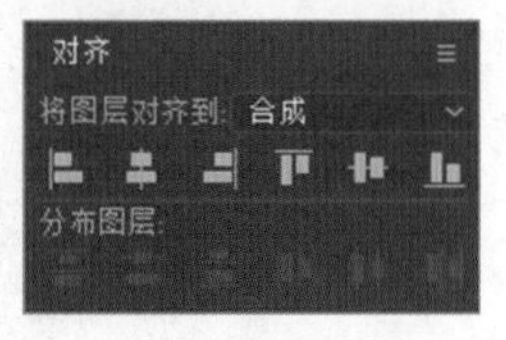

图 3–42

（1）在“时间轴”面板，选择第 1 层，按住 Shift 键的同时选择第 4 层，同时选中 1~4 层所有文本层，如图 3–43 所示。

（2）单击“对齐”面板中的“水平对齐”按钮，将所选中的层水平居中对齐；再次单击“垂直均匀分布”按钮，以“合成”预览面板画面位置最上层和最下层为基准，平均分布中间两层，使垂直间距一致，如图 3–44 所示。

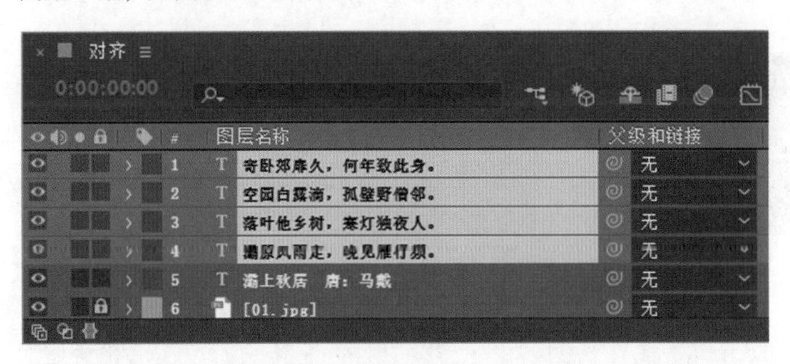

图 3–43

图 3–44

3.3 关键帧

在 After Effects CC 2019 中，可以添加、选择和编辑关键帧，还可以使用关键帧自动记录器来记录关键帧。下面将对关键帧的基本操作进行具体讲解。

3.3.1 课堂案例——旅游广告

案例学习目标：学习编辑关键帧，以及使用关键帧制作飞机运行效果。

案例知识要点：通过层编辑飞机位置或方向；使用“动态草图”命令绘制动画路径并自动添加关键帧；使用“平滑器”命令自动减少关键帧。旅游广告效果如图 3-45 所示。

效果所在位置：云盘 \Ch03\ 旅游广告 \ 旅游广告 .aep。

图 3-45

（1）按 Ctrl+N 组合键，弹出“合成设置”对话框，在“合成名称”文本框中输入“效果”，其他选项的设置如图 3-46 所示，单击“确定”按钮，创建一个新的合成“效果”。选择“文件 > 导入 > 文件”命令，在弹出的“导入文件”对话框中，选择云盘中的“Ch03\ 旅游广告 \ (Footage) \01.jpg ~ 04.png”文件，单击“导入”按钮，将图片导入“项目”面板中，如图 3-47 所示。

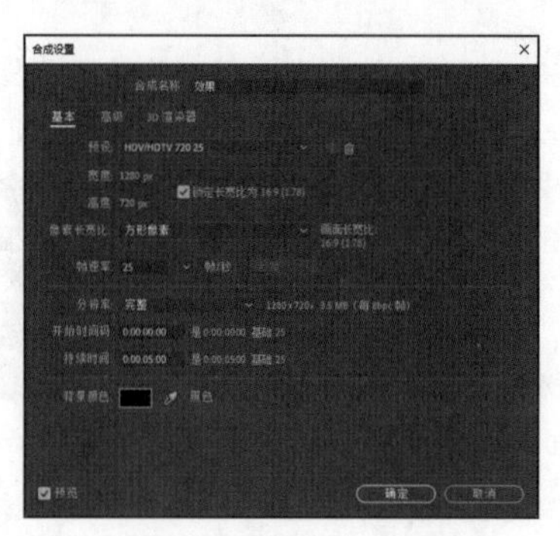

图 3-46

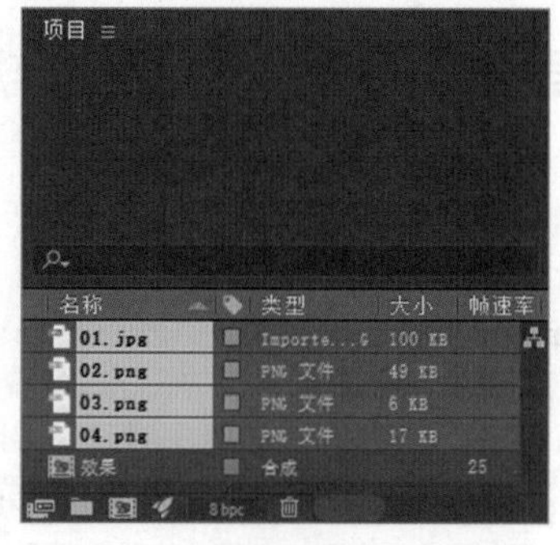

图 3-47

（2）在“项目”面板中，选中“01.jpg”“02.png”和“03.png”文件，并将它们拖曳到“时间轴”面板中，层的排列如图 3-48 所示。选中“02.png”层，按 P 键，展开“位置”属性，设置“位置”选项的数值为 705.0,334.0，如图 3-49 所示。

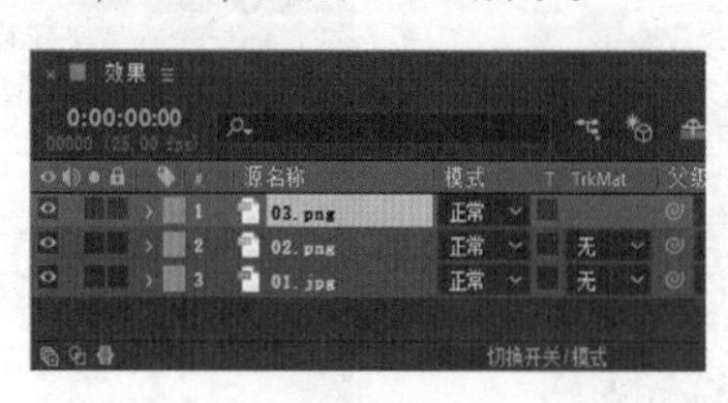

图 3-48

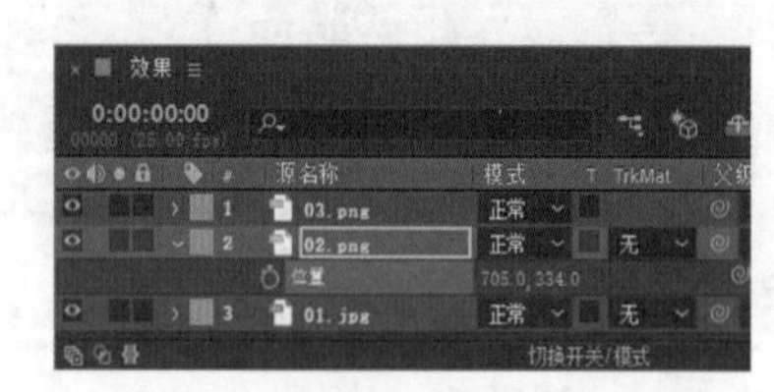

图 3-49

（3）选中“03.png”层，选择“向后平移（锚点）”工具，在“合成”预览面板中按住鼠标左键，调整飞机的中心点位置，如图 3-50 所示。按 P 键，展开“位置”属性，设置“位置”选项的数值为 909.0,685.0，如图 3-51 所示。

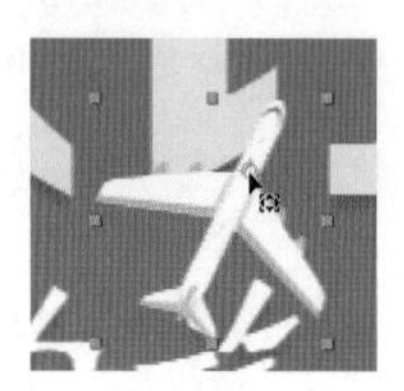

图 3-50

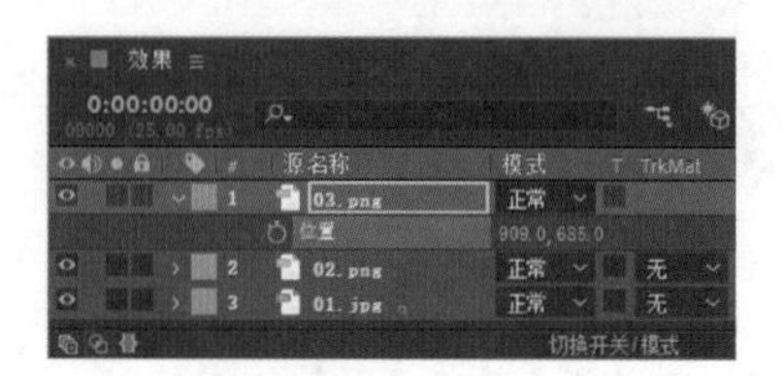

图 3-51

（4）按 R 键，展开“旋转”选项，设置“旋转”选项的数值为 0x−57.0° ，如图 3−52 所示。“合成”预览面板中的效果如图 3−53 所示。

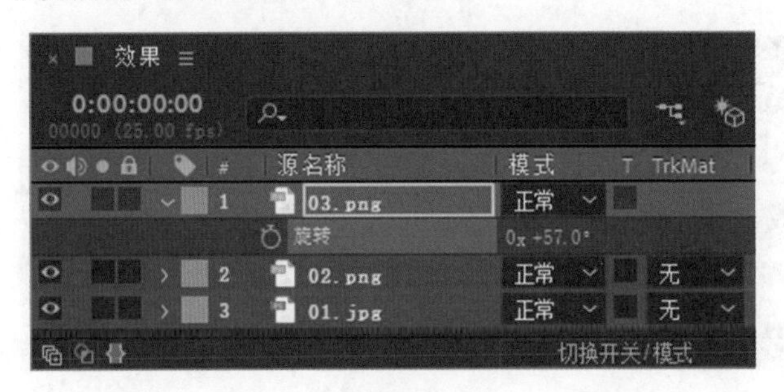

图 3−52

图 3−53

（5）选择“窗口 > 动态草图”命令，弹出“动态草图”面板，在面板中设置参数，如图 3−54 所示，单击“开始捕捉”按钮。当“合成”预览面板中的鼠标指针变成十字形状时，在面板中绘制运动路径，如图 3−55 所示。

图 3−54

图 3−55

（6）选择“图层 > 变换 > 自动定向”命令，弹出“自动方向”对话框，在对话框中选择“沿路径定向”选项，如图 3−56 所示，单击“确定”按钮。“合成”预览面板中的效果如图 3−57 所示。

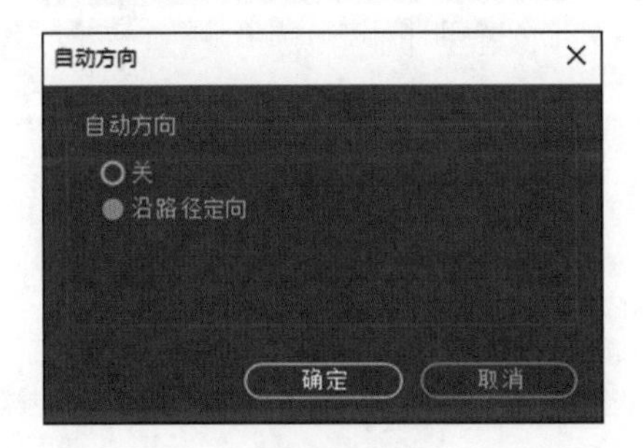

图 3−56

图 3−57

（7）按 P 键，展开“位置”属性，单击属性名称，用框选的方法选中所有的关键帧。选择“窗口 > 平滑器”命令，打开“平滑器”面板，在对话框中设置参数，如图 3−58 所示，单击“应用”按钮。“合成”预览面板中的效果如图 3−59 所示。设置完成后动画就会更加流畅。

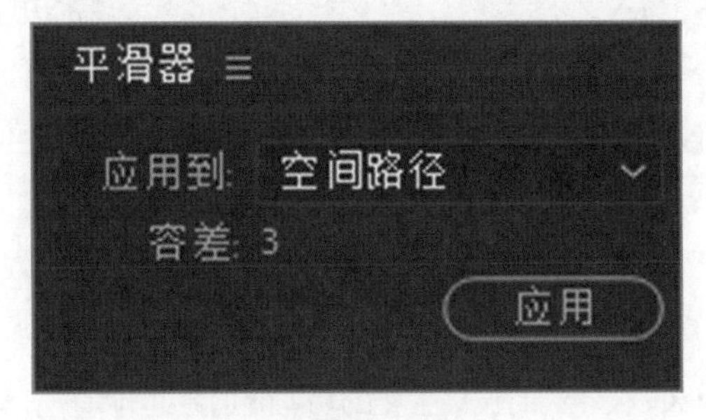

图 3−58

图 3−59

（8）在“项目”面板中选中“04.png”文件，将其拖曳到“时间轴”面板中，如图 3-60 所示。“合成”预览面板中的效果如图 3-61 所示。旅游广告制作完成。

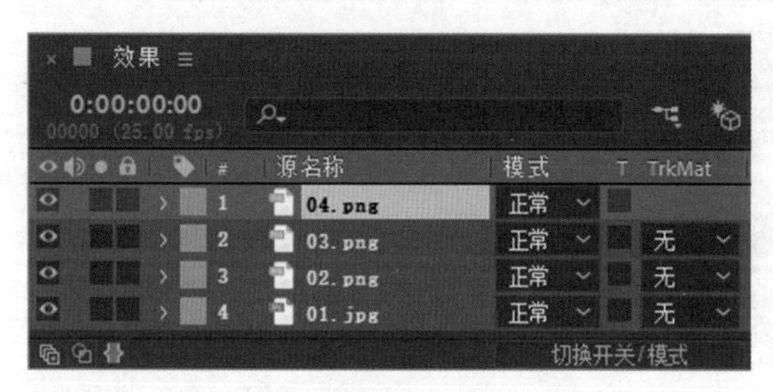

图 3-60

图 3-61

3.3.2 关键帧自动记录器

After Effects CC 2019 提供了非常丰富的用于调整和设置层的各个属性的手段，但在普通状态下，这种设置被看作是针对整个持续时间的，如果要进行动画处理，则必须单击“关键帧自动记录器”按钮，记录两个或两个以上的含有不同变化信息的关键帧，如图 3-62 所示。

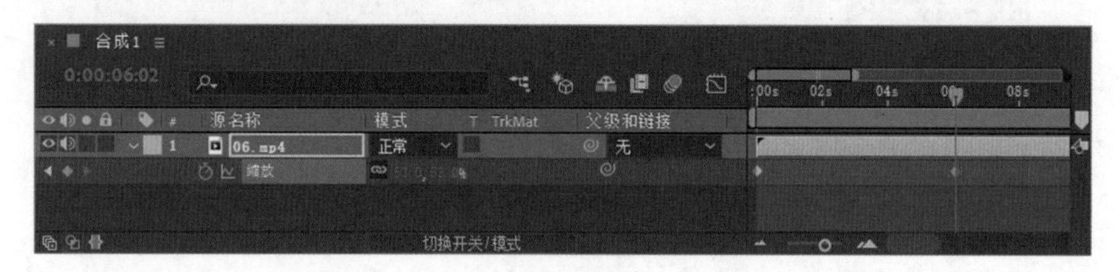

图 3-62

如果关键帧自动记录器为启用状态，则此时 After Effects 将自动记录当前时间标签下该层该属性的所有变动，形成关键帧。如果关闭属性的关键帧自动记录器，则此属性的所有已有的关键帧将被删除，由于缺少关键帧，动画信息丢失，再次调整属性时，会针对整个持续时间进行调整。

3.3.3 添加关键帧

添加关键帧的方法有很多，基本方法是首先激活某属性的关键帧自动记录器，在当前时间标签处将形成关键帧，然后改变属性值，具体操作步骤如下。

（1）选择某层，通过单击小箭头按钮或按属性的快捷键，展开层的属性。

（2）将当前的时间标签移动到建立第 1 个关键帧的时间位置。

（3）单击某属性的“关键帧自动记录器”按钮，当前时间标签位置将产生第 1 个关键帧，调整此属性到合适值。

（4）将当前时间标签移动到建立下一个关键帧的时间位置，在“合成”预览面板或者“时间轴”面板调整相应的层属性，关键帧将自动产生。

（5）按 0 键，预览动画。

提示：如果某层的蒙版属性打开了关键帧自动记录器，那么在“合成”预览面板中调整蒙版时也会产生关键帧信息。

另外，单击“时间轴”控制区中的关键帧面板中间的按钮，可以添加关键帧；如果是在已经有关键帧的情况下单击此按钮，则会将已有的关键帧删除，其组合键是 Alt+Shift+ 属性快捷键，如 Alt+Shift+P 组合键。

3.3.4 关键帧导航

在上一小节中，提到了“时间轴”控制区的关键帧面板，此面板最主要的功能就是关键帧导航，通过关键帧导航可以快速跳转到上一个或下一个关键帧位置，还可以方便地添加或者删除关键帧。如果此面板没有显示，则单击“时间轴”面板左上方的按钮☰，在弹出的列表中选择“列数 > A/V 功能”命令，即可打开此面板，如图 3-63 所示。

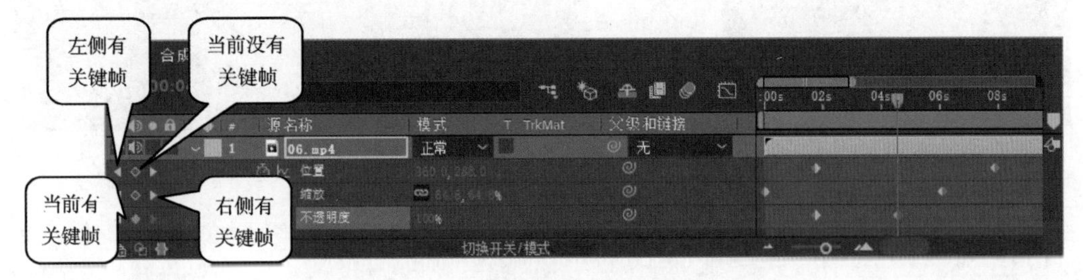

图 3-63

提示：既然要对关键帧进行导航操作，就必须将关键帧呈现出来，按 U 键，可以展示层中所有的关键帧动画信息。

单击按钮◀跳转到上一个关键帧位置，其快捷键是 J。
单击按钮▶跳转到下一个关键帧位置，其快捷键是 K。

提示：关键帧导航按钮仅针对本属性的关键帧进行导航，而快捷键 J 和 K 则可以针对画面中展现的所有关键帧进行导航，这是有区别的。

“在当前时间添加或移除关键帧”按钮◇：当前无关键帧，单击此按钮将生成关键帧。
“在当前时间添加或移除关键帧”按钮◆：当前已有关键帧，单击此按钮将删除关键帧。

3.3.5 选择关键帧

1. 选择单个关键帧

在“时间轴”面板中，展开某个含有关键帧的属性，用鼠标单击某个关键帧，此关键帧即被选中。

2. 选择多个关键帧

选择关键帧的方法有以下两种。

（1）在“时间轴”面板中，按住 Shift 键的同时，逐个选择关键帧，即可完成多个关键帧的选择。

（2）在“时间轴”面板中，用鼠标拖曳出一个选取框，选取框内的所有关键帧即被选中，如图 3-64 所示。

3. 选择所有关键帧

单击层属性名称，即可选择所有关键帧，如图 3-65 所示。

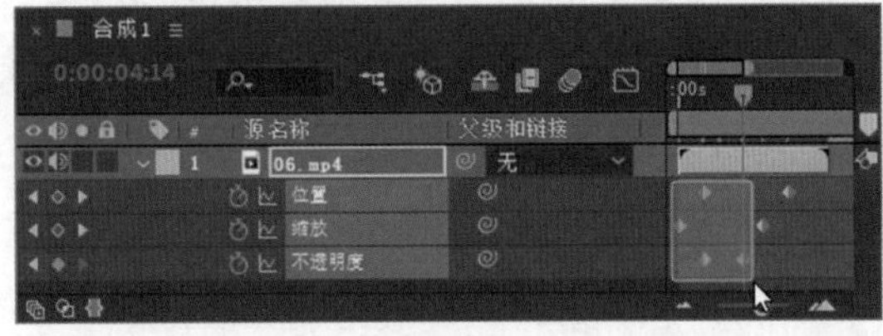

图 3-64

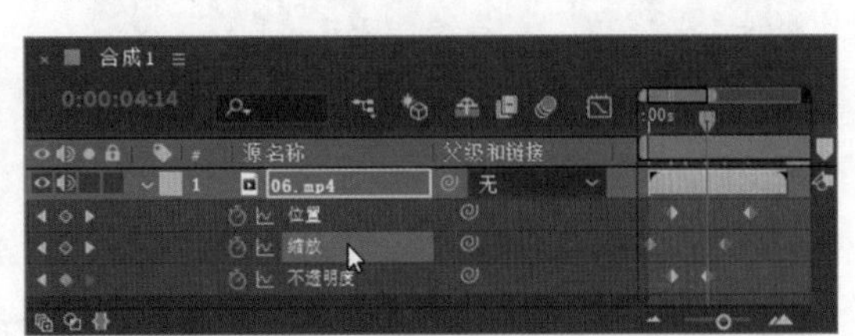

图 3-65

3.3.6 编辑关键帧

1. 编辑关键帧值

在关键帧上双击鼠标，在弹出的对话框中进行设置，可编辑关键帧值，如图 3-66 所示。

提示：不同的属性对话框中呈现的内容也会不同，图 3-66 展现的是双击“位置”属性关键帧时弹出的对话框。

如果在“合成”预览面板或者“时间轴”面板中调整关键帧，就必须先选中当前关键帧，否则编辑关键帧操作将变成生成新的关键帧操作，如图 3-67 所示。

图 3-66

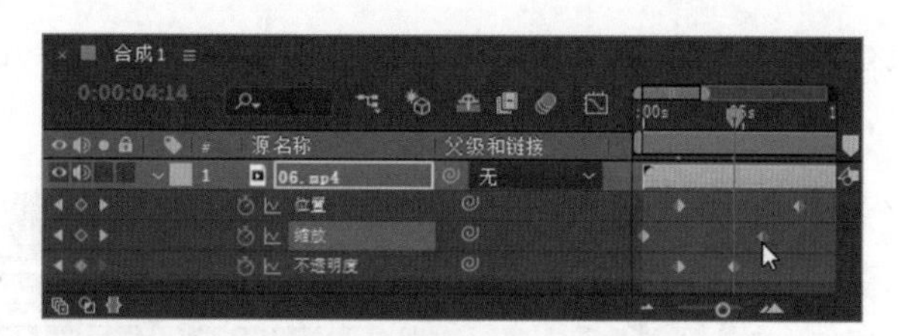

图 3-67

提示： 如果按住 Shift 键的同时移动当前时间标签，当前标签将自动对齐最近的一个关键帧；如果按住 Shift 键的同时移动关键帧，关键帧将自动对齐当前时间标签。

同时改变某属性的几个或所有关键帧的值，还需要同时选中这几个或者所有关键帧，并确定当前时间标签刚好对齐被选中的某一个关键帧，再进行修改，如图 3-68 所示。

图 3-68

2. 移动关键帧

选中单个或者多个关键帧，按住鼠标左键，将其拖曳到目标时间位置即可移动关键帧。还可以按住 Shift 键的同时锁定到当前时间标签位置。

3. 复制关键帧

复制关键帧操作可以大大提高创作效率，避免一些重复性的操作，但是在粘贴操作前一定要注意当前选择的目标层、目标层的目标属性以及当前时间标签所在位置，因为这是粘贴操作的重要依据。复制关键帧的具体操作步骤如下。

（1）选中要复制的单个帧或多个关键帧，甚至是多个属性的多个关键帧，如图 3-69 所示。

（2）选择"编辑 > 复制"命令，将选中的多个关键帧复制。选择目标层，将时间标签移动到目标时间位置，如图 3-70 所示。

图 3-69

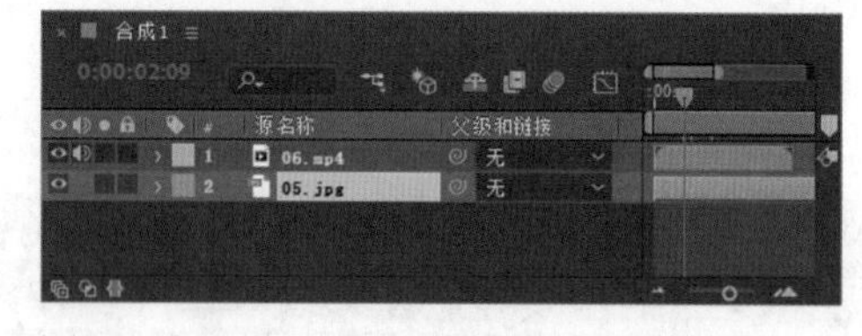

图 3-70

（3）选择"编辑 > 粘贴"命令，将复制的关键帧粘贴，按 U 键显示所有关键帧，如图 3-71 所示。

提示： 关键帧不仅可以粘贴到本层属性上，也可以粘贴到其他相同属性上。如果复制粘贴到本层或其他层的属性，那么两个属性的数据类型必须是一致的才可以操作。例如，将某个二维层的"位置"动画关键帧复制粘贴到另一个二维层的"锚点"属性上，由于两个属性的数据类型是一致的（都是 x 轴向和 y 轴向的两个值），所以可以实现复制操作，只要粘贴操作前选中目标层的目标属性即可，如图 3-72 所示。

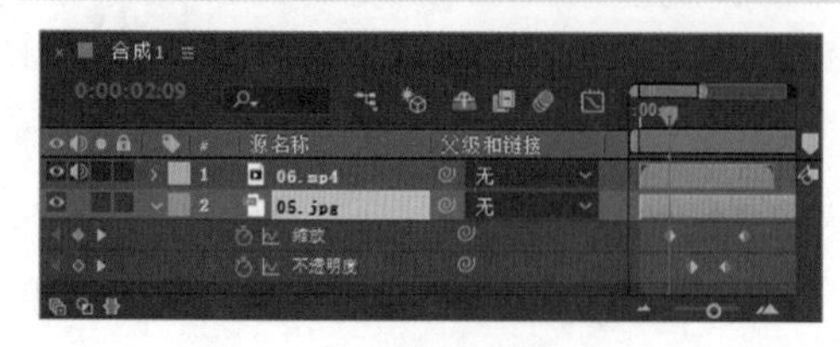

图 3-71

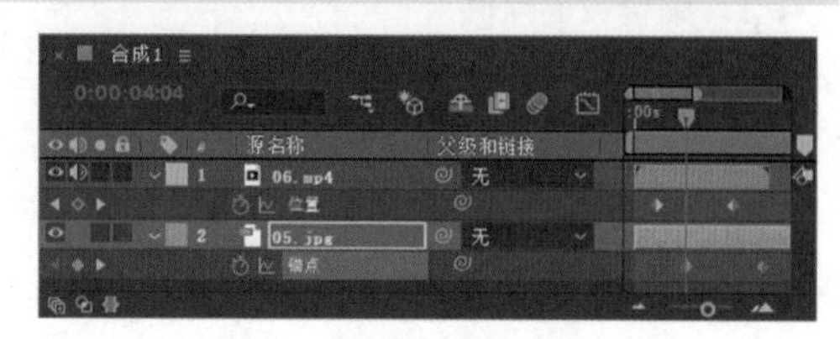

图 3-72

提示：如果粘贴的关键帧与目标层上的关键帧在同一时间位置，将覆盖目标层上原来的关键帧。另外，层的属性值在无关键帧时也可以进行复制，通常用于统一不同层间的属性。

4. 删除关键帧

删除关键帧的方法有以下几种。

（1）选中需要删除的单个或多个关键帧，选择“编辑 > 清除”命令，进行删除操作。

（2）选中需要删除的单个或多个关键帧，按 Delete 键，即可完成删除操作。

（3）当前时间帧对齐关键帧，关键帧面板中的添加删除关键帧按钮呈现状态，单击此状态下的这个按钮将删除当前关键帧，或按 Alt+Shift+ 属性快捷键，例如 Alt+Shift+P 组合键。

（4）如果要删除某属性的所有关键帧，则单击属性的名称选中全部关键帧，然后按 Delete 键；单击关键帧属性前的“关键帧自动记录器”按钮，将其关闭，也可删除关键帧。

3.4 属性动画

在 After Effects 中，层的 5 个基本变换属性分别是锚点、位置、缩放、旋转和不透明度。下面将对这 5 个基本变换属性和关键帧动画进行讲解。

3.4.1 课堂案例——海上动画

案例学习目标：学习层的 5 个基本变换属性和关键帧动画。

案例知识要点：使用“导入”命令，导入素材；利用“位置”属性制作波浪动画；利用“位置”属性、“不透明度”属性和“缩放”属性制作最终效果。海上动画效果如图 3-73 所示。

效果所在位置：云盘 \Ch03\ 海上动画 \ 海上动画 . aep。

图 3-73

1. 导入素材并制作波浪动画

（1）按 Ctrl+N 组合键，弹出“合成设置”对话框，在“合成名称”文本框中输入“波浪动画”，其他选项的设置如图 3-74 所示，单击“确定”按钮，创建一个新的合成“波浪动画”。选择“文件 > 导入 > 文件”命令，弹出“导入文件”对话框，选择云盘中的“Ch03\ 海上动画 \ (Footage) \01.jpg ~ 08.png”文件，如图 3-75 所示，单击“导入”按钮，将图片导入“项目”面板中。

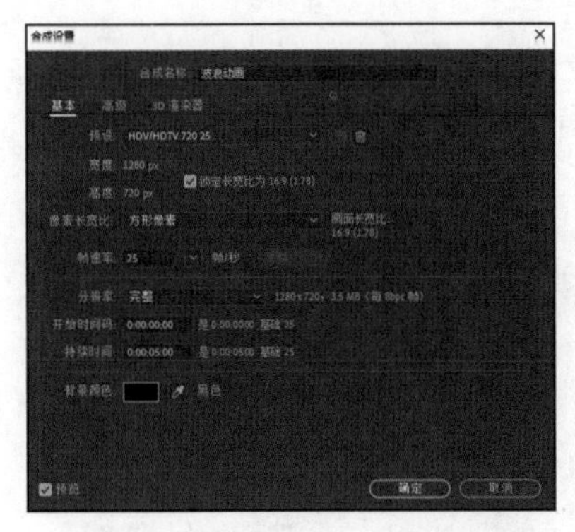

图 3-74

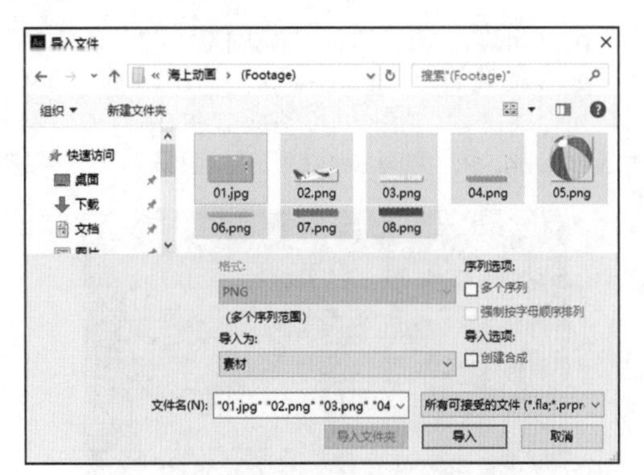

图 3-75

（2）在“项目”面板中，选中“04.png”“05.png”“06.png”“07.png”和“08.png”文件并将它们拖曳到“时间轴”面板中，层的排列如图 3-76 所示。“合成”预览面板中的效果如图 3-77 所示。

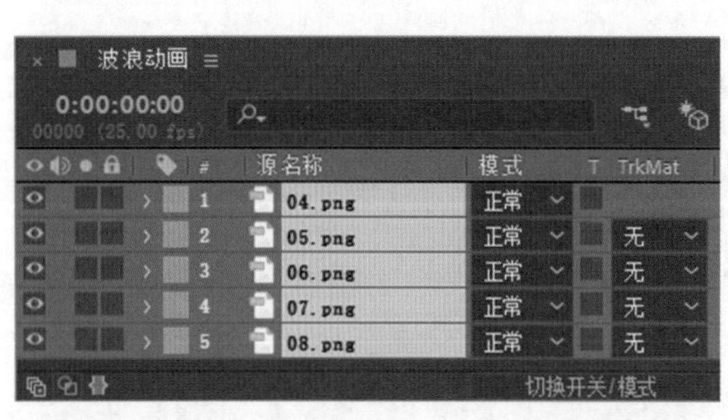

图 3-76

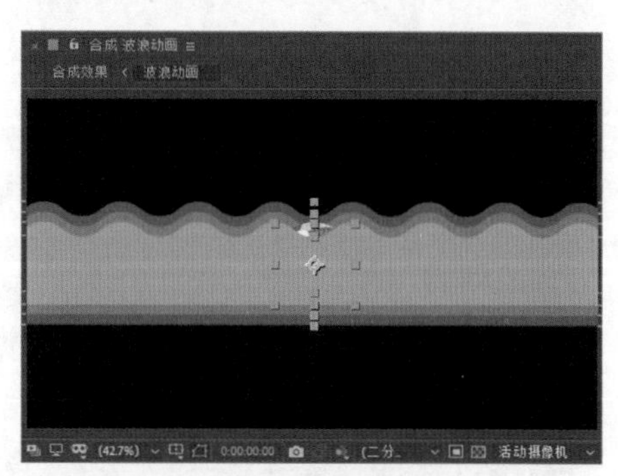

图 3-77

（3）选中“08.png”层，按 P 键，展开“位置”属性，设置“位置”选项的数值为 514.0,510.7，如图 3-78 所示。“合成”预览面板中的效果如图 3-79 所示。

图 3-78

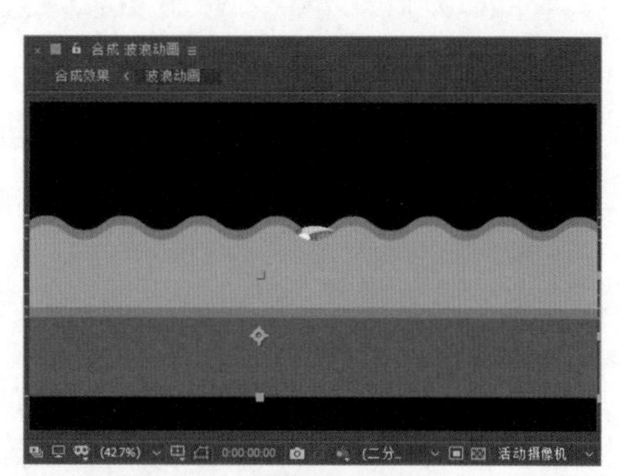

图 3-79

（4）保持时间标签在 0:00:00:00 的位置，单击“位置”选项左侧的“关键帧自动记录器”按钮，如图 3-80 所示，记录第 1 个关键帧。将时间标签放置在 0:00:04:24 的位置，在“时间轴”面板中设置“位置”选项的数值为 758.0,510.7，如图 3-81 所示，记录第 2 个关键帧。

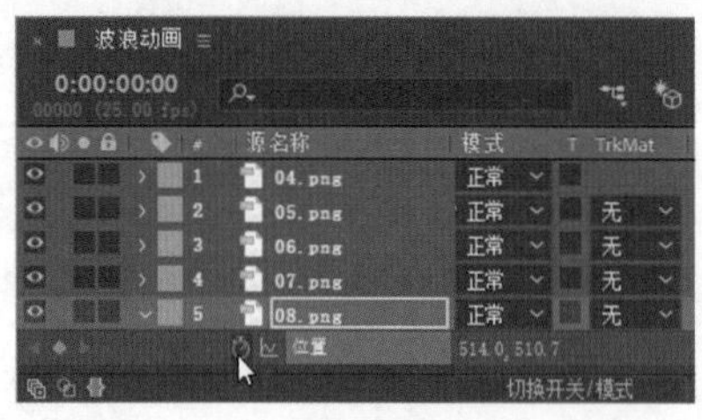

图 3-80

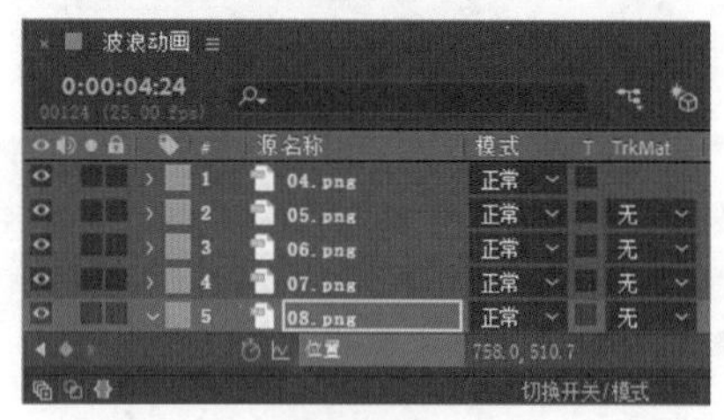

图 3-81

（5）将时间标签放置在 0:00:00:00 的位置，选中“07.png”层，按 P 键，展开“位置”属性，设置“位置”选项的数值为 735.6,546.9，单击“位置”选项左侧的“关键帧自动记录器”按钮，如图 3-82 所示，记录第 1 个关键帧。将时间标签放置在 0:00:04:24 的位置，在“时间轴”面板中设置“位置”选项的数值为 547.6,546.9，如图 3-83 所示，记录第 2 个关键帧。

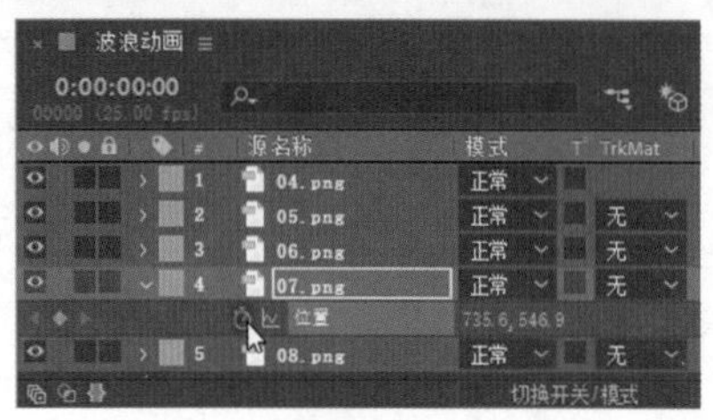

图 3-82

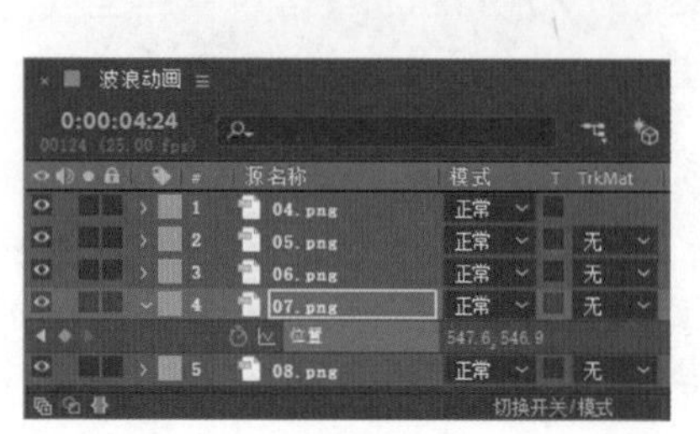

图 3-83

（6）将时间标签放置在0:00:00:00的位置，选中“06.png”层，按P键，展开“位置”属性，设置“位置”选项的数值为514.0,552.7，单击“位置”选项左侧的“关键帧自动记录器”按钮，如图3–84所示，记录第1个关键帧。将时间标签放置在0:00:04:24的位置，在“时间轴”面板中设置“位置”选项的数值为763.0,552.7，如图3–85所示，记录第2个关键帧。

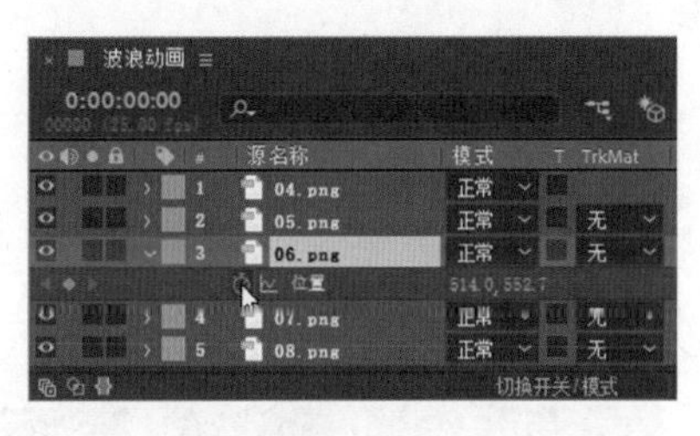

图3–84

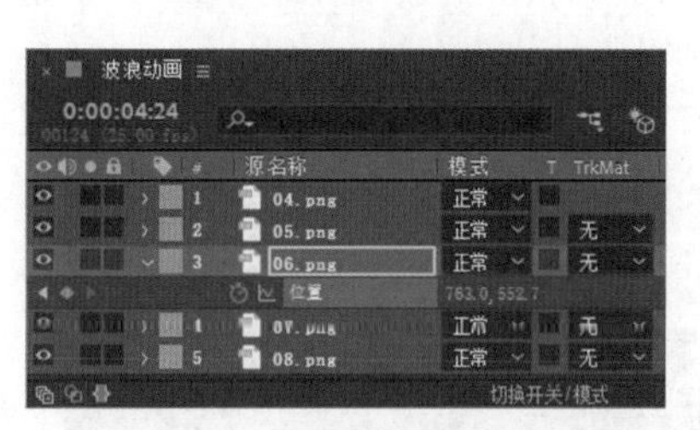

图3–85

（7）将时间标签放置在0:00:00:00的位置，选中“05.png”层，按P键，展开“位置”属性，设置“位置”选项的数值为222.8,535.3，单击“位置”选项左侧的“关键帧自动记录器”按钮，如图3–86所示，记录第1个关键帧。将时间标签放置在0:00:02:00的位置，单击“在当前时间添加或移除关键帧”按钮，如图3–87所示，记录第2个关键帧。用相同的方法在0:00:04:00的位置添加第3个关键帧。

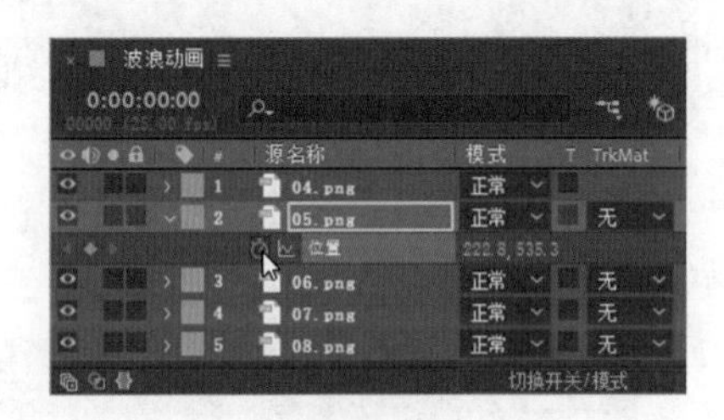

图3–86

图3–87

（8）将时间标签放置在0:00:01:00的位置，在“时间轴”面板中设置“位置”选项的数值为222.8,575.3，如图3–88所示，记录第4个关键帧。将时间标签放置在0:00:03:00的位置，在“时间轴”面板中设置“位置”选项的数值为222.8,575.3，如图3–89所示，记录第5个关键帧。将时间标签放置在0:00:04:24的位置，在“时间轴”面板中设置“位置”选项的数值为222.8,575.3，如图3–90所示，记录第6个关键帧。

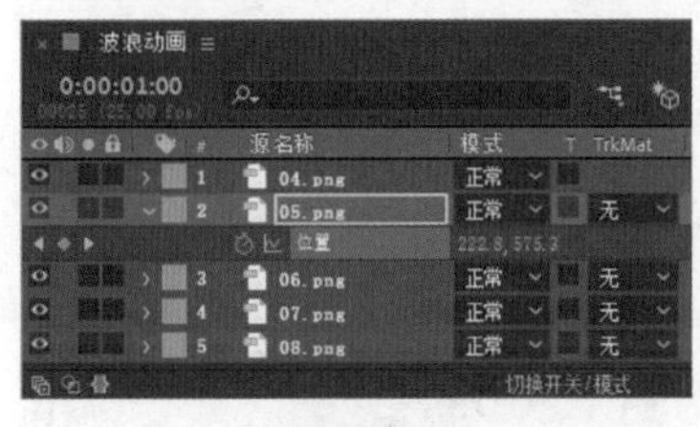

图3–88

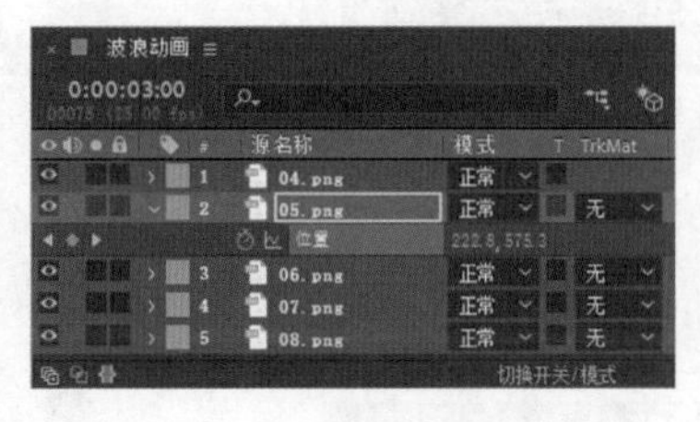

图3–89

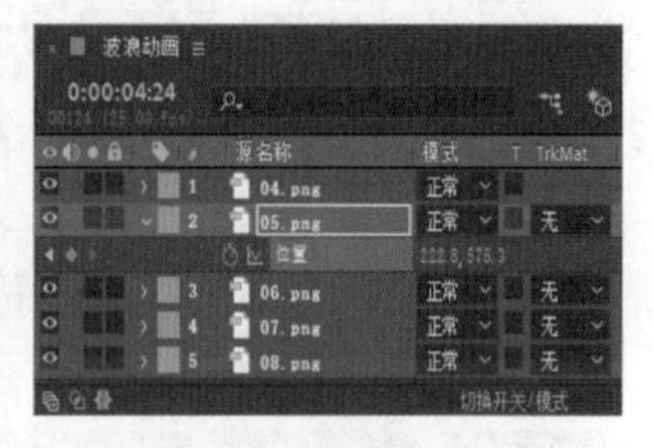

图3–90

（9）将时间标签放置在0:00:00:00的位置，选中“04.png”层，按P键，展开“位置”属性，设置“位置”选项的数值为769.0,638.0，单击“位置”选项左侧的“关键帧自动记录器”按钮，如图3–91所示，记录第1个关键帧。将时间标签放置在0:00:04:24的位置，在“时间轴”面板中设置“位置”选项的数值为522.0,638.0，如图3–92所示，记录第2个关键帧。

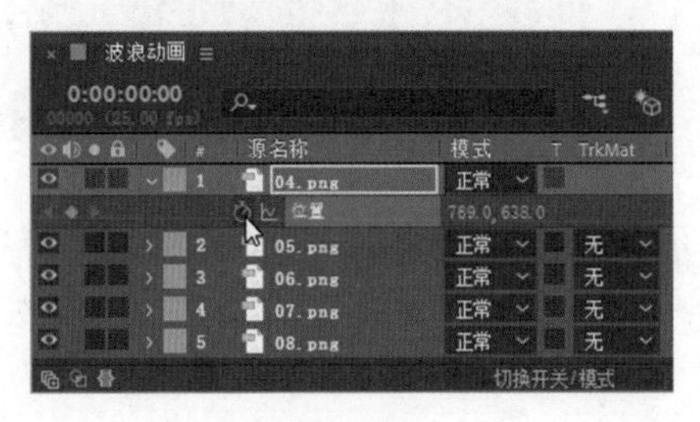

图3–91

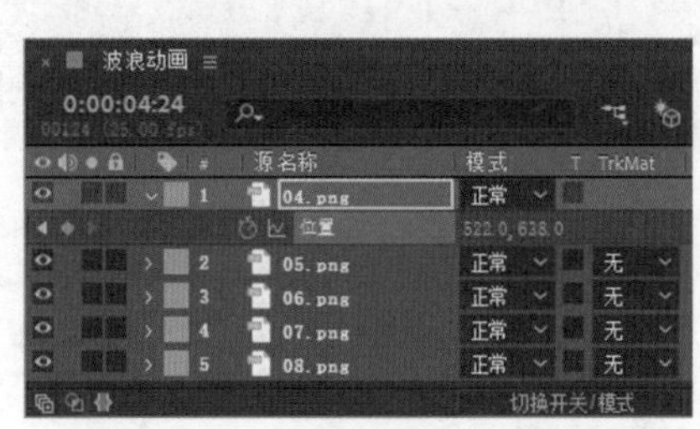

图3–92

2. 制作最终效果

（1）按 Ctrl+N 组合键，弹出“合成设置”对话框，在“合成名称”文本框中输入“最终效果”，其他选项的设置如图 3-93 所示，单击“确定”按钮，创建一个新的合成“最终效果”。

（2）在“项目”面板中选中“01.jpg”“02.png”“03.png”文件和“波浪动画”合成，并将其拖曳到“时间轴”面板中，层的排列如图 3-94 所示。

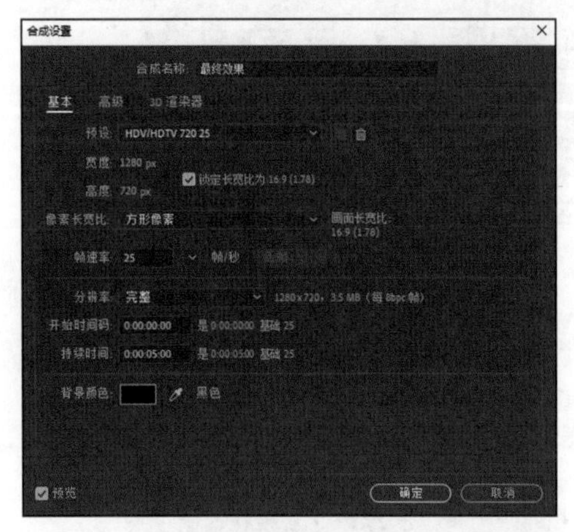

图 3-93

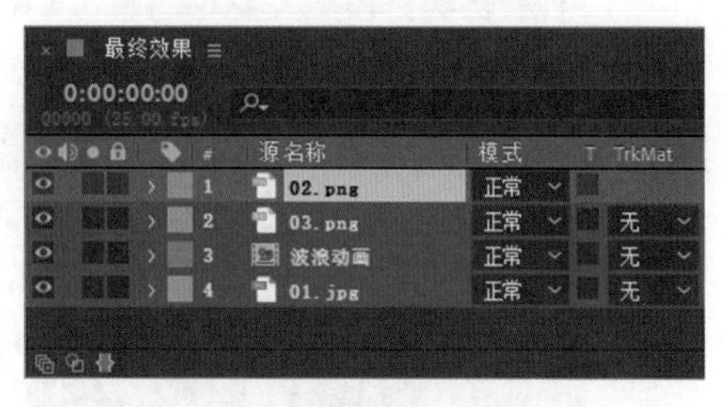

图 3-94

（3）选中“波浪动画”层，按 P 键，展开“位置”属性，设置“位置”选项的数值为 640.0,437.0，如图 3-95 所示。“合成”预览面板中的效果如图 3-96 所示。

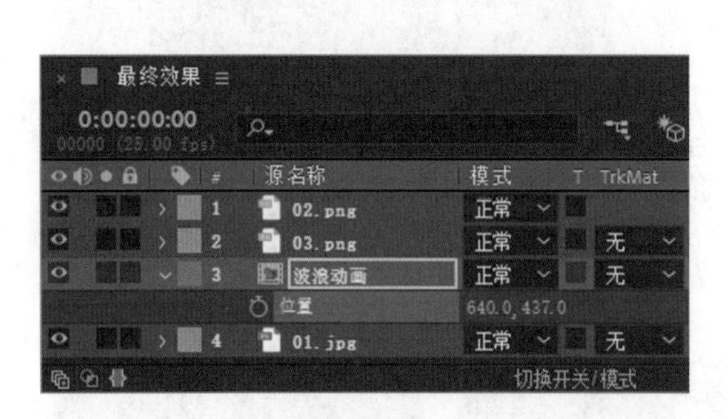

图 3-95

图 3-96

（4）选中“03.png”层，按 P 键，展开“位置”属性，设置“位置”选项的数值为 633.0,319.0，如图 3-97 所示。“合成”预览面板中的效果如图 3-98 所示。

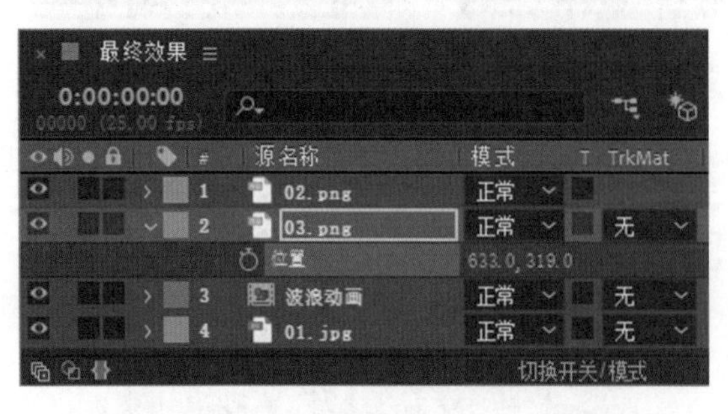

图 3-97

图 3-98

（5）按 T 键，展开“不透明度”属性，设置“不透明度”选项的数值为 0%，单击“不透明度”选项左侧的“关键帧自动记录器”按钮，如图 3-99 所示，记录第 1 个关键帧。将时间标签放置在 0:00:01:00 的位置，在“时间轴”面板中设置“不透明度”选项的数值为 100%，如图 3-100 所示，记录第 2 个关键帧。

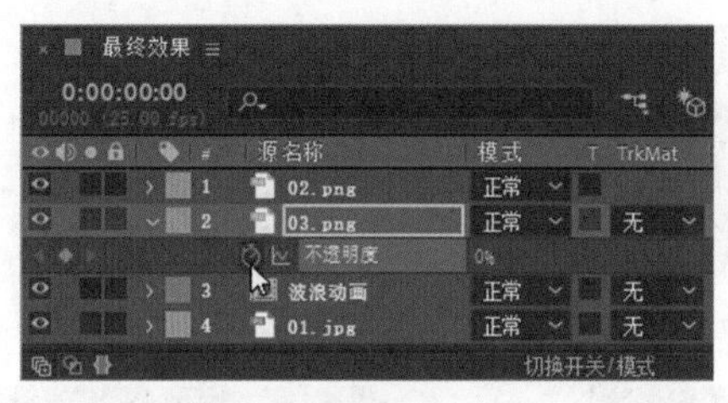

图 3-99

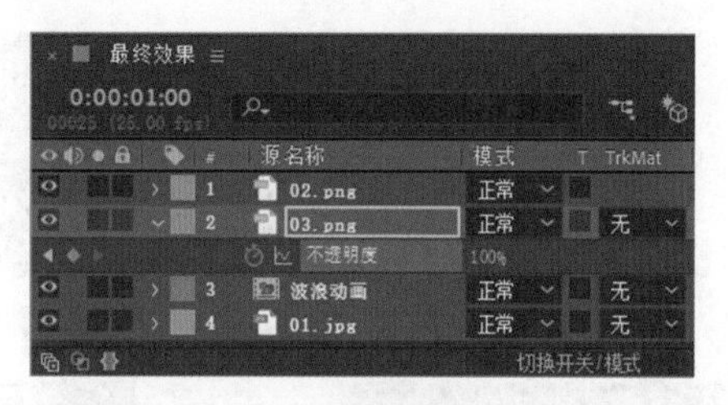

图 3-100

（6）选中“02.png”层，按 P 键，展开“位置”属性，设置“位置”选项的数值为 442.0,208.0，如图 3-101 所示。“合成”预览面板中的效果如图 3-102 所示。

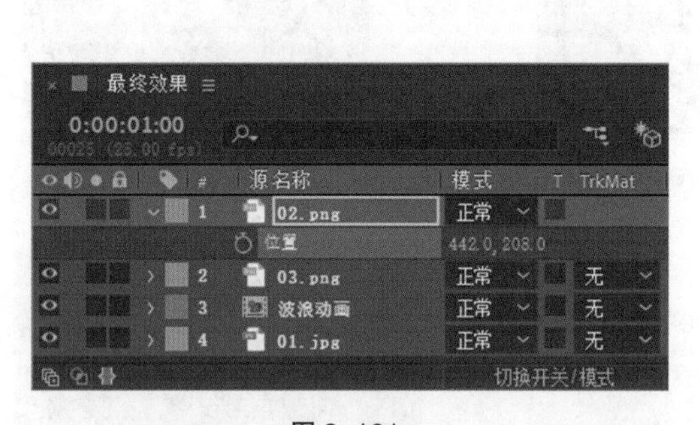

图 3-101

图 3-102

（7）按 S 键，展开“缩放”属性，设置“缩放”选项的数值为 0.0,0.0%，单击“缩放”选项左侧的“关键帧自动记录器”按钮，如图 3-103 所示，记录第 1 个关键帧。将时间标签放置在 0:00:01:11 的位置，在“时间轴”面板中设置“缩放”选项的数值为 100.0,100.0%，如图 3-104 所示，记录第 2 个关键帧。海上动画制作完成。

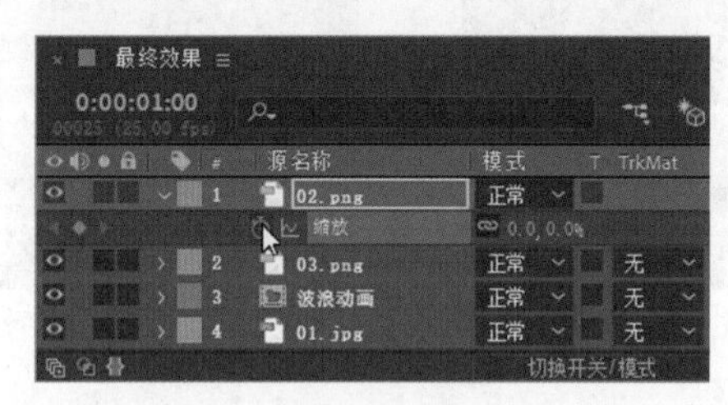

图 3-103

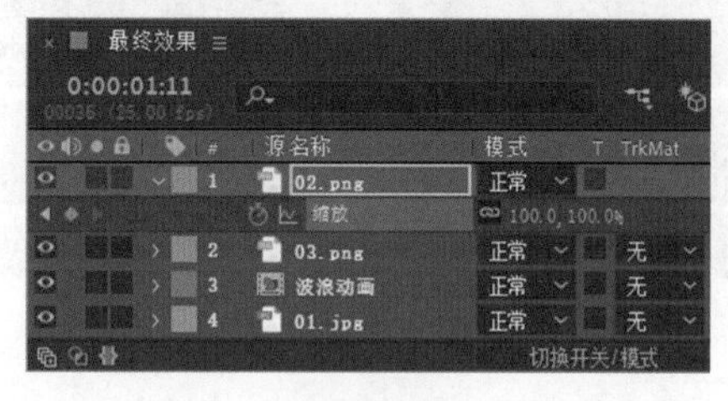

图 3-104

3.4.2 了解层的 5 个基本变换属性

查看图层的“变换”属性，可以在“时间轴”面板中层色彩标签前面的小箭头按钮展开变换属性标题，再次单击“变换”左侧的小三角形按钮实现，如图 3-105 所示。

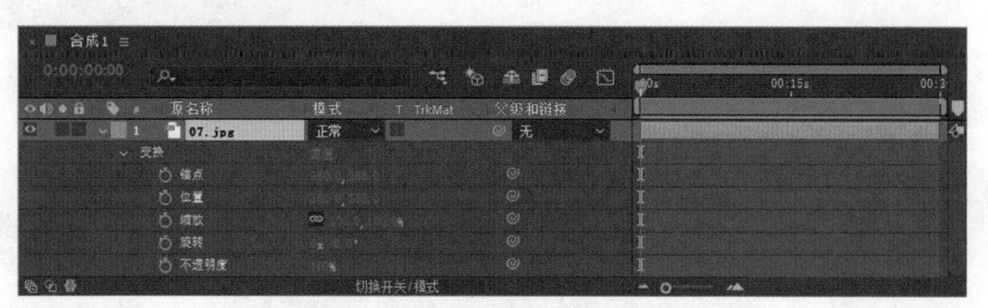

图 3-105

1．锚点属性

无论一个层的面积多大，当其位置移动、旋转和缩放时，都是依据一个点来操作的，这个点就是锚点。

选择需要的层，按 A 键，展开“锚点”属性，如图 3-106 所示。以锚点为基准，如图 3-107 所示。例如，执行旋转操作后如图 3-108 所示，执行缩放操作后如图 3-109 所示。

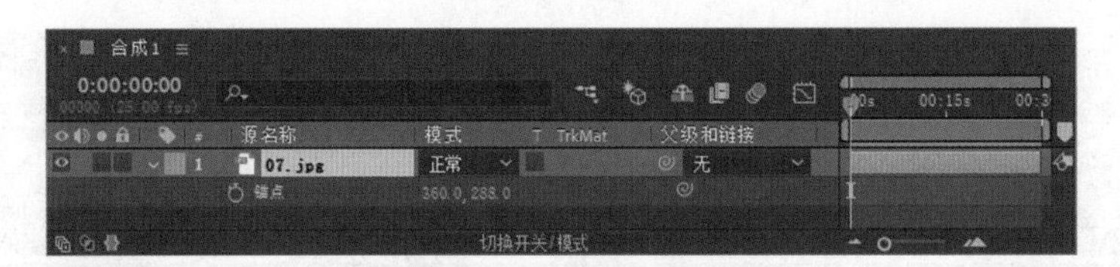

图 3-106

图 3-107

图 3-108

图 3-109

2. 位置属性

选择需要的层，按 P 键，展开“位置”属性，如图 3-110 所示。以锚点为基准，如图 3-111 所示，在层的“位置”属性后方的数字上拖曳鼠标（或单击输入需要的数值），如图 3-112 所示。松开鼠标，效果如图 3-113 所示。

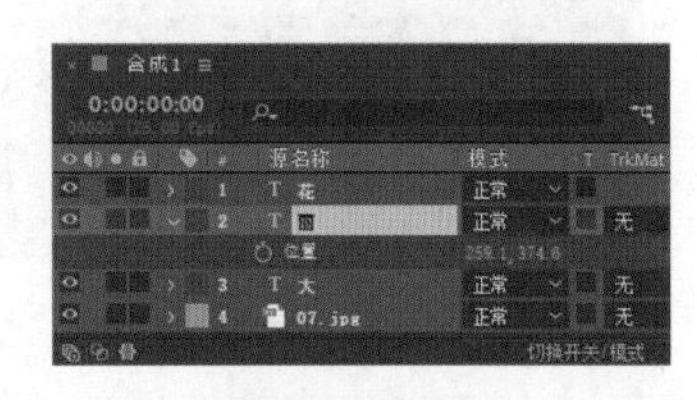

图 3-110

普通二维层的位置属性由 x 轴向和 y 轴向两个参数组成，如果是三维层则由 x 轴向、y 轴向和 z 轴向 3 个参数组成。

图 3-111

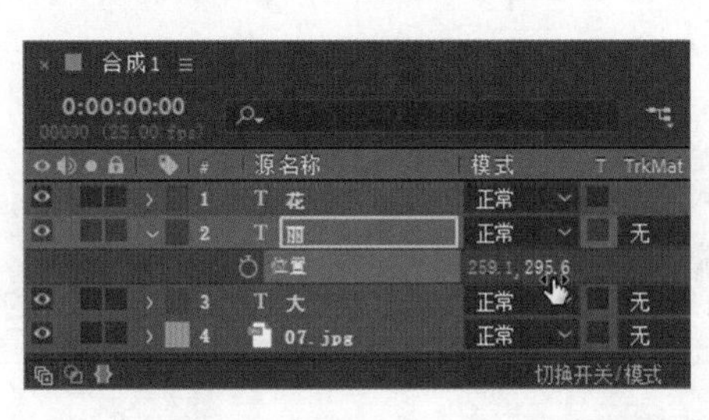

图 3-112

图 3-113

提示：在制作位置动画时，为了保持移动时的方向性，可以选择“图层 > 变换 > 自动定向”命令，弹出“自动定向”对话框，选择“沿路径定向”选项。

3. 缩放属性

选择需要的层，按 S 键，展开“缩放”属性，如图 3-114 所示。以锚点为基准，如图 3-115 所示，在层的“缩放”属性后方的数字上拖曳鼠标（或单击输入需要的数值），如图 3-116 所示。松开鼠标，效果如图 3-117 所示。

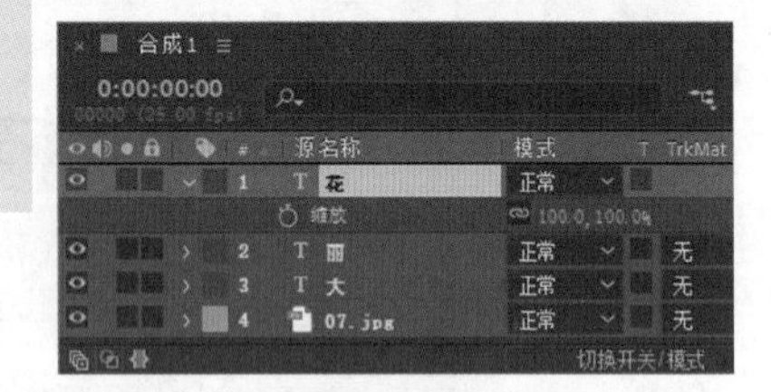

图 3-114

图 3-115

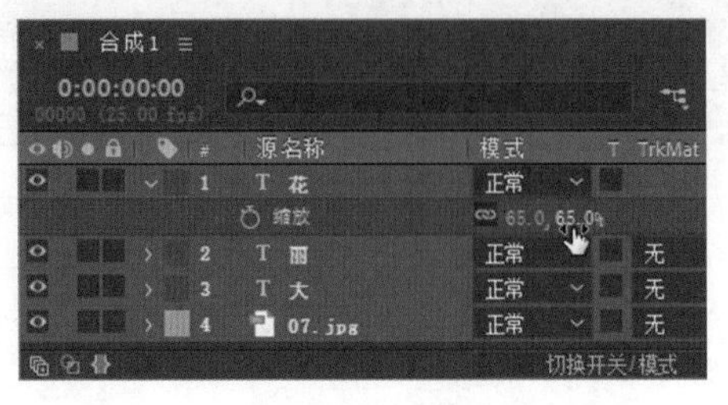

图 3-116

图 3-117

普通二维层缩放属性由 x 轴向和 y 轴向两个参数组成，如果是三维层则由 x 轴向、y 轴向和 z 轴向 3 个参数组成。

4. 旋转属性

选择需要的层，按 R 键，展开“旋转”属性，如图 3-118 所示。以锚点为基准，如图 3-119 所示，在层的“旋转”属性后方的数字上拖曳鼠标（或单击输入需要的数值），如图 3-120 所示。松开鼠标，效果如图 3-121 所示。普通二维层旋转属性由圈数和度数两个参数组成，如“1x+180°”。

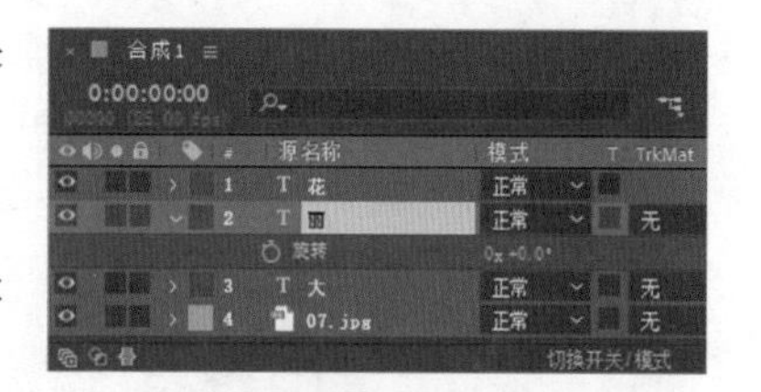

图 3-118

图 3-119

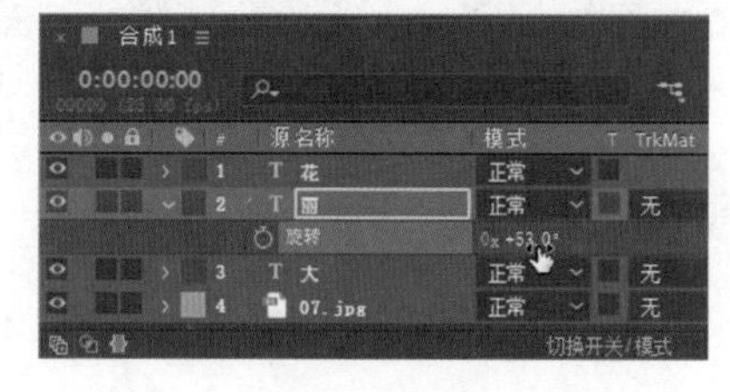

图 3-120

图 3-121

如果是三维层，旋转属性将增加为 4 个：方向可以同时设定 x 轴、y 轴、z 轴 3 个轴向，“X 轴旋转”仅调整 x 轴向旋转、“Y 轴旋转”仅调整 y 轴向旋转、“Z 轴旋转”仅调整 z 轴向旋转，如图 3-122 所示。

合成1
0:00:00:00
源名称
父级和链接
丽
无
方向
0.0°，0.0°，0.0°
X 轴旋转
0x +0.0°
Y 轴旋转
0x +0.0°
Z 轴旋转
0x +0.0°
切换开关/模式

图 3-122

5. 不透明度属性

选择需要的层，按 T 键，展开“不透明度”属性，如图 3-123 所示。以锚点为基准，如图 3-124 所示，在层的“透明度”属性后方的数字上拖曳鼠标（或单击输入需要的数值），如图 3-125 所示。松开鼠标，效果如图 3-126 所示。

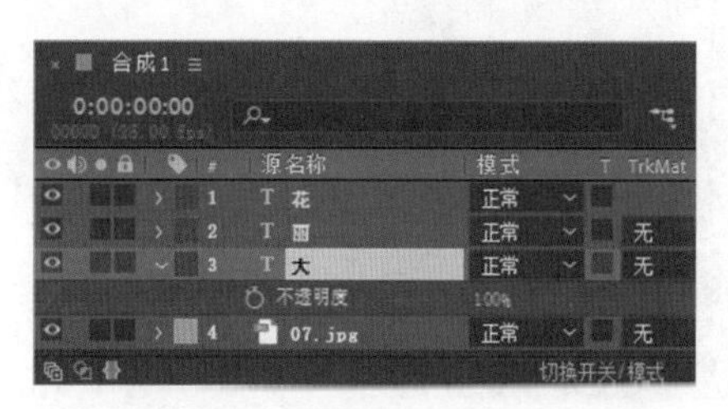

图 3-123

图 3-124

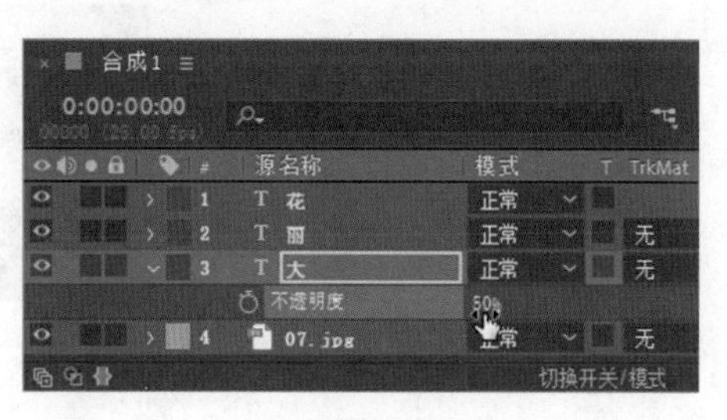

图 3-125

图 3-126

提示：可以通过按住 Shift 键的同时按下显示各属性的快捷键的方法，达到自定义组合显示属性的目的。例如，只想看见层的“位置”和“不透明度”属性，可以在选取图层之后，按 P 键，然后在按住 Shift 键的同时，按 T 键，如图 3-127 所示。

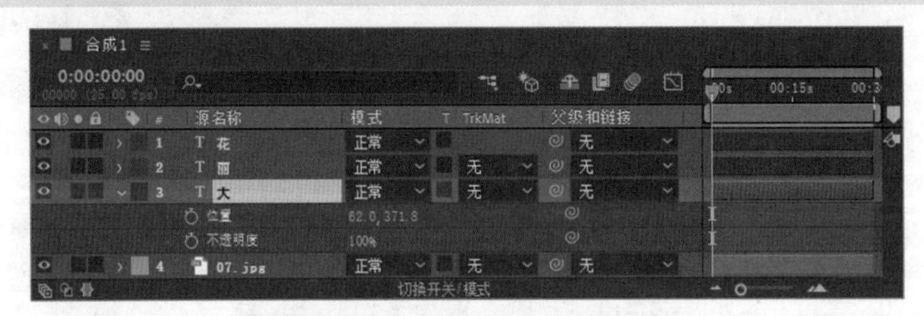

图 3-127

3.4.3 调整“锚点”属性

在“时间轴”面板中，选择“02.png”层，在按住 Shift 键的同时，按 A 键，展开“锚点”属性，如图 3-128 所示。

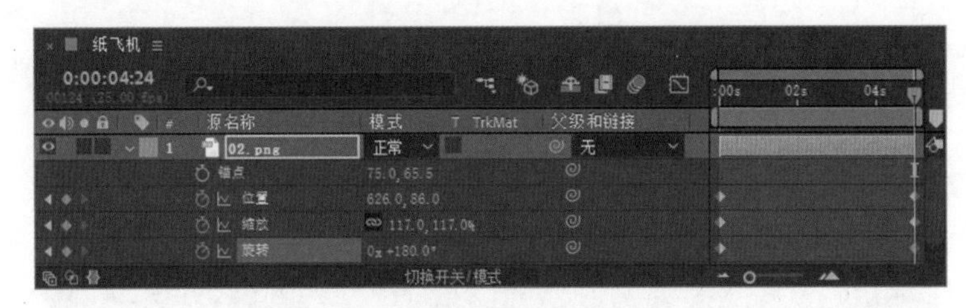

图 3-128

改变“锚点”属性中的第 1 个值为 0，或者选择“向后平移（锚点）”工具，在“合成”预览面板中单击并移动锚点，同时观察“信息”面板和“时间轴”面板中的“锚点”属性值，了解具体位置移动参数，如图 3-129 所示。按 0 键，预览动画内存。

图 3-129

提示：锚点的坐标是相对于层，而不是相对于合成图像的。

1. 手动方式调整“锚点”

手动方式调整“锚点”的方法有以下几种。

（1）选择“向后平移（锚点）”工具，在“合成”预览面板单击并移动轴心点。

（2）在“时间轴”面板中双击层，将层的“图层”预览面板打开，选择“选取”工具或者选择“向后平移（锚点）”工具，单击并移动轴心点，如图 3-130 所示。

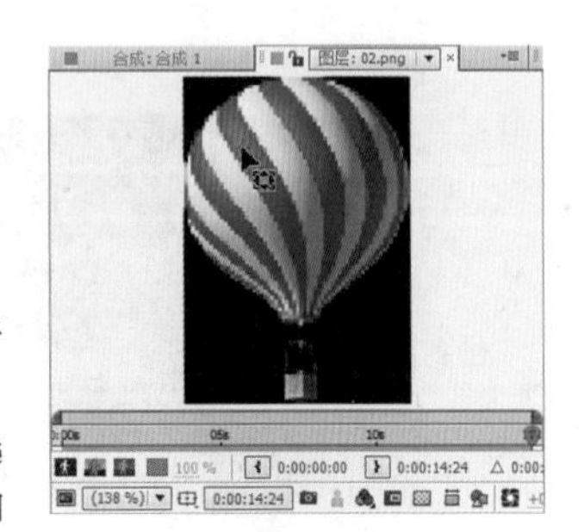

图 3-130

2. 数字方式调整“锚点”

数字方式调整“锚点”的方法有以下几种。

（1）当光标呈现形状时，在参数值上按下鼠标左键并左右拖曳即可修改。

（2）单击参数将会弹出输入框，可以在其中输入具体数值。输入框也支持加减法运算，例如，可以输入“+30”，表示在原有的值上加 30 像素；如果是减法，则输入“360-30”。

（3）在属性标题或参数值上单击鼠标右键，在弹出的菜单中选择“编辑值”命令，在弹出的“锚点”对话框中可调整具体参数值，如图 3-131 所示。

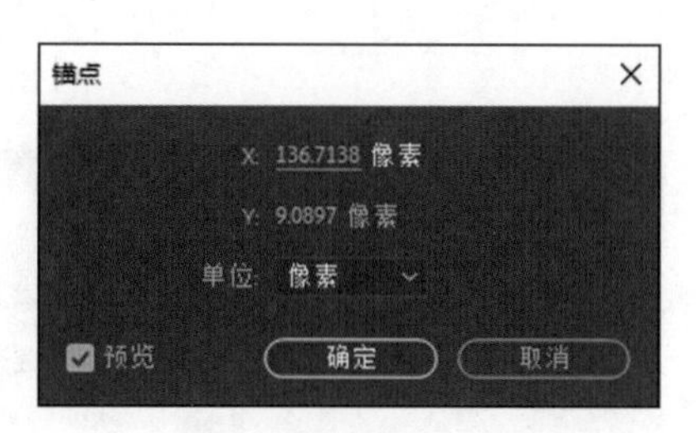

图 3-131

3.4.4 利用“位置”属性制作位置动画

选择“文件 > 打开项目”命令，或按 Ctrl+O 组合键，弹出“打开”对话框，选择云盘中的“基础素材 \Ch03\ 纸飞机 \ 纸飞机 .aep”文件，如图 3-132 所示，单击“打开”按钮，打开此文件，如图 3-133 所示。

图 3-132

图 3-133

在“时间轴”面板中选中“02.png”层，按 P 键，展开“位置”属性，确定当前时间标签处于 0:00:00:00 的位置，调整“位置”属性的 x 值和 y 值分别为 84.0 和 492.0，如图 3-134 所示；或选择“选取”工具，在“合成”预览面板中将“纸飞机”图形移动到画面的左下方位置，如图 3-135 所示。单击“位置”属性名称左侧的“关键帧自动记录器”按钮，开始自动记录位置关键帧信息。

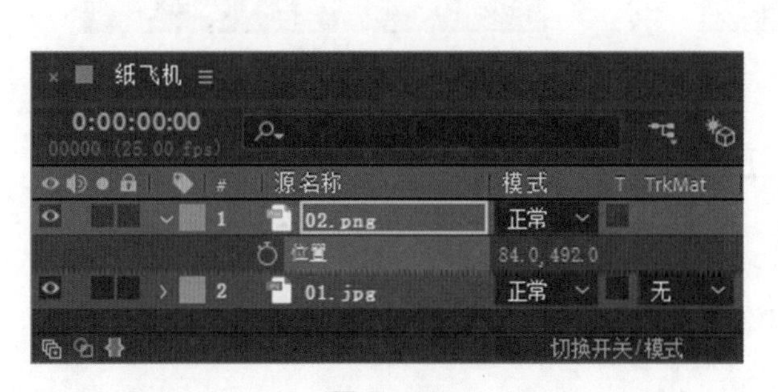

图 3-134

图 3-135

提示： 按 Alt+Shift+P 组合键也可以实现上述操作，此快捷键可以实现在任意地方添加或删除位置属性关键帧的操作。

移动时间标签到 0:00:04:24 的位置，调整“位置”属性的 x 值和 y 值分别为 76.0 和 102.0，或选择“选取”工具，在“合成”面板中将“纸飞机”图形移动到画面的左上方位置，在“时间轴”面板当前时间下，“位置”属性将自动添加一个关键帧，如图 3-136 所示；并在“合成”预览面板中显示动画路径，如图 3-137 所示。按 0 键，进行动画内存预览。

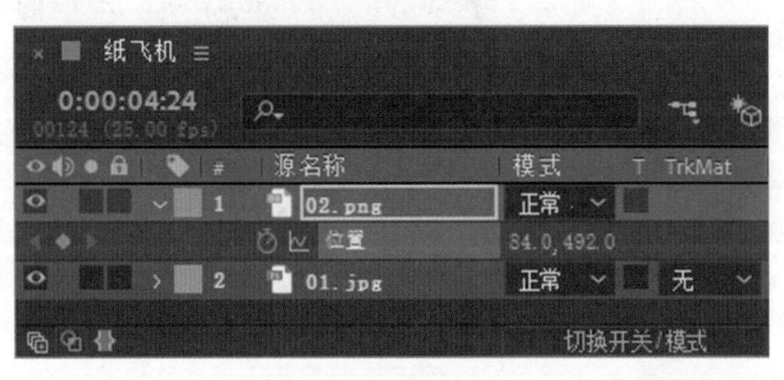

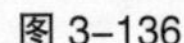
图 3-136

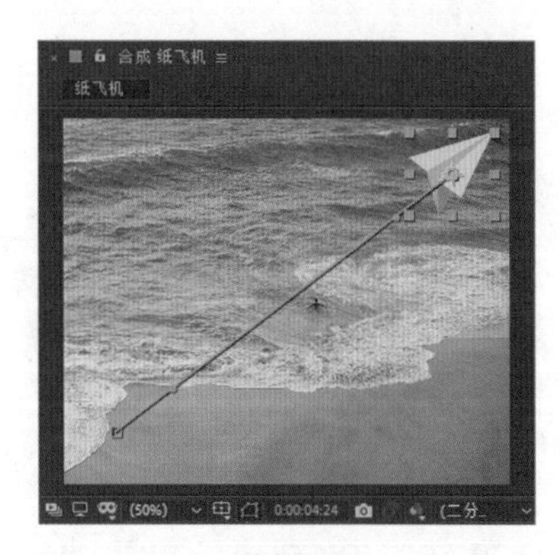
图 3-137

1. 手动方式调整“位置”属性

手动方式调整“位置”属性的方法有以下几种。

（1）选择“选取”工具，直接在“合成”面板中拖曳层。

（2）在“合成”面板中拖曳层时，按住 Shift 键，以水平或垂直方向移动层。

（3）在“合成”面板中拖曳层时，按住 Alt+Shift 组合键，将使层的边逼近合成图像边缘。

（4）以一个像素点移动层可以使用上、下、左、右 4 个方向键实现；以 10 个像素点移动层可以在按住 Shift 键的同时按下上、下、左、右 4 个方向键实现。

2. 数字方式调整“位置”属性

数字方式调整“位置”属性的方法有以下几种。

（1）当光标呈现形状时，在参数值上按下鼠标并左右拖曳可以修改值。

（2）单击参数将会出现输入框，可以在其中输入具体数值。输入框也支持加减法运算，例如，可以输入“+20”，在原来的轴向值上加上 20 个像素，如图 3-138 所示；如果是减法，则输入“626-20”。

（3）在属性标题或参数值上单击鼠标右键，在弹出的菜单中，选择“编辑值”命令，或按 Ctrl+Shift+P 组合键，弹出“位置”对话框。在该对话框中可以调整具体参数值，并且可以选择调整所依据的尺寸，如像素、英寸、毫米、源的 %、合成的 %，如图 3-139 所示。

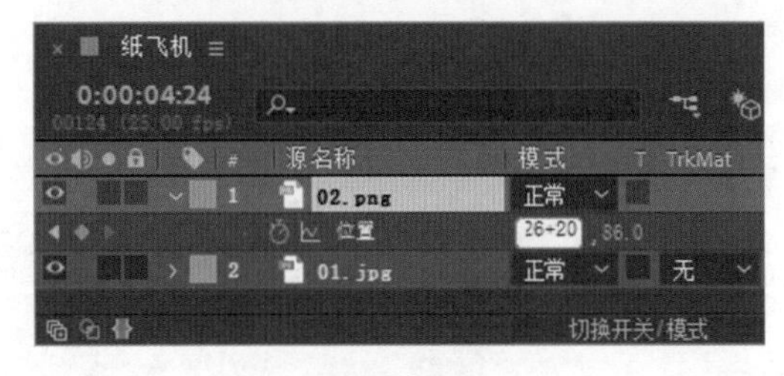

图 3-138

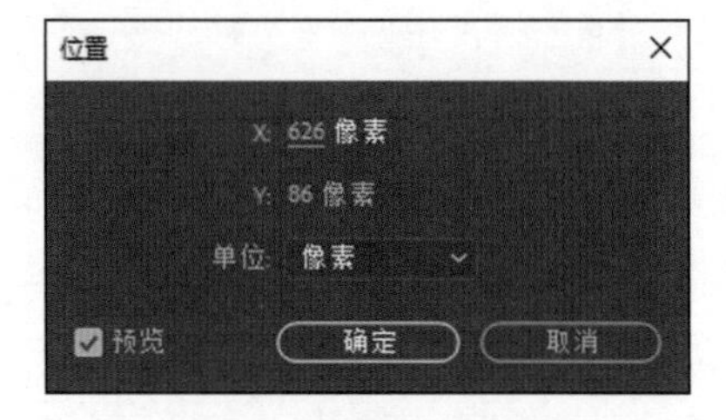

图 3-139

3.4.5 利用“缩放”属性制作缩放动画

在“时间轴”面板中，选中“02.png”层，在按住 Shift 键的同时，按 S 键，展开“缩放”属性，如图 3-140 所示。

将时间标签放在 0:00:00:00 的位置，在“时间轴”面板中，单击“缩放”属性名称左侧的“关键帧自动记录器”按钮，开始记录缩放关键帧信息，如图 3-141 所示。

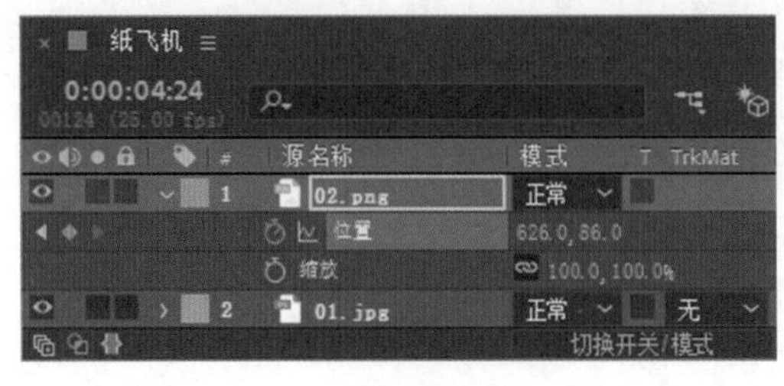

图 3-140

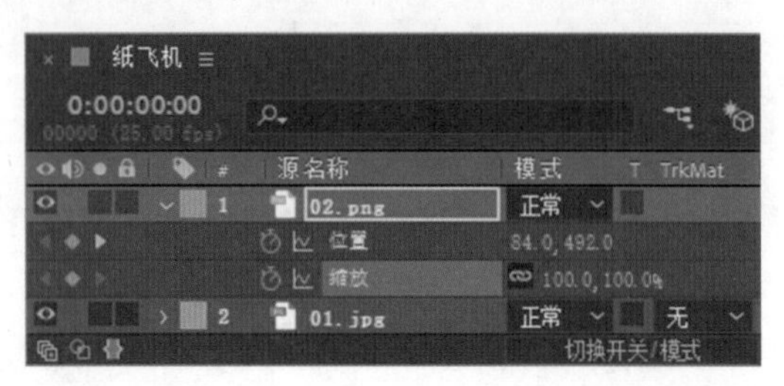

图 3-141

提示：按 Alt+Shift+S 组合键也可以实现上述操作，此快捷键还可以实现在任意地方添加或删除缩放属性关键帧的操作。

移动时间标签到 0:00:04:24 的位置，将 x 轴向和 y 轴向缩放值都调整为 120.0%，或者选择“选取”工具，在“合成”预览面板中拖曳层边框上的变换框进行缩放操作，如果同时按 Shift 键则可以实现等比缩放。同时可以观察“信息”面板和“时间轴”面板中的“缩放”属性，了解表示具体缩放程度的数值，如图 3-142 所示。“时间轴”面板当前时间下的“缩放”属性会自动添加一个关键帧，如图 3-143 所示。按 0 键，预览动画内存。

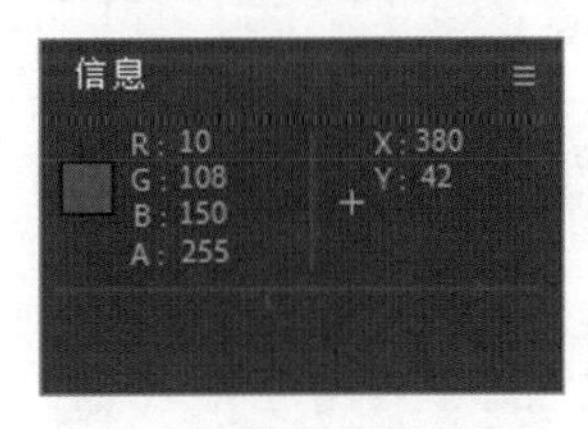

图 3-142

图 3-143

1. 手动方式调整“缩放”属性

手动方式调整“缩放”属性的方法有以下几种。

（1）选择“选取”工具，直接在“合成”预览面板中拖曳层边框上的变换框进行缩放操作，如果同时按住 Shift 键，则可以实现等比例缩放。

（2）可以通过按住 Alt 键的同时按 +（加号）键实现以 1% 缩放百分比递增，也可以通过按住 Alt 键的同时按 -（减号）键实现以 1% 缩放百分比递减；如果要以 10% 缩放百分比递增或者递减调整，只需要在按下上述快捷键的同时再按 Shift 键即可，如 Shift+Alt+ - 组合键。

2. 数字方式调整“缩放”属性

数字方式调整“缩放”属性的方法有以下几种。

（1）当光标呈现形状时，在参数值上按下鼠标左键并左右拖曳即可修改缩放值。

（2）单击参数将会弹出输入框，可以在其中输入具体数值。输入框也支持加减法运算，例如，可以输入“+3”，表示在原有的值上加上 3%，如果是减法，则输入“120-3”，如图 3-144 所示。

（3）在属性标题或参数值上单击鼠标右键，在弹出的菜单中选择“编辑值”命令，在弹出的“缩放”对话框中进行设置，如图 3-145 所示。

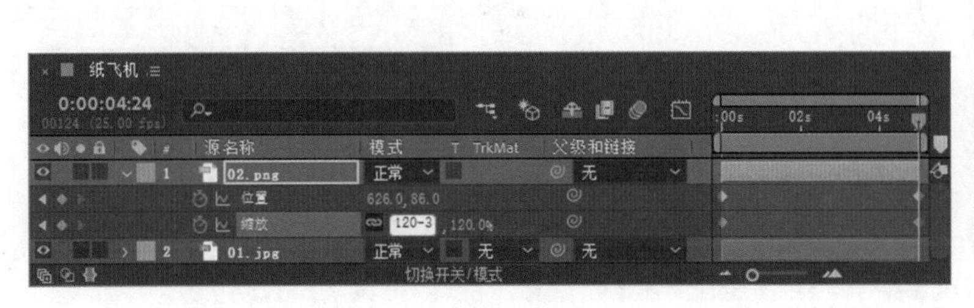

图 3-144

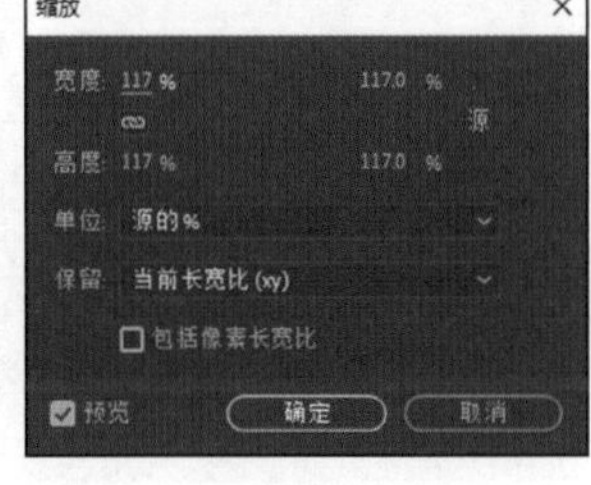

图 3-145

提示：如果使缩放值变为了负值，将实现图像翻转特效。

3.4.6 利用“旋转”属性制作旋转动画

在“时间轴”面板中，选择“02.png”层，在按住 Shift 键的同时，按 R 键，展开“旋转”属性，如图 3-146 所示。

图 3-146

将时间标签放置在 0:00:00:00 的位置，单击“旋转”属性名称左侧的“关键帧自动记录器”按钮，开始记录旋转关键帧信息。

> **提示：**按 Alt+Shift+R 组合键也可以实现上述操作，此快捷键还可以实现在任意地方添加或删除旋转属性关键帧的操作。

移动时间标签到 0:00:04:24 的位置，调整“旋转”属性值为“0x+180°”，表示旋转半圈，如图 3-147 所示；或者选择“旋转”工具，在“合成”预览面板中以顺时针方向旋转图层，同时可以观察“信息”面板和“时间轴”面板中的“旋转”属性，了解具体旋转圈数和度数，效果如图 3-148 所示。按 0 键，预览动画内存。

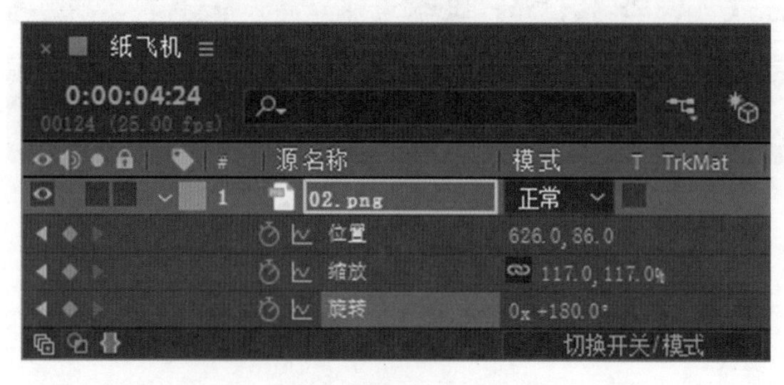

图 3-147

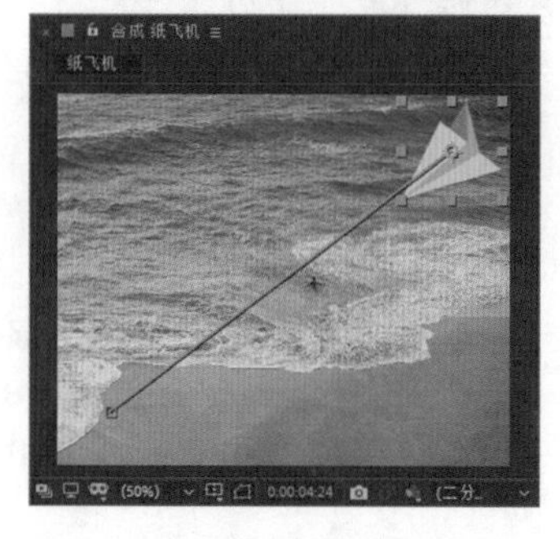

图 3-148

1. 手动方式调整“旋转”属性

手动方式调整“旋转”属性的方法有以下几种。

（1）选择“旋转”工具，在“合成”预览面板以顺时针方向或者逆时针方向旋转图层，如果同时按住 Shift 键，将以 45° 为调整幅度。

（2）可以通过数字键盘的 +（加号）键实现以 1° 顺时针方向旋转层，也可以通过数字键盘 -（减号）键实现以 1° 逆时针方向旋转层；如果要以 10° 旋转调整层，只需要在按下 Shift 键的同时按下数字键盘的 +（加号）/-（减号）键即可，如 Shift+ 数字键盘的 -（减号）组合键。

2. 数字方式调整“旋转”属性

数字方式调整“旋转”属性的方法有以下几种。

（1）当光标呈现形状时，在参数值上按下鼠标左键并左右拖曳即可修改。

（2）单击参数将会弹出输入框，可以在其中输入具体数值。输入框也支持加减法运算，例如，可以输入“+2”，表示在原有的值上加上 2° 或者 2 圈（取决于在度数输入框还是圈数输入框中输入）；如果是减法，则输入“45-10”。

（3）在属性标题或参数值上单击鼠标右键，在弹出的菜单中选择“编辑值”命令，或按 Ctrl+Shift+R 组合键，在弹出的“旋转”对话框中调整具体参数值，如图 3-149 所示。

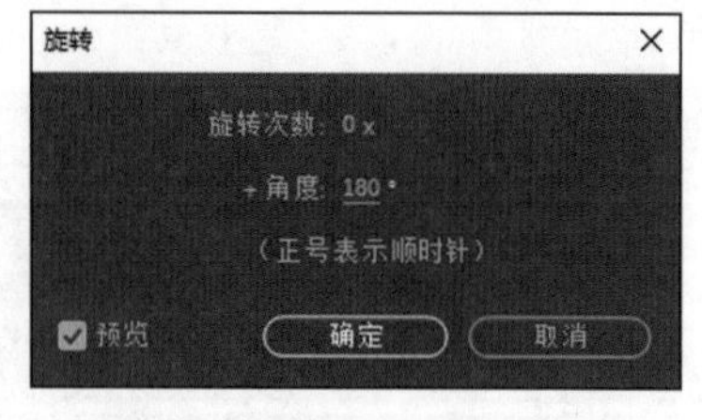

图 3-149

3.4.7 利用“不透明度”属性制作不透明度动画

在“时间轴”面板中，选择“02.png”层，在按住 Shift 键的同时，按 T 键，展开“不透明度”属性，如图 3-150 所示。

将时间标签放置在 0:00:00:00 的位置，将“不透明度”属性值调整为 0%，使层完全透明。单击“不透明度”属性名称左侧的“关键帧自动记录器”按钮，开始记录不透明度关键帧信息。

> **提示：**按 Alt+Shift+T 组合键也可以实现上述操作，此快捷键还可以实现在任意地方添加或删除不透明度属性关键帧的操作。

移动时间标签到 0:00:04:24 的位置，调整“不透明度”属性值为 100%，使层完全不透明，注意观察“时间轴”面板，当前时间下的“不透明度”属性会自动添加一个关键帧，如图 3-151 所示。按 0 键，预览动画内存。

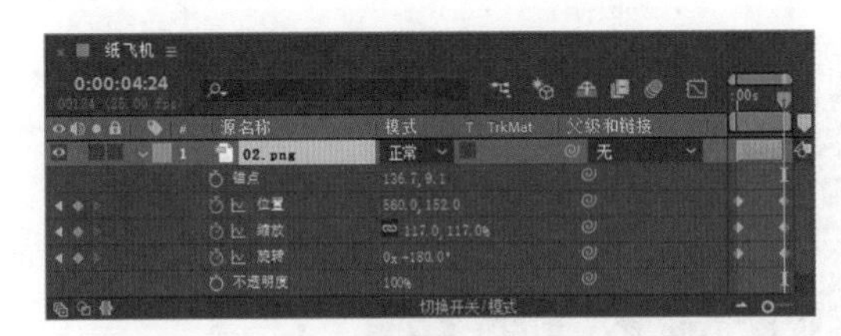

图 3-150

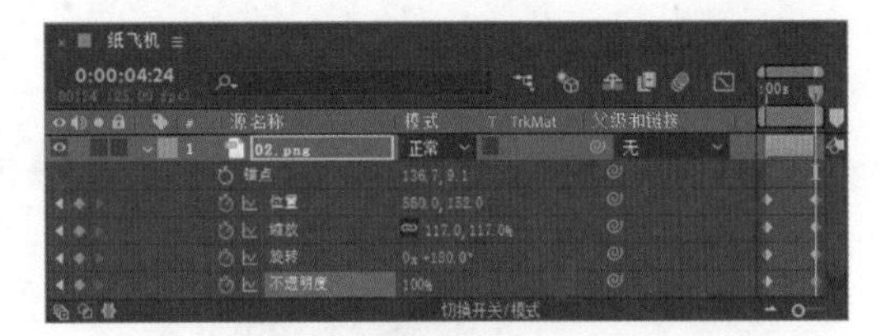

图 3-151

数字方式调整“不透明度”属性的方法有以下几种。

（1）当光标呈现形状时，在参数值上按下鼠标左键并左右拖曳即可修改。

（2）单击参数将会弹出输入框，可以在其中输入具体数值。输入框也支持加减法运算，例如，可以输入“+20”，表示在原有的值上增加20%；如果是减法，则输入“100−20”。

（3）在属性标题或参数值上单击鼠标右键，在弹出的菜单中选择“编辑值”命令或按 Ctrl+Shift+O 组合键，在弹出的“不透明度”对话框中调整具体参数值，如图 3-152 所示。

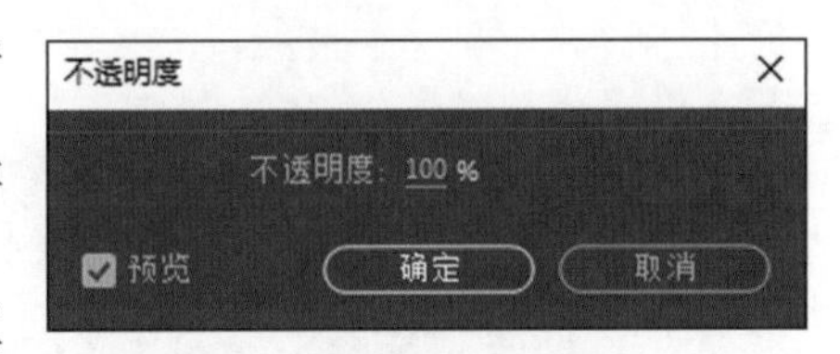

图 3-152

3.5 时间控制

通过对时间轴的控制，可以使正常播放速度的画面加速或减慢播放，甚至反向播放，还可以产生一些非常有趣的或者富有戏剧性的动态图像效果。

3.5.1 课堂案例——粒子汇集文字

案例学习目标：学习使用输入文字、在文字上添加滤镜和动画倒放效果。

案例知识要点：使用“横排文字”工具编辑文字；使用“CC Pixel Polly”命令制作文字粒子特效；使用“发光”命令、“Shine”命令制作文字发光特效；使用“时间伸缩”命令制作动画倒放效果。粒子汇集文字效果如图 3-153 所示。

效果所在位置：云盘 \Ch03\ 粒子汇集文字 \ 粒子汇集文字 .aep。

扫码查看
扩展案例

图 3-153

1. 输入文字并添加特效

（1）按 Ctrl+N 组合键，弹出“合成设置”对话框，在“合成名称”文本框中输入“粒子发散”，其他选项的设置如图 3-154 所示，单击“确定”按钮，创建一个新的合成“粒子发散”。

（2）选择“横排文字”工具，在“合成”预览面板输入文字“午夜都市”。选中文字，在“字符”面板中设置文字参数，如图 3-155 所示。“合成”预览面板中的效果如图 3-156 所示。

（3）选中文字层，选择“效果 > 模拟 > CC Pixel Polly”命令，在“效果控件”面板中进行参数设置，如图 3-157 所示。“合成”预览面板中的效果如图 3-158 所示。

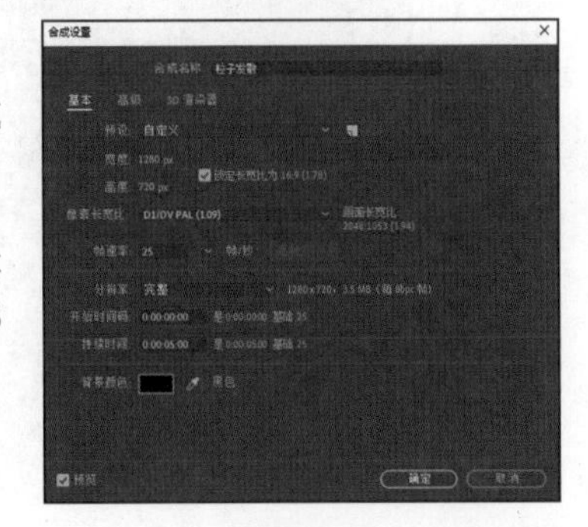

图 3-154

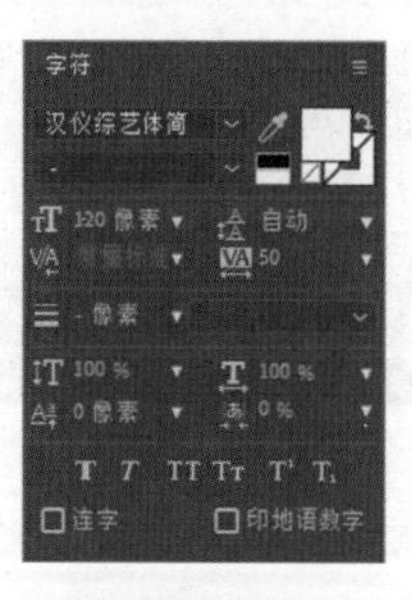

图 3-155

图 3-156

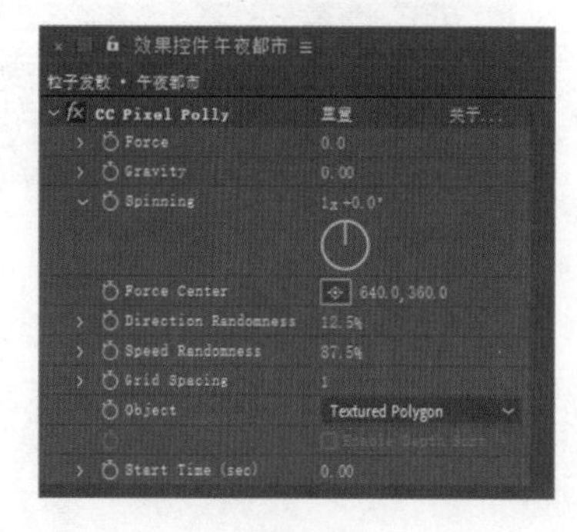

图 3-157

图 3-158

（4）将时间标签放置在 0:00:00:00 的位置，在“效果控件”面板中，单击“Force”选项左侧的“关键帧自动记录器”按钮，如图 3-159 所示，记录第 1 个关键帧。将时间标签放置在 0:00:04:24 的位置，在“效果控件”面板中，设置“Force”选项的数值为 -0.6，如图 3-160 所示，记录第 2 个关键帧。

图 3-159

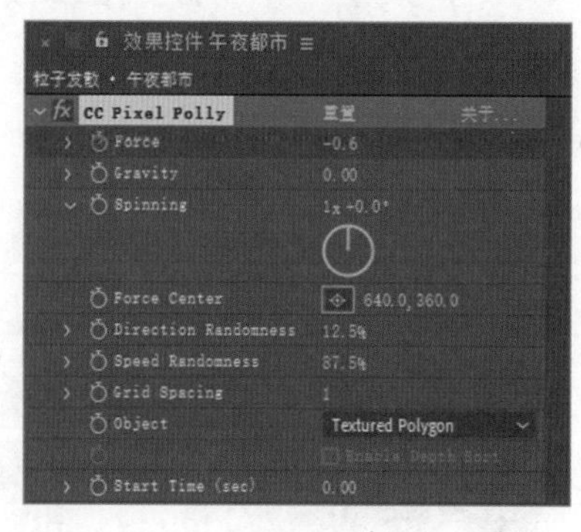

图 3-160

（5）将时间标签放置在 0:00:03:00 的位置，在“效果控件”面板中，单击“Gravity”选项左侧的“关键帧自动记录器”按钮，如图 3-161 所示，记录第 1 个关键帧。将时间标签放置在 0:00:04:00 的位置，在“效果控件”面板中，设置“Gravity”选项的数值为 3.00，如图 3-162 所示，记录第 2 个关键帧。

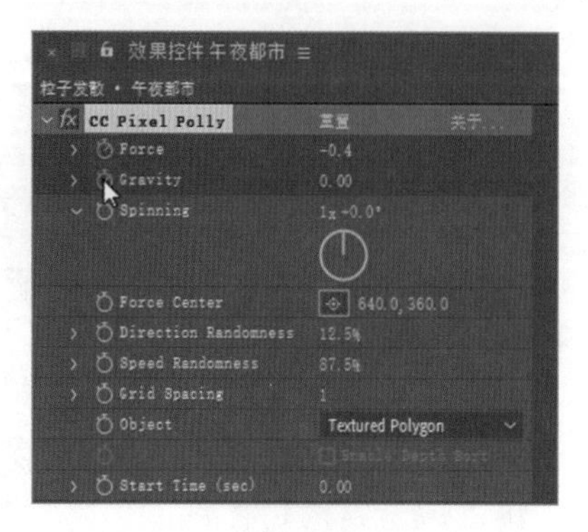

图 3-161

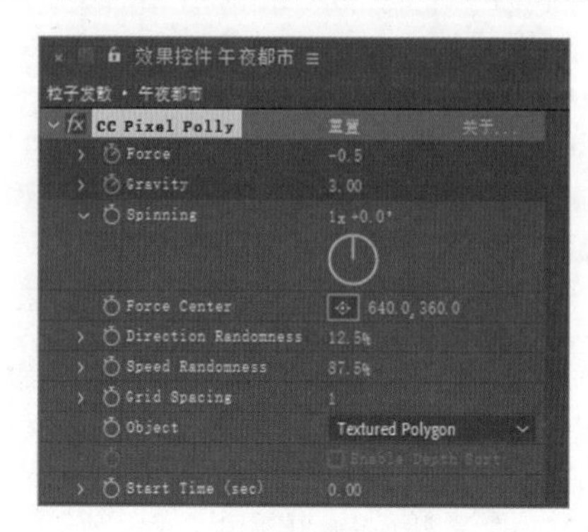

图 3-162

（6）将时间标签放置在 0:00:00:00 的位置，选择“效果 > 风格化 > 发光”命令，在“效果控件”面板中，设置“颜色 A”为红色（255、0、0），“颜色 B”为橙黄色（255、114、0），其他参数设置如图 3-163 所示。“合成”预览面板中的效果如图 3-164 所示。

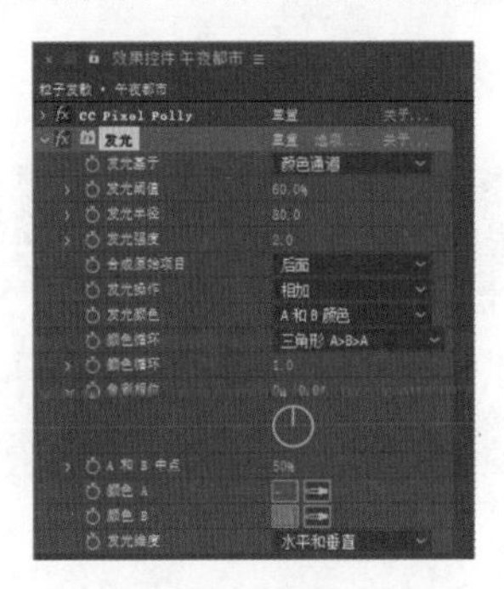

图 3-163

图 3-164

（7）选择“效果 > Trapcode > Shine”命令，在“效果控件”面板中进行参数设置，如图 3-165 所示。“合成”预览面板中的效果如图 3-166 所示。

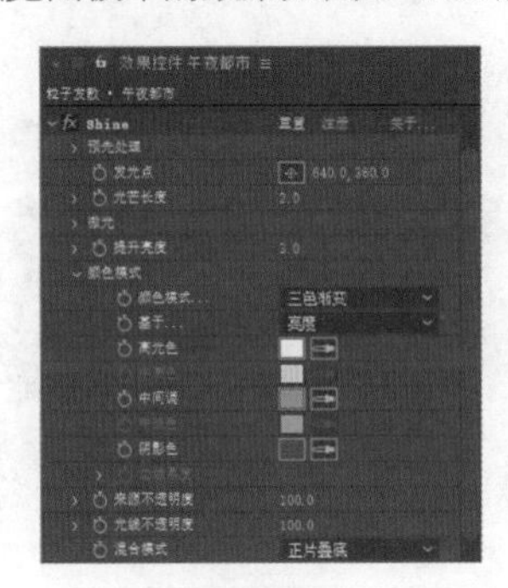

图 3-165

图 3-166

2．制作动画倒放效果

（1）按 Ctrl+N 组合键，弹出“合成设置”对话框，在“合成名称”文本框中输入“粒子汇集”，其他选项的设置如图 3-167 所示，单击“确定”按钮，创建一个新的合成“粒子汇集”。

（2）选择“文件 > 导入 > 文件”命令，在弹出的“导入文件”对话框中，选择云盘中的“Ch03\ 粒子汇集文字 \ (Footage) \01.mp4”文件，单击“导入”按钮，将文件导入“项目”面板中。在“项目”面板中选中“粒子发散”合成和“01.mp4”文件，将它们拖曳到“时间轴”面板中，层的排列如图 3-168 所示。

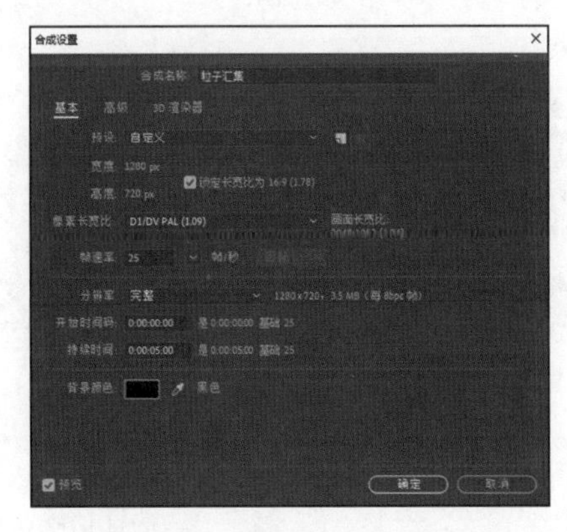

图 3-167

图 3-168

（3）选中“粒子发散”层，选择“图层 > 时间 > 时间伸缩”命令，弹出“时间伸缩”对话框，设置“拉伸因数”选项的数值为 -100%，如图 3-169 所示，单击“确定”按钮。时间标签自动移到 0:00:00:00 的位置，如图 3-170 所示。

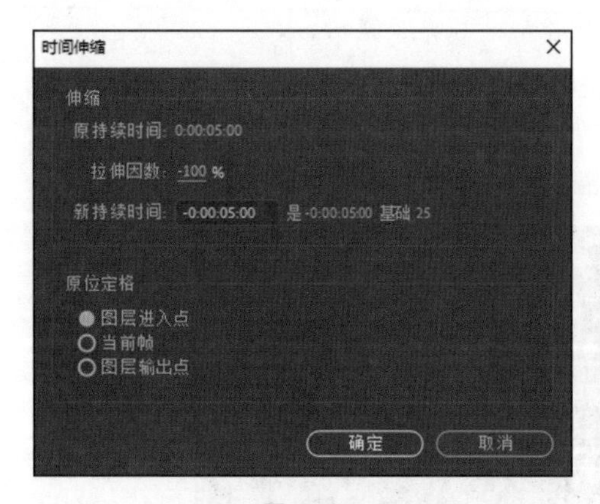

图 3-169

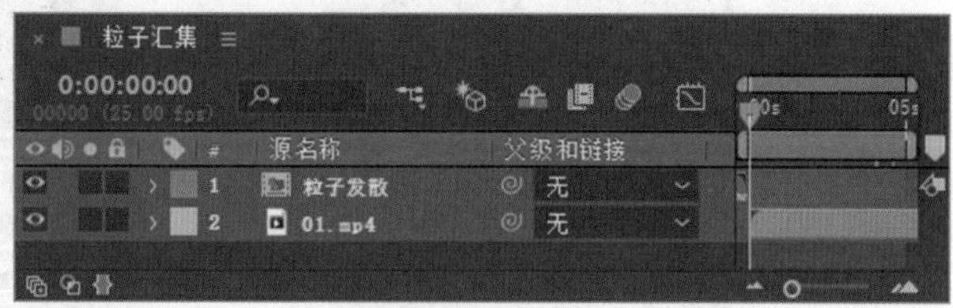

图 3-170

（4）按 [键将素材对齐，如图 3-171 所示，实现倒放功能。粒子汇集文字制作完成，如图 3-172 所示。

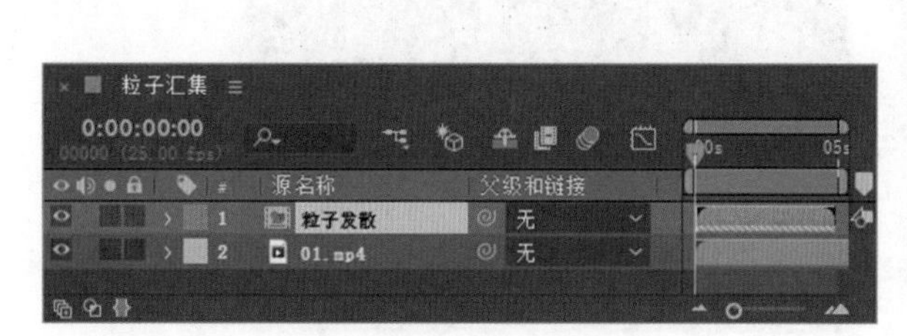

图 3-171

图 3-172

3.5.2 伸缩控速

选择“文件 > 打开项目”命令，选择云盘中的“基础素材 \Ch03\ 小视频 \ 小视频 .aep”文件，单击“打开”按钮打开文件。

在“时间轴”面板中，单击按钮，展开时间伸缩属性，如图 3-173 所示。伸缩属性可以加快或者减慢动态素材层的播放速度，默认情况下伸缩值为 100%，代表以正常速度播放片段；小于 100% 时，会加快播放速度；大于 100% 时，将减慢播放速度。不过时间伸缩不可以形成关键帧，因此不能制作变速的动画特效。

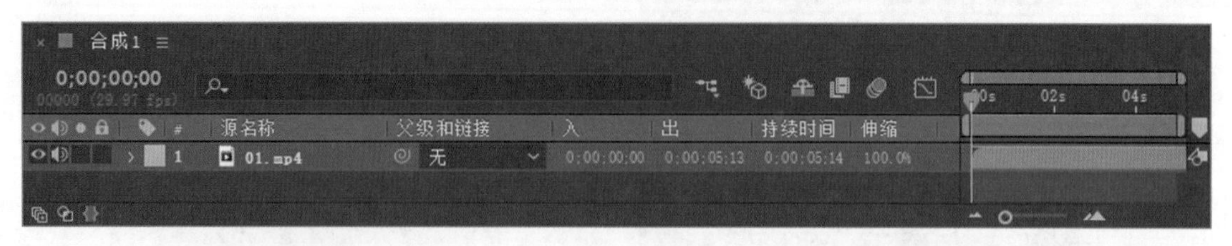

图 3-173

3.5.3 入和出控速

使用入和出参数面板可以方便地控制层的入点和出点信息，不过它还隐藏了一些快捷功能，通过它们，同样可以改变伸缩值，改变素材片段的播放速度。

在“时间轴”面板中，调整当前时间标签到某个时间位置，按住 Ctrl 键的同时，单击入或者出参数，即可实现素材片段播放速度的改变，如图 3-174 所示。

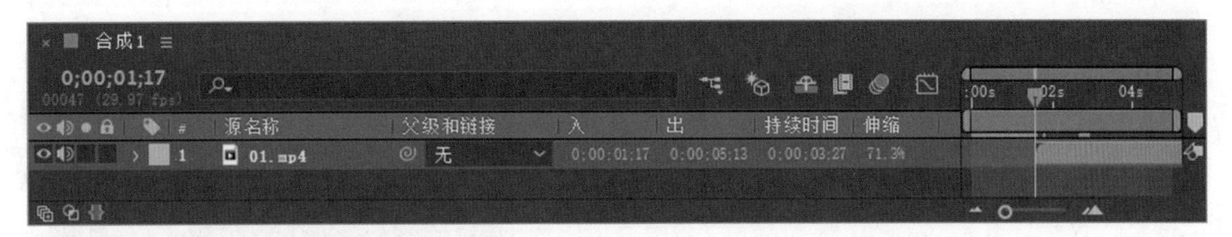

图 3-174

3.5.4 关键帧控速

如果素材层上已经制作了关键帧动画，那么在改变其伸缩值时，不仅会影响其本身的播放速度，关键帧之间的时间距离也会随之改变。例如，将伸缩值设置为 50%，那么原来关键帧之间的时间距离就会缩短一半，关键帧动画速度会加快一倍，如图 3-175 所示。

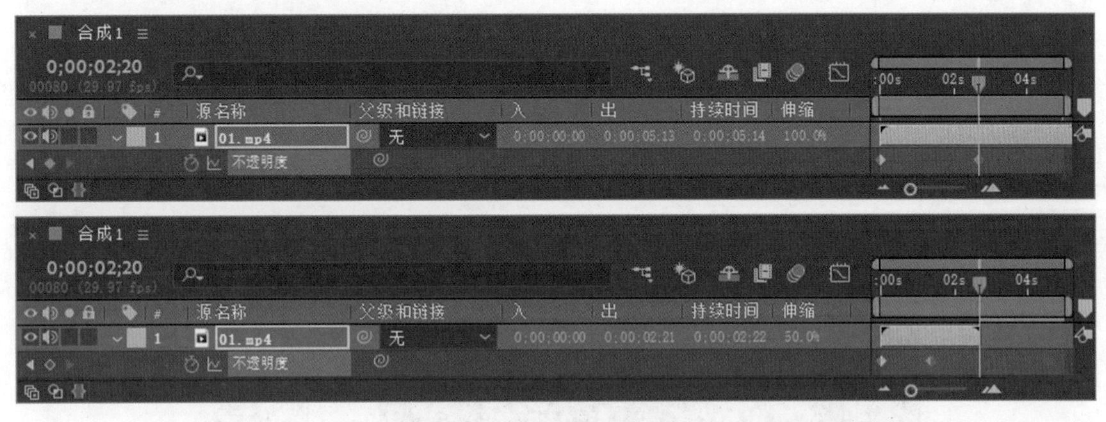

图 3-175

如果不希望在改变伸缩值时影响关键帧时间位置，则需要全选当前层的所有关键帧，然后选择“编辑 > 剪切”命令，或按 Ctrl+X 组合键，暂时将关键帧信息剪切到系统剪贴板中，调整伸缩值，在改变素材层的播放速度后，选取使用关键帧的属性，再选择“编辑 > 粘贴”命令，或按 Ctrl+V 组合键，将关键帧粘贴回当前层。

3.5.5 颠倒时间

在视频节目中，经常会看到倒放的动态影像，利用伸缩属性可以很方便地实现这一点，只要把伸缩值调整为负值就可以了。例如，保持片段原来的播放速度，只是实现倒放，可以将伸缩值设置为 -100%，如图 3-176 所示。

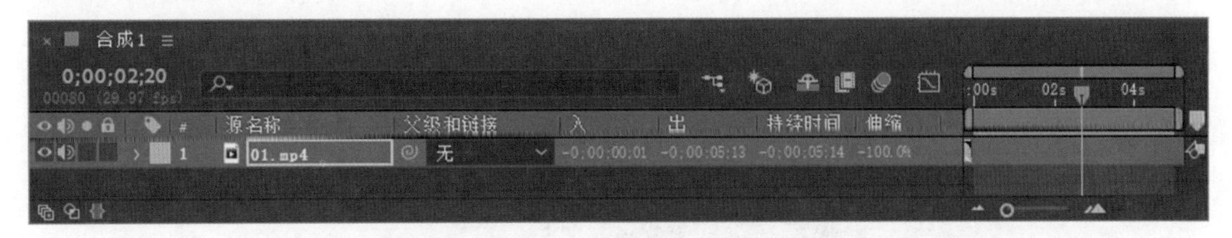

图 3-176

当伸缩值设置为负值时，图层上出现蓝色的斜线，表示已经颠倒时间。但是图层会移动到别的位置，这是因为在颠倒时间过程中，是以图层的入点为变化基准的，反向时会导致位置上的变动，将其拖曳到合适位置即可。

3.5.6 调整基准点

在进行时间拉伸的过程中，已经发现变化时的基准点在默认情况下是入点，特别是在颠倒时间的练习中更明显地感受到了这一点。其实在 After Effects 中，时间调整的基准点同样是可以改变的。

单击伸缩参数，弹出“时间伸缩”对话框，在对话框中的“原位定格”区域可以设置在改变时间伸缩值时层变化的基准点，如图 3-177 所示。

图层进入点：以层入点为基准，也就是在调整过程中，固定入点位置。

当前帧：以当前时间标签为基准，也就是在调整过程中，同时影响入点和出点位置。

图层输出点：以层出点为基准，也就是在调整过程中，固定出点位置。

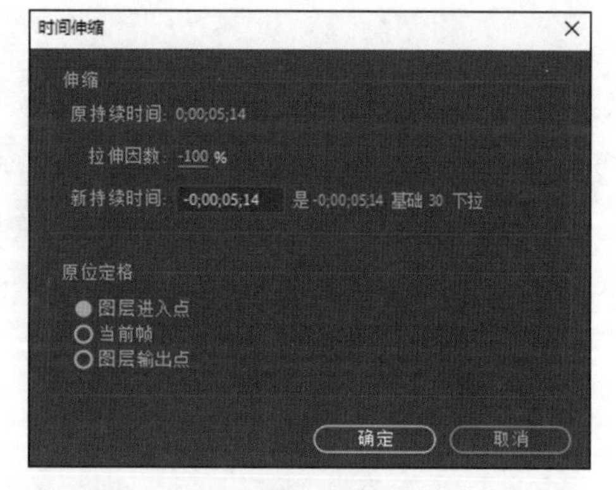

图 3-177

3.6 课堂练习——运动的线条

练习知识要点：使用“粒子运动场”命令、“变换”命令、“快速模糊”命令制作线条效果；利用“缩放”属性制作缩放效果。运动的线条效果如图 3-178 所示。

效果所在位置：云盘 \Ch03\ 运动的线条 \ 运动的线条 . aep。

图 3-178

3.7 课后习题——运动的圆圈

习题知识要点：使用“导入”命令导入素材；利用“位置”属性制作箭头运动动画；利用“旋转”属性制作圆圈运动动画。运动圆圈效果如图 3-179 所示。

效果所在位置：云盘 \Ch03\ 运动的圆圈 \ 运动的圆圈 . aep。

图 3-179

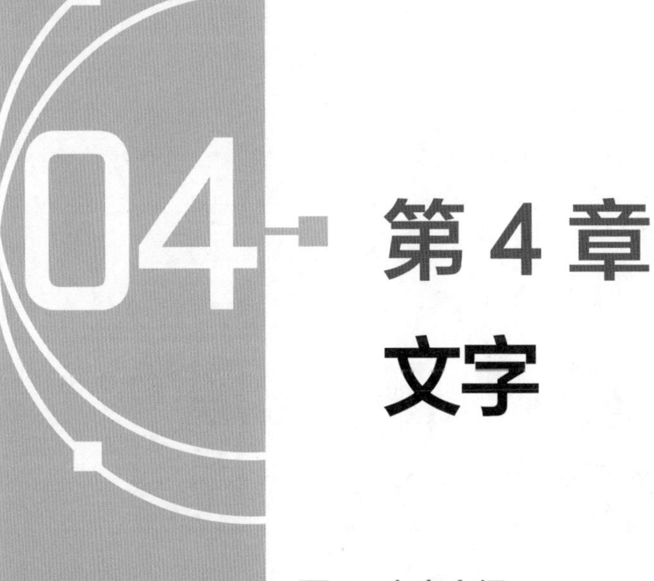

第 4 章 文字

本章介绍

本章对创建文字的方法进行了详细讲解，其中包括文字工具的使用、文字层的创建、文字特效的制作等。读者通过学习本章的内容，可以了解并掌握 After Effects 的文字创建技巧。

学习目标

- **掌握创建文字的方法**
- **掌握文字特效的制作方法**

4.1 创建文字

在 After Effects CC 2019 中创建文字是非常方便的，有以下两种方法。

（1）单击工具箱中的“横排文字”工具，如图 4–1 所示。

图 4–1

（2）选择“图层 > 新建 > 文本”命令，或按 Ctrl+Alt+Shift+T 组合键，如图 4–2 所示。

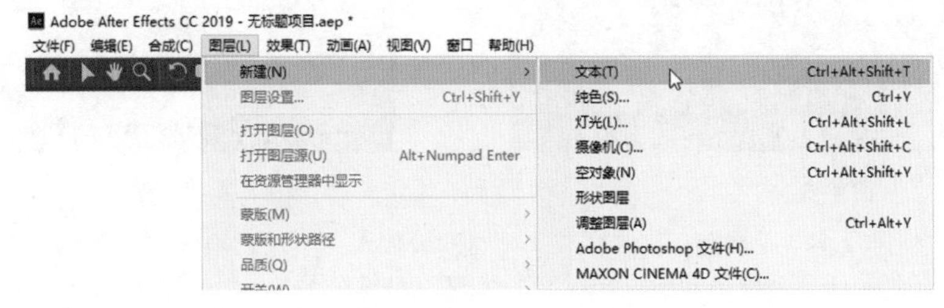

图 4–2

4.1.1 课堂案例——打字效果

案例学习目标：学习输入并编辑文本。

案例知识要点：使用“横排文字”工具输入文字并编辑；使用“文字处理器”命令制作打字动画。打字效果如图 4-3 所示。

效果所在位置：云盘 \Ch04\ 打字效果 \ 打字效果 . aep。

图 4-3

（1）按 Ctrl+N 组合键，弹出“合成设置”对话框，在“合成名称”文本框中输入“效果”，其他选项的设置如图 4-4 所示，单击“确定”按钮，创建一个新的合成“效果”。选择“文件 > 导入 > 文件”命令，在弹出的“导入文件”对话框中，选择云盘中的“Ch04\ 打字效果 \ (Footage) \ 01.avi”文件，单击“导入”按钮，将视频导入“项目”面板中，如图 4-5 所示，然后将其拖曳到“时间轴”面板中。

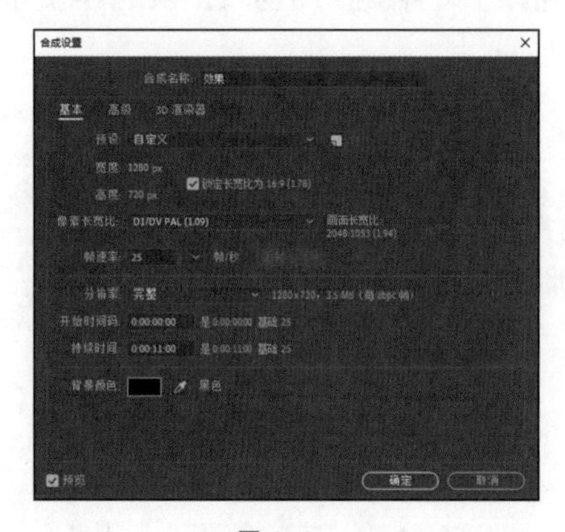

图 4-4

图 4-5

（2）选中“01.avi”层，按 S 键，展开“缩放”属性，设置“缩放”选项的数值为 73.0%，如图 4-6 所示。“合成”预览面板中的效果如图 4-7 所示。

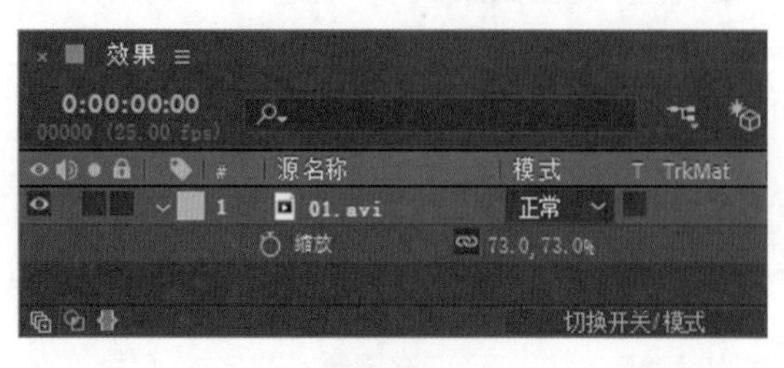

图 4-6

图 4-7

（3）选择“横排文字”工具T，在“合成”预览面板输入文字“对美食的喜爱，会让你感受到世界的美好。”选中文字，在“字符”面板中设置文字参数，如图 4-8 所示。“合成”预览面板中的效果如图 4-9 所示。

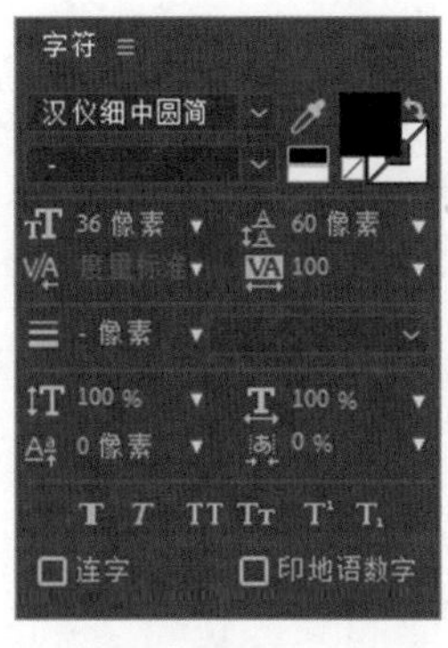

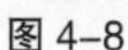

图 4-8

图 4-9

（4）选中文字层，将时间标签放置在 0:00:00:00 的位置，选择“窗口 > 效果和预设”命令，打开“效果和预设”面板，单击“动画预设”文件夹左侧的小箭头按钮将其展开，双击“Text > Multi-line > 文字处理器”命令，如图 4-10 所示，应用效果。“合成”预览面板中的效果如图 4-11 所示。

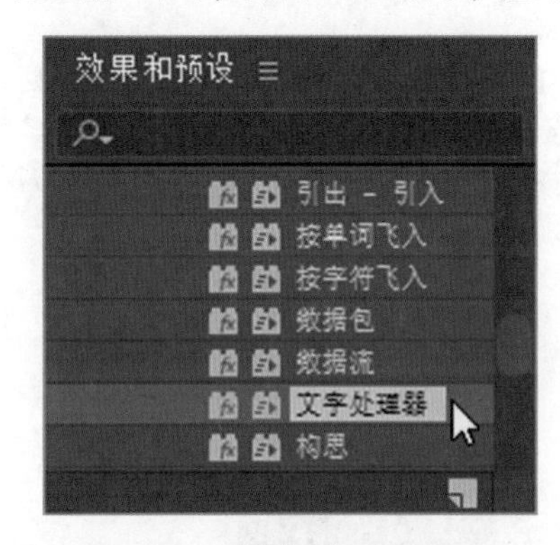

图 4-10

图 4-11

（5）选中文字层，按 U 键展开所有关键帧属性，如图 4-12 所示。将时间标签放置在 0:00:06:00 的位置，按住 Shift 键的同时，将第 2 个关键帧拖曳到时间标签所在的位置，并设置“滑块”选项的数值为 100.00，如图 4-13 所示。

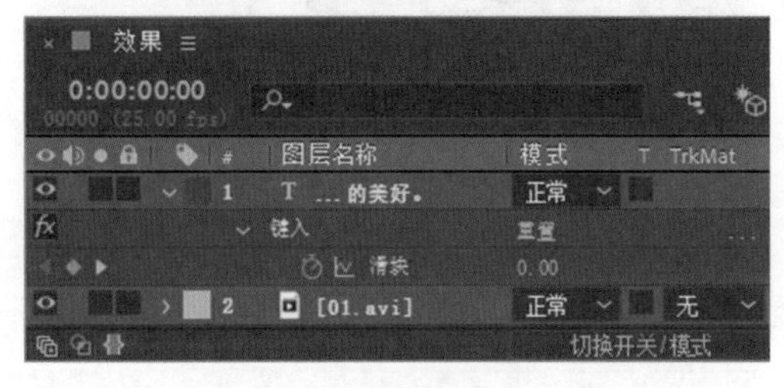

图 4-12

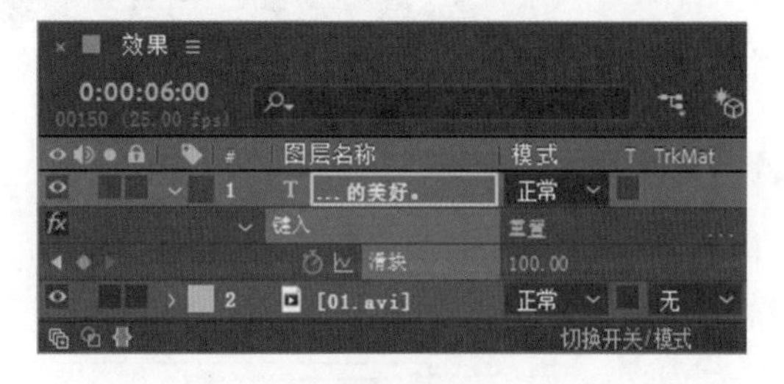

图 4-13

（6）按 T 键，展开“不透明度”属性，单击“不透明度”选项左侧的“关键帧自动记录器”按钮，如图 4-14 所示，记录第 1 个关键帧。将时间标签放置在 0:00:08:00 的位置，在“时间轴”面板中设置“不透明度”选项的数值为 0%，如图 4-15 所示，记录第 2 个关键帧。

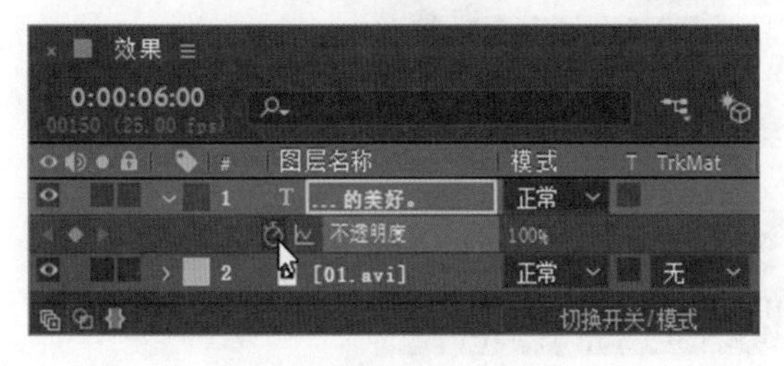

图 4-14

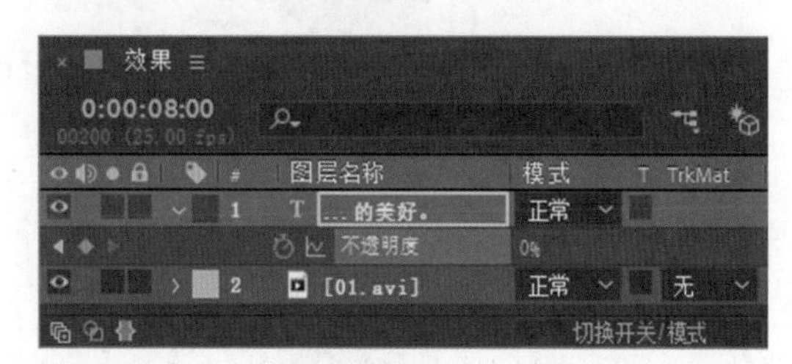

图 4-15

（7）打字效果制作完成，如图 4-16 所示。

图 4-16

4.1.2 文字工具

在工具箱中提供了建立文本的工具，包括“横排文字”工具和“直排文字”工具，可以根据需要建立水平文字和垂直文字，如图 4-17 所示。“字符”面板提供了字体类型、字号、颜色、字间距、行间距和比例关系等字符设置选项。“段落”面板提供了文本左对齐、中心对齐和右对齐等段落设置选项，如图 4-18 所示。

图 4-17

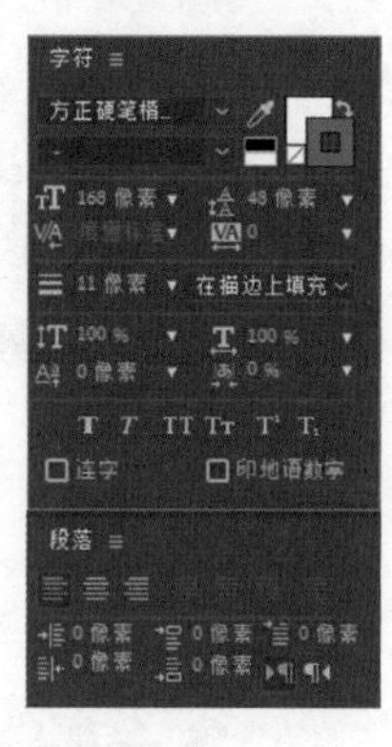

图 4-18

4.1.3 文字层

在菜单栏中选择“图层 > 新建 > 文本”命令，如图 4-19 所示，可以建立一个文字层。建立文字层后可以直接在“合成”预览面板中输入所需要的文字，如图 4-20 所示。

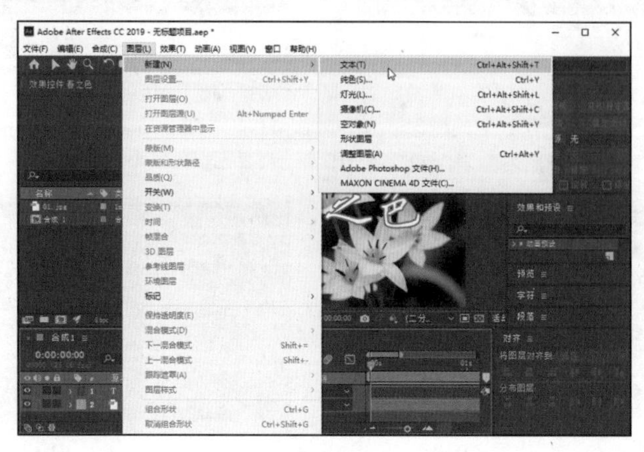

图 4-19

图 4-20

4.2 文字特效

After Effects CC 2019 保留了旧版本中的一些文字特效，如“基本文字”效果和“路径文字”效果，这些特效主要用于制作一些单纯使用“文字”工具不能实现的效果。

4.2.1 课堂案例——烟飘文字

案例学习目标：学习制作文字特效。

案例知识要点：使用“横排文字”工具输入文字；使用“分形杂色”命令制作背景效果；使用“矩形”工具制作蒙版效果；使用“复合模糊”命令、“置换图”命令制作烟飘效果。烟飘文字效果如图 4-21 所示。

效果所在位置：云盘 \Ch04\ 烟飘文字 \ 烟飘文字 .aep。

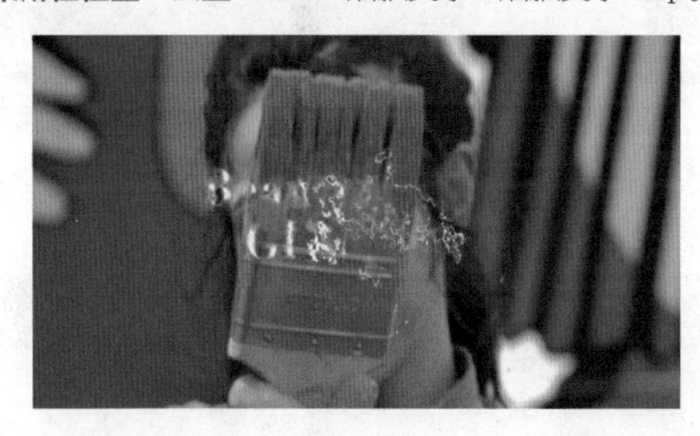

图 4-21

扫码观看
本案例视频

扫码查看
扩展案例

1. 输入文字与添加噪波

（1）按 Ctrl+N 组合键，弹出“合成设置”对话框，在“合成名称”文本框中输入“文字”，单击“确定”按钮，创建一个新的合成“文字”，如图 4-22 所示。

（2）选择“横排文字”工具T，在“合成”预览面板中输入文字“Beautiful GIRL”。选中文字，在“字符”面板中设置文字参数，如图 4-23 所示。“合成”预览面板中的效果如图 4-24 所示。

（3）按 Ctrl+N 组合键，弹出“合成设置”对话框，在“合成名称”文本框中输入“噪波”，单击“确定”按钮，创建一个新的合成“噪波”。选择“图层 > 新建 > 纯色”命令，弹出“纯色设置”对话框，在“名称”文本框中输入文字“噪波”，将“颜色”设为灰色（135、135、135），如图 4-25 所示，单击“确定”按钮，在“时间轴”面板中新增一个灰色纯色层，如图 4-26 所示。

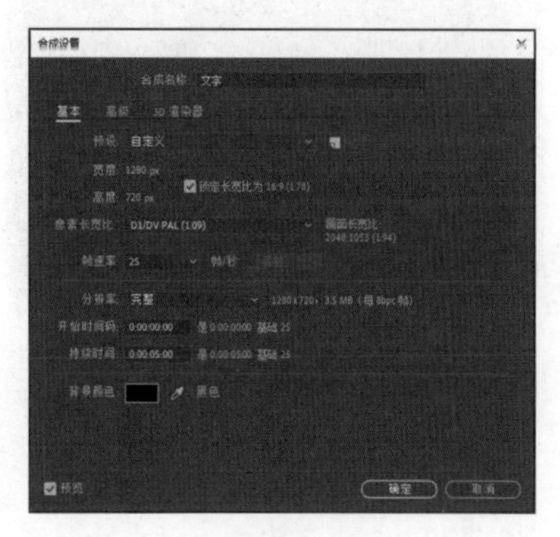

图 4-22

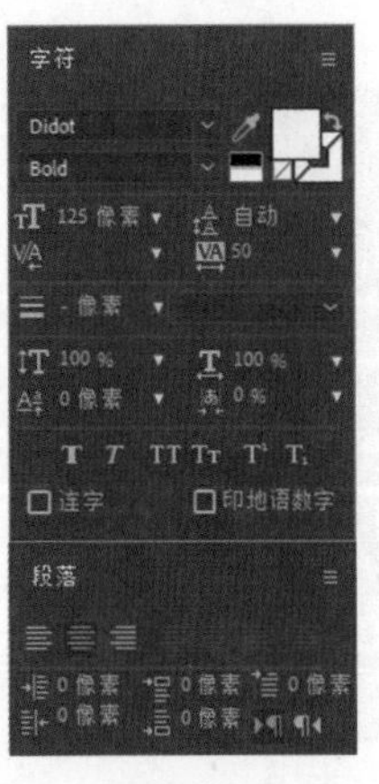

图 4-23

图 4-24

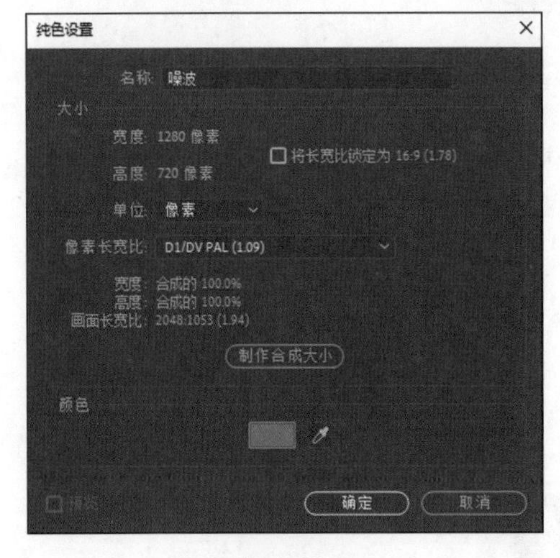

图 4-25

图 4-26

（4）选中“噪波”层，选择“效果 > 杂色和颗粒 > 分形杂色”命令，在“效果控件”面板中进行参数设置，如图 4-27 所示。“合成”预览面板中的效果如图 4-28 所示。

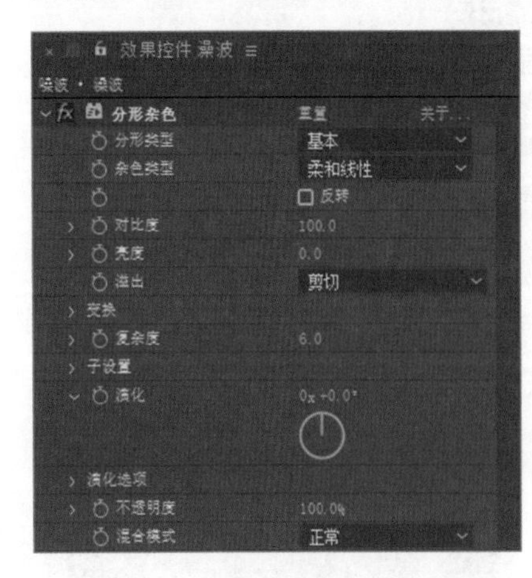

图 4-27

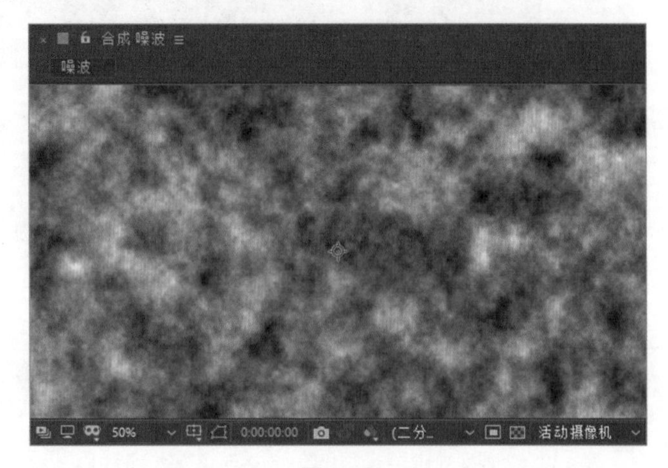

图 4-28

（5）将时间标签放置在 0:00:00:00 的位置，在“效果控件”面板中，单击“演化”选项左侧的“关键帧自动记录器”按钮，如图 4-29 所示，记录第 1 个关键帧。将时间标签放置在 0:00:04:24 的位置，在“效果控件”面板中，设置“演化”选项的数值为 3x+0.0° ，如图 4-30 所示，记录第 2 个关键帧。

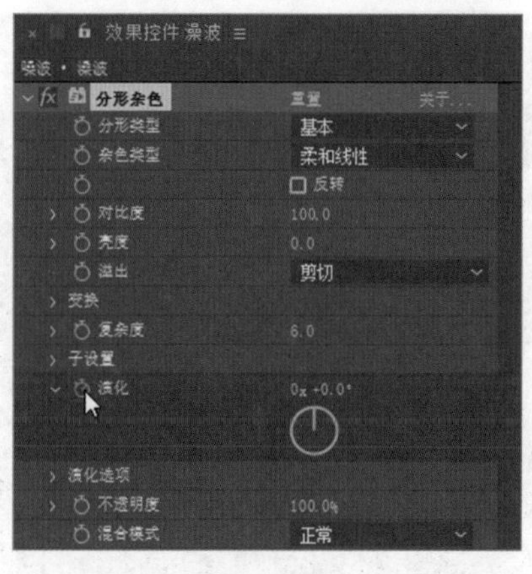

图 4-29

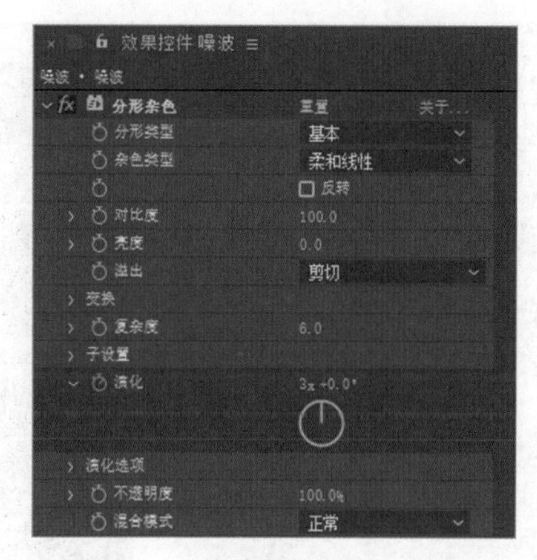

图 4-30

2. 添加蒙版效果

（1）选择“矩形”工具，在“合成”预览面板中拖曳鼠标绘制一个矩形蒙版，如图 4-31 所示。按 F 键，展开“蒙版羽化”属性，设置“蒙版羽化”选项的数值为 140.0,140.0 像素，如图 4-32 所示。

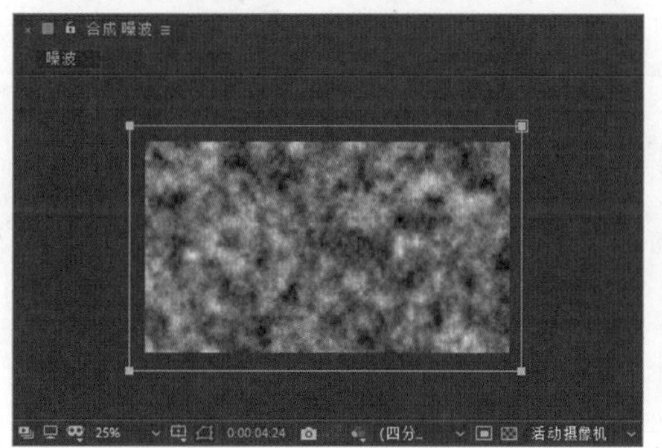

图 4-31

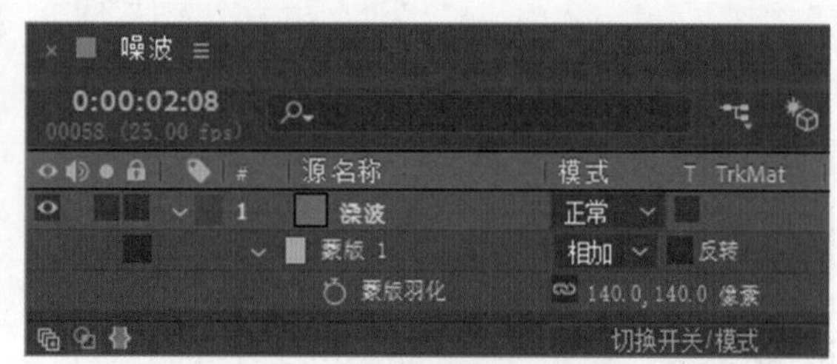

图 4-32

（2）将时间标签放置在 0:00:00:00 的位置，选中“噪波”层，按两次 M 键，展开“蒙版”属性，单击“蒙版路径”选项左侧的“关键帧自动记录器”按钮，如图 4-33 所示，记录第 1 个蒙版形状关键帧。将时间标签放置在 0:00:04:24 的位置，选择“选取”工具，在“合成”预览面板中同时选中蒙版左侧的两个控制点，将控制点向右拖曳到适当的位置，如图 4-34 所示，记录第 2 个蒙版形状关键帧。

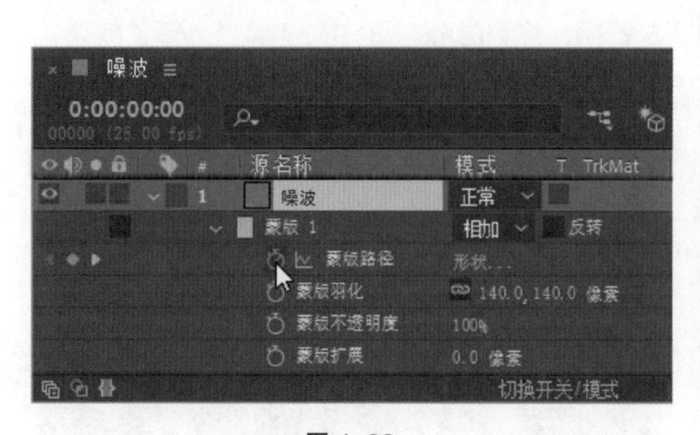

图 4-33

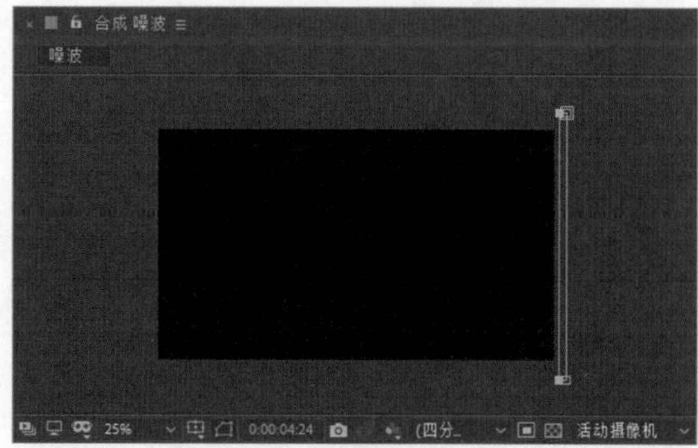

图 4-34

（3）按 Ctrl+N 组合键，创建一个新的合成，命名为“噪波 2”。选择“图层 > 新建 > 纯色”命令，新建一个灰色固态层，命名为“噪波 2”。与前面合成“噪波”的步骤一样，添加“分形杂色”特效并添加关键帧。选择“效果 > 颜色校正 > 曲线”命令，在“效果控件”面板中调节曲线的参数，如图 4-35 所示。调节后，“合成”预览面板中的效果如图 4-36 所示。

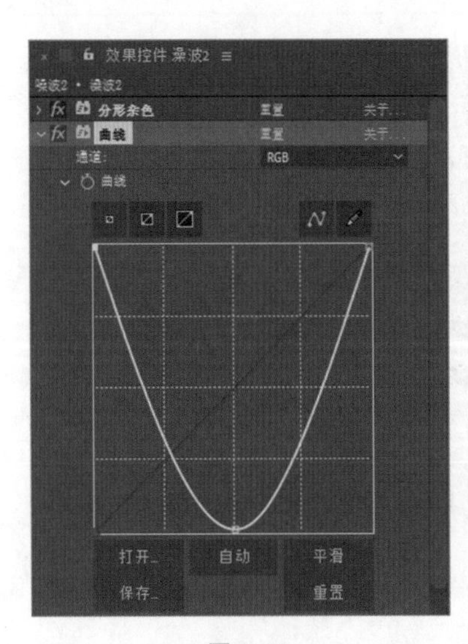

图 4–35

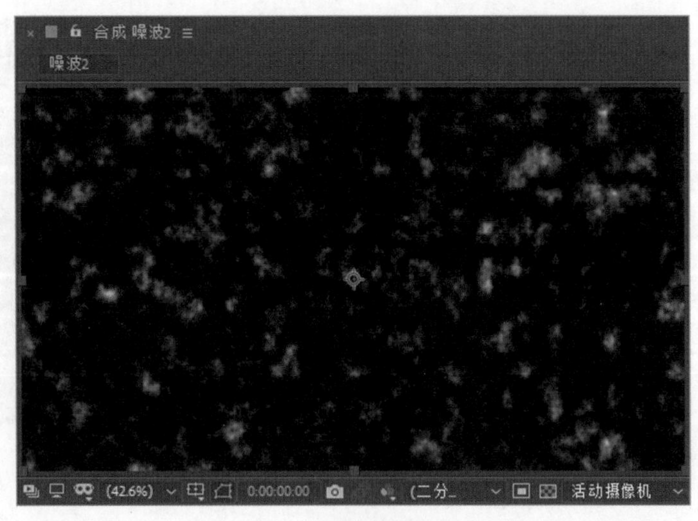

图 4–36

（4）按 Ctrl+N 组合键，弹出“合成设置”对话框，在“合成名称”文本框中输入“最终效果”，单击“确定”按钮，创建一个新的合成“最终效果”，如图 4–37 所示。在“项目”面板中，分别选中“文字”“噪波”和“噪波 2”合成并将它们拖曳到“时间轴”面板中，层的排列如图 4–38 所示。

（5）选择“文件 > 导入 > 文件”命令，在弹出的“导入文件”对话框中，选择云盘中的“Ch04\ 烟飘文字 \(Footage)\01.avi”文件，单击“导入”按钮，导入背景视频，并将其拖曳到“时间轴”面板中，如图 4–39 所示。

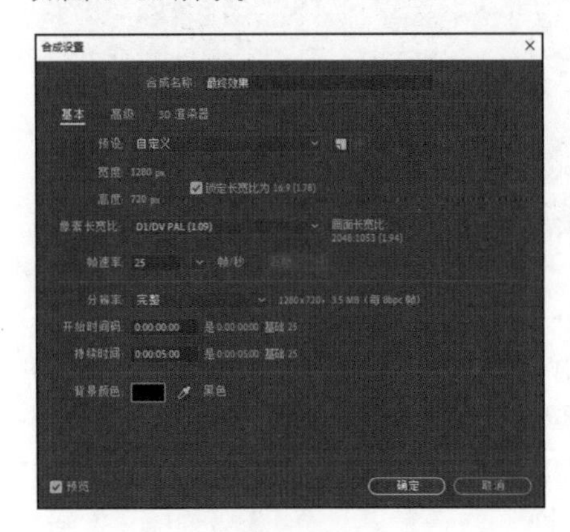

图 4–37

图 4–38

图 4–39

（6）分别单击“噪波”和“噪波 2”层左侧的眼睛按钮，将层隐藏。选中文字层，选择“效果 > 模糊和锐化 > 复合模糊”命令，在“效果控件”面板中进行参数设置，如图 4–40 所示。“合成”预览面板中的效果如图 4–41 所示。

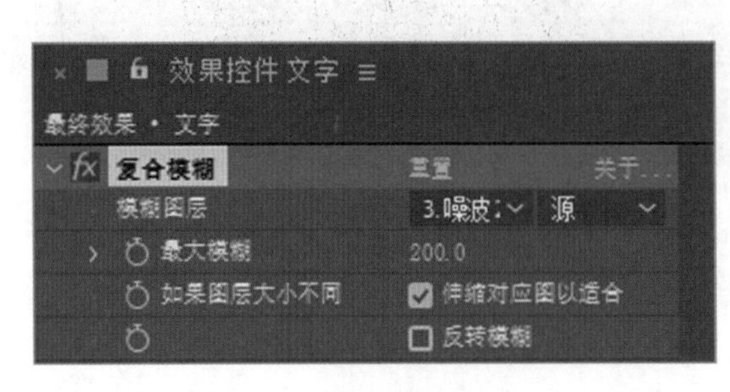

图 4–40

图 4–41

（7）在“效果控件”面板中，单击“最大模糊”选项左侧的“关键帧自动记录器”按钮⏱，如图 4-42 所示，记录第 1 个关键帧。将时间标签放置在 0:00:04:24 的位置，在“效果控件”面板中，设置“最大模糊”选项的数值为 0.0，如图 4-43 所示，记录第 2 个关键帧。

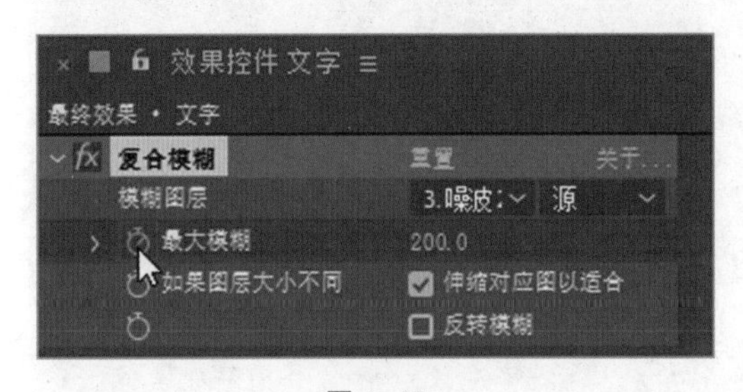

图 4-42

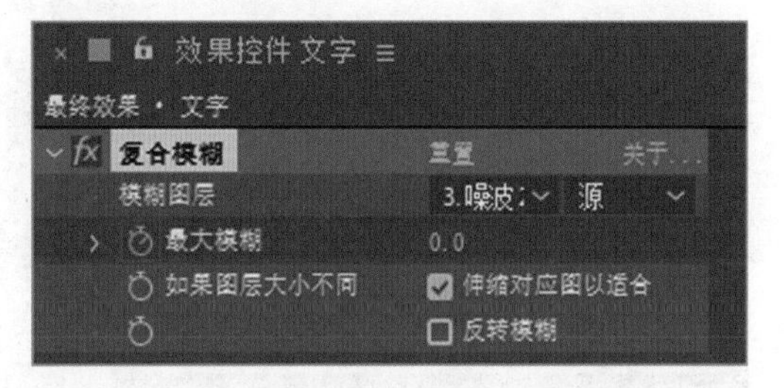

图 4-43

（8）选择“效果 > 扭曲 > 置换图”命令，在“效果控件”面板中进行参数设置，如图 4-44 所示。烟飘文字制作完成，效果如图 4-45 所示。

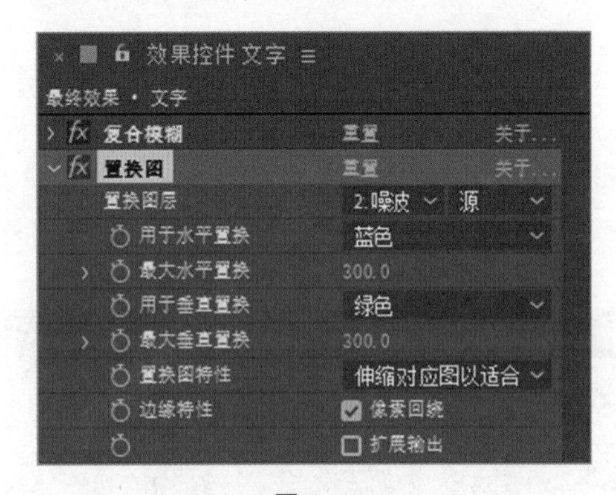

图 4-44

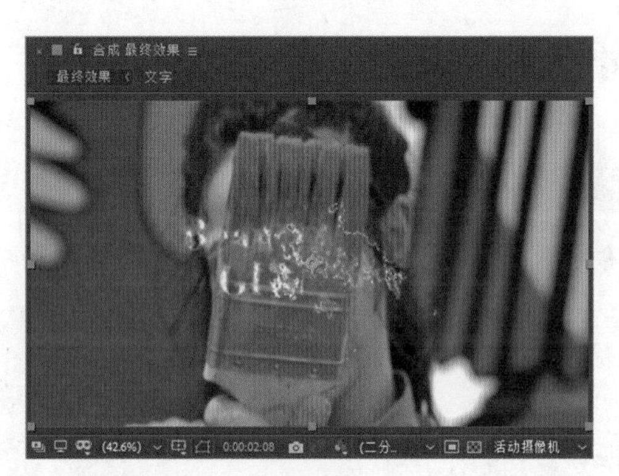

图 4-45

4.2.2 基本文字

“基本文字”效果用于创建文本或文本动画，可以指定文本的字体、样式、方向以及排列，如图 4-46 所示。

“基本文字”效果还可以将文字创建在一个现有的图像层中，通过选择“在原始图像上合成”选项，可以将文字与图像融合在一起，或者取消选择该选项，单独使用文字。相应的“效果控件”面板中还提供了位置、填充和描边、大小、字符间距等信息，如图 4-47 所示。

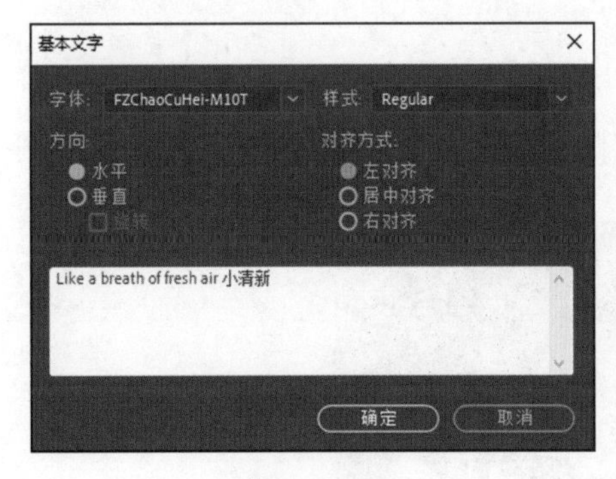

图 4-46

图 4-47

4.2.3 路径文字

“路径文字”效果用于制作字符沿某一条路径运动的动画效果。在“路径文字”对话框中提供了字体和样式设置，如图 4-48 所示。相应的“效果控件”面板中还提供了信息、路径选项、填充和描边、字符、段落、高级和在原始图像上合成等设置，如图 4-49 所示。

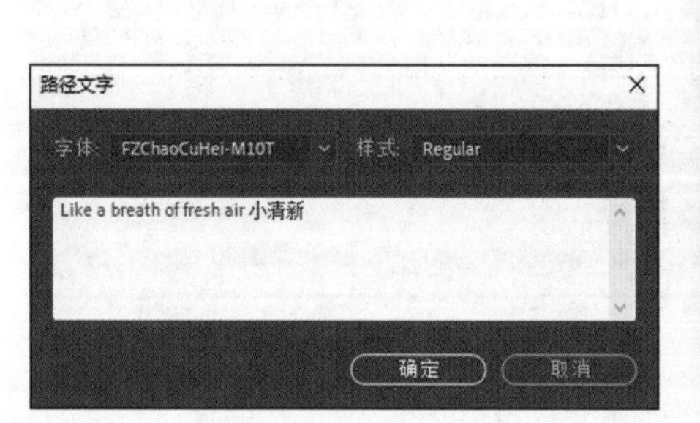

图 4-48

图 4-49

4.2.4 编号

“编号”效果能生成不同格式的随机数或序数，如小数、日期和时间码，甚至是当前日期和时间（在渲染时）。使用“编号”效果可创建各种各样的计数器。序数的最大偏移是 30 000。在“编号”对话框中可以设置字体、样式、方向和对齐方式等，如图 4-50 所示。相应的“效果控件”面板中还提供格式、填充和描边、大小、字符间距等设置，如图 4-51 所示。

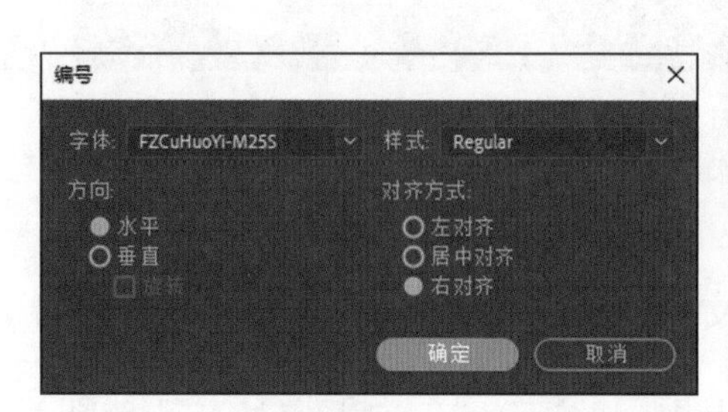

图 4-50

图 4-51

4.2.5 时间码

“时间码”效果主要用于在素材层中显示时间信息或者关键帧上的编号信息，我们还可以将时间码的信息译成密码并保存于层中以供显示。在相应的“效果控件”面板中可以设置显示格式、时间源、文本位置、文字大小和文本颜色等，如图 4-52 所示。

图 4-52

4.3 课堂练习——飞舞数字流

练习知识要点： 使用“横排文字”工具输入文字并编辑；使用“导入”命令导入文件；使用“Particular”命令制作飞舞数字。飞舞数字流效果如图 4-53 所示。

效果所在位置： 云盘 \Ch04\ 飞舞数字流 \ 飞舞数字流 .aep。

图 4-53

4.4 课后习题——运动模糊文字

习题知识要点： 使用“导入”命令导入素材；使用“镜头光晕”命令添加光晕效果；通过“模式”选项编辑图层的混合模式。运动模糊文字效果如图 4-54 所示。

效果所在位置： 云盘 \Ch04\ 运动模糊文字 \ 运动模糊文字 .aep。

图 4-54

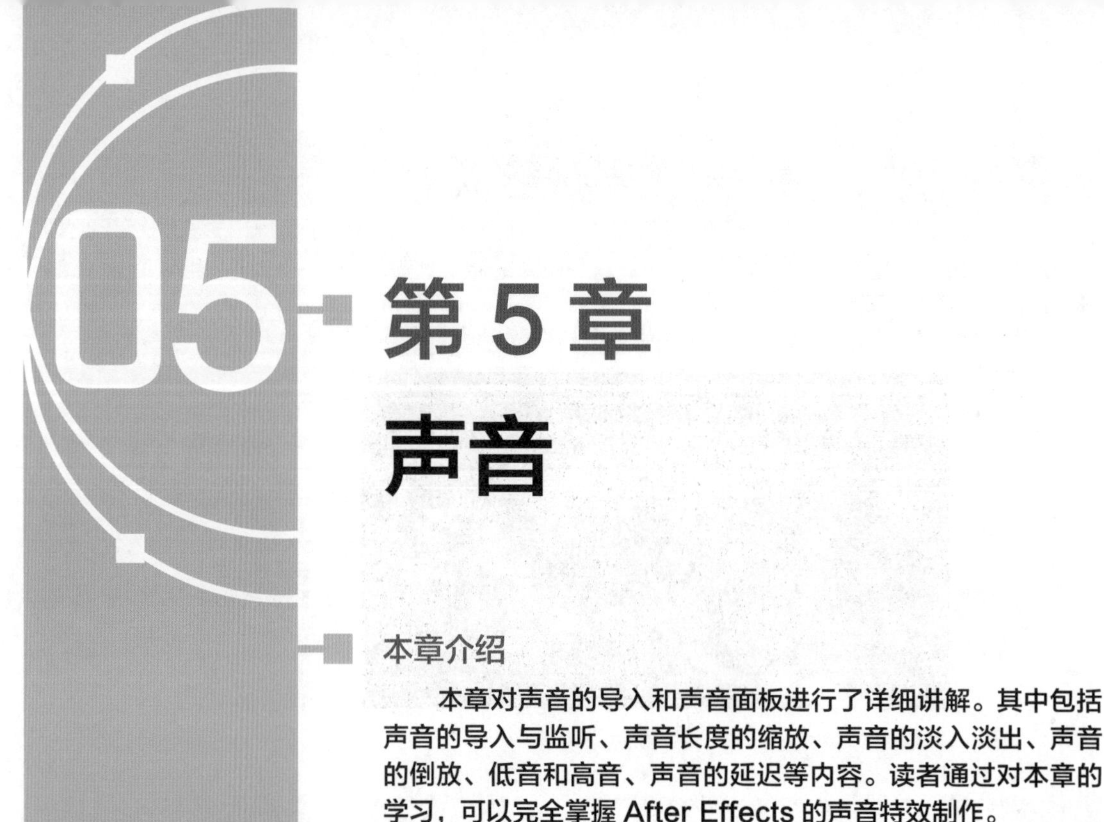

第 5 章 声音

本章介绍

本章对声音的导入和声音面板进行了详细讲解。其中包括声音的导入与监听、声音长度的缩放、声音的淡入淡出、声音的倒放、低音和高音、声音的延迟等内容。读者通过对本章的学习，可以完全掌握 After Effects 的声音特效制作。

学习目标

- 掌握将声音导入影片的方法
- 了解声音特效面板

5.1 导入声音

声音是影片的引导者，没有声音的影片无论多么精彩也不会使观众陶醉。下面介绍把声音配入影片中及设置动态音量的方法。

5.1.1 课堂案例——为《女孩》短片添加背景音乐

案例学习目标： 学习将声音导入影片的方法，为女孩短片添加背景音乐。

案例知识要点： 使用“导入”命令导入声音、视频文件；通过“音频电平”选项制作背景音乐效果。为女孩短片添加背景音乐效果如图 5-1 所示。

效果所在位置： 云盘 \Ch05\ 为女孩短片添加背景音乐 \ 为女孩短片添加背景音乐 .aep。

图 5-1

（1）按 Ctrl+N 组合键，弹出“合成设置”对话框，在“合成名称”文本框中输入“最终效果”，其他选项的设置如图 5-2 所示，单击“确定”按钮，创建一个新的合成“最终效果”。选择“文件 > 导入 > 文件”命令，弹出“导入文件”对话框，选择云盘中的“Ch05\ 为女孩短片添加背景音乐 \(Footage)\01.avi、02.wma 文件，如图 5-3 所示，单击“导入”按钮，导入文件。

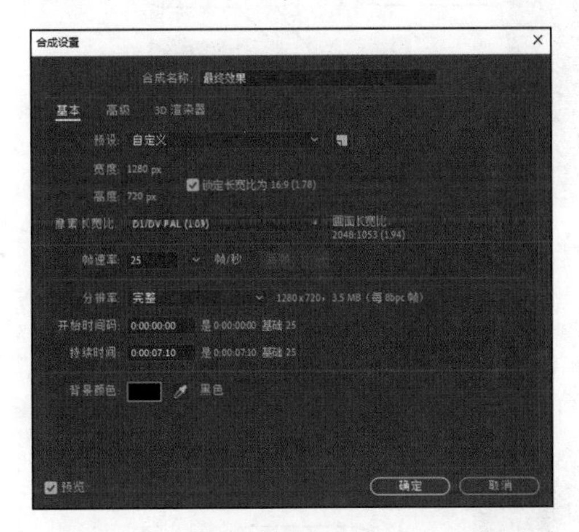

图 5-2

图 5-3

（2）在“项目”面板中选中“01.avi”和“02.wma”文件，并将它们拖曳到“时间轴”面板中，层的排列如图 5-4 所示。将时间标签放置在 0:00:06:00 的位置，如图 5-5 所示。

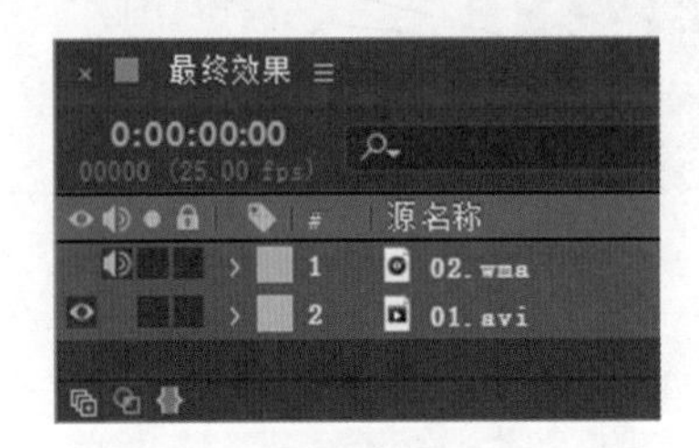

图 5-4

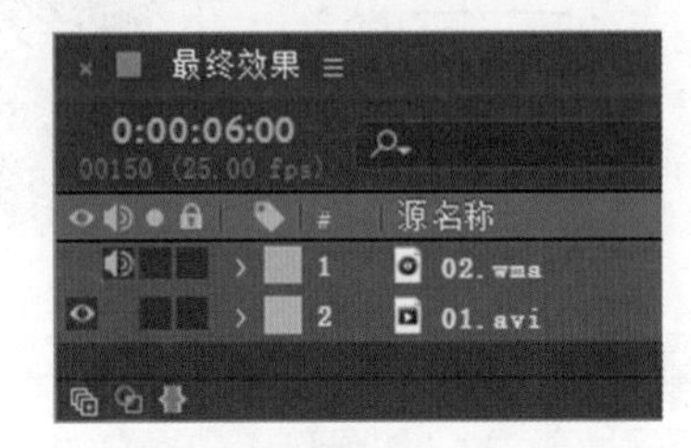

图 5-5

（3）选中“02.wma”层，展开“音频”属性，单击“音频电平”选项左侧的“关键帧自动记录器”按钮，记录第 1 个关键帧，如图 5-6 所示。

（4）将时间标签放置在 0:00:07:00 的位置，在“时间轴”面板中，设置“音频电平”选项的数值为 -26.00dB，如图 5-7 所示，记录第 2 个关键帧。为女孩短片添加背景音乐制作完成。

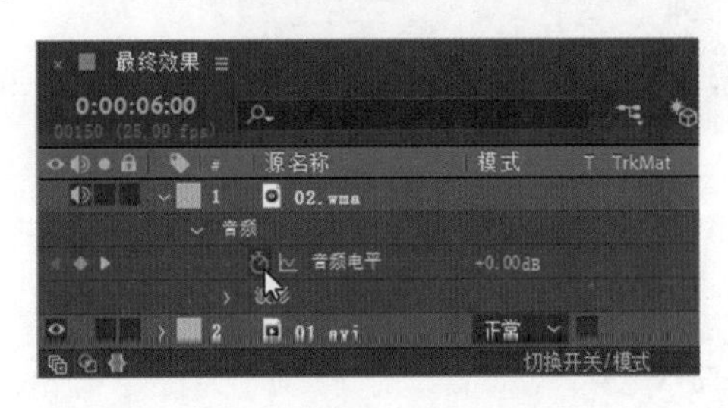

图 5-6

图 5-7

5.1.2 声音的导入与监听

启动 After Effects，选择“文件 > 导入 > 文件”命令，在弹出的“导入文件”对话框中，选择云盘中的“基础素材 \Ch05\01.mp4”文件，单击“打开”按钮导入文件。在“项目”面板中选中该素材，可观察到预览窗口下方出了声波图形，如图 5-8 所示。这说明该视频素材携带声道。将“01.mp4”文件从“项目”面板中拖曳到“时间轴”面板中。

选择“窗口 > 预览”命令，或按 Ctrl+3 组合键，在弹出的“预览”面板中确定图标为弹起状态，如图 5-9 所示。在“时间轴”面板中同样确定图标为弹起状态，如图 5-10 所示。

图 5-8

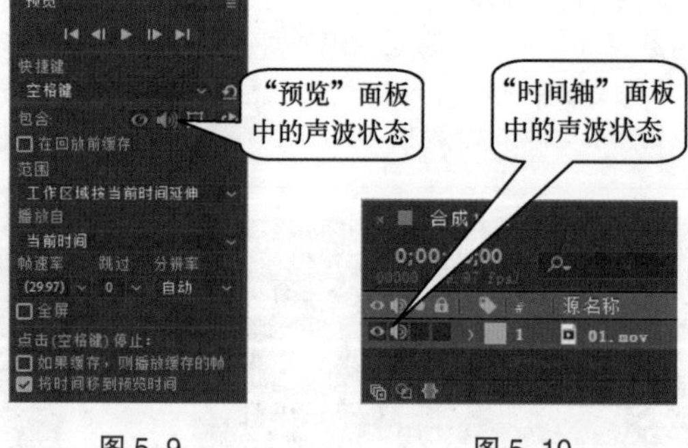

图 5-9　　图 5-10

按数字键盘的 0 键即可监听影片的声音，按住 Ctrl 键的同时，拖曳时间标签，可以实时听到当前时间指针位置的音频。

选择"窗口 > 音频"命令，或按 Ctrl+4 组合键，弹出"音频"面板，在该面板中拖曳滑块可以调整声音素材的总音量或分别调整左、右声道的音量，如图 5-11 所示。

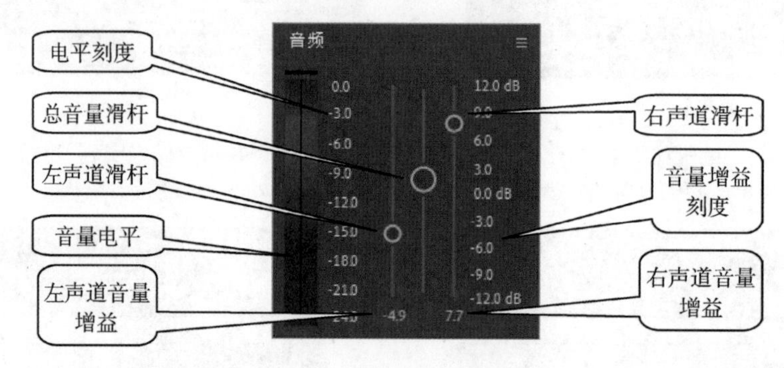

图 5-11

在"时间轴"面板中展开"波形"属性，可以在其中显示声音的波形，调整"音频电平"右侧的两个参数可以调整声音的音量，如图 5-12 所示。

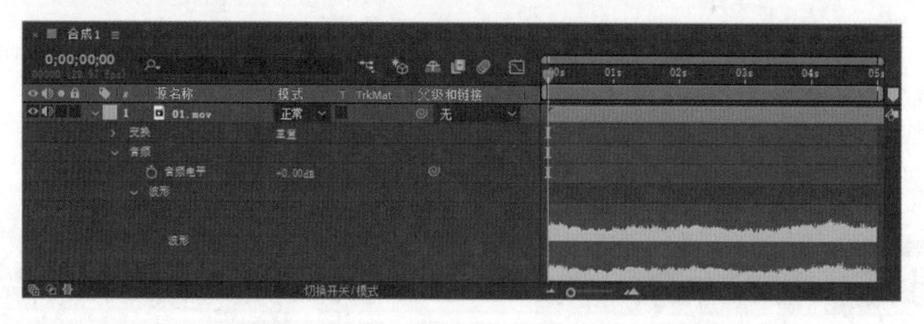

图 5-12

5.1.3　声音的缩放

在"时间轴"面板底部单击按钮，将控制区域完全显示出来。在"持续时间"项可以设置声音的播放时长，在"伸缩"项可以设置播放时长与原始素材时长的百分比，如图 5-13 所示。例如，将"伸缩"参数设置为 200.0% 后，声音的实际播放时长是原始素材时长的 2 倍。通过这两个参数缩短或延长声音的播放时长后，声音的音调也同时升高或降低。

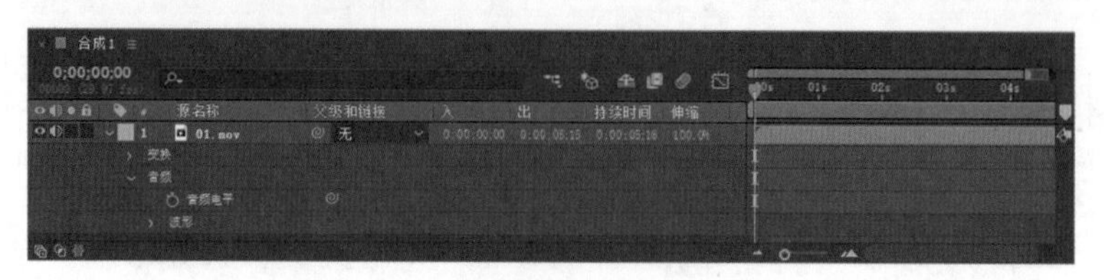

图 5-13

5.1.4 声音的淡入淡出

将时间标签拖曳到起始帧的位置，单击“音频电平”左侧的“关键帧自动记录器”按钮，添加关键帧。设置“音频电平”选项的数值为 -100.00dB；拖曳时间标签到 0:00:00:02 的位置，设置“音频电平”选项的数值为 +0.00dB，此时可观察到在“时间轴”上增加了两个关键帧，如图 5-14 所示。此时按住 Ctrl 键不放并拖曳时间标签，可以听到声音由小变大的淡入效果。

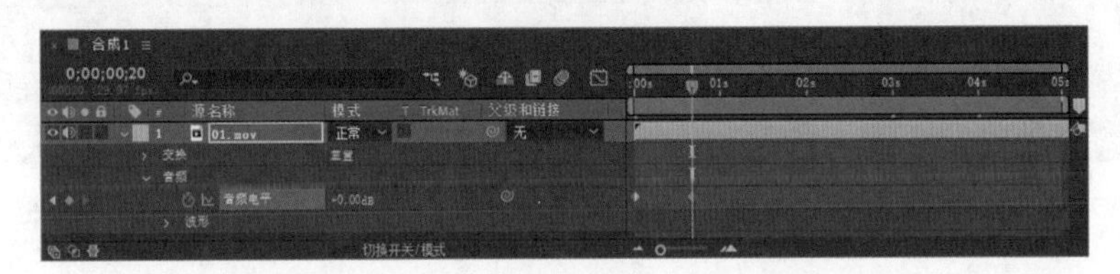

图 5-14

拖曳时间标签到 0:00:04:10 的位置，设置“音频电平”选项的数值为 +0.10dB；拖曳时间标签到结束帧，设置“音频电平”选项的数值为 -100.00dB。“时间轴”面板的状态如图 5-15 所示。按住 Ctrl 键不放并拖曳时间标签，可以听到声音的淡出效果。

图 5-15

5.2 声音特效

为声音添加特效只要在“效果和预设”面板中单击相应的命令来完成需要的操作就可以了。

5.2.1 课堂案例——为《桥》影片添加背景音乐

案例学习目标：学习使用声音特效。

案例知识要点：使用“低音和高音”命令制作声音文件特效；使用“高通 / 低通”命令调整高低音效果。为桥影片添加背景音乐效果如图 5-16 所示。

效果所在位置：云盘 \Ch05\ 为桥影片添加背景音乐 \ 为桥影片添加背景音乐 .aep。

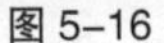

图 5-16

（1）按 Ctrl+N 组合键，弹出“合成设置”对话框，在“合成名称”文本框中输入“最终效果”，其他选项的设置如图 5-17 所示，单击“确定”按钮，创建一个新的合成“最终效果”。

（2）选择“文件 > 导入 > 文件”命令，在弹出的“导入文件”对话框中，选择云盘中的“Ch05\ 为桥影片添加背景音乐 \ (Footage)\ 01.mp4、02.wma”文件，单击“导入”按钮，将文件导入“项目”面板中，如图 5-18 所示，将它们拖曳到“时间轴”面板中，层的排列如图 5-19 所示。

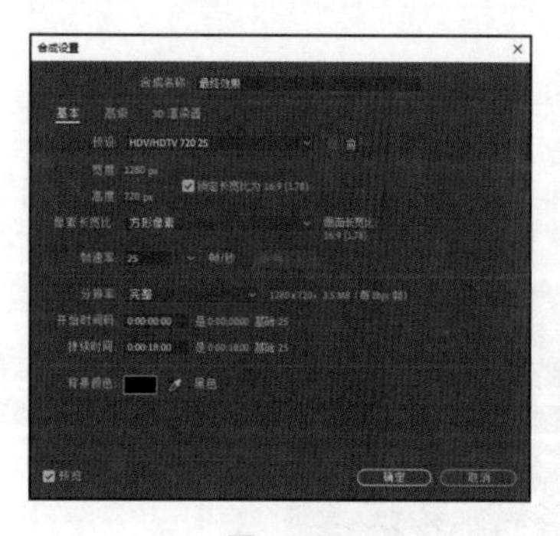

图 5-17

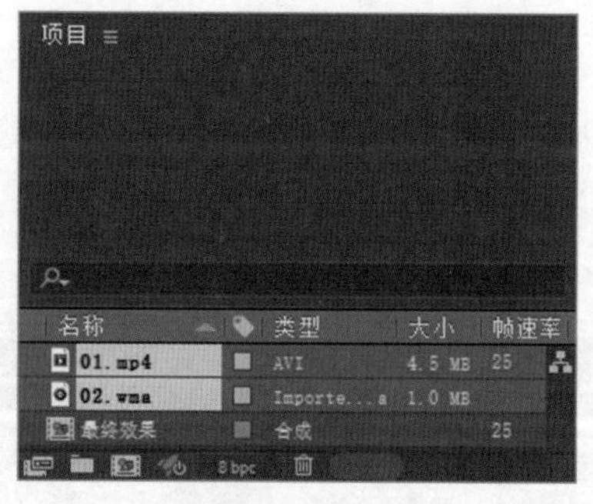

图 5-18

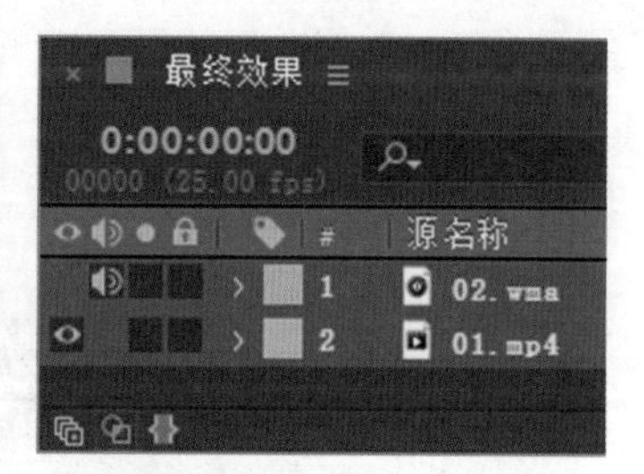

图 5-19

（3）选中“02.wma”层，选择“效果 > 音频 > 低音和高音”命令，在“效果控件”面板中进行参数设置，如图 5-20 所示。选择“效果 > 音频 > 高通 / 低通”命令，在“效果控件”面板中进行参数设置，如图 5-21 所示。为桥影片添加背景音乐制作完成。

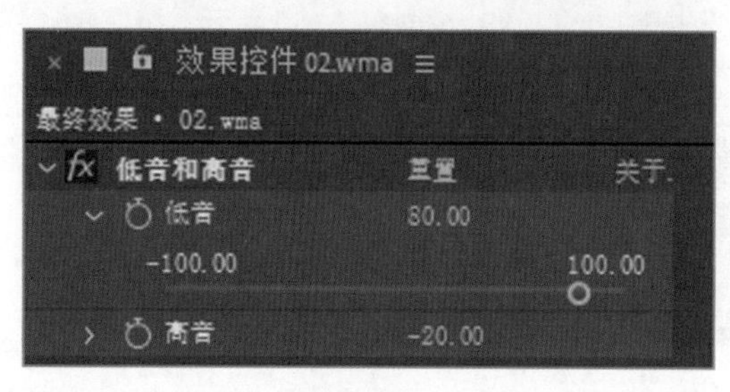

图 5-20

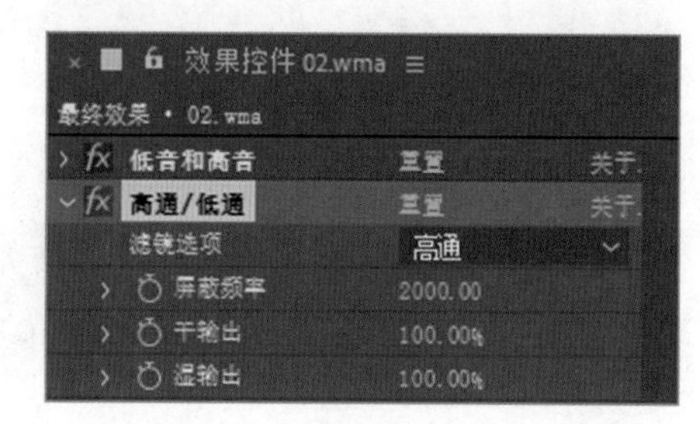

图 5-21

5.2.2 倒放

选择“效果 > 音频 > 倒放”命令，即可将该特效菜单添加到“效果控件”面板中。这个特效可以倒放音频素材，即从最后一帧向第 1 帧播放。勾选“互换声道”复选框可以交换左、右声道中的音频，如图 5-22 所示。

5.2.3 低音和高音

选择“效果 > 音频 > 低音和高音”命令，即可将该特效菜单添加到“效果控件”面板中，如图 5-23 所示。拖曳低音或高音滑块可以增加或减少音频中低音或高音的音量。

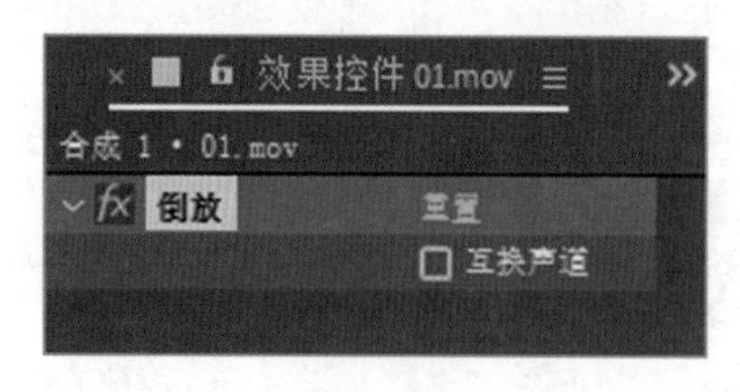

图 5-22

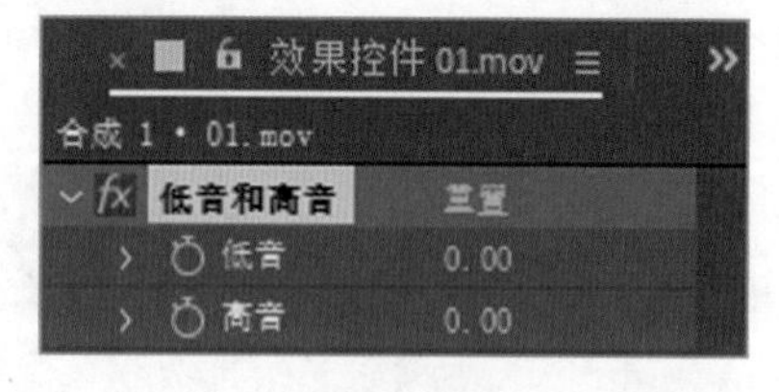

图 5-23

5.2.4 延迟

选择“效果 > 音频 > 延迟”命令，即可将该特效菜单添加到“效果控件”面板中。它可通过将声音素材进行多层延迟来模仿回声效果，例如，制造墙壁的回声或空旷山谷中的回音。“延迟时间（毫秒）”选项用于设定原始声音和其回音之间的时间间隔，单位为 ms；“延迟量”选项用于设置延迟音频的音量；“反馈”选项用于设置由回音产生的后续回音的音量；“干输出”选项用于设置声音素材的电平；“湿输出”选项用于设置最终输出声波电平，如图 5-24 所示。

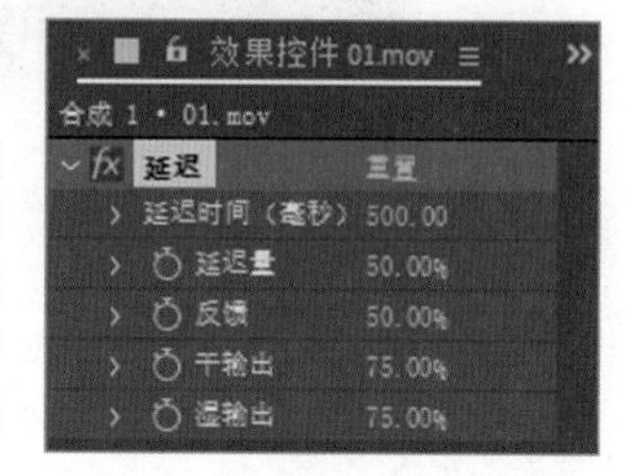

图 5-24

5.2.5 变调与合声

选择“效果 > 音频 > 变调与合声”命令，即可将该特效菜单添加到“效果控件”面板中。“变调”效果的产生原理是将声音素材的一个复制文件稍作延迟后与原声音混合，这样就造成某些频率的声波产生叠加或相减的效果，这在声音物理学中被称作为“梳状滤波”，它会产生一种“干瘪”的声音效果，该效果在电吉他独奏中经常被应用。当混入多个延迟的复制声音后会产生乐器的“合和声”效果。

在相应的“效果控件”面板中，“语音分离时”选项用于设置延迟的复制声音的数量，增大此值将使卷边效果减弱而使合唱效果增强；“语音”选项用于设置复制声音的混合深度；“调制速率”选项用于设置复制声音相位的变化程度；“干输出”“湿输出”选项用于设置未处理音频与处理后的音频的混合程度，如图 5-25 所示。

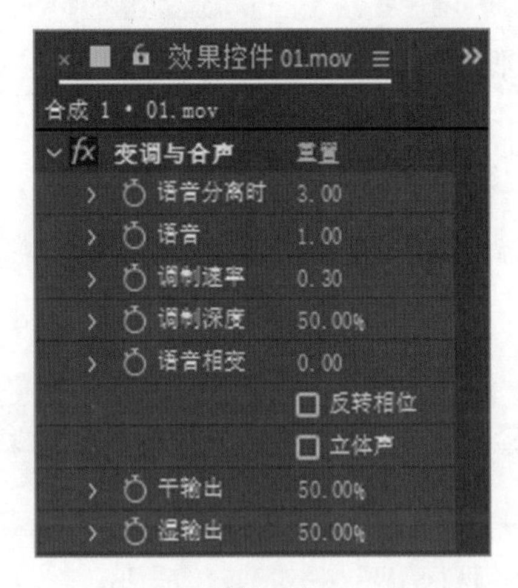

图 5-25

5.2.6 高通 / 低通

选择“效果 > 音频 > 高通 / 低通”命令，即可将该特效菜单添加到“效果控件”面板中。该声音特效只允许设定的频率的声音通过，通常用于滤去低频率或高频率的噪声，如电流声、咝咝声等。在“滤镜选项”栏中可以选择使用“高通”方式或“低通”方式。“屏蔽频率”选项用于设置滤波器的分界频率，当选择“高通”方式滤波时，低于该频率的声音被滤除；当选择“低通”方式滤波时，则高于该频率的声音被滤除。“干输出”用于调整在最终渲染时，未处理的音频的混合量，可以设置声音素材的电平；“湿输出”选项用于设置最终输出声波电平，如图 5-26 所示。

5.2.7 调制器

选择“效果 > 音频 > 调制器”命令，即可将该特效菜单添加到“效果控件”面板中。该声音特效可以为声音素材加入颤音效果。在“调制类型”栏中可以设置颤音的波形。“调制速率”选项用于设置颤音调制的频率，单位为 Hz；“调制深度”选项用于设置颤音频率的变化范围，其值为调制速率的百分比；“振幅变调”选项用于设置颤音的强弱，如图 5-27 所示。

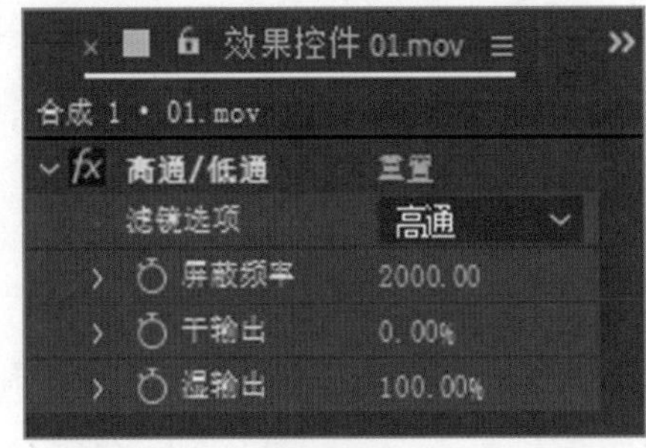

图 5-26

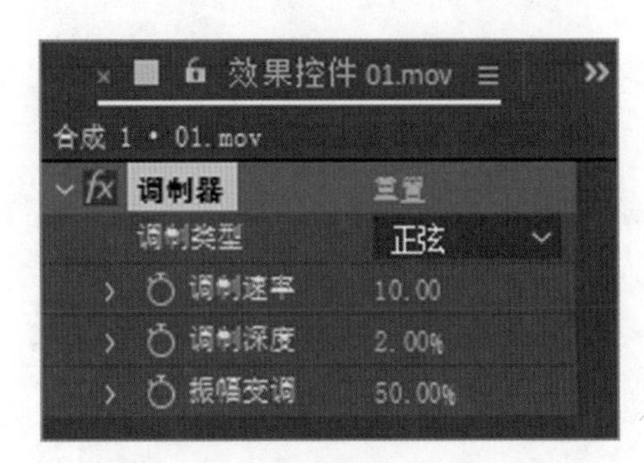

图 5-27

5.3 课堂练习——为《旅行》影片添加背景音乐

练习知识要点： 使用“导入”命令导入视频与音乐文件；利用“缩放”属性调整视频的大小；利用“音频电平”选项制作背景音乐效果。为旅行影片添加背景音乐效果如图 5-28 所示。

效果所在位置： 云盘 \Ch05\ 为旅行影片添加背景音乐 \ 为旅行影片添加背景音乐 .aep。

图 5-28

5.4 课后习题——为《青春》短片添加背景音乐

习题知识要点： 使用“导入”命令导入视频和音乐文件；使用“低音和高音”命令和“变调与合声”命令编辑音乐文件。为青春短片添加背景音乐效果如图 5-29 所示。

效果所在位置： 云盘 \Ch05\ 为青春短片添加背景音乐 \ 为青春短片添加背景音乐 .aep。

图 5-29

第 6 章
蒙版

本章介绍

本章主要讲解了蒙版的功能，其中包括使用蒙版设计图形、调整蒙版图形形状、蒙版的变换、编辑蒙版的多种方式、调整蒙版的属性、制作蒙版动画等。通过对本章的学习，读者可以掌握蒙版的使用方法和应用技巧，并通过蒙版功能制作出绚丽的视频效果。

学习目标

- **初步了解蒙版**
- **掌握蒙版设置的方法**
- **掌握蒙版的基本操作**

6.1 设置蒙版

通过设置蒙版，可以将两个以上的图层合成并制作出一个新的画面。蒙版可以在“合成”预览面板中进行调整，也可以在“时间轴”面板中进行调整。

6.1.1 课堂案例——粒子文字

案例学习目标：学习使用 Particular 特效制作粒子发散效果和调整蒙版图形。

案例知识要点：使用“新建合成”命令建立新的合成并命名；使用“横排文字”工具输入并编辑文字；使用“色阶”命令和“色相 / 饱和度”命令调整背景图亮度和色调；使用“Particular”命令制作粒子发散效果；使用“矩形”工具制作蒙版效果。粒子文字效果如图 6-1 所示。

效果所在位置：云盘 \Ch06\ 粒子文字 \ 粒子文字 .aep。

图 6-1

1. 输入文字并制作粒子

（1）按 Ctrl+N 组合键，弹出“合成设置”对话框，在“合成名称”文本框中输入“文字”，其他选项的设置如图 6-2 所示，单击“确定”按钮，创建一个新的合成“文字”。

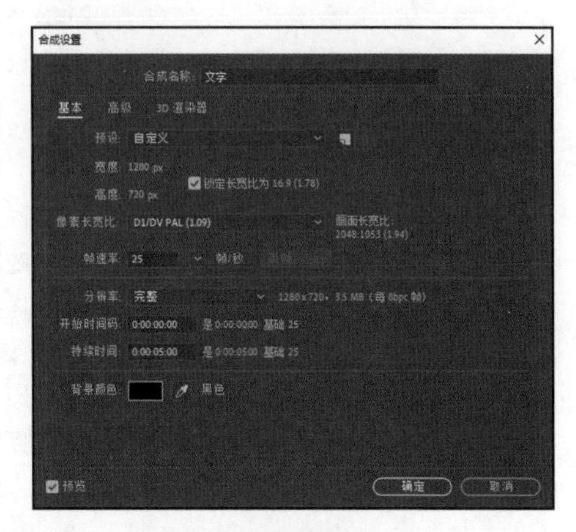

图 6-2

（2）选择“横排文字”工具 T，在“合成”面板输入英文“COLD CENTURY”，选中英文，在“字符”面板中设置“填充颜色”为白色，其他参数设置如图 6-3 所示。“合成”预览面板中的效果如图 6-4 所示。

（3）再次创建一个新的合成并命名为“最终效果”，如图 6-5 所示。选择“文件 > 导入 > 文件”命令，弹出“导入文件”对话框，选择云盘中的“Ch06\ 粒子文字 \ (Footage) \ 01.avi”文件，单击“导入”按钮，导入“01.avi”文件，并将其拖曳到“时间轴”面板中，如图 6-6 所示。

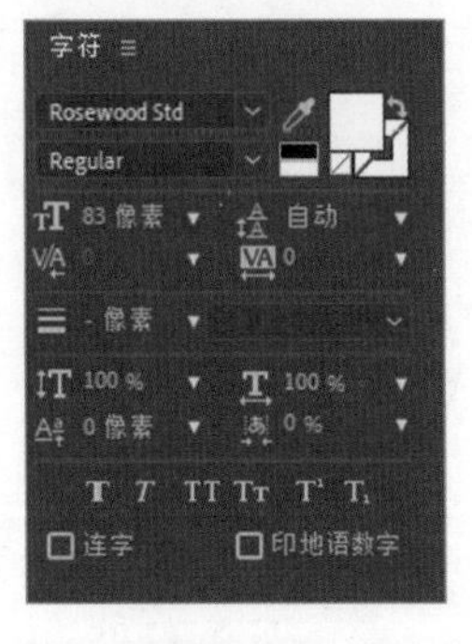

图 6-3

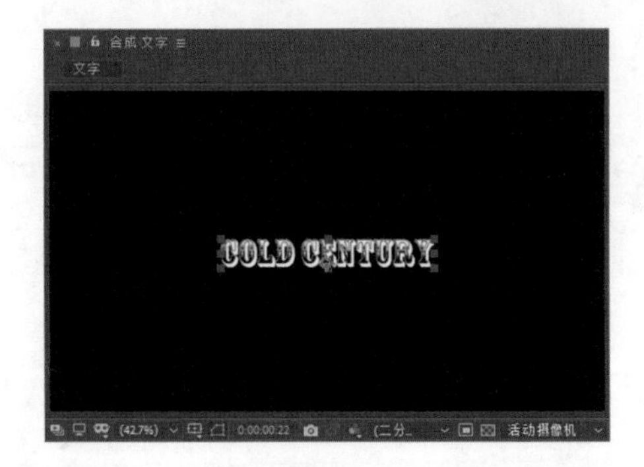

图 6-4

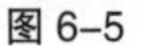

图 6-5

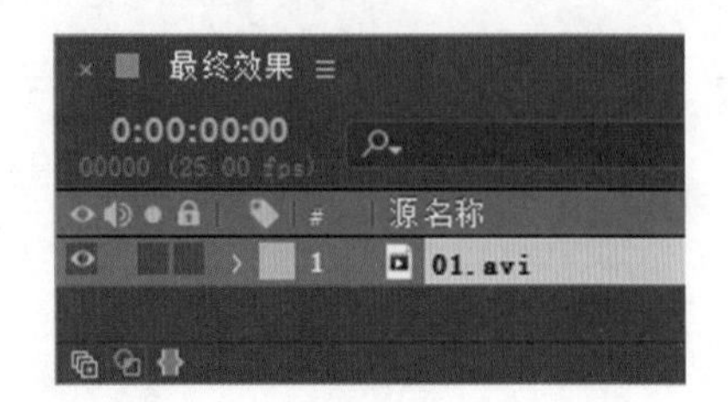

图 6-6

（4）选中“01.avi”层，按 S 键，展开“缩放”属性，设置“缩放”选项的数值为 80.0,80.0%，如图 6-7 所示。“合成”预览面板中的效果如图 6-8 所示。

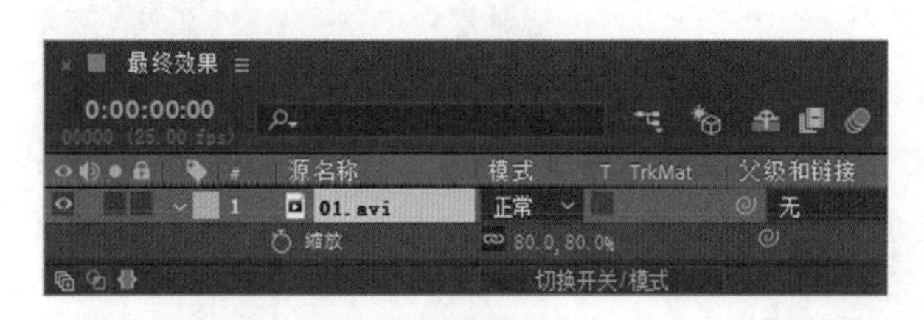

图 6-7

图 6-8

（5）选择“效果 > 颜色校正 > 色阶”命令，在“效果控件”面板中设置参数，如图 6-9 所示。“合成”预览面板中的效果如图 6-10 所示。

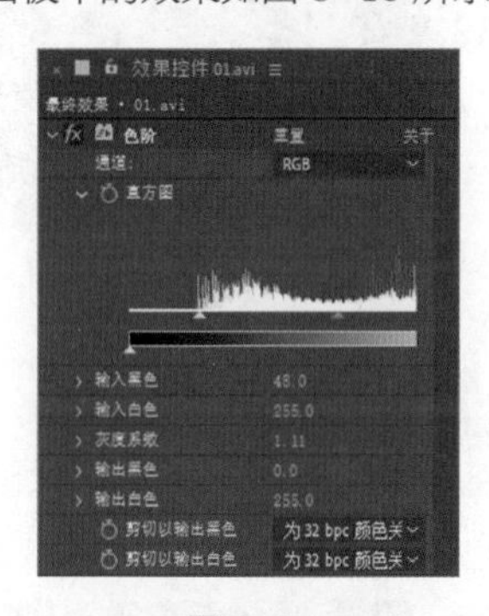

图 6-9

图 6-10

（6）选择“效果 > 颜色校正 > 色相 / 饱和度”命令，在“效果控件”面板中设置参数，如图 6-11 所示。“合成”预览面板中的效果如图 6-12 所示。

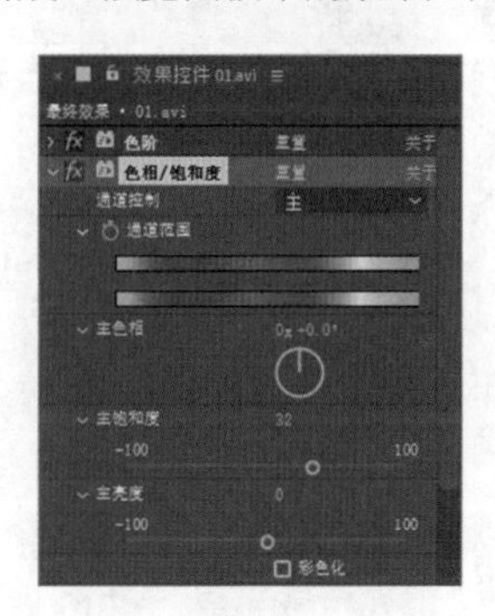

图 6-11

图 6-12

（7）在“项目”面板中，选中“文字”合成并将其拖曳到“时间轴”面板中，单击“文字”层前面的眼睛按钮，关闭该层的可视性，如图 6-13 所示。单击“文字”层右面的“3D 图层”按钮，打开三维属性，如图 6-14 所示。

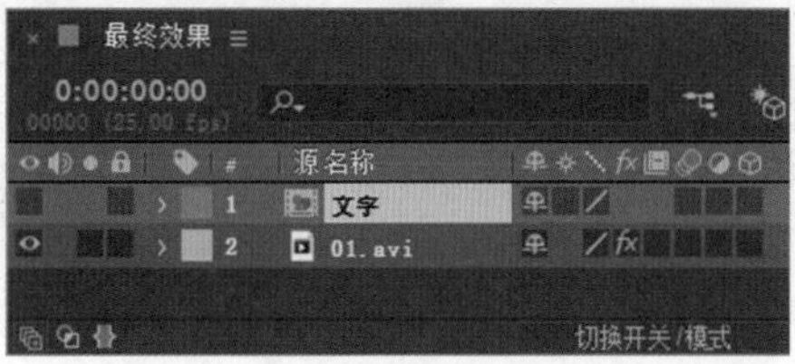

图 6-13

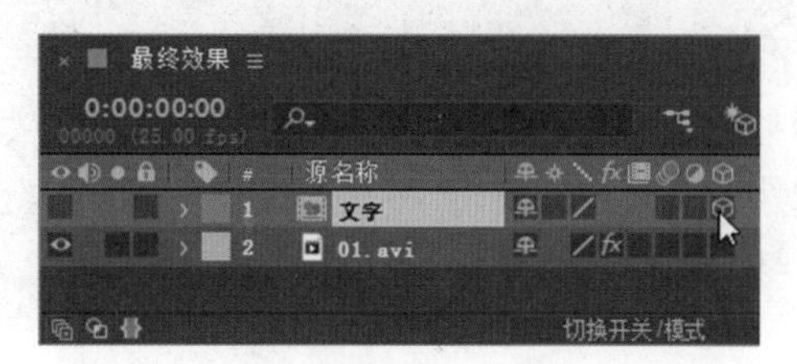

图 6-14

（8）在当前合成中新建一个黑色纯色层“粒子 1”。选中“粒子 1”层，选择“效果 > Trapcode > Particular”命令，展开“发射器”属性，在“效果控件”面板中设置参数，如图 6-15 所示。展开“粒子”属性，在“效果控件”面板中设置参数，如图 6-16 所示。

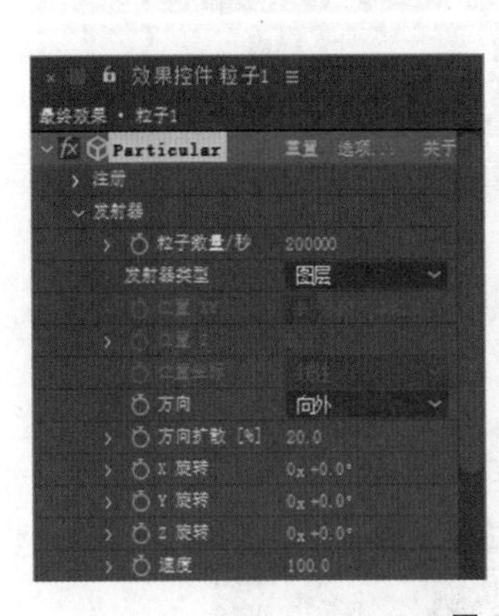

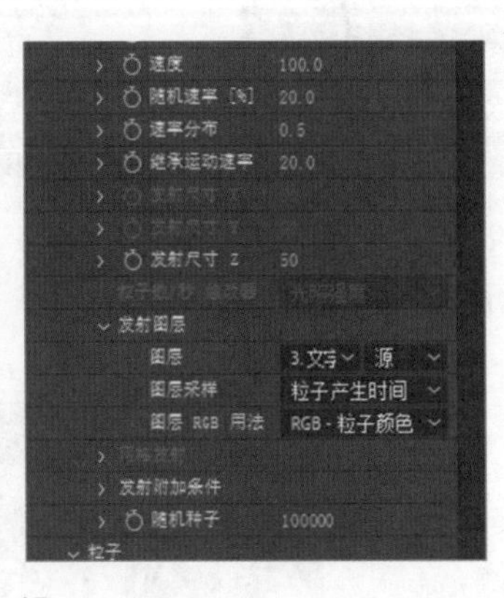

图 6-15

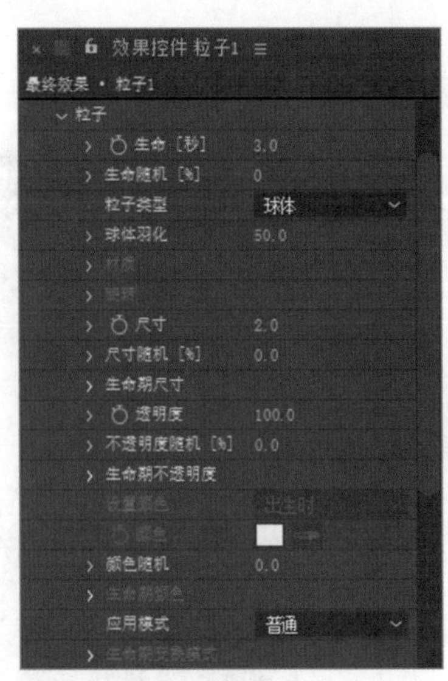

图 6-16

（9）展开“物理学”选项下的“气”选项，在“效果控件”面板中设置参数，如图 6-17 所示。展开“气”选项下的“扰乱场”属性，在“效果控件”面板中设置参数，如图 6-18 所示。

（10）展开“渲染”选项下的“运动模糊”属性，单击“运动模糊”右边的下拉按钮，在下拉列表中选择“开”，如图 6-19 所示。设置完成后，在“时间轴”面板中自动生成一个灯光层，如图 6-20 所示。

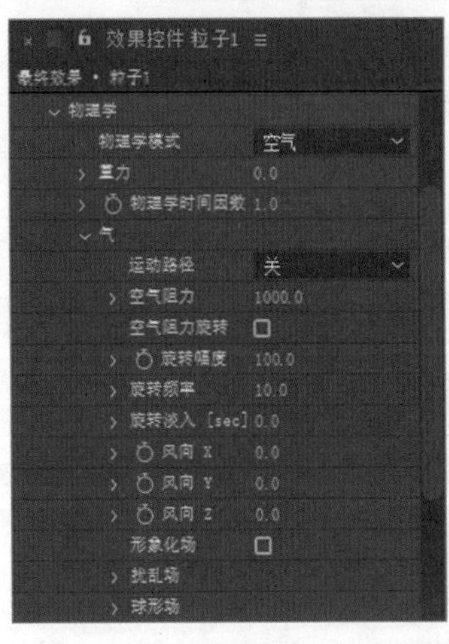

图 6-17

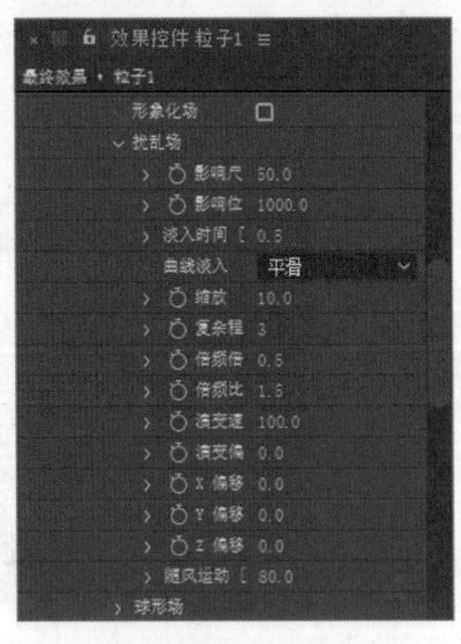

图 6-18

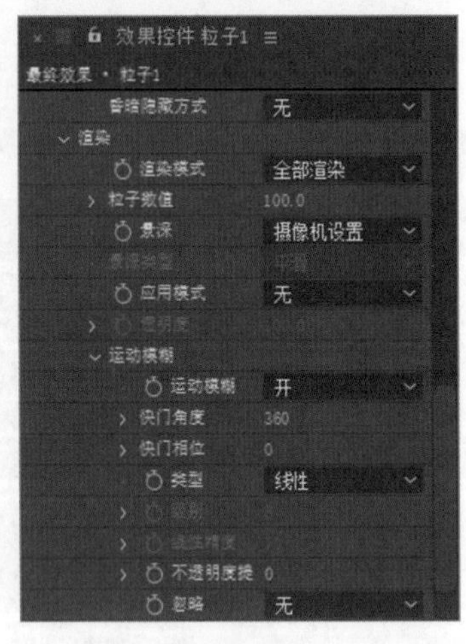

图 6-19

图 6-20

（11）选中“粒子 1”层，将时间标签放置在 0:00:00:00 的位置。在“时间轴”面板中分别单击“发射器”下的“粒子数量 / 秒”，“物理学 / 气”下的“旋转幅度”，以及“扰乱场”下的“影响尺寸”和“影响位置”选项左侧的“关键帧自动记录器”按钮，如图 6-21 所示，记录第 1 个关键帧。

（12）在“时间轴”面板中，将时间标签放置在 0:00:01:00 的位置。设置“粒子数量 / 秒”选项的数值为 0，“旋转幅度”选项的数值为 50.0，“影响尺寸”选项的数值为 20.0，“影响位置”选项的数值为 500.0，如图 6-22 所示，记录第 2 个关键帧。

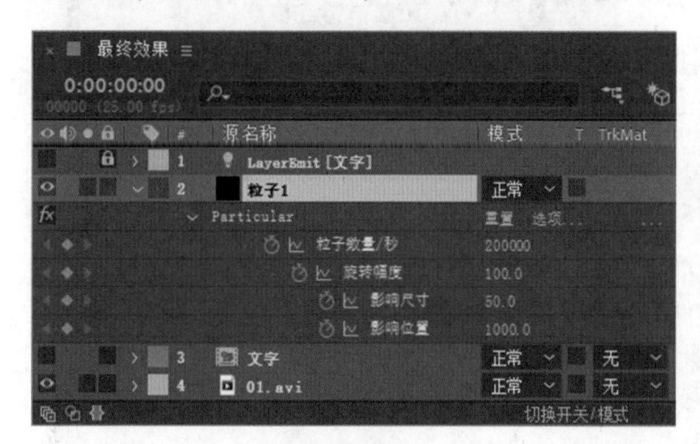

图 6-21

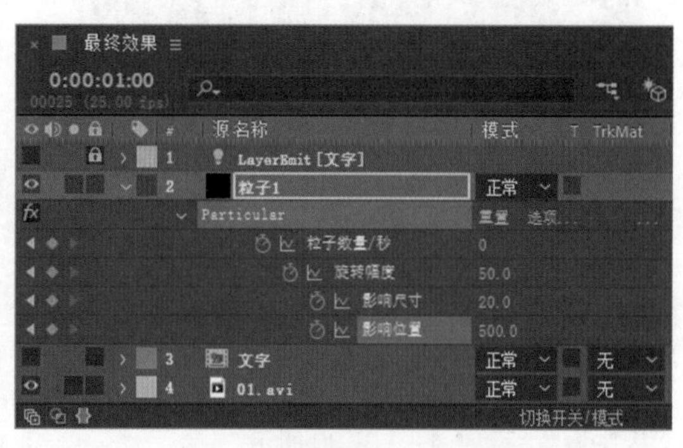

图 6-22

（13）将时间标签放置在 0:00:03:00 的位置。在“时间轴”面板中设置“旋转幅度”选项的数值为 30.0，“影响尺寸”选项的数值为 5.0，“影响位置”选项的数值为 5.0，如图 6-23 所示，记录第 3 个关键帧。

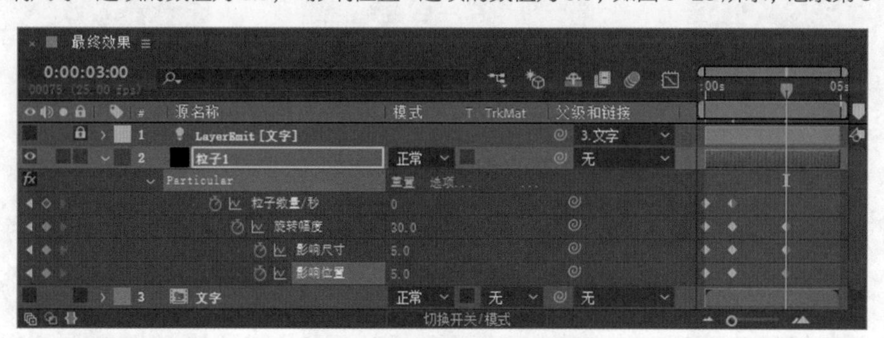

图 6-23

2. 制作形状蒙版

（1）在“项目”面板中，选中“文字”合成并将其拖曳到“时间轴”面板中，将时间标签放置在 0:00:02:00 的位置，按 [键设置动画的入点，如图 6-24 所示。在“时间轴”面板中选中“文字”层，选择“矩形”工具，在“合成”预览面板中拖曳鼠标绘制一个矩形蒙版，如图 6-25 所示。

图 6-24

图 6-25

（2）选中“文字”层，按 M 键两次展开“蒙版”属性。单击“蒙版路径”选项左侧的“关键帧自动记录器”按钮，如图 6-26 所示，记录第 1 个“蒙版路径”关键帧。将时间标签放置在 0:00:04:00 的位置。选择“选取”工具，在“合成”预览面板中，同时选中“蒙版形状”右边的两个控制点，将控制点向右拖曳到图 6-27 所示的位置，在 0:00:04:00 的位置再次记录 1 个关键帧。

图 6-26

图 6-27

（3）在当前合成中新建一个黑色纯色层“粒子 2”。选中“粒子 2”层，选择“效果 > Trapcode > Particular”命令，展开“发射器”属性，在“效果控件”面板中设置参数，如图 6-28 所示。展开“粒子”属性，在“效果控件”面板中设置参数，如图 6-29 所示。

（4）展开“物理学”属性，设置“重力”选项的数值为 -100.0，展开“气”属性，在“效果控件”面板中设置参数，如图 6-30 所示。

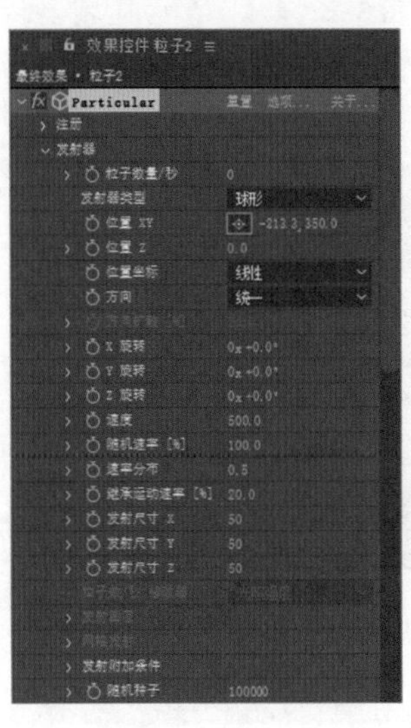

图 6-28

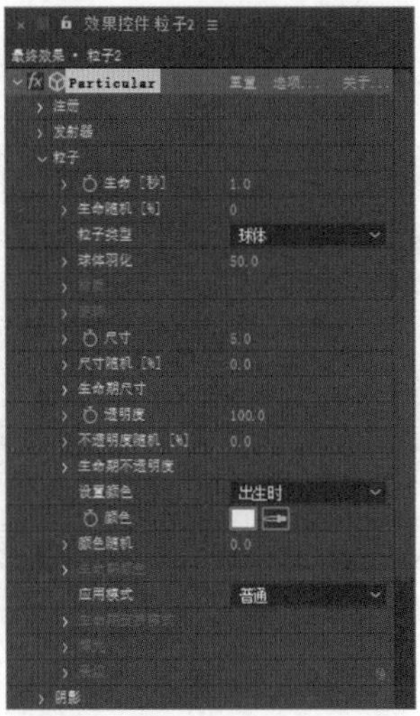

图 6-29

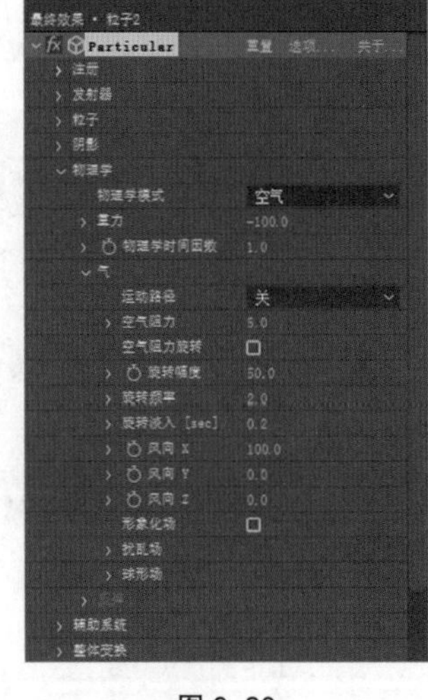

图 6-30

（5）展开“扰乱场”属性，在“效果控件”面板中设置参数，如图 6-31 所示。展开“渲染”选项下的“运动模糊”属性，单击“运动模糊”右边的下拉按钮，在下拉列表中选择“开”，如图 6-32 所示。

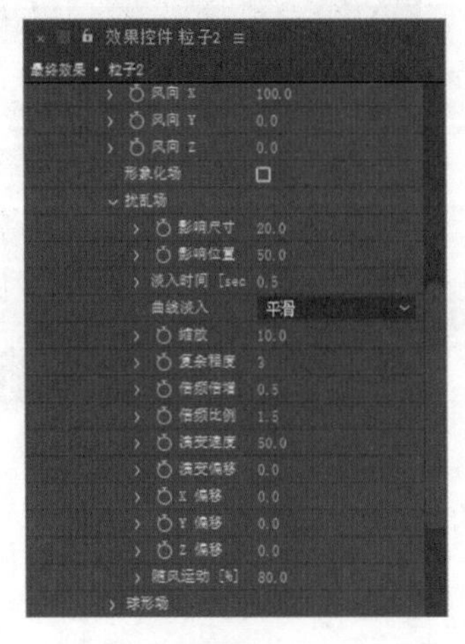

图 6-31

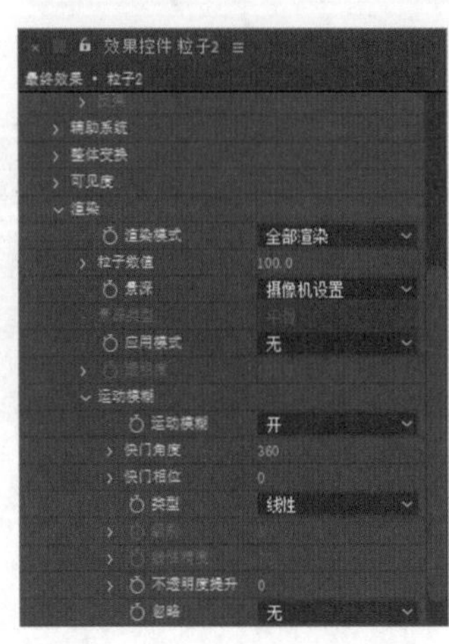

图 6-32

（6）在“时间轴”面板中，将时间标签放置在 0:00:00:00 的位置，在“时间轴”面板中，分别单击“发射器”下的“粒子数量 / 秒”和“位置 XY”选项左侧的“关键帧自动记录器”按钮，记录第 1 个关键帧，如图 6-33 所示。在“时间轴”面板中，将时间标签放置在 0:00:02:00 的位置。在“时间轴”面板中，设置“粒子数量 / 秒”选项的数值为 5000，“位置 XY”选项的数值为 213.3,350.0，如图 6-34 所示，记录第 2 个关键帧。

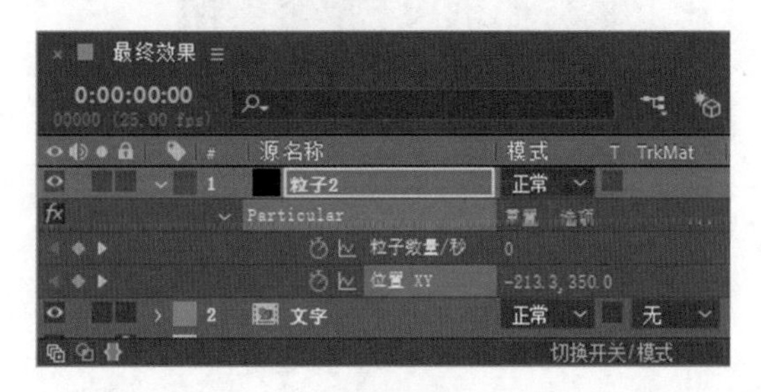

图 6-33

图 6-34

（7）在“时间轴”面板中，将时间标签放置在 0:00:03:00 的位置。在“时间轴”面板中，设置“粒子数量 / 秒”选项的数值为 0，“位置 XY”选项的数值为 1066.7,350.0，如图 6-35 所示，记录第 3 个关键帧。

图 6-35

（8）粒子文字制作完成，如图 6-36 所示。

图 6-36

6.1.2 使用蒙版设计图形

使用蒙版设计图形的步骤如下。

（1）在“项目”面板中单击鼠标右键，在弹出的列表中选择“新建合成”命令，弹出“合成设置”对话框，在“合成名称”文本框中输入“蒙版”，其他选项的设置如图 6-37 所示，设置完成后，单击“确定”按钮。

（2）在“项目”面板中双击鼠标左键，在弹出的“导入文件”对话框中，选择云盘中的“基础素材 \Ch06\01.jpg ~ 04.jpg”文件，单击“打开”按钮，将文件导入“项目”面板中，如图 6-38 所示。

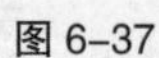

图 6-37

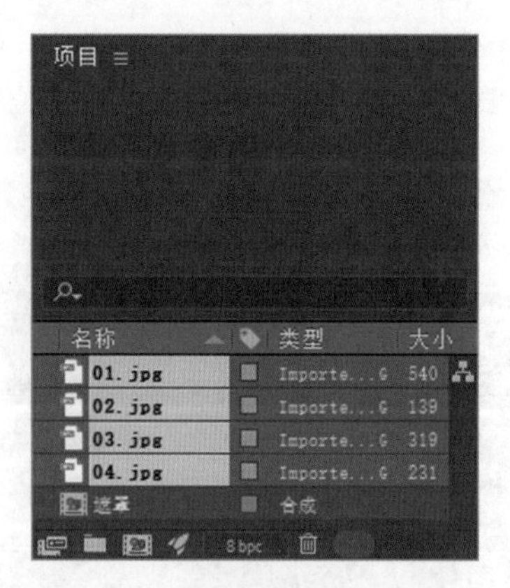

图 6-38

（3）在“项目”面板中保持文件的选取状态，将其拖曳到“时间轴”面板中，单击“04.jpg”层和“03.jpg”层左侧的“眼睛”按钮，将其隐藏，如图 6-39 所示。选中“02.jpg”层，选择“椭圆”工具，在“合成”预览面板中拖曳鼠标绘制圆形蒙版，效果如图 6-40 所示。

图 6-39

图 6-40

（4）选中“03.jpg”层，单击此层左侧的方框，显示图层，如图 6-41 所示。选择“星形”工具，在“合成”预览面板中拖曳鼠标绘制星形蒙版，效果如图 6-42 所示。

图 6-41

图 6-42

（5）选中“04.jpg”层，单击此层左侧的方框，显示图层，如图 6-43 所示。选择“钢笔”工具，在“合成”预览面板绘制多边形蒙版，如图 6-44 所示。

图 6-43

图 6-44

6.1.3 调整蒙版图形形状

选择“钢笔”工具，在“合成”面板中绘制蒙版图形，如图 6-45 所示。选择“转换‘顶点’”工具转换节点：单击一个节点，则该节点处的线段将转换为折角；在节点处拖曳鼠标出现调节手柄，拖曳调节手柄，可以调整线段的弧度，如图 6-46 所示。

图 6-45

图 6-46

使用“添加‘顶点’”工具和“删除‘顶点’”工具添加或删除节点：选择“添加‘顶点’”工具，将鼠标移动到需要添加节点的线段处，单击鼠标，则该线段会添加一个节点，如图 6-47 所示；选择“删除‘顶点’”工具，单击任意节点，则节点被删除，如图 6-48 所示。

图 6-47

图 6-48

使用“蒙版羽化”工具可以对蒙版进行羽化。方法是选择“蒙版羽化”工具，将鼠标移动到该线段上，鼠标指针变为，如图 6-49 所示，此时单击鼠标添加一个控制点。拖曳控制点可以对蒙版进行羽化，如图 6-50 所示。

图 6-49

图 6-50

6.1.4 蒙版的变换

选择“选取”工具，在蒙版边线上双击鼠标左键，会创建一个蒙版控制框，将鼠标移动到边框的右上角，出现旋转光标，拖曳鼠标可以对整个蒙版图形进行旋转，如图 6-51 所示；将鼠标移动到边线中心点的位置，出现双向键头时，拖曳鼠标，可以调整该边框的位置，如图 6-52 所示。

图 6-51

图 6-52

6.2 编辑蒙版

在 After Effects 中，可以使用多种方式来编辑蒙版，还可以在“时间轴”面板中调整蒙版的属性，用蒙版制作动画。下面对这些蒙版的基本操作进行详细讲解。

6.2.1 课堂案例——粒子破碎效果

案例学习目标： 学习蒙版的基本操作。

案例知识要点： 使用“梯度渐变”命令制作渐变效果；使用“矩形”工具制作蒙版效果；使用“碎片”命令制作图片粒子破碎效果。粒子破碎效果如图 6-53 所示。

效果所在位置： 云盘 \Ch06\ 粒子破碎效果 \ 粒子破碎效果 . aep。

扫码观看
本案例视频

扫码查看
扩展案例

图 6-53

（1）按 Ctrl+N 组合键，弹出“合成设置”对话框，在“合成名称”文本框中输入“渐变条”，其他选项的设置如图 6-54 所示，单击“确定”按钮，创建一个新的合成“渐变条”。选择“图层 > 新建 > 纯色”命令，弹出“纯色设置”对话框，在“名称”文本框中输入“渐变条”，将“颜色”设置为黑色，单击“确定”按钮，在“时间轴”面板中新增一个黑色纯色层，如图 6-55 所示。

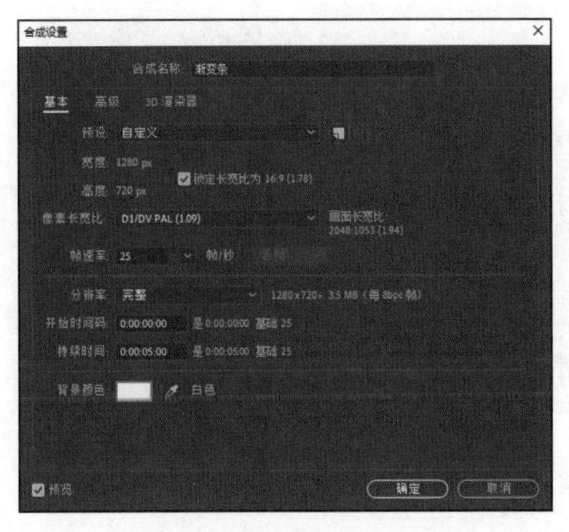

图 6–54

图 6–55

（2）选中“渐变条”层，选择“效果 > 生成 > 梯度渐变”命令，在“效果控件”面板中，设置“起始颜色”为黑色，“结束颜色”为白色，其他参数设置如图 6–56 所示，设置完成后，“合成”预览面板中的效果如图 6–57 所示。

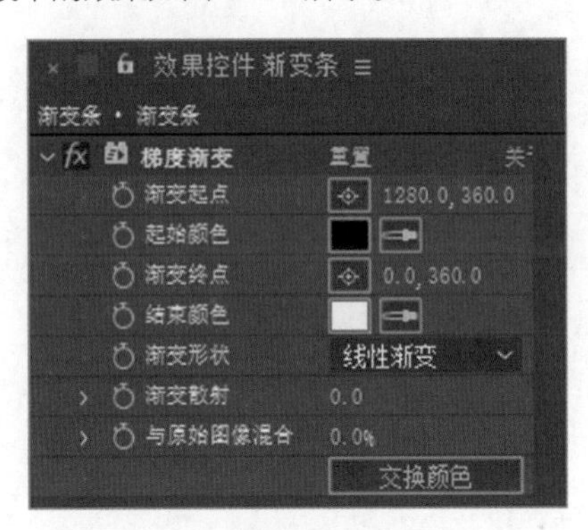

图 6–56

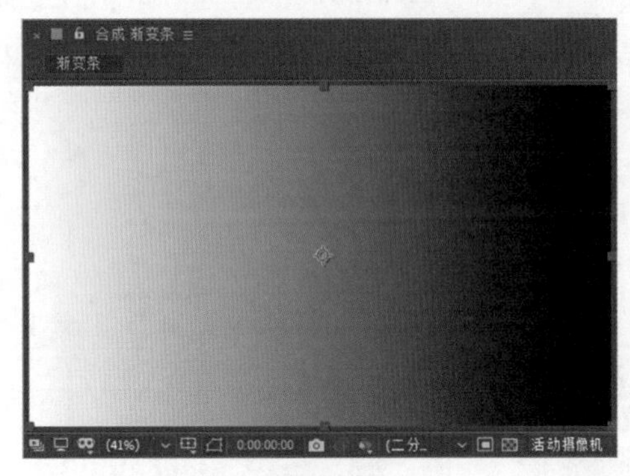

图 6–57

（3）选择“矩形”工具，在“合成”预览面板中拖曳鼠标绘制一个矩形蒙版，如图 6–58 所示。按 Ctrl+N 组合键，弹出“合成设置”对话框，在“合成名称”文本框中输入“噪波”，单击“确定”按钮，创建一个新的合成“噪波”。选择“图层 > 新建 > 纯色”命令，弹出“纯色设置”对话框，在“名称”文本框中输入“噪波”，将“颜色”设置为黑色，单击“确定”按钮，在“时间轴”面板中新增一个黑色纯色层，如图 6–59 所示。

图 6–58

图 6–59

（4）选中“噪波”层，选择“效果 > 杂色和颗粒 > 杂色”命令，在“效果控件”面板中设置参数，如图 6–60 所示。选择“效果 > 颜色校正 > 曲线”命令，在“效果控件”面板中设置参数，如图 6–61 所示。

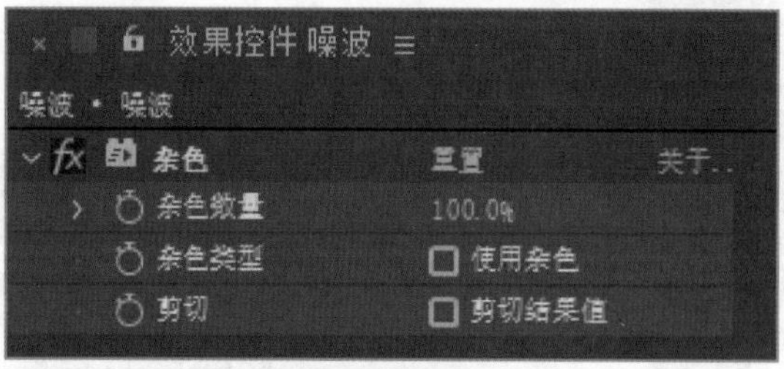

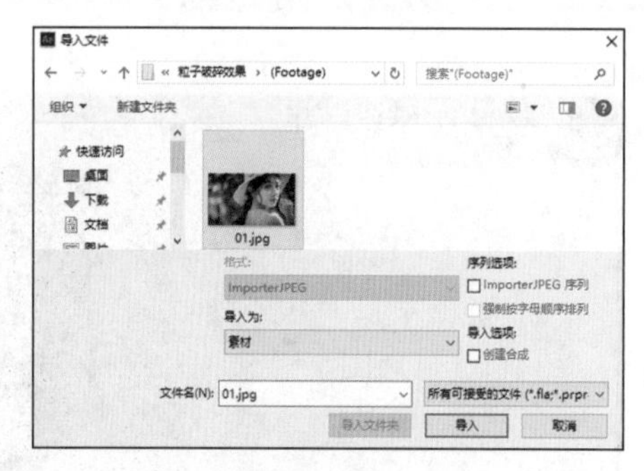

图 6-60

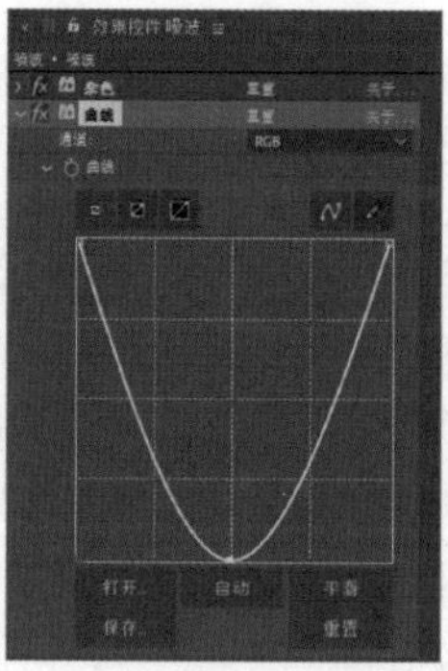

图 6-61

（5）按 Ctrl+N 组合键，弹出“合成设置”对话框，在“合成名称”文本框中输入“图片”，单击“确定”按钮，创建一个新的合成“图片”。选择“文件 > 导入 > 文件”命令，在弹出的“导入文件”对话框中，选择云盘中的“Ch06\ 粒子破碎效果 \(Footage)\01.jpg”文件，如图 6-62 所示，单击“导入”按钮，导入文件，并将其拖曳到“时间轴”面板中，如图 6-63 所示。

图 6-62

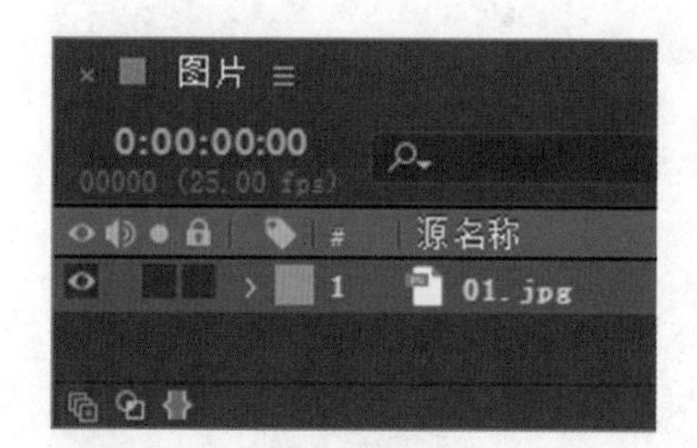

图 6-63

（6）选中“01.jpg”层，按 S 键，展开“缩放”属性，设置“缩放”选项的数值为 110.0,110.0%，如图 6-64 所示。“合成”预览面板中的效果如图 6-65 所示。

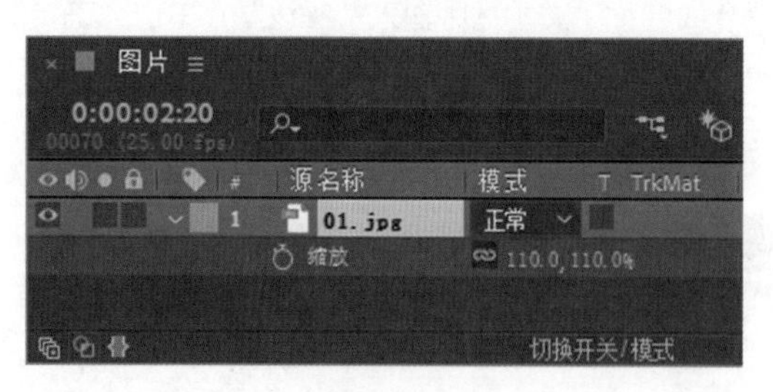

图 6-64

图 6-65

（7）按 Ctrl+N 组合键，弹出“合成设置”对话框，在“合成名称”文本框中输入“最终效果”，单击“确定”按钮，创建一个新的合成“最终效果”。在“项目”面板中，选中“渐变条”“噪波”和“图片”合成并将其拖曳到“时间轴”面板中，层的排列如图 6-66 所示。单击“渐变条”层和“噪波”层左侧的眼睛按钮，关闭这两层的可视性，如图 6-67 所示。

图 6-66

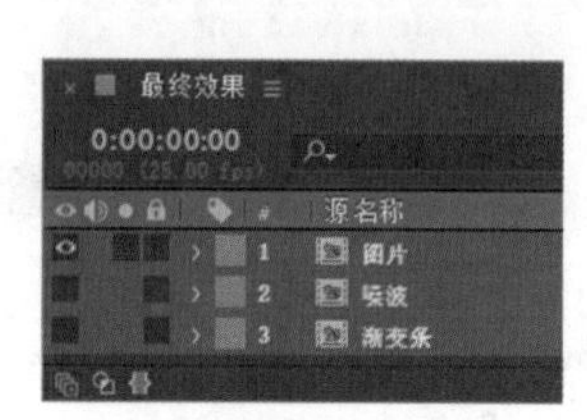

图 6-67

（8）选中“图片”层，选择“效果 > 模拟 > 碎片”命令，在“效果控件”面板中，将“视图”改为“已渲染”模式，展开“形状”“作用力 1”属性，在“效果控件”面板中进行参数设置，如图 6-68 所示。“合成”预览面板中的效果如图 6-69 所示。

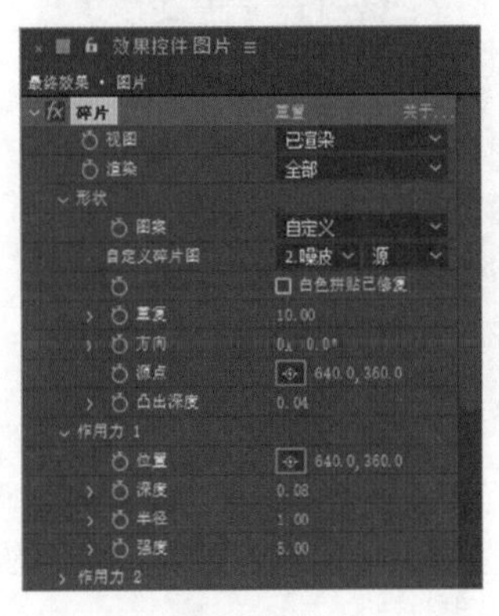

图 6-68

图 6-69

（9）展开“渐变”“物理学”和“摄像机位置”属性，在“效果控件”面板中进行参数设置，如图 6-70 所示。“合成”预览面板中的效果如图 6-71 所示。

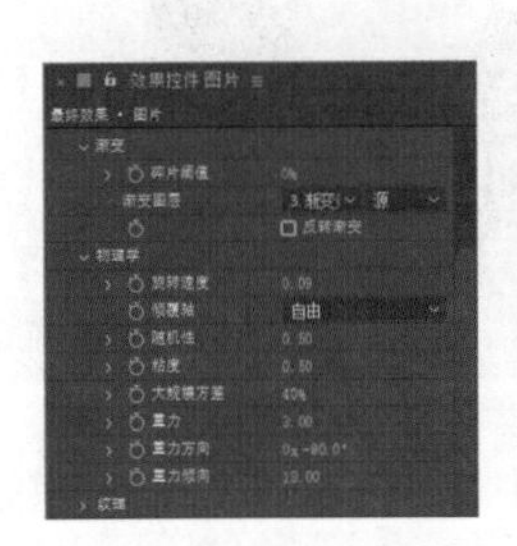

图 6-70

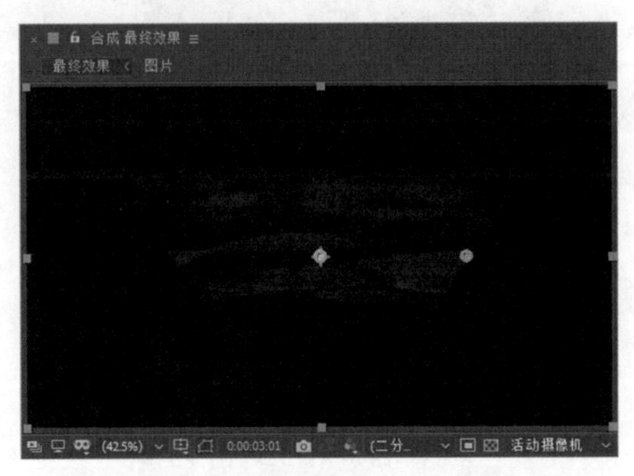

图 6-71

（10）将时间标签放置在 0:00:00:00 的位置，在“效果控件”面板中，分别单击“渐变”下的“碎片阈值”，“物理学”下的“重力”，“摄像机位置”下的“X 轴旋转”“Y 轴旋转”“Z 轴旋转”和“焦距”选项左侧的“关键帧自动记录器”按钮，如图 6-72 和图 6-73 所示，记录第 1 个关键帧。

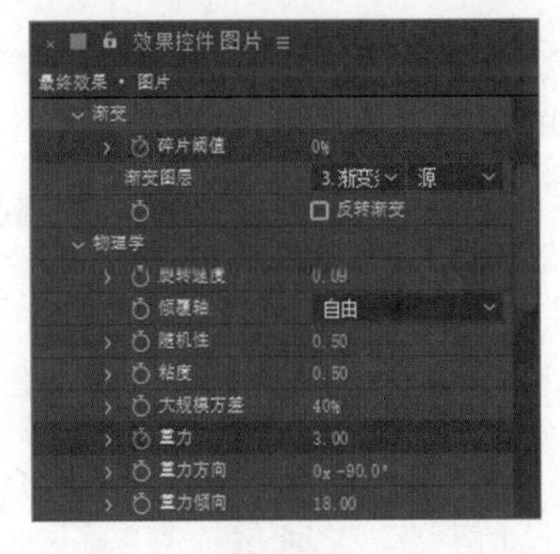

图 6-72

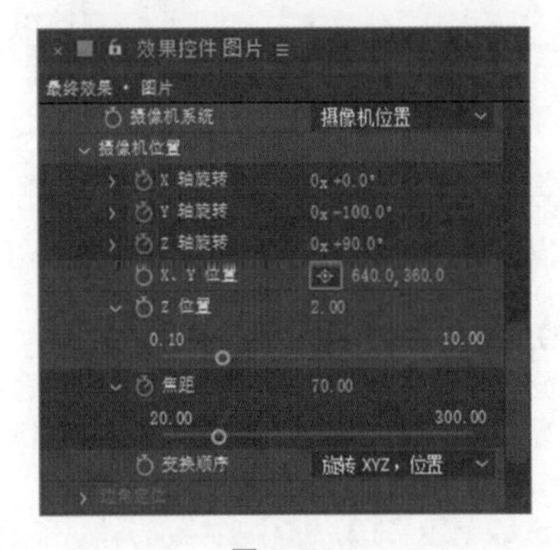

图 6-73

（11）将时间标签放置在 0:00:03:10 的位置，在“效果控件”面板中，设置“碎片阈值”选项的数值为 100%，“重力”选项的数值为 2.70，如图 6-74 所示；设置“X 轴旋转”选项的数值为 0x-60.0°，“Y 轴旋转”选项的数值为 0x-45.0°，“Z 轴旋转”选项的数值为 0x+15.0°，“焦距”选项的数值为 100.00，如图 6-75 所示，记录第 2 个关键帧。

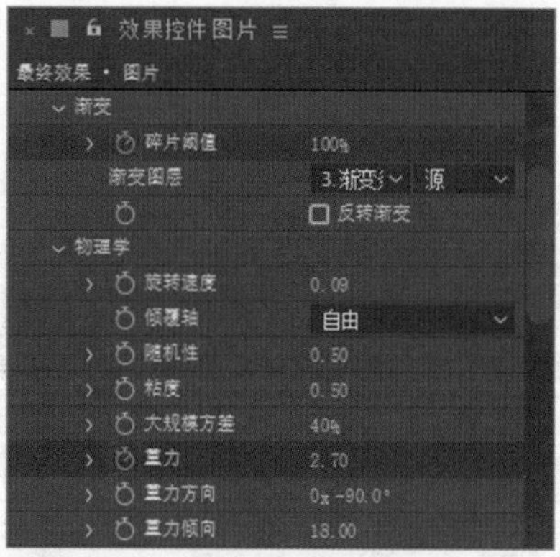

图 6-74

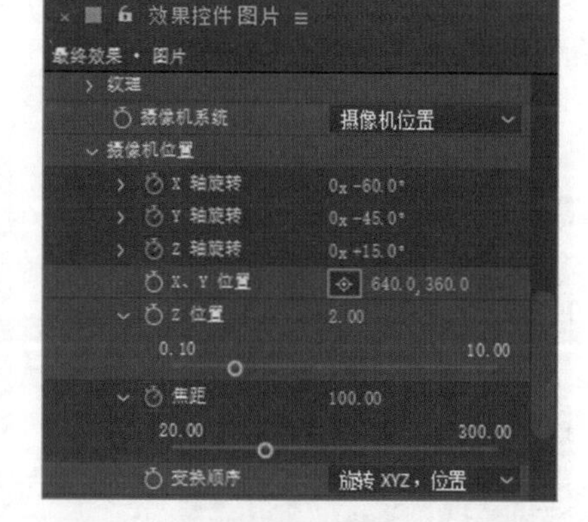

图 6-75

（12）将时间标签放置在 0:00:04:24 的位置，在“效果控件”面板中，设置“重力”选项的数值为 100.00，如图 6-76 所示，记录第 3 个关键帧。粒子破碎制作完成，如图 6-77 所示。

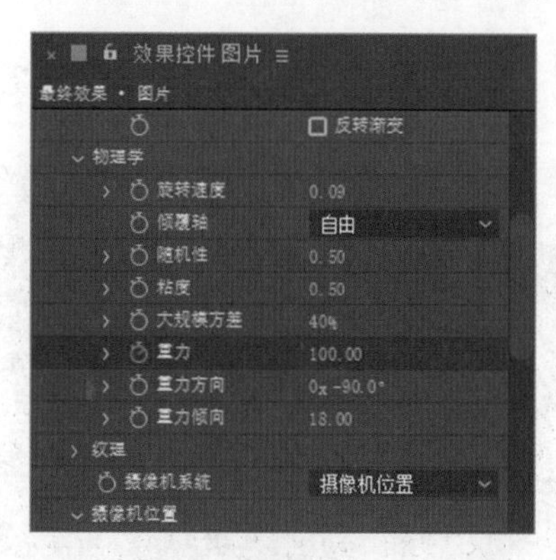

图 6-76

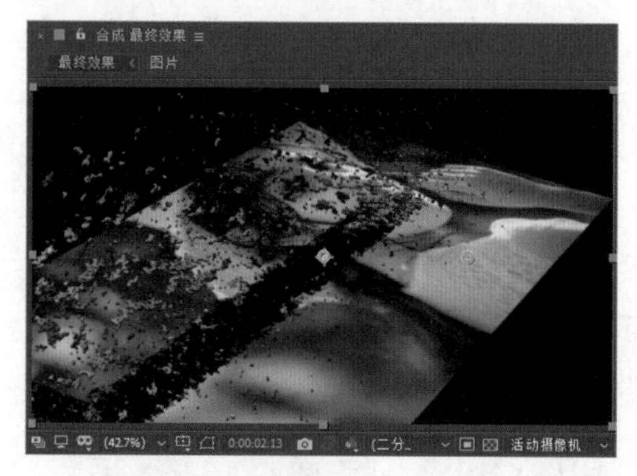

图 6-77

6.2.2 编辑蒙版的多种方式

“工具”面板中除了有创建蒙版的工具以外，还提供了多种编辑蒙版的工具，具体有以下几种。

“选取”工具：使用此工具可以在“合成”预览面板或者“图层”预览窗口中选择和移动路径点或者整个路径。

“添加‘顶点’”工具：使用此工具可以增加路径上的节点。

“删除‘顶点’”工具：使用此工具可以减少路径上的节点。

“转换‘顶点’”工具：使用此工具可以改变路径的曲率。

“蒙版羽化”工具：使用此工具可以改变蒙版边缘的柔化。

> **提示**：由于在“合成”预览面板中可以看到很多层，所以如果在其中调整蒙版很有可能受到干扰，不方便操作。建议双击目标图层，然后到“图层”预览窗口中对蒙版进行各种操作。

1. 点的选择和移动

使用“选取”工具，选中目标层，然后直接单击路径上的节点，可以通过拖曳鼠标或利用键盘上的方向键来实现位置移动；如果要取消选择，只需要在空白处单击鼠标即可。

2. 线的选择和移动

使用“选取”工具，选中目标层，然后直接单击路径上两个节点之间的线，可以通过拖曳鼠标或利用键盘上的方向键来实现位置移动；如果要取消选择，只需要在空白处单击鼠标即可。

3. 多个点或者多余线的选择、移动、旋转和缩放

使用“选取”工具，选中目标层，首先单击路径上第 1 个点或第 1 条线，然后在按住 Shift 键的同时，单击其他的点或者线，实现同时选择的目的。也可以通过拖曳一个选区，用框选的方法进行多点、多线的选择或者全部选择。

同时选中这些点或者线之后，在被选的对象上双击鼠标就可以形成一个控制框。利用这个边框，可以非常方便地进行位置移动、旋转或者缩放等操作，如图 6-78 ~ 图 6-80 所示。

图 6-78

图 6-79

图 6-80

全选路径的快捷方法有如下几种。

（1）通过鼠标框选的方法，将路径全部选取，但是不会出现控制框，如图 6-81 所示。

（2）按住 Alt 键的同时单击路径，即可完成路径的全选，同样不会出现控制框。

（3）在没有选择多个节点的情况下，在路径上双击鼠标，即可全选路径，并出现一个控制框。

（4）在“时间轴”面板中，选中有蒙版的层，按 M 键，展开“蒙版”属性，单击属性名称或蒙版名称即可全选路径，此方法也不会出现控制框，如图 6-82 所示。

图 6-81

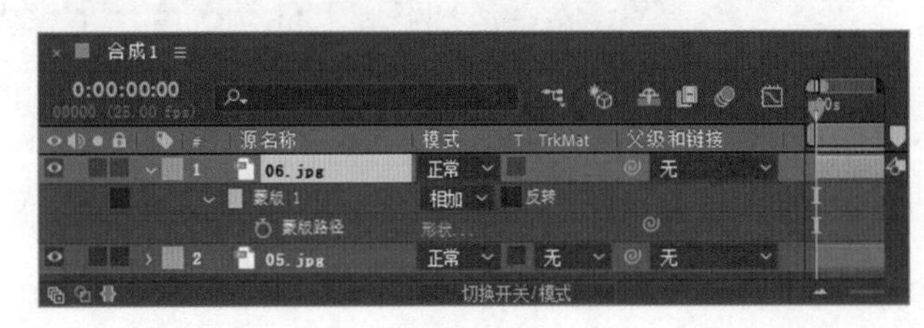

图 6-82

> **提示：** 将节点全部选中，选择“图层 > 蒙版和形状路径 > 自由变换点”命令，或按 Ctrl+T 组合键会出现控制框。

4. 多个蒙版上下层的调整

当层中含有多个蒙版时，就存在上下层的关系，此关系涉及非常重要的蒙版操作——蒙版混合模式的选择，因为 After Effects 处理多个蒙版的先后次序是从上至下的，所以上下层的排列直接影响最终的混合效果。

在“时间轴”面板中，直接选中某个蒙版的名称，然后上下拖曳即可改变层次，如图 6-83 所示。

图 6-83

在“合成”预览面板或者“图层”预览窗口中，可以通过选中一个蒙版，然后选择以下几种菜单命令，实现蒙版层次调整。

（1）选择“图层 > 排列 > 将蒙版置于顶层”命令，或按 Ctrl+Shift+] 组合键，将选中的蒙版放置到顶层。

（2）选择“图层 > 排列 > 将蒙版前移一层”命令，或按 Ctrl+] 组合键，将选中的蒙版往上移动一层。

（3）选择“图层 > 排列 > 将蒙版后移一层”命令，或按 Ctrl + [组合键，将选中的蒙版往下移动一层。

（4）选择“图层 > 排列 > 将蒙版置于底层”命令，或按 Ctrl+ Shift+ [组合键，将选中的蒙版放置到底层。

6.2.3 调整蒙版的属性

蒙版不是一个简单的轮廓那么简单，在“时间轴”中，可以对蒙版的属性进行详细设置和动画处理。

单击层标签颜色前面的小箭头按钮▶，展开层属性，如果层上含有蒙版，就可以看到蒙版，单击蒙版名称前小箭头按钮▶，即可展开各个蒙版路径。单击其中任意一个蒙版路径颜色前面的小箭头按钮▶，即可展开关于此蒙版路径的属性，如图 6-84 所示，其各选项介绍如下。

提示： 选中某层，连续按两次 M 键，即可展开此层蒙版路径的所有属性。

图 6-84

蒙版路径颜色设置： 单击“蒙版颜色”按钮■，可以弹出颜色对话框，选择适合的颜色加以区别。

设置蒙版路径名称： 按 Enter 键即可出现修改输入框，修改完成后再次按 Enter 键即可。

选择蒙版混合模式： 当本层含有多个蒙版时，可以在此选择各种混合模式。需要注意的是，多个蒙版的上下层关系对混合模式产生的最终效果有很大影响。After Effects 处理过程是从上至下地逐一处理。

● **无：** 选择此模式的路径将不起到蒙版作用，仅仅作为路径存在，作为勾边、光线动画或者路径动画的依据，如图 6-85 和图 6-86 所示。

图 6-85

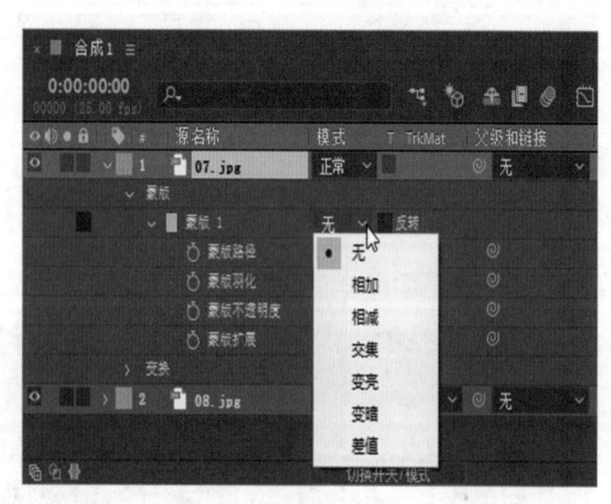

图 6-86

● **相加：** 蒙版相加模式，将当前蒙版区域与其上的蒙版区域进行相加处理，对于蒙版重叠处的不透明度则采取在不透明度值的基础上再进行一个百分比相加运算的方式处理。例如，某蒙版作用前，蒙版重叠区域画面不透明度为 50%，如果当前蒙版的不透明度是 50%，运算后最终得出的蒙版重叠区域画面不透明度是 75%，如图 6-87 和图 6-88 所示。

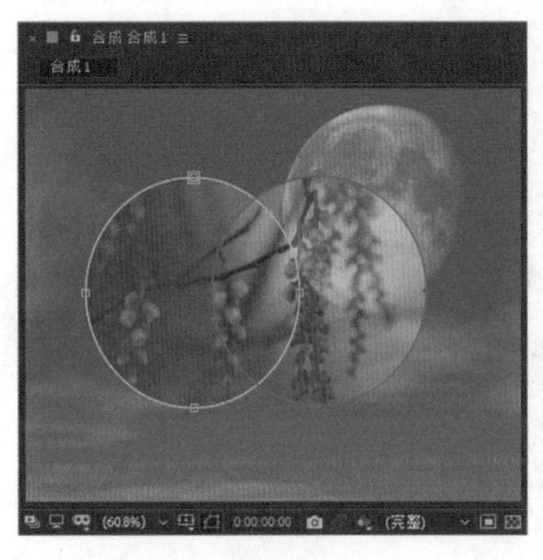

图 6-87

图 6-88

● **相减：**蒙版相减模式，将当前蒙版以上所有蒙版组合的结果进行相减，当前蒙版区域内容不显示。如果同时调整蒙版的不透明度，则不透明度值越高，蒙版重叠区域内越透明，因为相减混合完全起作用；而不透明度值越低，蒙版重叠区域内变得越不透明，相减混合作用越弱，如图 6-89 和图 6-90 所示。例如，上面蒙版不透明度为 80%，如果下面蒙版设置的不透明度是 50%，运算后最终得出的蒙版重叠区域画面不透明度为 40%，如图 6-91 和图 6-92 所示。

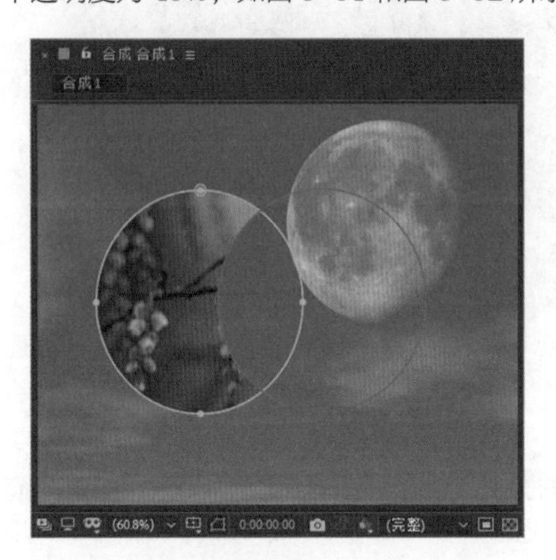

图 6-89

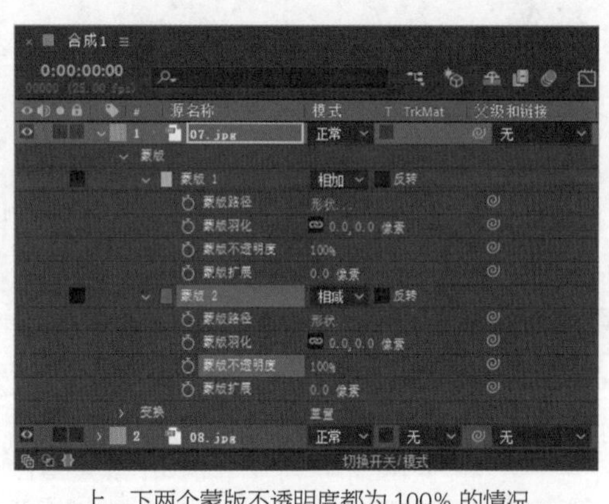

上、下两个蒙版不透明度都为 100% 的情况

图 6-90

图 6-91

上面蒙版的不透明度为 80%、下面蒙版的不透明度为 50% 的情况

图 6-92

● **交集：**采取交集方式混合蒙版，只显示当前蒙版与其上所有蒙版组合的结果相交部分的内容，相交区域内的不透明度是在其上面蒙版的基础上再进行一个百分比相乘运算，如图 6-93 和图 6-94 所示。例如，某蒙版作用前蒙版重叠画面不透明度为 60%，如果当前蒙版设置的不透明度为 50%，运算后最终得出的画面的不透明度为 30%，如图 6-95 和图 6-96 所示。

图 6-93

上、下两个蒙版不透明度都为 100% 的情况

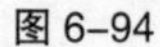

图 6-94

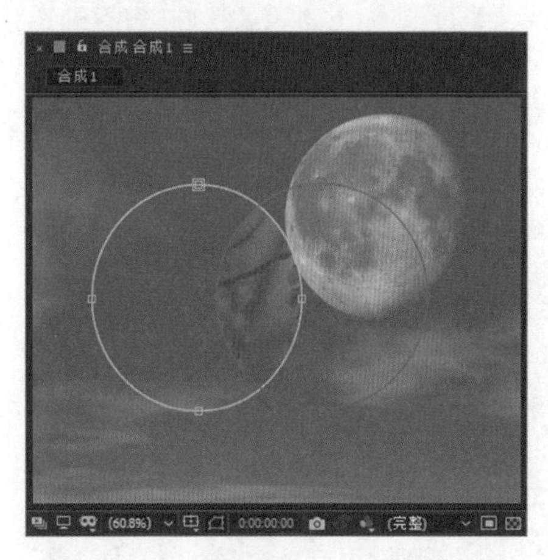

图 6-95

上面蒙版的不透明度为 60%、下面蒙版的不透明度为 50% 的情况

图 6-96

● **变亮**：对于可视区域范围来讲，此模式与“相加”模式一样，但是对于蒙版重叠处的不透明度，则采用不透明度值较高的那个值。例如，某蒙版作用前蒙版的重叠区域画面不透明度为 60%，如果当前蒙版设置的不透明度为 80%，运算后最终得出的蒙版重叠区域画面不透明度为 80%，如图 6-97 和图 6-98 所示。

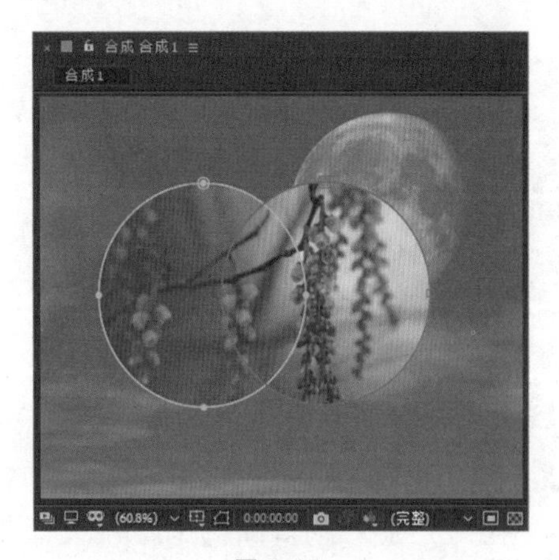

图 6-97

图 6-98

● **变暗**：对于可视区域范围来讲，此模式与“相减”模式一样，但是对于模版重叠处的不透明度，则采用不透明度值较低的那个值。例如，某蒙版作用前重叠区域画面不透明度是 40%，如果当前蒙版设置的不透明度为 100%，运算后最终得出的蒙版重叠区域画面不透明度为 40%，如图 6-99 和图 6-100 所示。

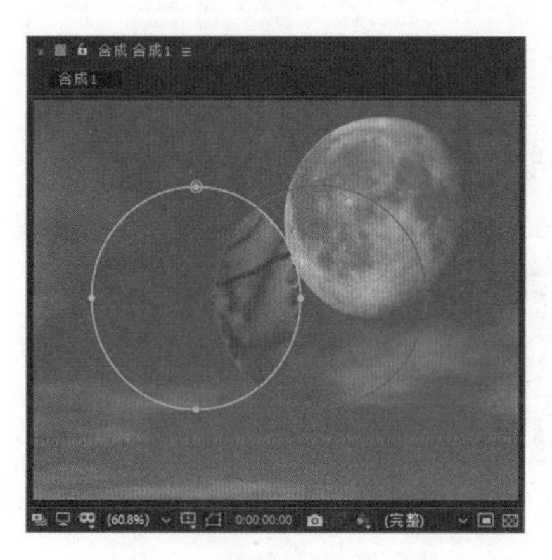

图 6-99

图 6-100

● **差值：**此模式对于可视区域采取的是相加减交集的方式。也就是说，先将当前蒙版与其上所有蒙版组合的结果进行相加运算，然后将当前蒙版与其上所有蒙版组合的结果相交部分进行相减。关于不透明度，与其上蒙版结果未相交部分采取当前蒙版不透明度设置，相交部分采用两者之间的差值，如图 6-101 和图 6-102 所示。例如，某蒙版作用前重叠区域画面不透明度为 40%，如果当前蒙版设置的不透明度为 60%，运算后最终得出的蒙版重叠区域画面不透明度为 20%。当前蒙版未重叠区域不透明度为 60%，如图 6-103 和图 6-104 所示。

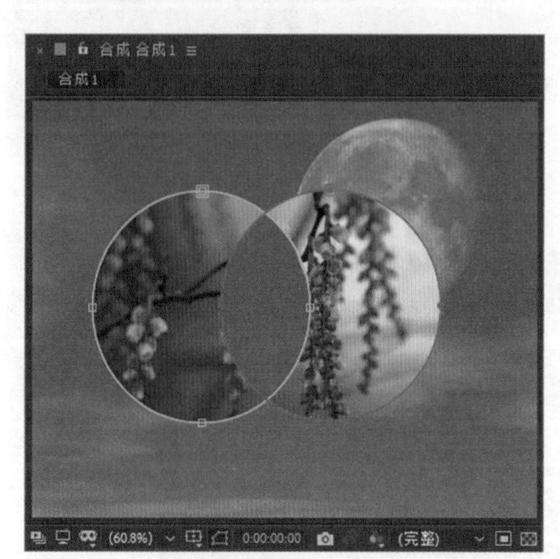

图 6-101

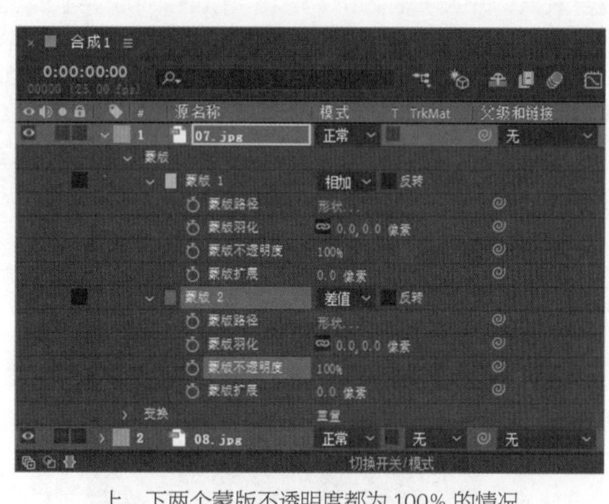

上、下两个蒙版不透明度都为 100% 的情况

图 6-102

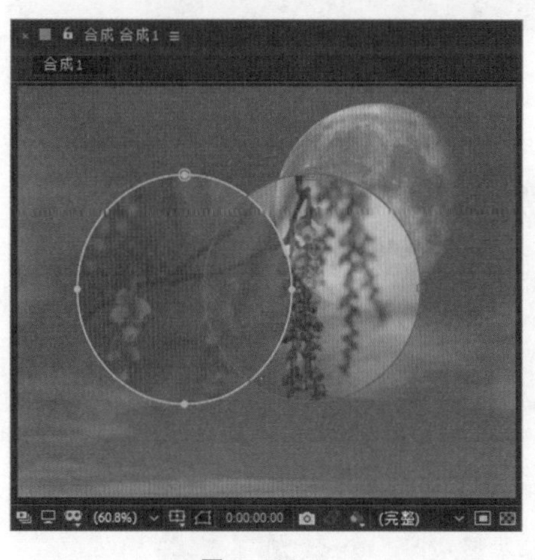

图 6-103

上面蒙版的不透明度为 40%、下面蒙版的不透明度为 60% 的情况

图 6-104

反转：将蒙版进行反向处理，如图 6-105 和图 6-106 所示。

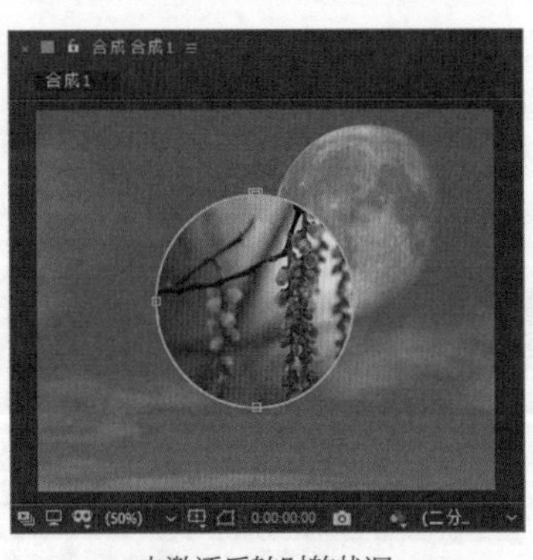

未激活反转时的状况

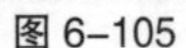

图 6-105

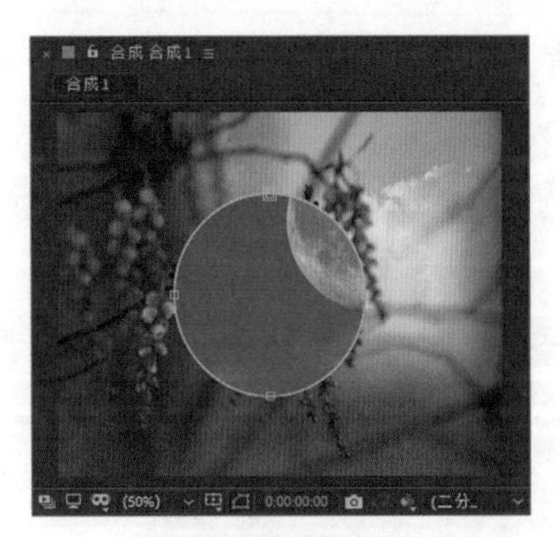

激活了反转时的状况

图 6-106

设置蒙版动画的属性区：在此列中可以进行关键帧动画的蒙版属性设置。

蒙版路径：用于蒙版形状设置，单击右侧的“形状”文字按钮，可以弹出“蒙版形状”对话框，效果同选择“图层 > 蒙版 > 蒙版形状”命令一样。

蒙版羽化：用于蒙版羽化控制，可以通过羽化蒙版得到更自然的融合效果，并且 x 轴向和 y 轴向可以有不同的羽化程度。单击前面的按钮，可以将两个轴向锁定和释放，如图 6-107 所示。

蒙版不透明度：用于蒙版不透明度的调整，如图 6-108 和图 6-109 所示。

蒙版扩展：用于调整蒙版的扩展程度，正值时为扩展蒙版区域，负值时为收缩蒙版区域，如图 6-110 和图 6-111 所示。

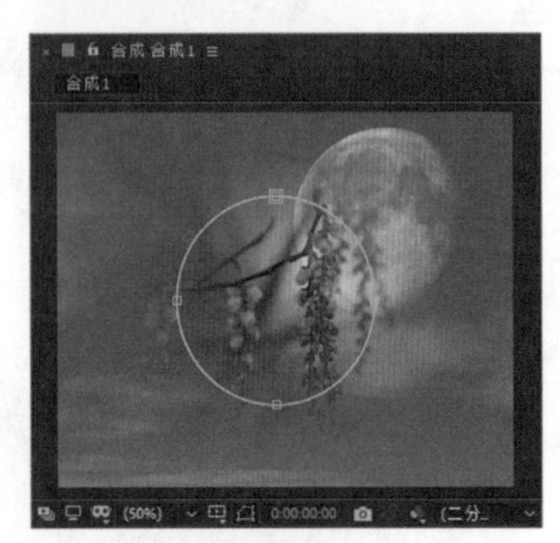

图 6-107

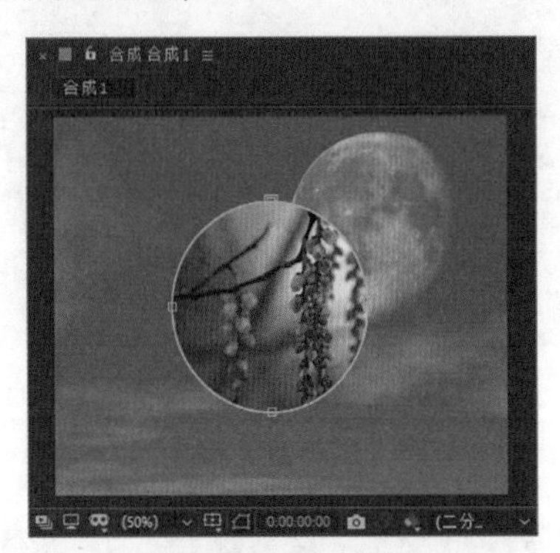

不透明度为 100% 时的状况

图 6-108

不透明度为 50% 时的状况

图 6-109

蒙版扩展设置为 100 时的状况

图 6-110

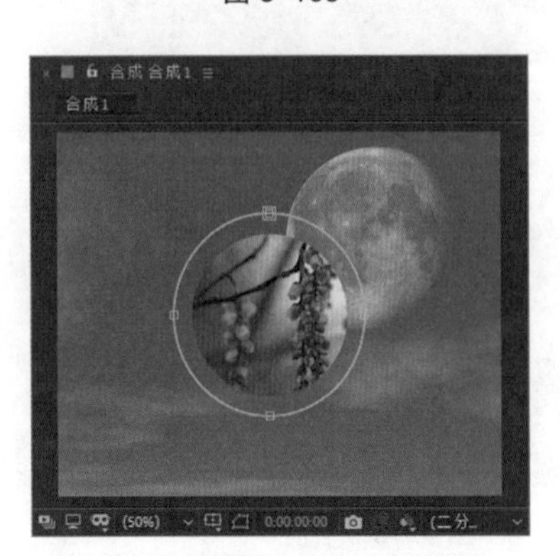

蒙版扩展设置为 -100 时的状况

图 6-111

6.2.4 制作蒙版动画

制作蒙版动画的步骤如下。

（1）在“时间轴”面板中，选择图层，选择“星形”工具，在“合成”预览面板中拖曳鼠标绘制一个星形蒙版，如图 6-112 所示。

（2）选择“添加‘顶点’”工具，在刚刚绘制的星形蒙版上添加 10 个节点，如图 6-113 所示。

图 6-112

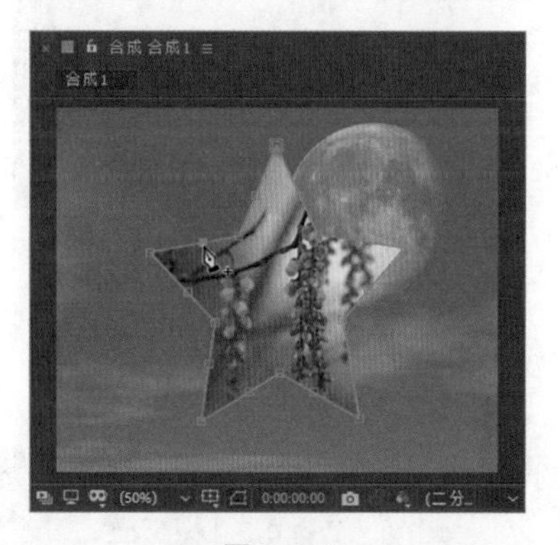

图 6-113

（3）选择“选取”工具，将角点的节点选中，如图 6-114 所示。选择“图层 > 蒙版和形状路径 > 自由变换点”命令，出现控制框，如图 6-115 所示。

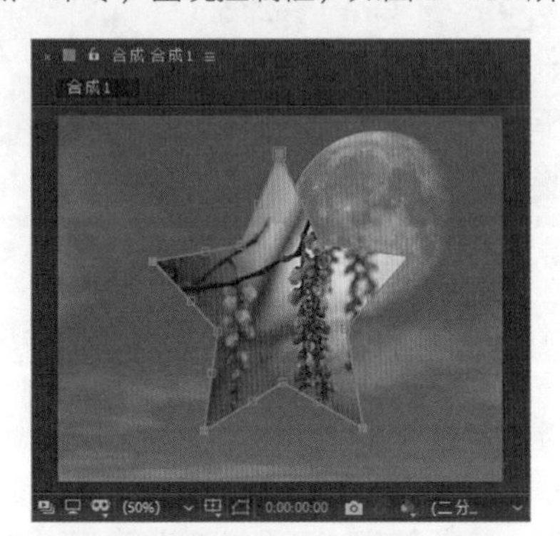

图 6-114

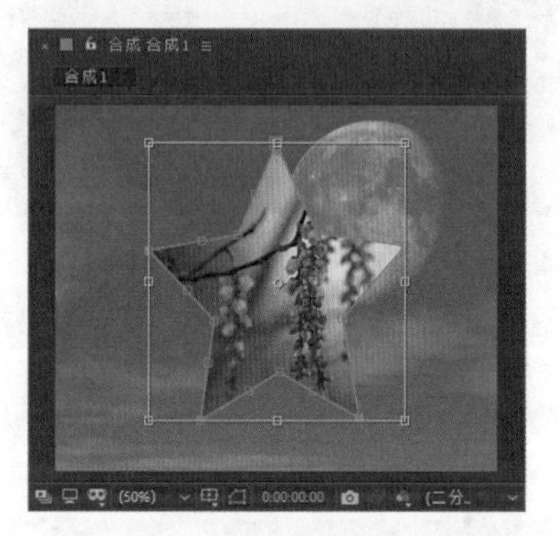

图 6-115

（4）按住 Ctrl+Shift 组合键的同时，拖曳右下角的控制点向右上方移动，拖曳出图 6-116 所示的效果。

（5）调整完成后，按 Enter 键。在“时间轴”面板中，按两次 M 键，展开蒙版的所有属性，单击“蒙版路径”属性前的“关键帧自动记录器”按钮，成生第 1 个关键帧，如图 6-117 所示。

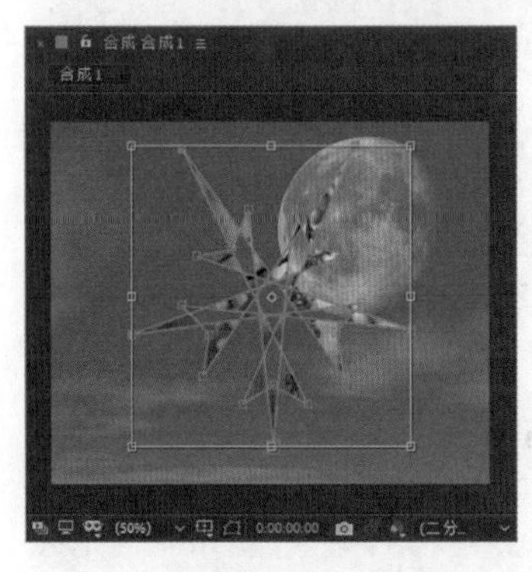

图 6-116

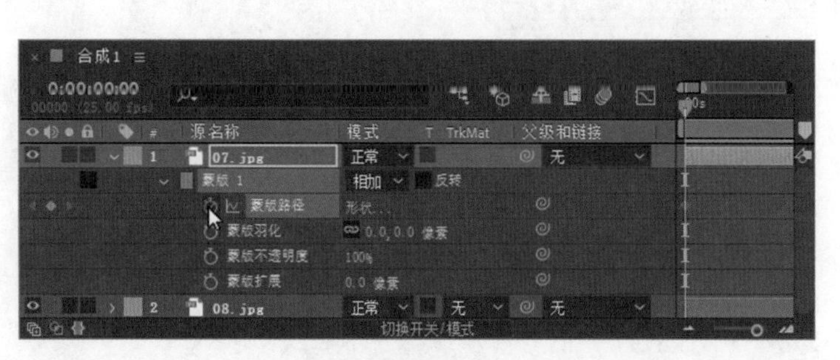

图 6-117

（6）将当前时间标签移动到第 0:00:03:00 的位置，选中内侧的节点，如图 6-118 所示。按 Ctrl+T 组合键，出现控制框，按住 Ctrl+Shift 组合键的同时，拖曳右下角的控制点向右上方移动，拖曳出图 6-119 所示的效果。

图 6–118

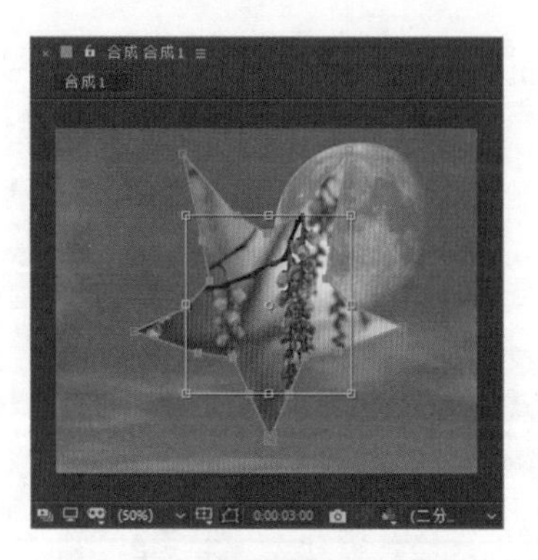

图 6–119

（7）调整完成后，按 Enter 键。在“时间轴”面板中，“蒙版路径”属性自动生成第 2 个关键帧，如图 6–120 所示。

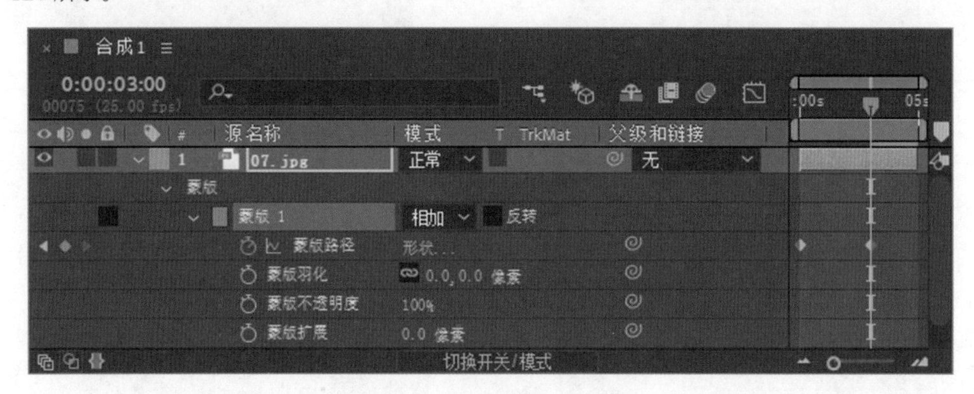

图 6–120

（8）选择“效果 > 生成 > 描边”命令，在“效果控件”面板进行设置，为蒙版路径添加描边特效，如图 6–121 所示。

（9）选择“效果 > 风格化 > 发光”命令，在“效果控件”面板中进行设置，为蒙版路径添加发光特效，如图 6–122 所示。

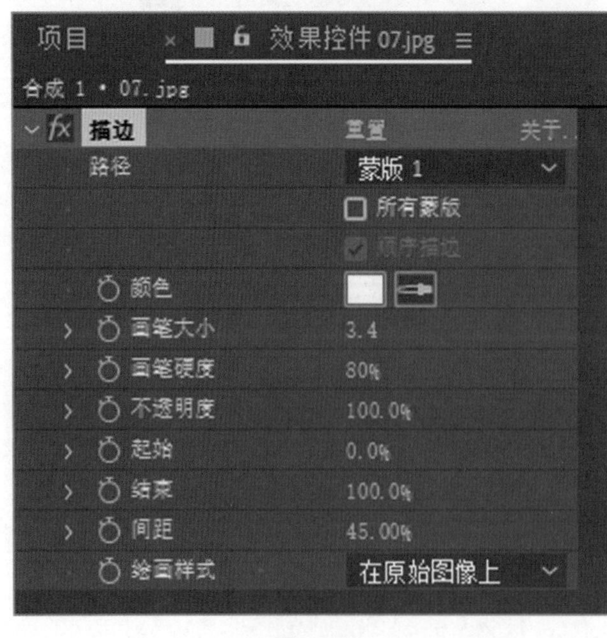

图 6–121

图 6–122

（10）按 0 键，预览蒙版动画，按任意键结束预览。

（11）在“时间轴”面板中单击“蒙版路径”属性名称，同时选中两个关键帧，如图 6-123 所示。

图 6-123

（12）选择“窗口 > 蒙版插值”命令，打开“蒙版插值”面板，在面板中进行设置，如图 6-124 所示，面板中各参数介绍如下。

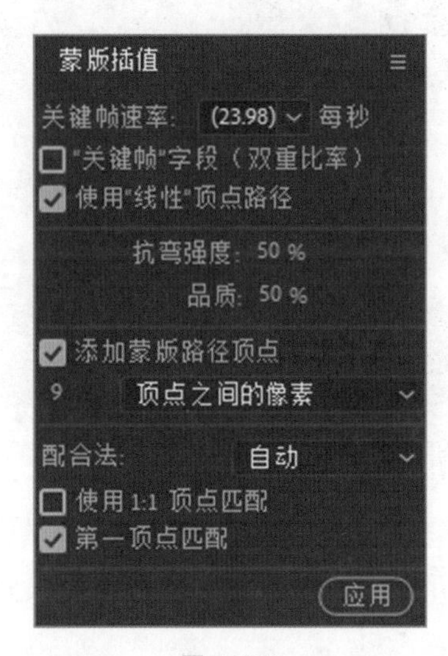

图 6-124

关键帧速率：决定每秒钟在两个关键帧之间产生多少个关键帧。

“关键帧”字段（双重比率）：因为关键帧是按场计算的，勾选此复选框，关键帧数目会增加到设定在“关键帧速率”中数目的两倍。还有一种情况也会在场中生成关键帧，那就是当“关键帧速率”设置的值大于合成项目的帧速率时。

使用“线性”顶点路径：勾选此复选框，路径会沿着直线运动，否则沿曲线运动。

抗弯强度：在节点变化过程中，可以通过这个值的设定决定是采用拉伸的方式还是弯曲的方式处理节点变化，此值越高就越会采用拉伸的方式。

品质：用于质量设置。如果值为 0，那么第 1 个关键帧的点必须对应第 2 个关键帧的那个点。例如，第 1 个关键帧的第 8 个点，必须对应第 2 个关键帧的第 8 个点做变化。如果值为 100%，那么第 1 个关键帧的点可以模糊地对应第 2 个关键帧的任何点。这样，越高的值得到的动画效果越平滑、越自然，但是计算的时间就越长。

添加蒙版路径顶点：勾选此复选框，将在变化过程中自动增加蒙版节点。第 1 个选项是数值设置，第 2 个选项用于在 After Effects 提供的 3 种增加节点的方式中选择。“顶点之间的像素”表示每多少个像素增加一个节点，如果前面的数值设置为 18，则每 18 个像素增加 1 个节点；“总顶点数”决定节点的总数，如果前面的数值设置为 60，则由 60 个节点组成一个蒙版；“轮廓的百分比”表示以蒙版周长的百分比距离放置节点，如果前面的数值设置为 5，则表示每隔 5% 蒙版周长的距离放置 1 个节点，最后蒙版将由 20 个节点构成，如果数值设置为 1，则表示每隔 1% 蒙版周长的距离放置 1 个节点，最后蒙版将由 100 个节点构成。

配合法：前一个关键帧的节点与后一个关键帧的节点动画过程中的匹配设置。分别有 3 个选项："自动"，自动处理；"曲线"，当蒙版路径上有曲线时选用此选项；"多角线"，当蒙版路径上没有曲线时选用此选项。

使用 1 ：1 顶点匹配：使用 1 ：1 的对应方式，如果前后两个关键帧里蒙版的节点数目相同，此选项将强制节点绝对对应，即第 1 个节点对应第 1 个节点，第 2 个节点对应第 2 个节点，以此类推，但是如果节点数目不同，会出现一些无法预料的效果。

第一顶点匹配：决定是否强制起始点对应。

（13）单击"应用"按钮应用设置，按 0 键，预览优化后的蒙版动画。

6.3 课堂练习——调色效果

练习知识要点：使用"色阶"命令调整图像的亮度；使用"定向模糊"命令调整图像的模糊程度；使用"钢笔"工具添加蒙版效果；通过"模式"选项设置图层混合模式。调色效果如图 6-125 所示。

效果所在位置：云盘 \Ch06\ 调色效果 \ 调色效果 . aep。

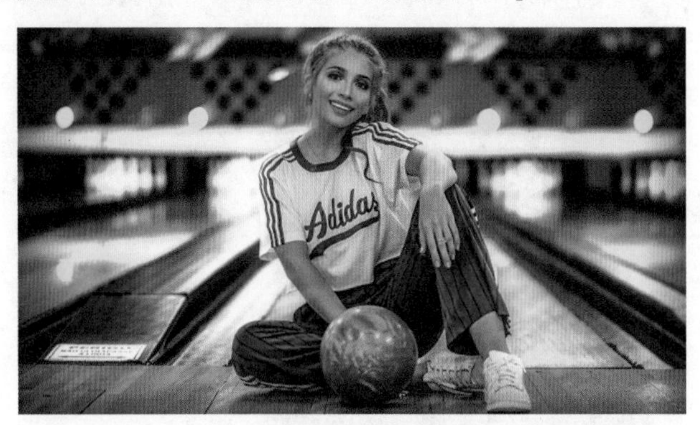

图 6-125

6.4 课后习题——运动的线条

习题知识要点：使用"钢笔"工具绘制线条效果；使用"3D Stroke"命令制作线条描边动画；使用"发光"命令制作线条发光效果；使用"Starglow"命令制作线条流光效果。运动的线条效果如图 6-126 所示。

效果所在位置：云盘 \Ch06\ 运动的线条 \ 运动的线条 . aep。

图 6-126

第 7 章 抠像

本章介绍

本章对 After Effects CC 2019 中的抠像功能进行了详细讲解，包括颜色差值键抠像、颜色键抠像、颜色范围抠像、差值遮罩抠像、提取抠像、内部 / 外部键抠像、线性颜色键抠像、亮度键抠像、高级溢出抑制器和外挂抠像等内容。通过对本章的学习，读者可以自如地应用抠像功能进行实际创作。

学习目标

- 掌握制作抠像效果的方法
- 学习外挂抠像

7.1 抠像特效

抠像特效可以通过指定一种颜色，将与其近似的像素抠像，使其透明。此功能相对简单，对于拍摄质量好，背景比较单纯的素材有不错的效果，但是不适合处理复杂情况。

7.1.1 课堂案例——数码家电广告

案例学习目标：学习使用键控命令制作抠像效果。

案例知识要点：使用“颜色差值键”命令修复图片效果；利用“位置”属性设置图片的位置；利用“不透明度”属性制作图片不透明度动画效果。数码家电广告效果如图 7-1 所示。

效果所在位置：云盘 \Ch07\ 数码家电广告 \ 数码家电广告 .aep。

图 7–1

（1）按 Ctrl+N 组合键，弹出“合成设置”对话框，在“合成名称”文本框中输入“抠像”，其他选项的设置如图 7–2 所示，单击“确定”按钮，创建一个新的合成“抠像”。选择“文件 > 导入 > 文件”命令，弹出“导入文件”对话框，选择云盘中的“Ch07\ 数码家电广告 \（Footage）\01.jpg、02.jpg”文件，如图 7–3 所示，单击“导入”按钮，导入图片。

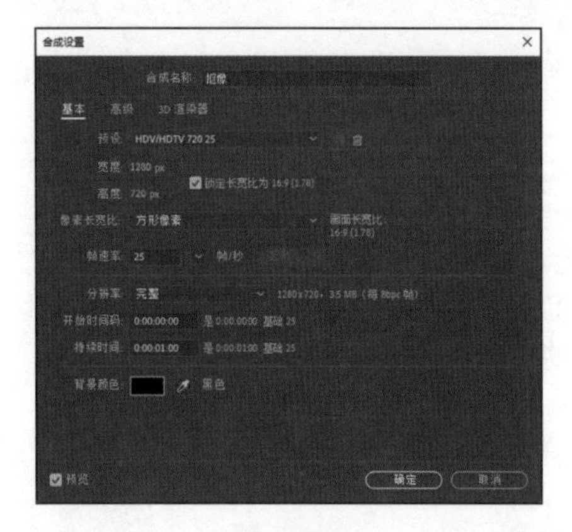

图 7–2

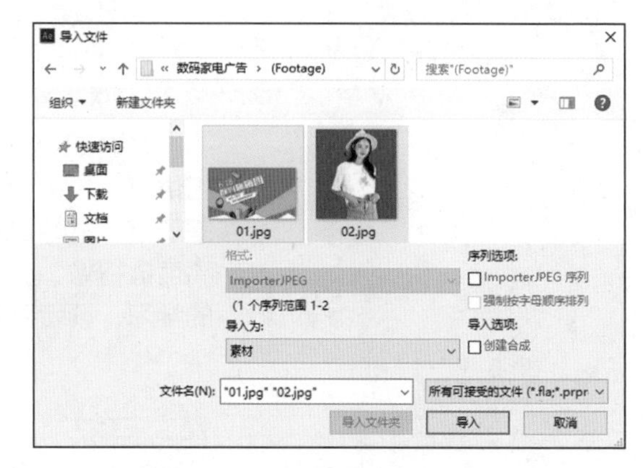

图 7–3

（2）在“项目”面板中选中“02.jpg”文件并将其拖曳到“时间轴”面板中，如图 7–4 所示。“合成”预览面板中的效果如图 7–5 所示。

图 7–4

图 7–5

（3）选中“02.jpg”层，选择“效果 > 抠像 > 颜色差值键”命令，选择“主色”选项右侧的吸管工具，如图 7–6 所示，拾取背景素材上的蓝色。“合成”预览面板中的效果如图 7–7 所示。

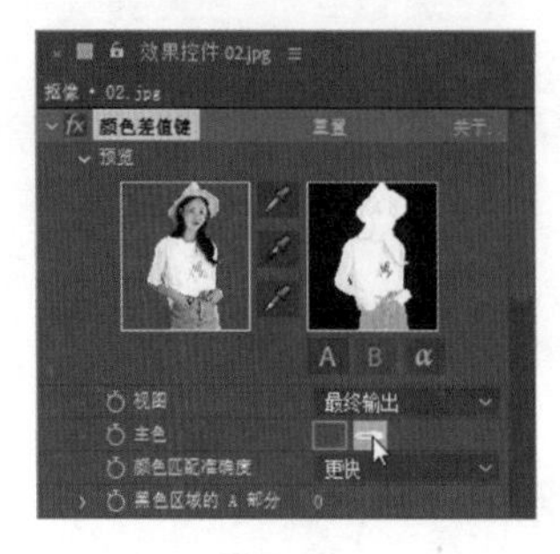

图 7–6

图 7–7

（4）在“效果控件”面板中进行参数设置，如图 7–8 所示。“合成”预览面板中的效果如图 7–9 所示。

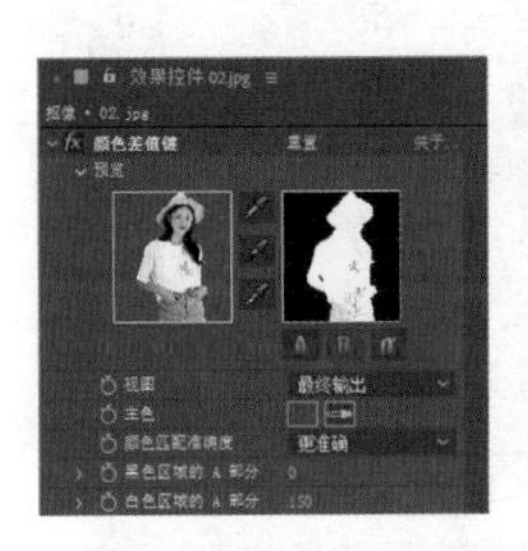
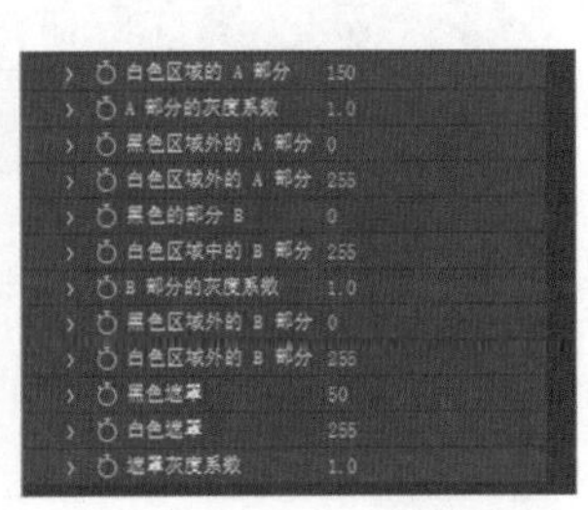

图 7–8

图 7–9

（5）按 Ctrl+N 组合键，弹出“合成设置”对话框，在“合成名称”文本框中输入“最终效果”，其他选项的设置如图 7–10 所示，单击“确定”按钮，创建一个新的合成“最终效果”。在“项目”面板中选择“01.jpg”文件和“抠像”合成，并将它们拖曳到“时间轴”面板中，层的排列如图 7–11 所示。

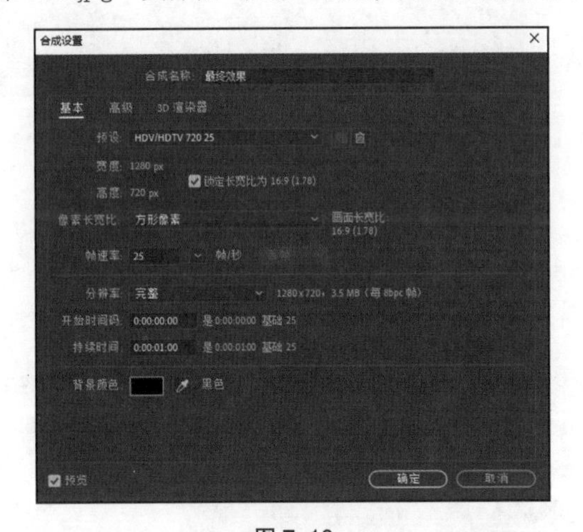

图 7–10

图 7–11

（6）选中“抠像”层，按 P 键，展开“位置”属性，设置“位置”选项的数值为 989.0,360.0，如图 7–12 所示。“合成”预览面板中的效果如图 7–13 所示。

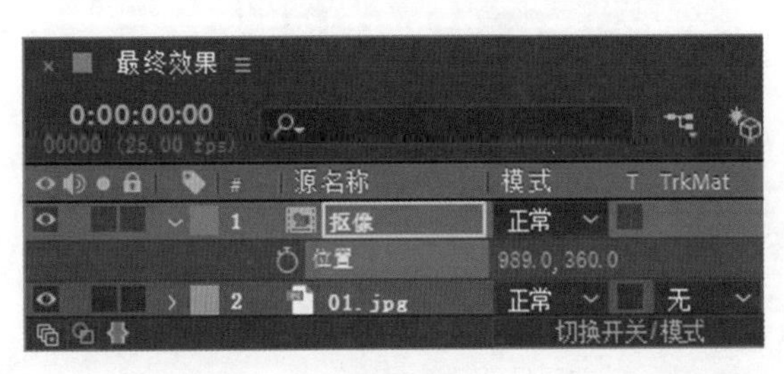

图 7–12

图 7–13

（7）将时间标签放置在 0:00:00:00 的位置，按 T 键，展开“不透明度”属性，设置“不透明度”选项的数值为 0%，单击“不透明度”选项左侧的“关键帧自动记录器”按钮，如图 7–14 所示，记录第 1 个关键帧。

（8）将时间标签放置在 0:00:00:02 的位置，在“时间轴”面板中设置“不透明度”选项的数值为 100%，如图 7–15 所示，记录第 2 个关键帧。

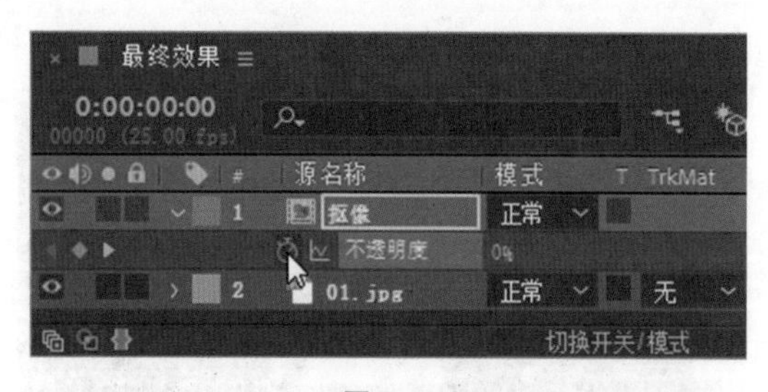

图 7-14

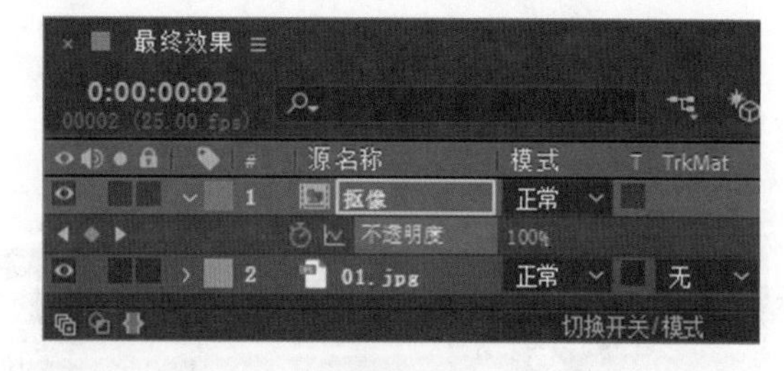

图 7-15

（9）将时间标签放置在0:00:00:04的位置，在“时间轴”面板中设置“不透明度”选项的数值为0%，如图7-16所示，记录第3个关键帧。将时间标签放置在0:00:00:06的位置，在“时间轴”面板中设置“不透明度”选项的数值为100%，如图7-17所示，记录第4个关键帧。数码家电广告效果制作完成。

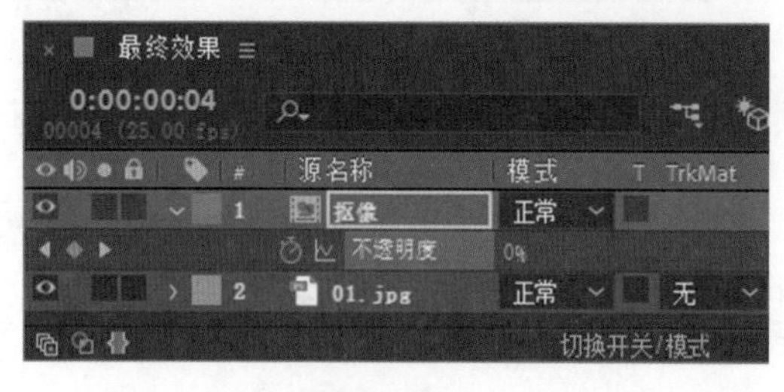

图 7-16

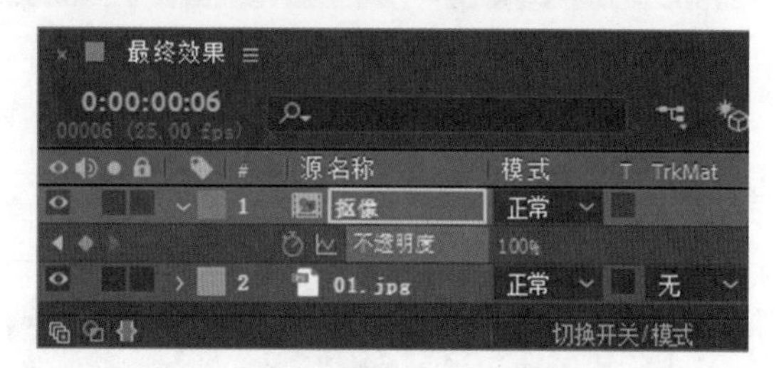

图 7-17

7.1.2 颜色差值键

“颜色差值键”效果把图像划分为两个蒙版透明效果。局部蒙版B使指定的抠像颜色变为透明，局部蒙版A使图像中不包含第2种不同颜色的区域变为透明。这两种蒙版效果联合起来就得到最终的第3种蒙版效果，即背景变为透明。

颜色差异抠像的左侧缩略图表示原始图像，右侧缩略图表示蒙版效果，吸管工具用于在原始图像缩略图中拾取抠像颜色，吸管工具用于在蒙版缩略图中拾取透明区域的颜色，吸管工具用于在蒙版缩略图中拾取不透明区域颜色，如图7-18所示。

图 7-18

“效果控件”面板各参数介绍如下。

视图：指定合成视图中显示的合成效果。

主色：通过吸管拾取透明区域的颜色。

颜色匹配准确度：用于控制匹配颜色的准确度。若屏幕上不包含主色调，会得到较好的效果。

蒙版控制：调整通道中的“黑色遮罩”“白色遮罩”和“遮罩灰度系数”参数值，从而修改图像蒙版的透明度。

7.1.3 颜色键

“颜色键”效果设置如图 7-19 所示，“效果控件”面板各参数介绍如下。

图 7-19

主色：通过吸管工具拾取透明区域的颜色。

颜色容差：用于调节与抠像颜色相匹配的颜色范围。该参数值越高，抠掉的颜色范围就越大；该参数值越低，抠掉的颜色范围就越小。

薄化边缘：减少所选区域边缘的像素值。

羽化边缘：设置抠像区域的边缘以产生柔和羽化效果。

7.1.4 颜色范围

“颜色范围”效果可以通过去除 Lab、YUV 或 RGB 模式中指定的颜色范围来创建透明效果。用户可以对多种颜色组成的背景屏幕图像（如不均匀光照），并且包含同种颜色阴影的蓝色或绿色屏幕图像应用该滤镜特效，如图 7-20 所示。

图 7-20

颜色范围在“效果控件”面板各参数介绍如下。

模糊：设置选区边缘的模糊量。

色彩空间：设置颜色模式，有 Lab、YUV、RGB 3 种选项，每种选项对颜色的不同变化有不同的反应。

最大值 / 最小值：对层的透明区域进行微调设置。

7.1.5 差值遮罩

“差值遮罩”效果可以通过对比源层和对比层的颜色值，将源层中与对比层颜色相同的像素删除，从而创建透明效果。该特效的典型应用就是将一个复杂背景中的移动物体合成到其他场景中，通常情况下对比层采用源层的背景图像，如图 7-21 所示，其各参数介绍如下。

差值图层：用于设置哪一层作为对比层。

如果图层大小不同：用于设置对比层与源图像层的大小匹配方式，有居中和拉伸两种方式。

差值前模糊：细微模糊两个控制层中的颜色噪点。

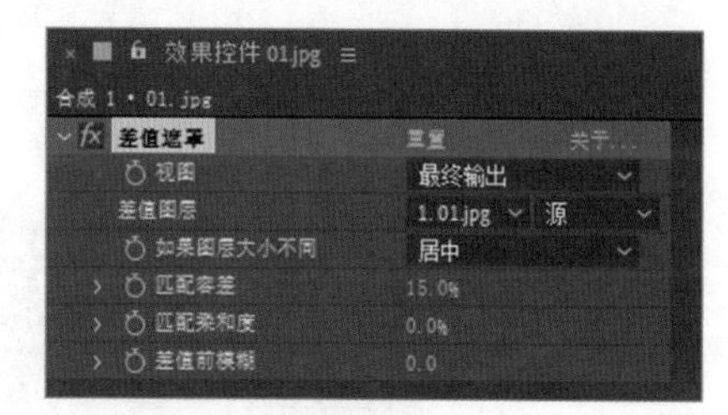

图 7-21

7.1.6 提取

“提取”效果通过图像的亮度范围来创建透明效果。图像中所有与指定的亮度范围相近的像素都将被删除，该特效对于具有黑色或白色背景的图像，或者是背景亮度与保留对象之间亮度反差很大的复杂背景图像非常有用，还可以用来删除影片中的阴影，如图 7-22 所示。

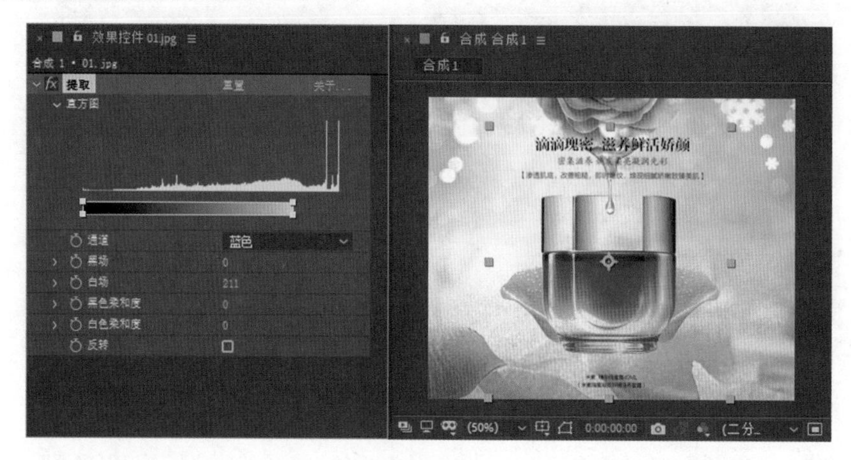

图 7-22

7.1.7 内部 / 外部键

“内部 / 外部键”效果通过层的蒙版路径来确定要隔离的物体边缘，从而把前景物体从它的背景上隔离出来，这里使用的蒙版路径可以十分粗略，不一定正好在物体的四周边缘，如图 7-23 所示。

图 7-23

7.1.8 线性颜色键

“线性颜色键”效果既可以用来进行抠像处理，还可以用来保护不应删除的颜色区域，如图 7-24 所示。如果在图像中抠出的物体包含被抠像颜色，当对其进行抠像时这些区域可能也会变成透明区域，这时通过对图像施加该特效，然后在“效果控件”面板中将“主要操作”选项设置为“保持颜色”，找回不该删除的部分。

图 7-24

7.1.9 亮度键

“亮度键”效果根据层的亮度对图像进行抠像处理，可以将图像中具有指定亮度的所有像素都删除，从而创建透明效果，而层质量设置不会影响抠像效果，如图 7-25 所示。

图 7-25

亮度键在“效果控件”面板的参数介绍如下。

键控类型： 包括抠出较亮区域、抠出较暗区域、抠出相似区域和抠出非相似区域等抠像类型。

阈值： 设置抠像的亮度极限数值。

容差： 指定接近抠像极限数值的像素范围，数值的大小可以直接影响抠像区域。

7.1.10 高级溢出抑制器

“高级溢出抑制器”效果可以去除键控后图像残留的键控色痕迹，消除图像边缘溢出的键控色，这些溢出的键控色常常是背景的反射造成的，如图 7-26 所示。

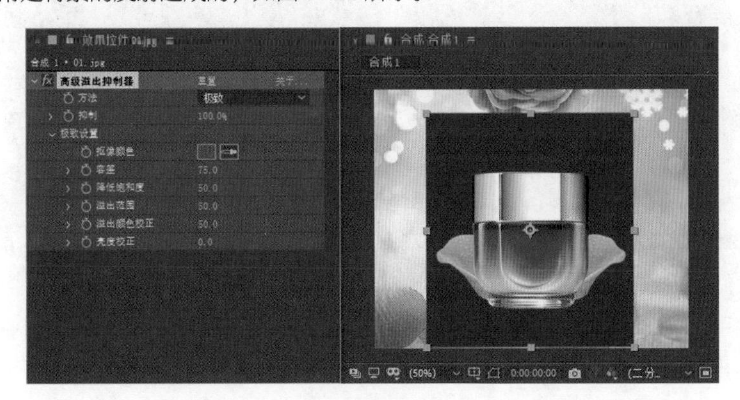

图 7-26

7.2 外挂抠像

根据设计制作任务的需要，可以将外挂抠像插件安装在电脑中。安装后，就可以使用功能强大的外挂抠像插件。例如，Keylight（1.2）插件是为专业的电影制作开发的抠像软件，用于精细地去除影像中任何一种指定的颜色。

7.2.1 课堂案例——抠像效果

案例学习目标： 学习使用外挂抠像命令制作复杂抠像效果。

案例知识要点： 使用“Keylight（1.2）”命令修复图片效果；利用“位置”属性设置图片的位置。抠像效果如图 7-27 所示。

效果所在位置： 云盘 \Ch07\ 抠像效果 \ 抠像效果 . aep。

图 7-27

（1）按 Ctrl+N 组合键，弹出“合成设置”对话框，在“合成名称”文本框中输入“最终效果”，其他选项的设置如图 7-28 所示，单击“确定”按钮，创建一个新的合成“最终效果”。

（2）选择“文件 > 导入 > 文件”命令，在弹出的“导入文件”对话框中，选择云盘中“Ch07 \ 抠像效果 \ (Footage) \ 01.jpg、02.jpg”文件，单击“导入”按钮，将图片导入“项目”面板中，如图 7-29 所示。

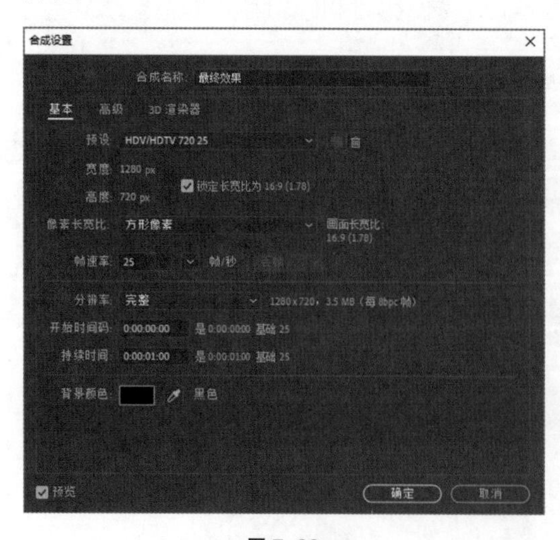

图 7-28

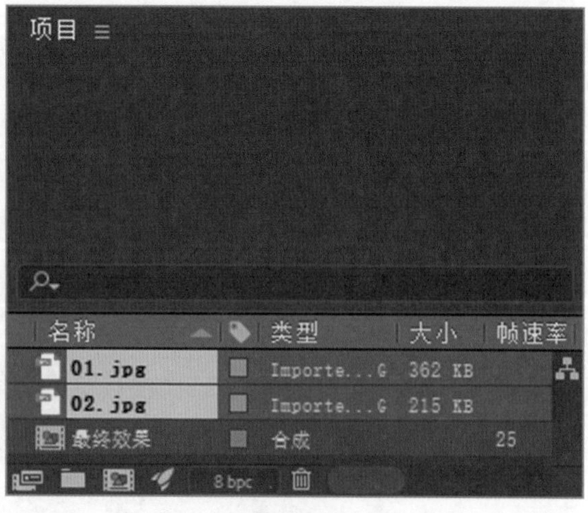

图 7-29

（3）在“项目”面板中，选中“01.jpg”和“02.jpg”文件并将它们拖曳到“时间轴”面板中，层的排列如图 7-30 所示。“合成”预览面板中的效果如图 7-31 所示。

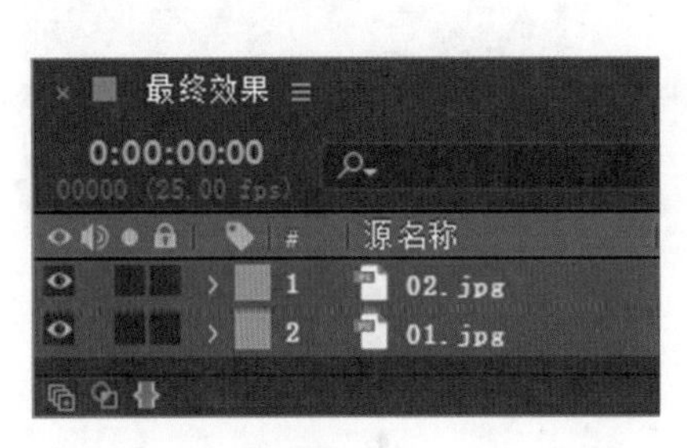

图 7-30

图 7-31

（4）选中“02.jpg”层，选择“效果 > Keylight > Keylight (1.2)”命令，在“效果控件”面板中单击“Screen Colour”选项右侧的吸管工具，如图 7-32 所示，在“合成”预览面板中的绿色背景上单击鼠标拾取颜色，效果如图 7-33 所示。

图 7-32

图 7-33

（5）选中“02.jpg”层，按 P 键，展开“位置”属性，设置“位置”选项的数值为 206.0,360.0，单击“位置”选项左侧的“关键帧自动记录器”按钮，如图 7-34 所示，记录第 1 个关键帧。

（6）将时间标签放置在 0:00:00:10 的位置，在“时间轴”面板中设置“位置”选项的数值为 640.0,360.0，如图 7-35 所示。记录第 2 个关键帧。抠像效果制作完成。

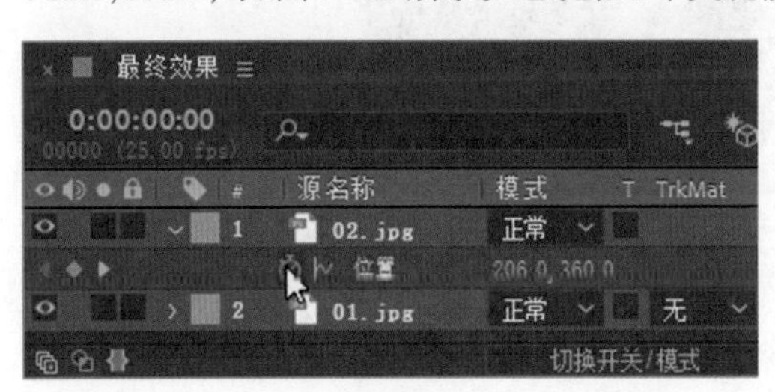

图 7-34

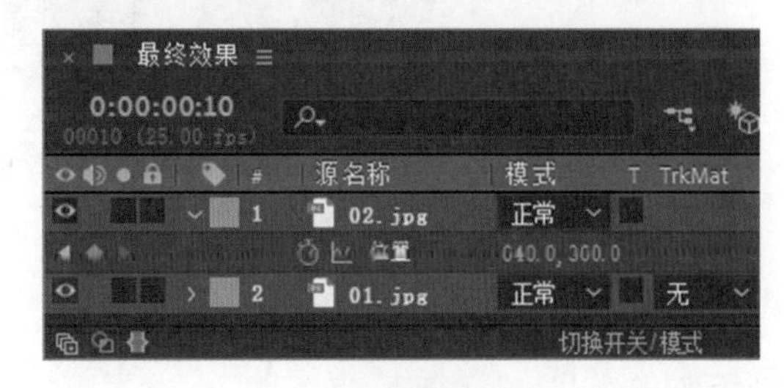

图 7-35

7.2.2 Keylight（1.2）简介

“抠像”一词是从早期电视制作中得来，英文称作“Keylight”，意思就是拾取画面中的某一种颜色作为透明色，将它从画面中删除，从而使背景透出来，形成两层画面的叠加合成效果。这样在室内拍摄的人物经抠像后与各景物叠加在一起，就形成了各种奇特效果，影视制作中的抠像实例如图 7-36 所示。

图 7-36

After Effects 中，实现键出的滤镜都放置在“键空”分类里，根据其原理和用途，又可以分为 3 类：二元键出、线性键出和高级键出。其各个属性的含义如下。

Keylight（1.2）是自 After Effects CS4 版本后新增的一个抠图插件，通过对不同参数的设置，可以对图像进行精细的抠像处理，如图 7-37 所示。

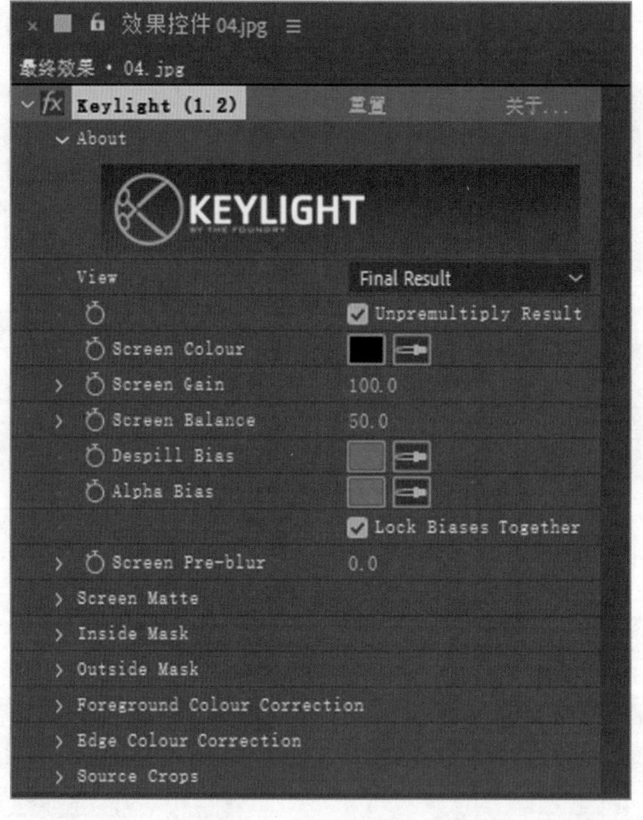

图 7-37

View（视图）：设置抠像时显示的视图。

Unpremultiply Result（非预乘结果）：勾选此复选框，表示不显示图像的 Alpha 通道，反之为显示图像的 Alpha 通道。

Screen Colour（屏幕颜色）：设置要抠除的颜色。也可以单击该选项右侧的“吸管”工具，在要抠除的颜色上直接吸取。

Screen Gain（屏幕增益）：设置抠像后 Alpha 的暗部区域细节。

Screen Balance（屏幕平衡）：设置抠除颜色的平衡。

Despill Bias（去除溢色偏移）：设置抠除区域的颜色恢复程度。

Alpha Bias（偏移）：设置抠除 Alpha 部分的颜色恢复程度。

Lock Biases Together（锁定所有偏移）：勾选此复选框，可以设置抠除时，设定偏差值。

Screen Pre-blur（屏幕预模糊）：设置抠除部分边缘的模糊效果，比较适合有明显噪点的图像。

Screen Matte（**屏幕蒙版**）：设置抠除区域影像的属性。
Inside Mask（**内部蒙版**）：设置抠像时为图像添加内侧蒙版属性。
Outside Mask（**外部蒙版**）：设置抠像时为图像添加外侧蒙版属性
Foreground Colour Correction（**前景颜色校正**）：设置蒙版影像的色彩属性。
Edge Colour Correction（**边缘颜色校正**）：设置抠除区域的边缘属性。
Source Crops（**源裁剪**）：设置裁剪影像的属性。

7.3 课堂练习——洗衣机广告

练习知识要点： 使用“颜色键”命令去除图片背景；使用“投影”命令为图片添加投影；利用“位置”属性改变图片位置。洗衣机广告效果如图 7-38 所示。

效果所在位置： 云盘 \Ch07\ 洗衣机广告 \ 洗衣机广告 . aep。

图 7-38

7.4 课后习题——运动鞋广告

习题知识要点： 使用“Keylight”命令修复图片效果；利用“缩放”属性和“不透明度”属性制作运动鞋动画。运动鞋广告效果如图 7-39 所示。

效果所在位置： 云盘 \Ch07\ 运动鞋广告 \ 运动鞋广告 . aep。

图 7-39

第 8 章 效果

本章介绍

本章主要介绍 After Effects 中各种效果的应用方式和“效果控件”面板中各种参数设置，对有实用价值、存在一定难度的特效进行重点讲解。通过对本章的学习，读者可以快速了解并掌握 After Effects CC 2019 中特效制作的精髓部分。

学习目标

- 初步了解效果
- 掌握关键帧动画的制作
- 掌握模糊和锐化的使用
- 掌握色彩校正的方法
- 掌握曲线控制
- 掌握颜色平衡效果

8.1 初步了解效果

After Effects 软件本身自带了许多效果，前面的章节已经介绍了多种文字、声音、抠像效果。效果不仅能够对影片进行丰富的艺术加工，还可以提高影片的画面质量和播放效果。本节将系统介绍效果的基本操作。

8.1.1 为图层添加效果

为图层添加效果的方法其实很简单，可以根据情况灵活应用，具体有以下几种方式。

（1）在“时间轴”面板，选中某个图层，选择“效果”中的各项命令。

（2）在“时间轴”面板，在某个图层上单击鼠标右键，在弹出的菜单中选择“效果”中的各项命令。

（3）选择“窗口 > 效果和预设”命令，或按 Ctrl+5 组合键，打开“效果和预设”面板，从分类中选中需要的效果，然后拖曳到“时间轴”面板中的某层上，如图 8-1 所示。

（4）在“时间轴”面板中选择某层，然后选择“窗口 > 效果和预设”命令，打开“效果和预设”面板，双击分类中选择的效果。

对于图层来讲，一个效果常常是不能完全满足创作需要的。只有使用以上介绍的方法，为图层添加多个效果，才可以制作出千变万化的效果。但是，在同一图层应用多个效果时，一定要注意上下顺序，因为不同的顺序可能会产生完全不同的画面效果，如图 8-2 和图 8-3 所示。

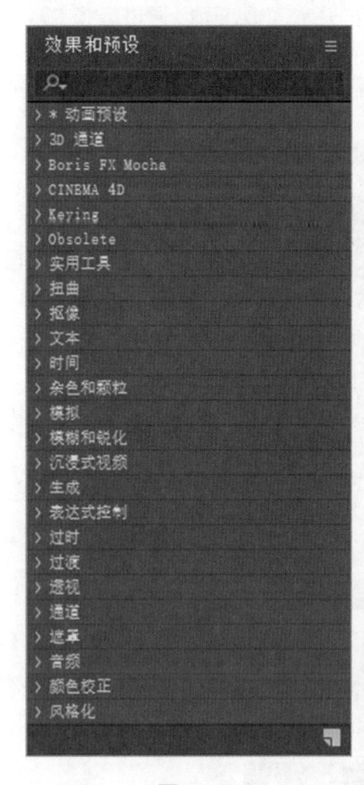

图 8-1

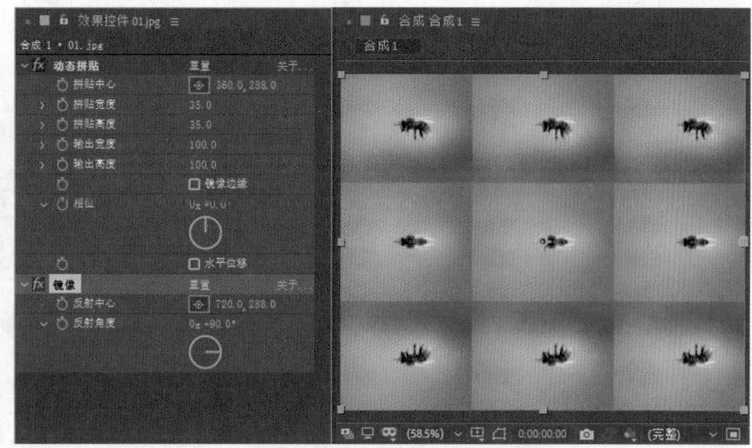

图 8-2

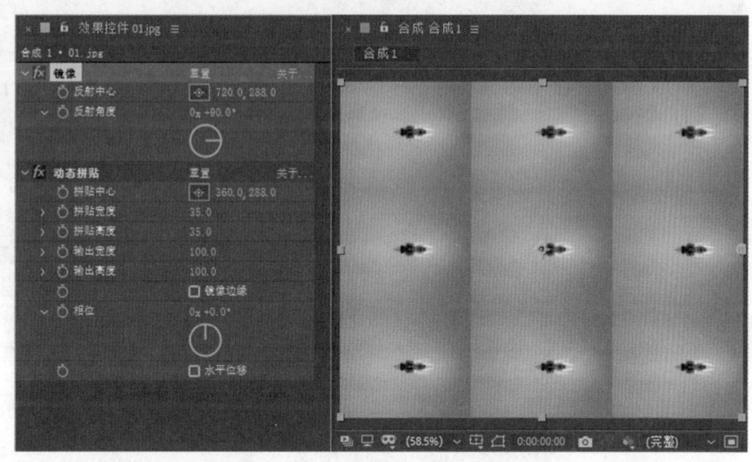

图 8-3

改变效果顺序的方法也很简单，只要在“效果控件”面板或者“时间轴”面板中，上下拖曳所需要的效果到目标位置即可，如图 8-4 和图 8-5 所示。

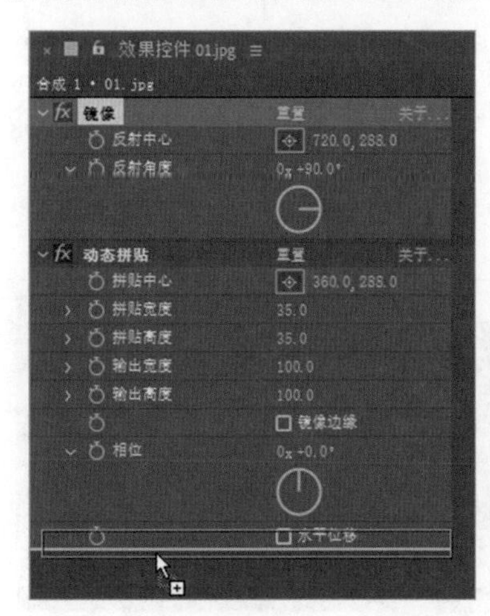

图 8-4

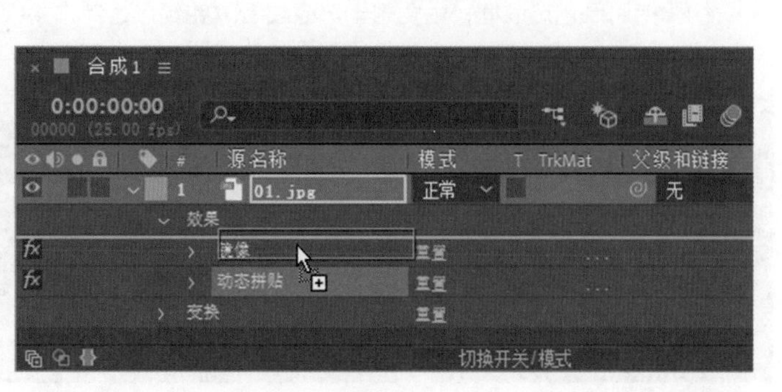

图 8-5

8.1.2 调整、删除、复制和暂时关闭效果

1. 调整效果

在为图层添加特效时，一般会自动将“效果控件”面板打开，如果并未打开该面板，可以通过选择“窗口 > 效果控件”命令，将“效果控件”面板打开。

After Effects 有多种效果，且功能各不相同，调整方法有以下 5 种。

（1）定义位置点：一般用来设置特效的中心位置。调整的方法有两种：一种是直接调整后面的参数值；另一种是单击，在“合成”预览面板中的合适位置单击鼠标，效果如图 8-6 所示。

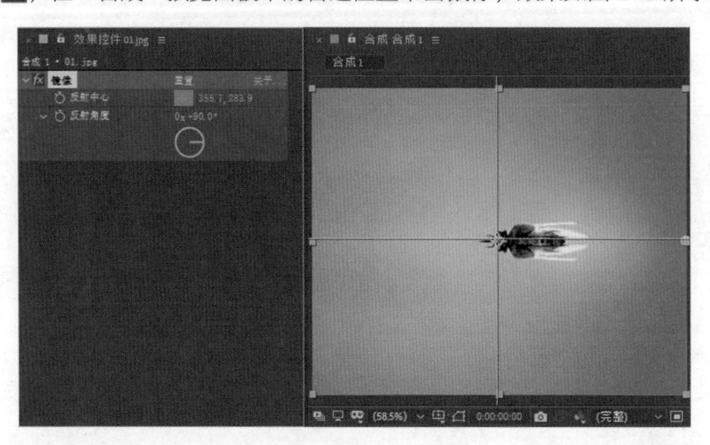

图 8-6

（2）调整数值：将鼠标放置在某个选项右侧的数值上，鼠标指针变为时，上下拖曳鼠标可以调整数值，如图 8-7 所示，也可以直接在数值上单击将其激活，然后输入需要的数值。

图 8-7

（3）调整滑块：通过左右拖曳滑块可以调整数值。不过需要注意：滑块并不能显示参数的极限值。如复合模糊滤镜，虽然在滑块中看到的调整范围是 0 ~ 100，如图 8-8 所示，但是如果用直接输入数值的方法调整，最大值则能到 4000，因此在滑块中看到的调整范围一般是常用的数值段。

（4）使用颜色选取框：主要用于选取或者改变颜色，单击将会弹出图 8-9 所示的色彩选择对话框。

（5）使用角度旋转器：一般与角度和圈数设置有关，如图 8-10 所示。

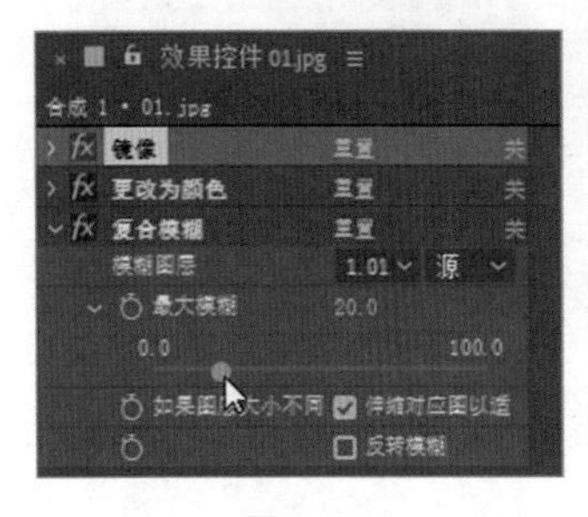

图 8-8

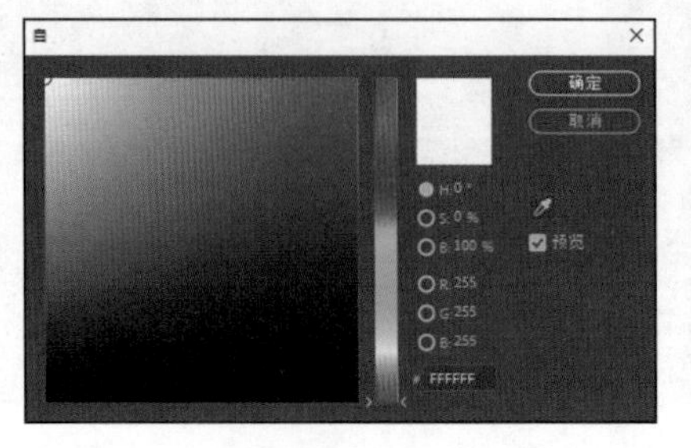

图 8-9

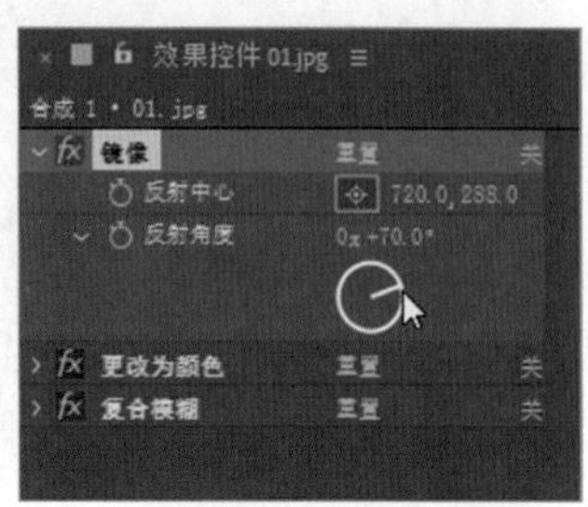

图 8-10

2. 删除效果

删除 After Effects 效果的方法很简单，只需要在“效果控件”面板或者“时间轴”面板中选择某个效果名称，按 Delete 键即可删除。

> **提示：** 在“时间轴”面板中快速展开效果的方法：选中含有效果的图层，按 E 键。

3. 复制效果

如果只是在本图层中进行特效复制，只需要在“效果控件”面板或者“时间轴”面板中选中特效，按 Ctrl+D 组合键即可实现。

如果是将特效复制到其他层使用，具体操作步骤如下。

（1）在“效果控件”面板或者“时间轴”面板中选中原图层的一个或多个效果。

（2）选择“编辑 > 复制”命令，或者按 Ctrl+C 组合键，完成效果复制操作。

（3）在“时间轴”面板中，选中目标图层，然后选择“编辑 > 粘贴”命令，或按 Ctrl+V 组合键，完成效果粘贴操作。

4. 暂时关闭效果

在“效果控件”面板或者“时间轴”面板中，有一个非常方便的开关fx，可以帮助用户暂时关闭某一个或某几个效果，使其不起作用，如图 8–11 和图 8–12 所示。

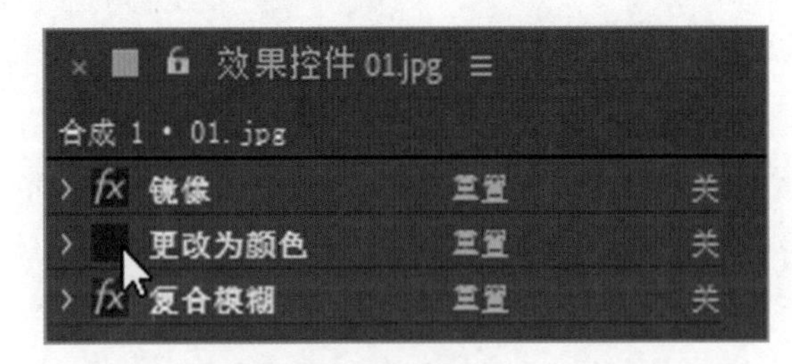

图 8–11

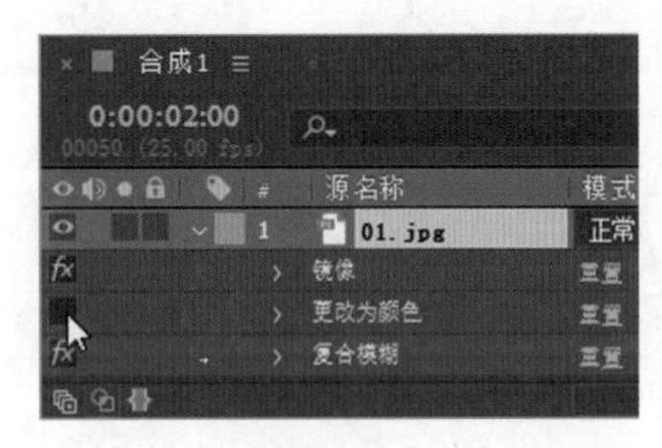

图 8–12

8.1.3 制作关键帧动画

1. 在“时间轴”面板中制作关键帧动画

以“高斯模糊”效果为例，在“时间轴”面板中制作关键帧动画的步骤如下。

（1）在“时间轴”面板中选择某层，选择“效果 > 模糊和锐化 > 高斯模糊”命令，添加高斯模糊效果。

（2）按E键，展开特效属性，单击“高斯模糊”效果名称左侧的小箭头按钮，展开各项具体参数设置。

（3）单击“模糊度”选项左侧的“关键帧自动记录器”按钮，生成第 1 个关键帧，如图 8–13 所示。

（4）将当前时间标签移动到另一个时间位置，调整“模糊度”的数值，After Effects 将自动生成第 2 个关键帧，如图 8–14 所示。

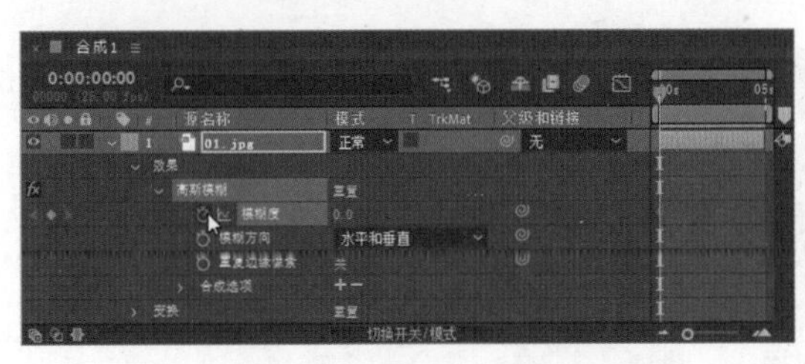

图 8–13

图 8–14

（5）按数字键盘上的 0 键，预览动画。

2. 在“效果控件”面板中制作关键帧动画

以“高斯模糊”效果为例，在“效果控件”面板中制作关键帧动画的步骤如下。

（1）在“时间轴”面板中选择某层，选择“效果 > 模糊和锐化 > 高斯模糊”命令，添加高斯模糊效果。

（2）在“效果控件”面板中，单击“模糊度”选项左侧的“关键帧自动记录器”按钮，如图 8–15 所示，或按住 Alt 键的同时，

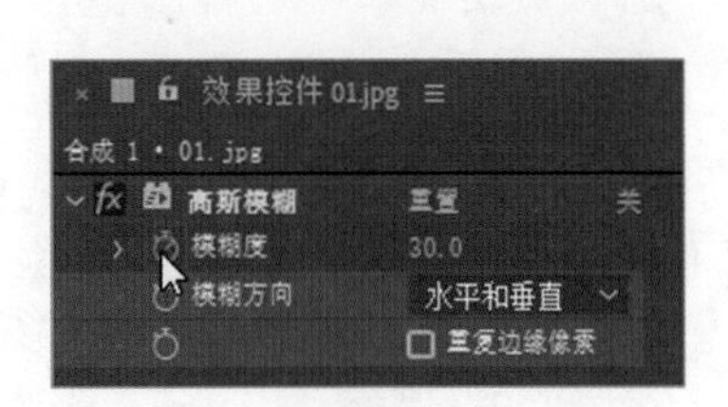

图 8–15

单击“模糊度”名称，生成第 1 个关键帧。

（3）将当前时间标签移动到另一个时间位置，在“效果控件”面板中，调整“模糊度”的数值，自动生成第 2 个关键帧。

8.1.4 使用效果预设

赋予效果预设时，在操作之前必须确定时间标签所处的时间位置，因为赋予的特效预设如果含有动画信息，将会以当前时间标签位置为动画的起始点，如图 8-16 和图 8-17 所示。

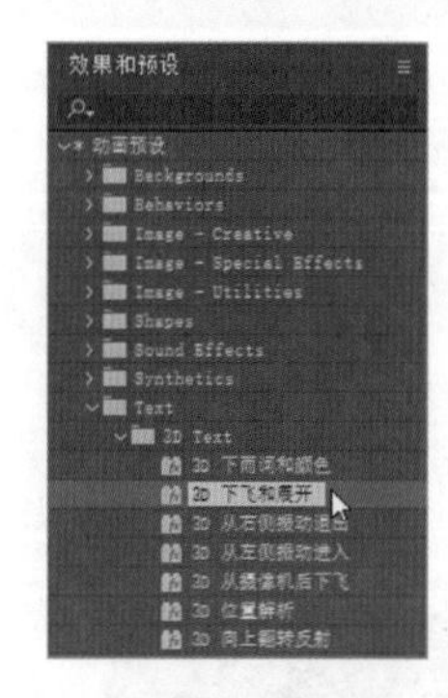

图 8-16

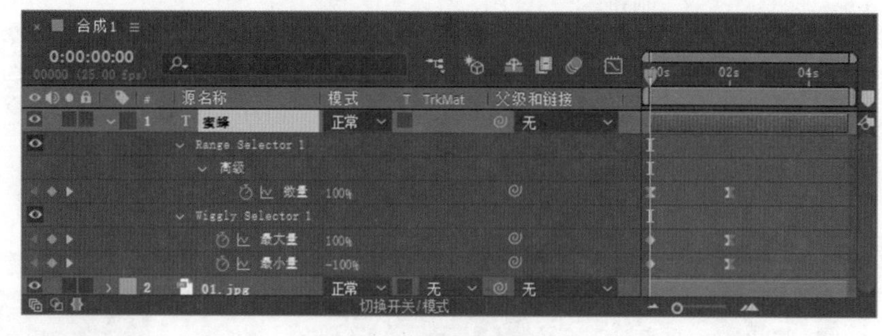

图 8-17

8.2 模糊和锐化

“模糊和锐化”效果组中的众多特效用来使图像模糊和锐化。模糊特效是最常应用的特效之一，也是一种简便易行的改变画面视觉效果的途径。动态的画面需要“虚实结合”，这样即使是平面的合成，也能给人空间感和对比感，更能让人产生联想。使用模糊效果还可以提升画面的质量，有时很粗糙的画面经过处理后也会有良好的效果。

8.2.1 课堂案例——闪白效果

案例学习目标： 学习对图片使用多种模糊效果。

案例知识要点： 使用“导入”命令导入素材；使用“快速方框模糊”命令、“色阶”命令制作图像闪白效果；使用“投影”命令制作文字的投影效果；利用“解码淡入”特效预设制作文字动画特效。闪白效果如图 8-18 所示。

效果所在位置： 云盘 \Ch08\ 闪白效果 \ 闪白效果 . aep。

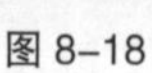

图 8-18

1. 导入素材

（1）按 Ctrl+N 组合键，弹出“合成设置”对话框，在“合成名称”文本框中输入“最终效果”，其他选项的设置如图 8-19 所示，单击“确定”按钮，创建一个新的合成“最终效果”。

（2）选择“文件 > 导入 > 文件”命令，在弹出的“导入文件”对话框中，选择云盘中的“Ch08 \ 闪白效果 \ (Footage) \ 01.jpg ~ 07.jpg”共 7 个文件，单击“导入”按钮，将图片导入“项目”面板中，如图 8-20 所示。

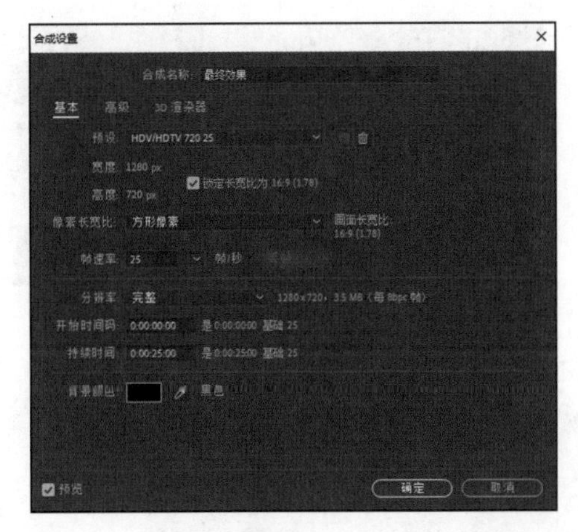

图 8-19

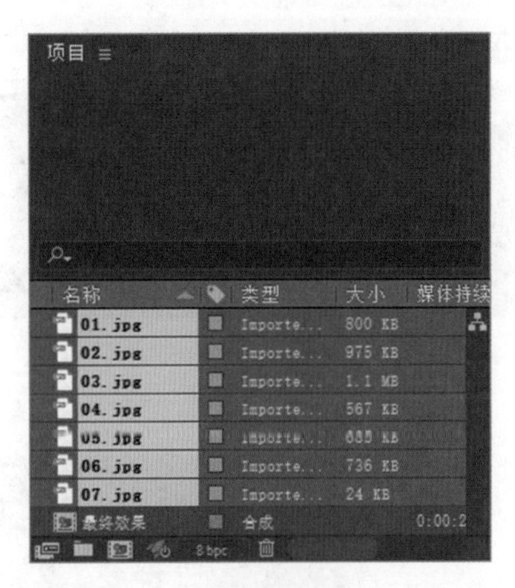

图 8-20

（3）在“项目”面板中，选中“01.jpg ~ 05.jpg”文件，并将它们拖曳到“时间轴”面板中，层的排列如图 8-21 所示。将时间标签放置在 0:00:03:00 的位置，如图 8-22 所示。

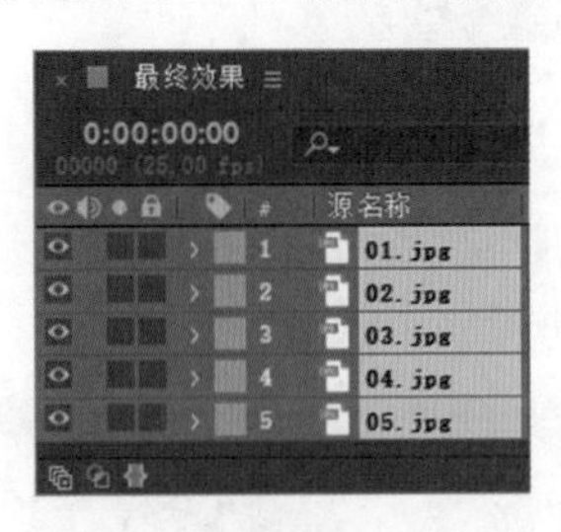

图 8-21

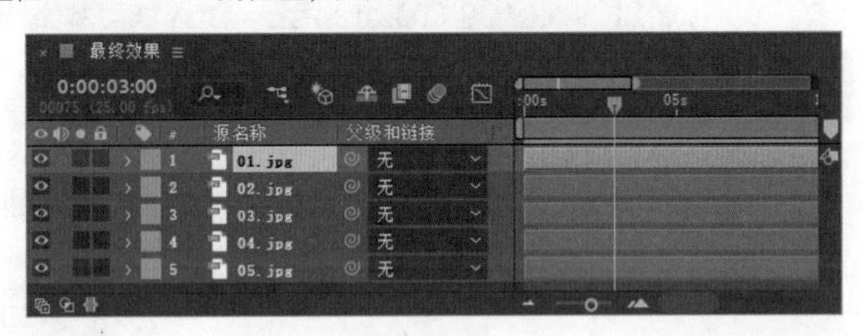

图 8-22

（4）选中“01.jpg”层，按 Alt+] 组合键，设置动画的出点，“时间轴”面板如图 8-23 所示。用相同的方法分别设置“03.jpg”“04.jpg”和“05.jpg”层的出点，“时间轴”面板如图 8-24 所示。

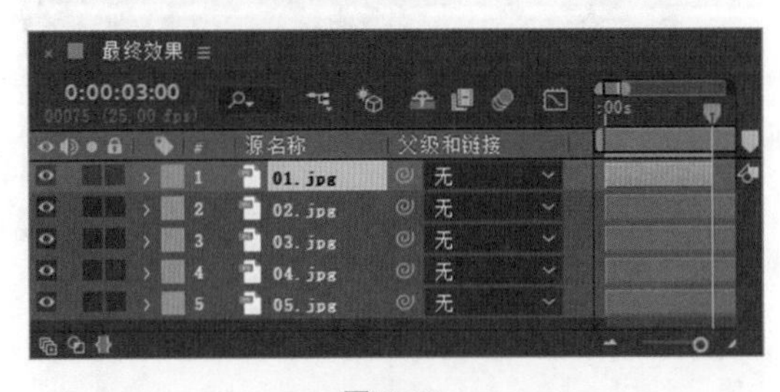

图 8-23

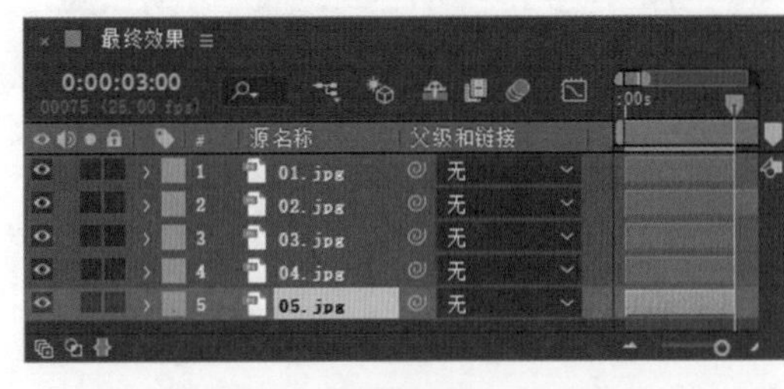

图 8-24

（5）将时间标签放置在 0:00:04:00 的位置，如图 8-25 所示。选中“02.jpg”层，按 Alt+] 组合键，设置动画的出点，“时间轴”面板如图 8-26 所示。

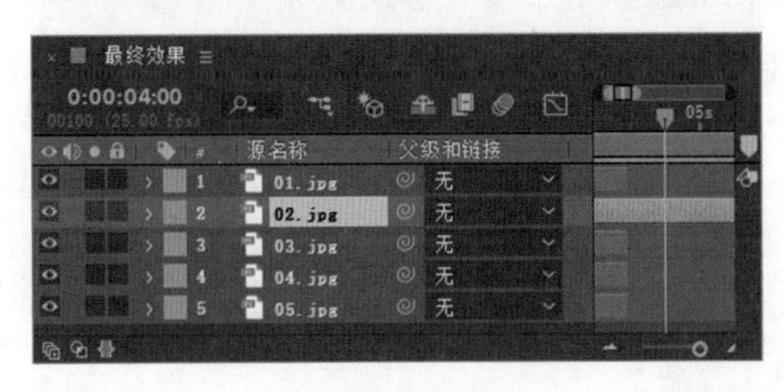

图 8-25

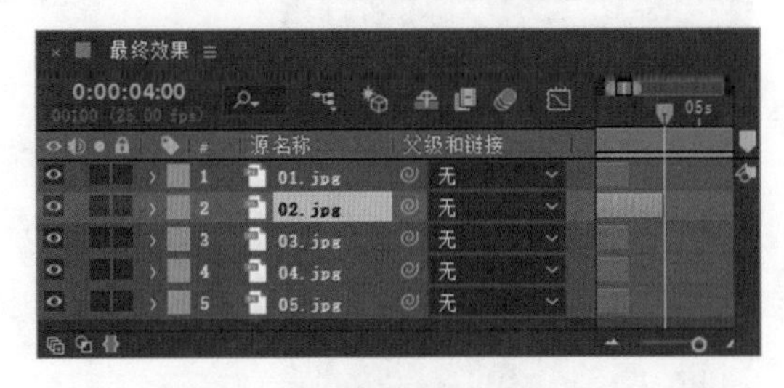

图 8-26

（6）在“时间轴”面板中选中“01.jpg”层，按住 Shift 键的同时选中“05.jpg”层，两层中间的层将被选中，选择“动画 > 关键帧辅助 > 序列图层”命令，弹出“序列图层”对话框，取消勾选“重叠”复选框，如图 8-27 所示，单击“确定”按钮，每个层依次排序，首尾相接，如图 8-28 所示。

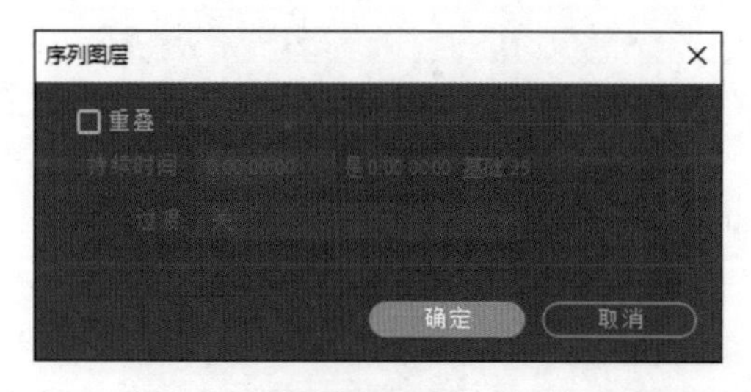

图 8-27

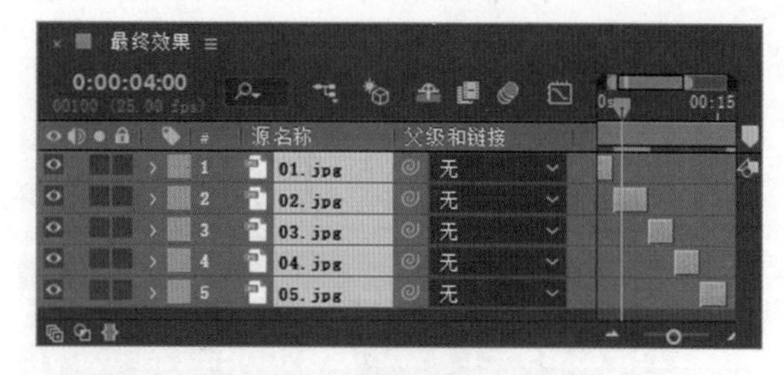

图 8-28

（7）选择“图层 > 新建 > 调整图层”命令，在“时间轴”面板中新增 1 个调整图层，如图 8-29 所示。

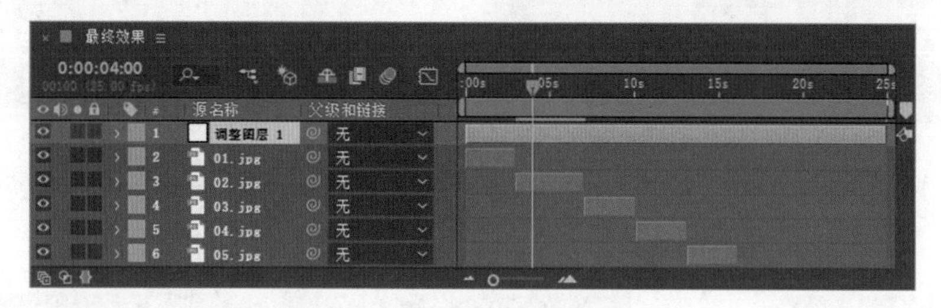

图 8-29

2. 制作图像闪白效果

（1）选中“调整图层 1”层，选择“效果 > 模糊和锐化 > 快速方框模糊”命令，在“效果控件”面板中进行参数设置，如图 8-30 所示。“合成”预览面板中的效果如图 8-31 所示。

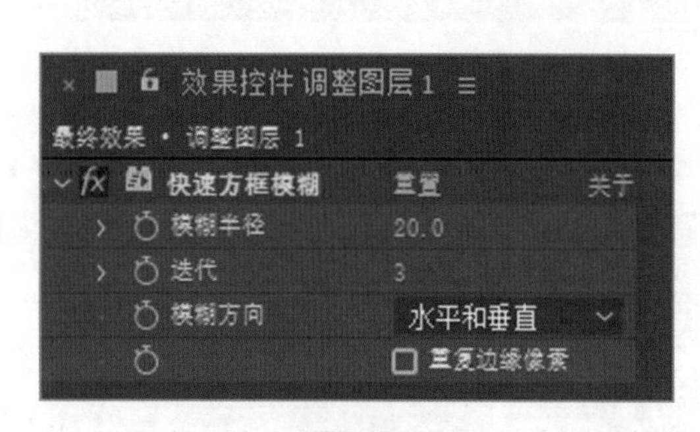

图 8-30

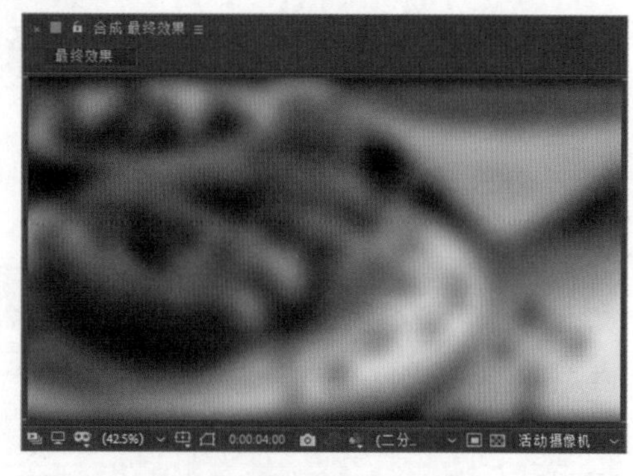

图 8-31

（2）选择“效果 > 颜色校正 > 色阶”命令，在“效果控件”面板中进行参数设置，如图 8-32 所示。“合成”预览面板中的效果如图 8-33 所示。

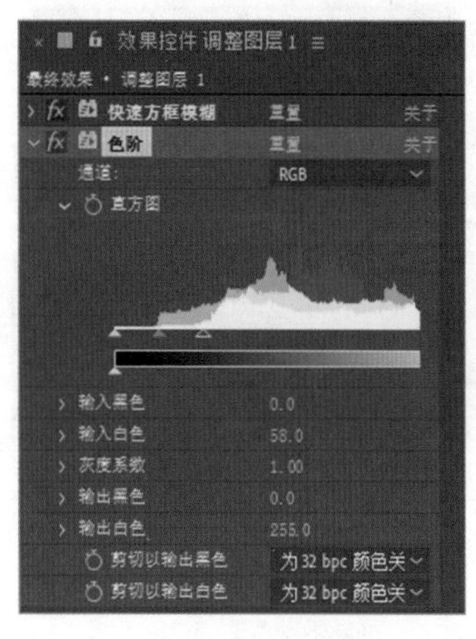

图 8-32

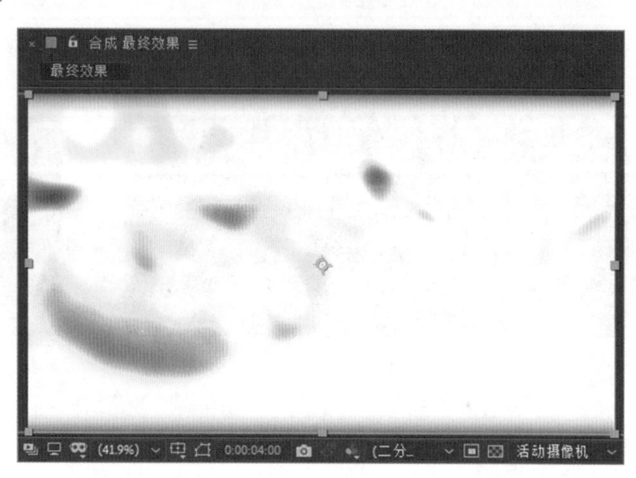

图 8-33

（3）将时间标签放置在0:00:00:00的位置，在“效果控件”面板中，单击“快速方框模糊”特效中的“模糊半径”选项和“色阶”特效中的“直方图”选项左侧的“关键帧自动记录器”按钮，记录第1个关键帧，如图8-34所示。

（4）将时间标签放置在0:00:00:06的位置，在“效果控件”面板中，设置“模糊半径”选项的数值为0.0，“输入白色”选项的数值为255.0，如图8-35所示，记录第2个关键帧。“合成”预览面板中的效果如图8-36所示。

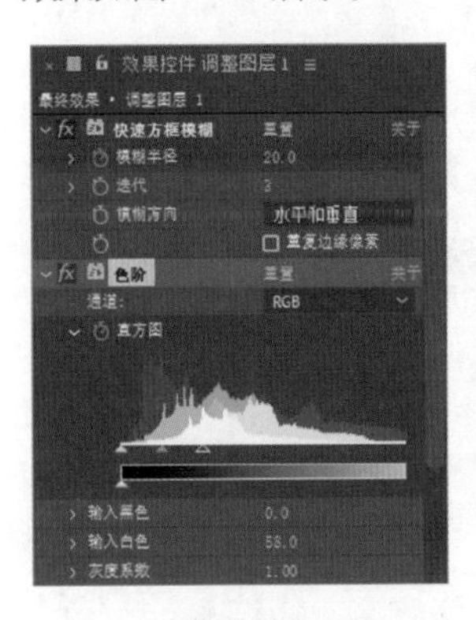

图8-34

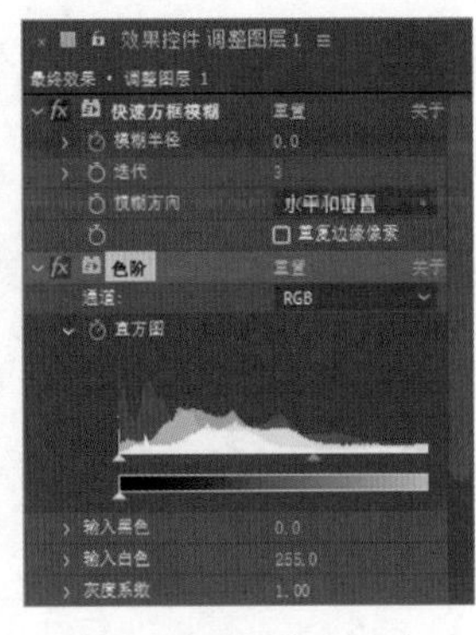

图8-35

图8-36

（5）将时间标签放置在0:00:02:04的位置，按U键展开所有关键帧，如图8-37所示。单击“时间轴”面板中“模糊半径”选项和“直方图”选项左侧的“在当前时间添加或移除关键帧”按钮，记录第3个关键帧，如图8-38所示。

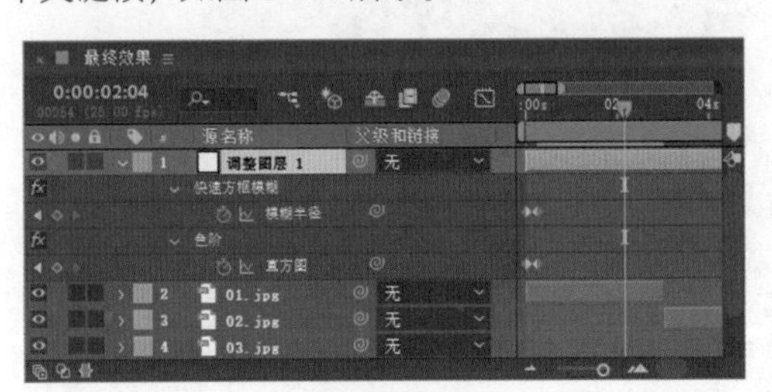

图8-37

图8-38

（6）将时间标签放置在0:00:02:14的位置，在“效果控件”面板中，设置“模糊半径”选项的数值为7.0，“输入白色”选项的数值为94.0，如图8-39所示，记录第4个关键帧。“合成”预览面板中的效果如图8-40所示。

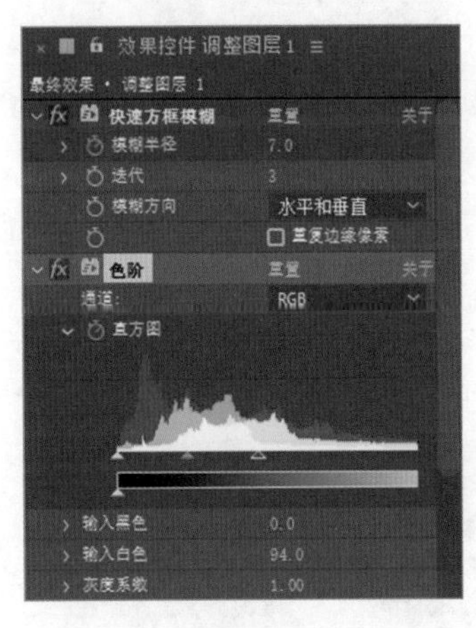

图8-39

图8-40

（7）将时间标签放置在0:00:03:08的位置，在“效果控件”面板中，设置“模糊半径”选项的数值为20.0，“输入白色”选项的数值为58.0，如图8-41所示，记录第5个关键帧。“合成”预览面板中的效果如图8-42所示。

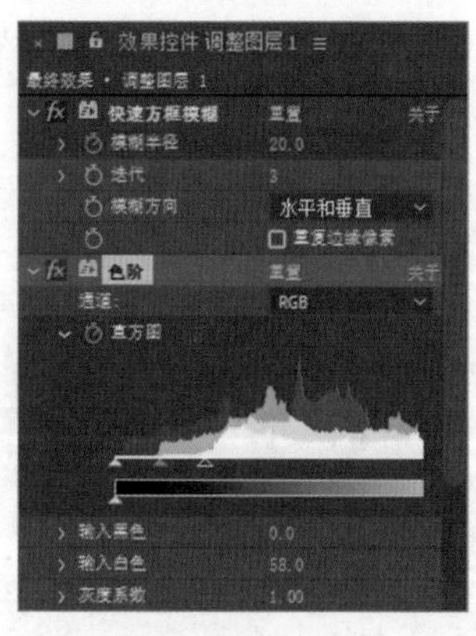

图 8-41

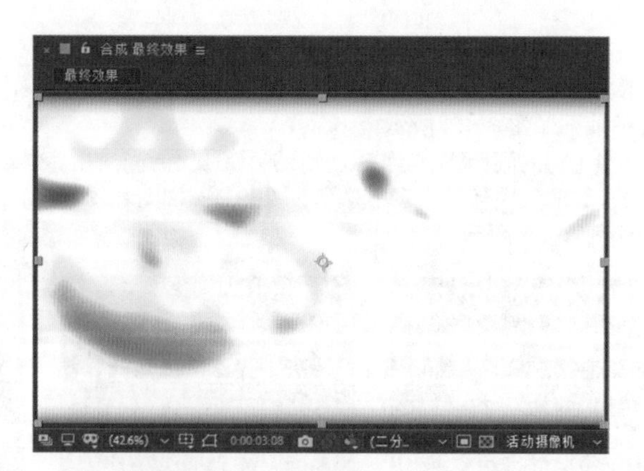

图 8-42

（8）将时间标签放置在 0:00:03:18 的位置，在“效果控件”面板中，设置“模糊半径”选项的数值为 0.0，“输入白色”选项的数值为 255.0，如图 8-43 所示，记录第 6 个关键帧。“合成”预览面板中的效果如图 8-44 所示。至此制作完成了第一段素材与第二段素材之间的闪白动画。

（9）用同样的方法设置其他素材的闪白动画，如图 8-45 所示。

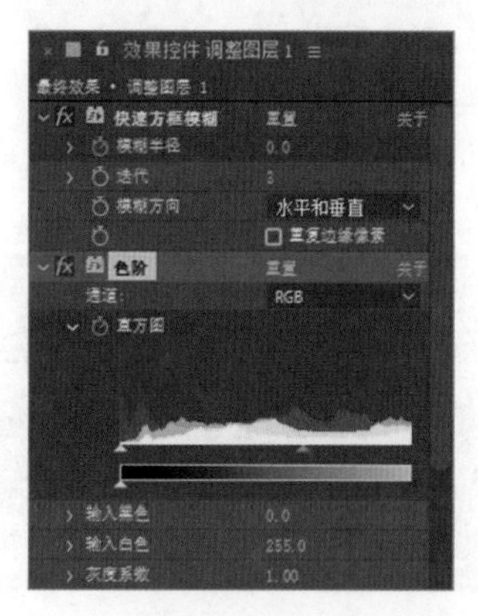

图 8-43

图 8-44

图 8-45

3. 编辑文字

（1）在“项目”面板中，选中“06.jpg”文件并将其拖曳到“时间轴”面板中，层的排列如图 8-46 所示。将时间标签放置在 0:00:15:23 的位置，按 Alt+ [组合键，设置动画的入点，“时间轴”面板如图 8-47 所示。

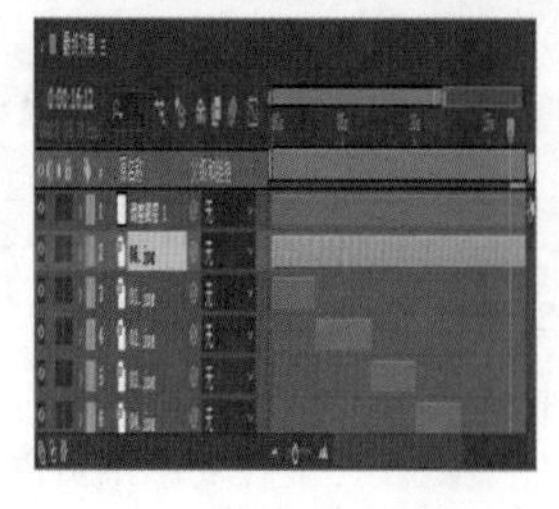

图 8-46

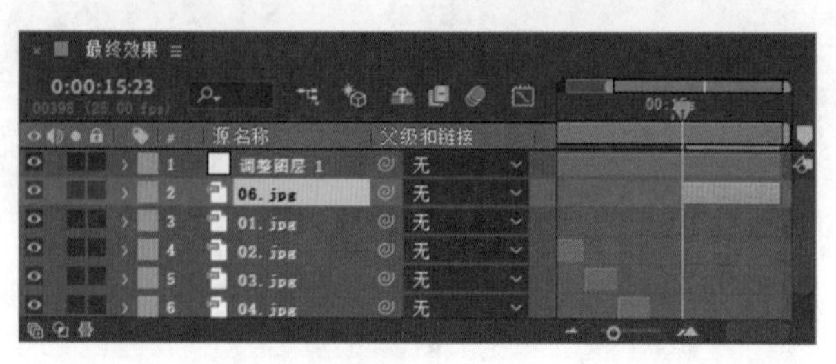

图 8-47

（2）将时间标签放置在 0:00:20:00 的位置，选择“横排文字”工具T，在“合成”预览面板中输入文字“爱上西餐厅”。选中文字，在“字符”面板中，设置“填充颜色”为青绿色（76、244、255），在“段落”面板中设置对齐方式为文字居中，其他参数设置如图 8-48 所示。“合成”预览面板中的效果如图 8-49 所示。

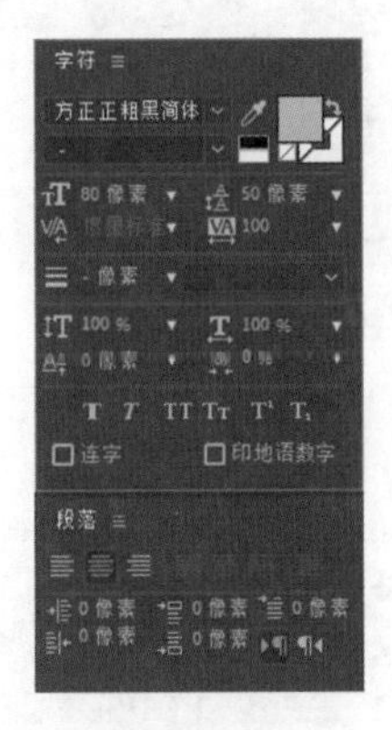

图 8-48

图 8-49

（3）选中“爱上西餐厅”层，把该层拖曳到调整层的下面，选择“效果 > 透视 > 投影”命令，在“效果控件”面板中进行参数设置，如图 8-50 所示。“合成”预览面板中的效果如图 8-51 所示。

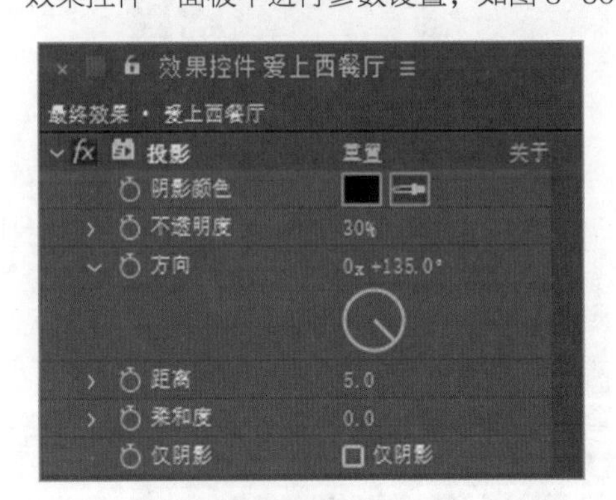

图 8-50

图 8-51

（4）将时间标签放置在 0:00:16:16 的位置，选择“窗口 > 效果和预设”命令，打开“效果和预设”面板，展开“动画预设”选项，双击“Text > Animate In > 解码淡入”选项，文字层会自动添加动画效果。“合成”预览面板中的效果如图 8-52 所示。

（5）将时间标签放置在 0:00:18:05 的位置，选中“爱上西餐厅”层，按 U 键展开所有关键帧，按住 Shift 键的同时，拖曳第 2 个关键帧到时间标签所在的位置，如图 8-53 所示。

图 8-52

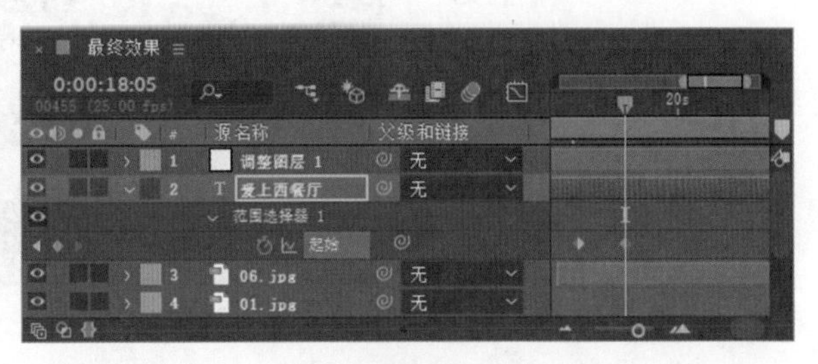

图 8-53

（6）在“项目”面板中，选中“07.jpg”文件并将其拖曳到“时间轴”面板中，设置层的混合模式为“屏幕”，层的排列如图 8-54 所示。将时间标签放置在 0:00:18:13 的位置，选中“07.jpg”层，按 Alt+ [

组合键，设置动画的入点，“时间轴”面板如图 8-55 所示。

图 8-54

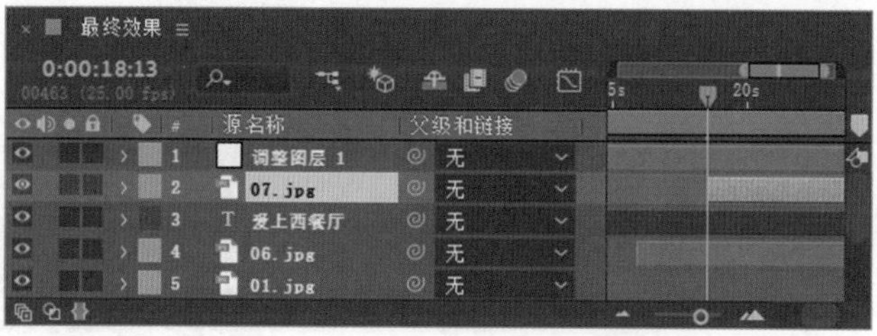

图 8-55

（7）选中“07.jpg”层，按 P 键，展开“位置”属性，设置“位置”选项的数值为 1122.0、380.0，单击“位置”选项左侧的“关键帧自动记录器”按钮，如图 8-56 所示，记录第 1 个关键帧。将时间标签放置在 0:00:20:00 的位置，设置“位置”选项的数值为 -208.0,380.0，记录第 2 个关键帧，如图 8-57 所示。

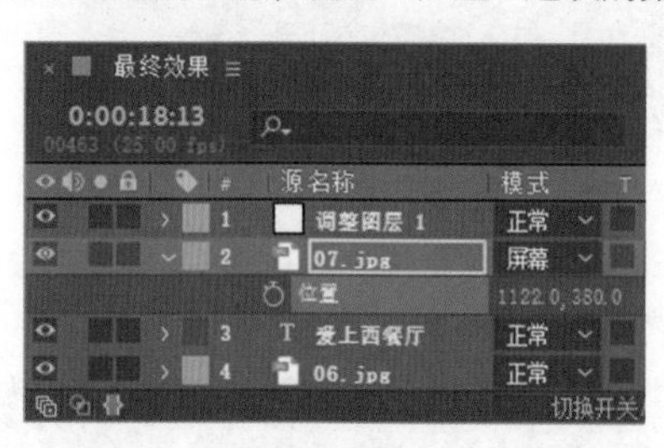

图 8-56

图 8-57

（8）选中“07.jpg”层，按 Ctrl+D 组合键复制图层，按 U 键，展开所有关键帧，将时间标签放置在 0:00:18:13 的位置，设置“位置”选项的数值为 159.0,380.0，如图 8-58 所示。将时间标签放置在 0:00:20:00 的位置，设置“位置”选项的数值为 1606.0,380.0，如图 8-59 所示。

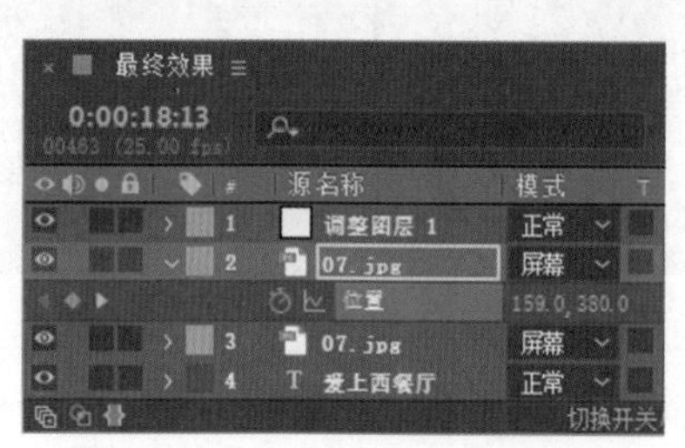

图 8-58

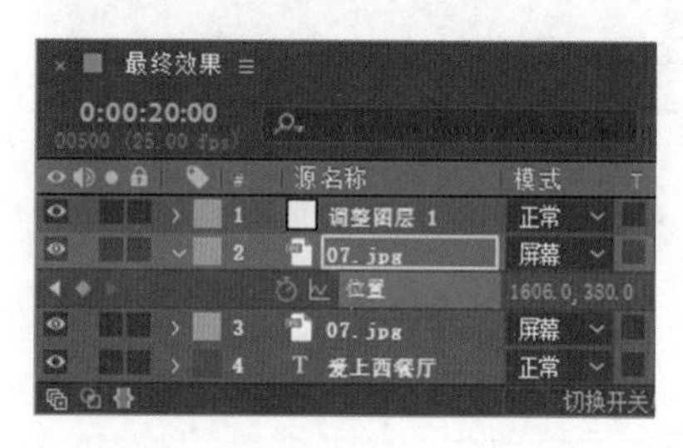

图 8-59

（9）闪白效果制作完成，如图 8-60 所示。

图 8-60

8.2.2 高斯模糊

“高斯模糊”效果用于模糊和柔化图像，可以去除杂点。高斯模糊能产生更细腻的模糊效果，尤其是单独使用的时候，如图 8-61 所示，其各参数介绍如下。

模糊度： 用于调整图像的模糊程度。

模糊方向： 用于设置模糊的方式。提供了水平和垂直、水平、垂直 3 种模糊方式。

“高斯模糊”效果演示如图 8-62 ~ 图 8-64 所示。

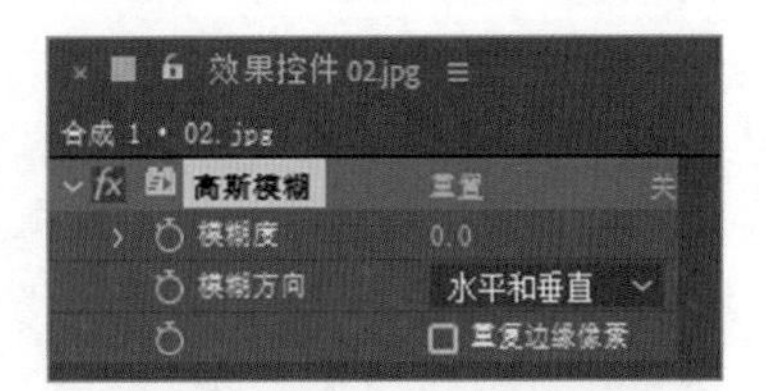

图 8-61

图 8-62

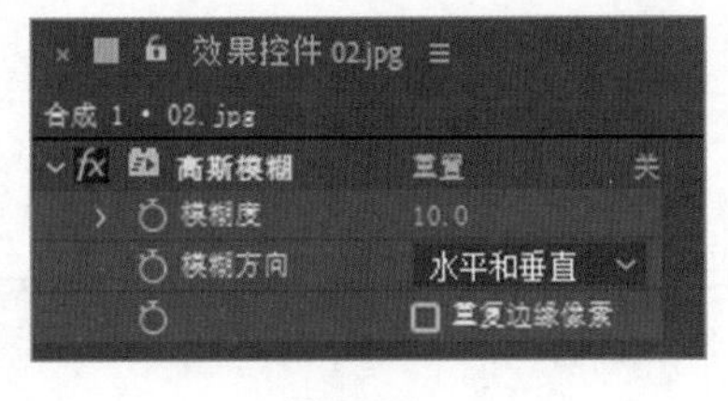

图 8-63

图 8-64

8.2.3 定向模糊

定向模糊也称方向模糊。这是一种十分具有动感的模糊效果，可以产生任何方向的运动视觉。当图层为草稿质量时，应用图像边缘的平均值；当图层为最高质量时，应用高斯模式的模糊，产生平滑、渐变的模糊效果，如图 8-65 所示。

方向： 用于调整模糊的方向。

模糊长度： 用于调整图像的模糊程度，数值越大，模糊的程度也就越大。

“定向模糊”效果演示如图 8-66 ~ 图 8-68 所示。

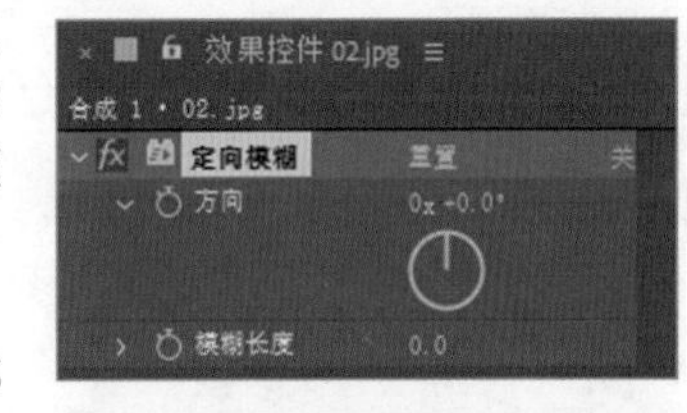

图 8-65

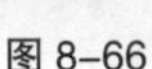

图 8-66

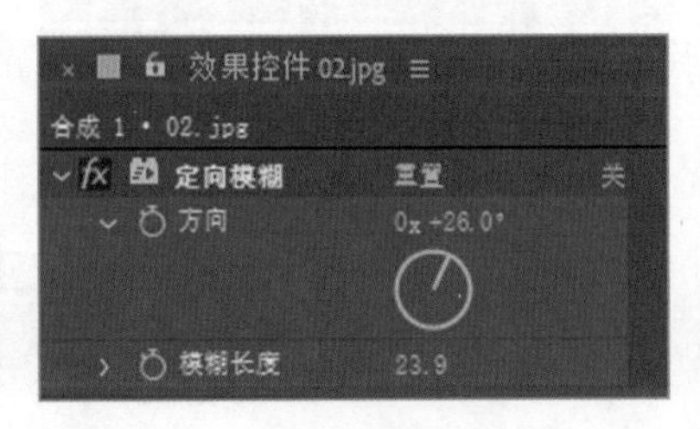

图 8-67

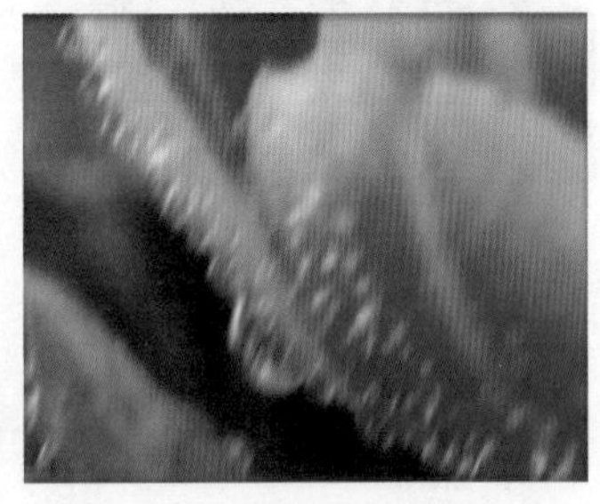

图 8-68

8.2.4 径向模糊

使用“径向模糊”效果可以在层中围绕特定点为图像增加移动或旋转模糊的效果，其参数设置如图 8-69 所示，各参数介绍如下。

数量： 用于控制图像的模糊程度。模糊程度的大小取决于模糊量，在“旋转”类型下模糊量表示旋转模糊程度；而在“缩放”类型下模糊量表示缩放模糊程度。

中心： 用于调整模糊中心点的位置。可以通过单击按钮，然后在视频窗口中指定中心点位置。

类型： 用于设置模糊类型。其中提供了旋转和缩放两种模糊类型。

消除锯齿（最佳品质）： 该功能只在图像的最高品质下起作用。

“径向模糊”效果演示如图 8-70 ~ 图 8-72 所示。

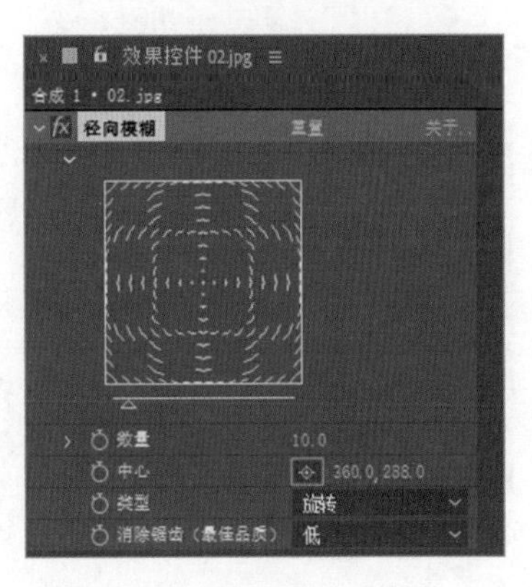

图 8-69

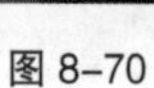

图 8-70

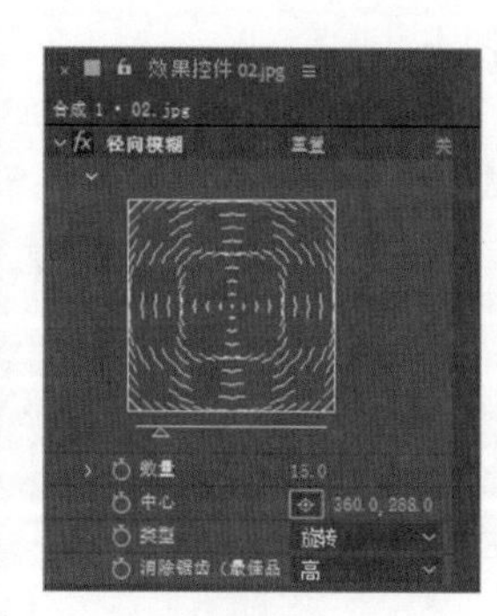

图 8-71

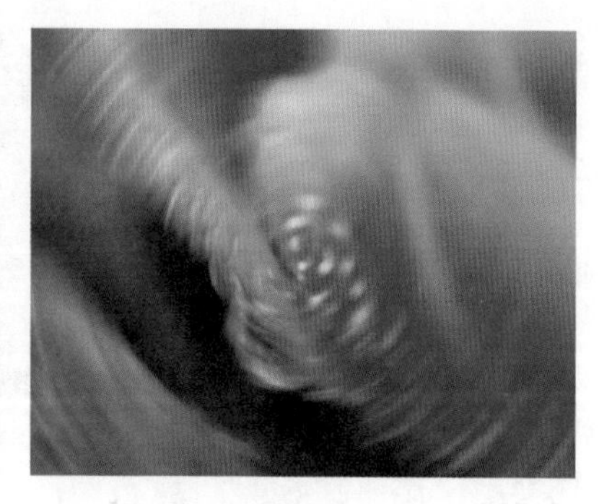

图 8-72

8.2.5 快速方框模糊

“快速方框模糊”效果和高斯模糊十分类似，而它在大面积应用的时候实现速度更快，效果更明显，如图 8-73 所示，其各参数介绍如下。

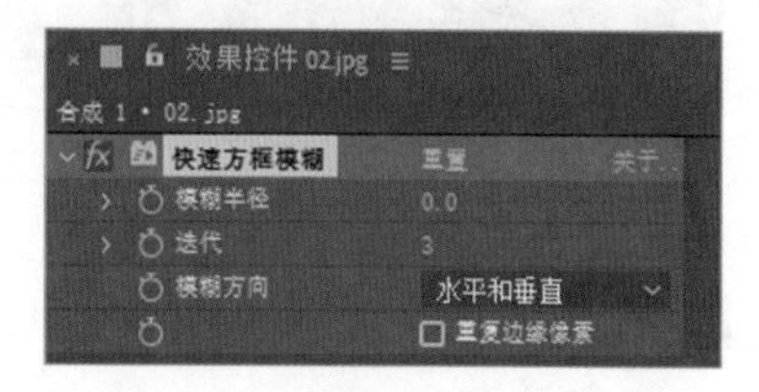

图 8-73

模糊半径：用于设置模糊程度。

迭代：用于设置模糊效果连续应用到图像的次数。

模糊方向：用于设置模糊方向，分别有水平、垂直、水平、垂直 3 种方式。

重复边缘像素：勾选此复选框，可让边缘保持清晰度。

“快速方框模糊”效果演示如图 8-74 ~ 图 8-76 所示。

图 8-74

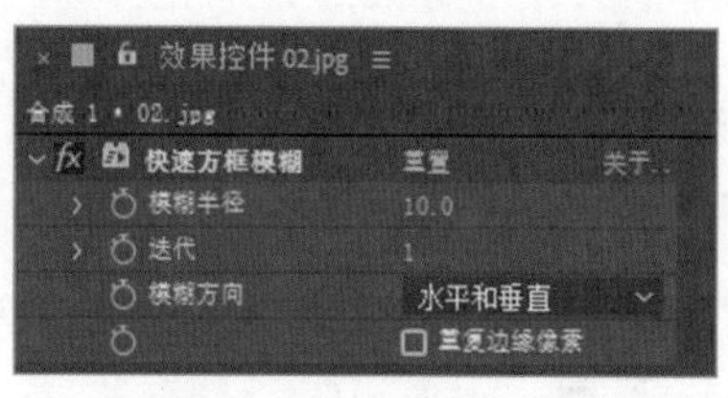

图 8-75

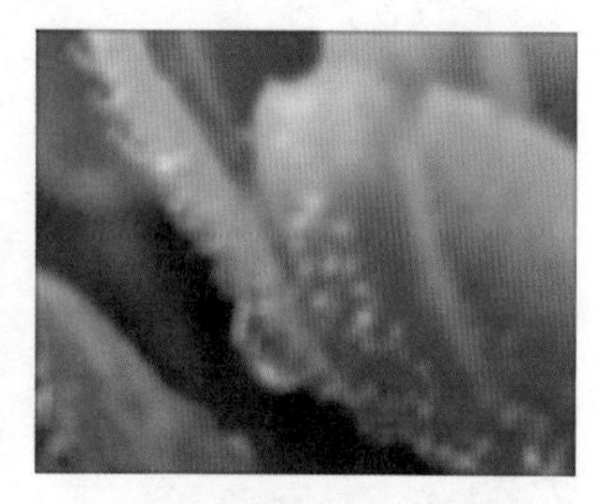

图 8-76

8.2.6 锐化

“锐化”效果用于锐化图像，在图像颜色发生变化的区域提高图像的对比度，如图 8-77 所示，其各参数介绍如下。

图 8-77

锐化量：用于设置锐化的程度。

“锐化”效果演示如图 8-78 ~ 图 8-80 所示。

图 8-78

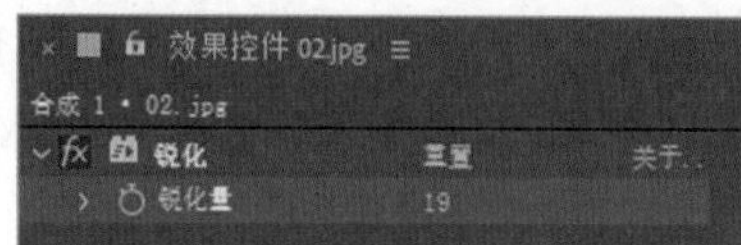

图 8-79

图 8-80

8.3 颜色校正

在视频制作过程中，对于画面颜色的处理是一项很重要的内容，有时会直接影响效果的好坏，“颜色校正”效果组下的众多特效可以用来对色彩不好的画面进行颜色的修正，也可以对色彩正常的画面进行颜色调节，使其更加精彩。

8.3.1 课堂案例——水墨画效果

案例学习目标： 学习使用图像“色相 / 饱和度”“曲线”命令制作特效。

案例知识要点： 使用“查找边缘”命令、“色相 / 饱和度”命令、“曲线”命令、“高斯模糊”命令制作水墨画效果。水墨画效果如图 8-81 所示。

效果所在位置： 云盘 \Ch08\ 水墨画效果 \ 水墨画效果 .aep。

图 8-81

1. 导入并编辑素材

（1）按 Ctrl+N 组合键，弹出“合成设置”对话框，在“合成名称”文本框中输入“最终效果”，其他选项的设置如图 8-82 所示，单击“确定”按钮，创建一个新的合成“最终效果”。

（2）选择“文件 > 导入 > 文件”命令，在弹出的“导入文件”对话框中，选择云盘中的“Ch08 \ 水墨画效果 \ (Footage) \ 01.mp4”文件，如图 8-83 所示，单击“导入”按钮，将视频导入“项目”面板中。

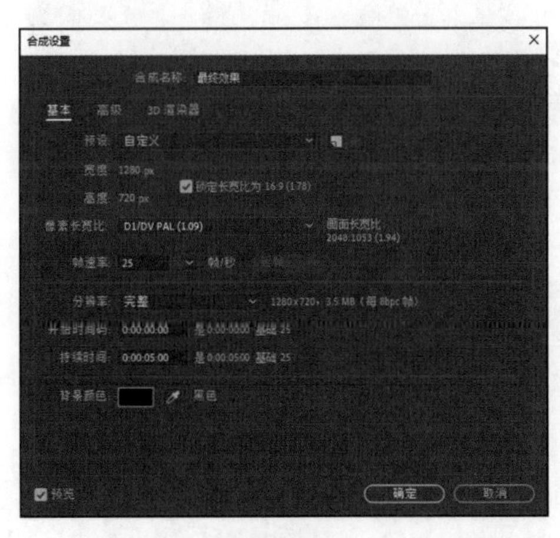

图 8-82

图 8-83

（3）在“项目”面板中，选中“01.mp4”文件并将其拖曳到“时间轴”面板中。按 S 键，展开“缩放”属性，设置“缩放”选项的数值为 70.0,70.0%，如图 8-84 所示。“合成”预览面板中的效果如图 8-85 所示。

图 8-84　　图 8-85

（4）按 Ctrl+D 组合键复制图层，如图 8-86 所示，单击复制层左侧的眼睛按钮，关闭该层的可视性，如图 8-87 所示。

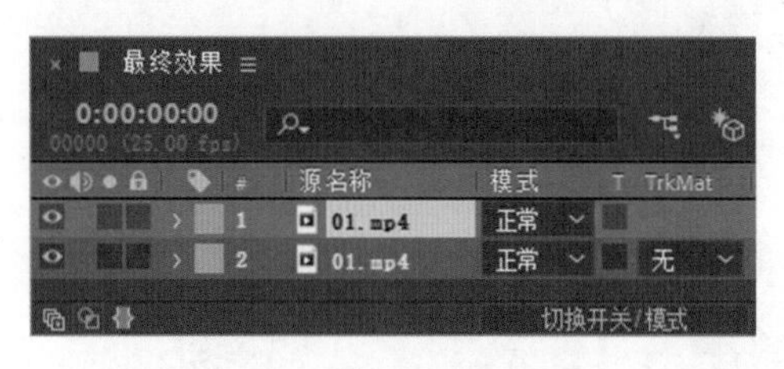

图 8-86

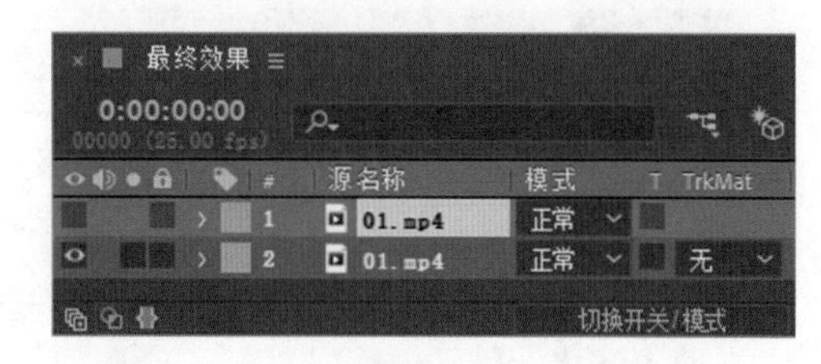

图 8-87

（5）选中图层 2，选择“效果 > 风格化 > 查找边缘”命令，在“效果控件”面板中进行参数设置，如图 8-88 所示。“合成”预览面板中的效果如图 8-89 所示。

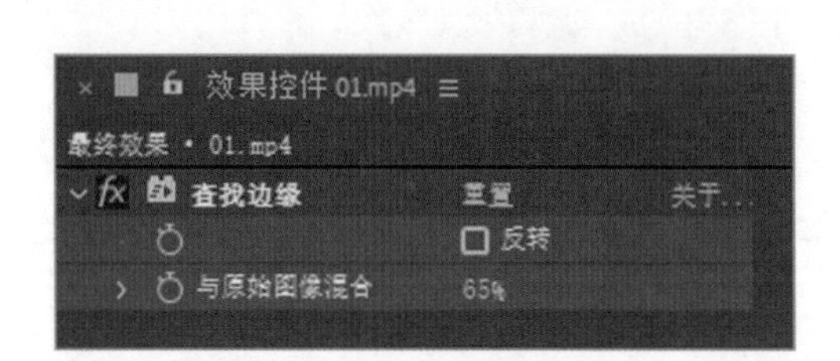

图 8-88

图 8-89

（6）选择“效果 > 颜色校正 > 色相 / 饱和度”命令，在“效果控件”面板中进行参数设置，如图 8-90 所示。“合成”预览面板中的效果如图 8-91 所示。

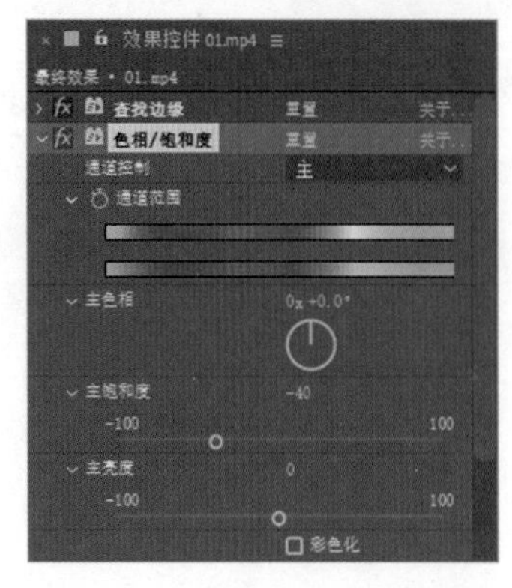

图 8-90

图 8-91

（7）选择“效果 > 颜色校正 > 曲线”命令，在“效果控件”面板中调整曲线，如图 8-92 所示。“合成”预览面板中的效果如图 8-93 所示。

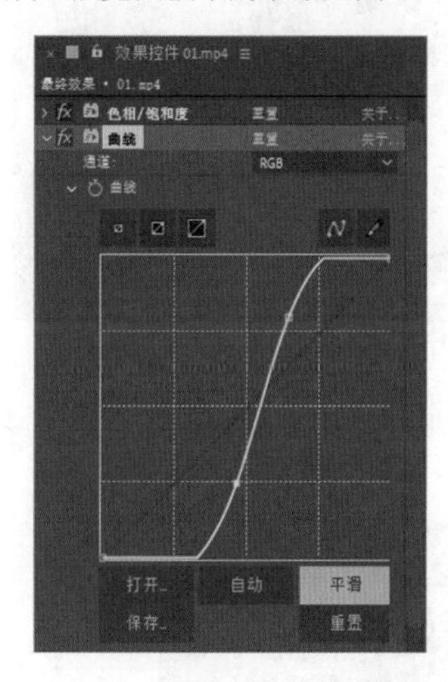

图 8-92

图 8-93

（8）选择“效果 > 模糊和锐化 > 高斯模糊”命令，在“效果控件”面板中进行参数设置，如图 8-94 所示。“合成”预览面板中的效果如图 8-95 所示。

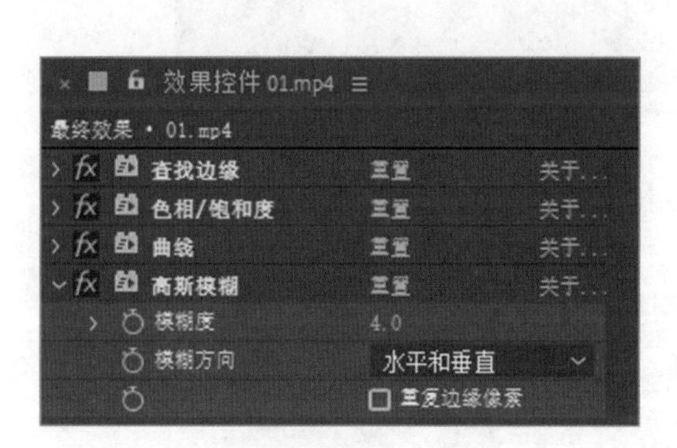

图 8-94

图 8-95

2. 制作水墨画效果

（1）在“时间轴”面板中，单击图层 1 左侧的按钮■，打开该层的可视性。按 T 键，展开“透明度”属性，设置“透明度”选项的数值为 70.0%，图层的混合模式为“相乘”，如图 8-96 所示。“合成”预览面板中的效果如图 8-97 所示。

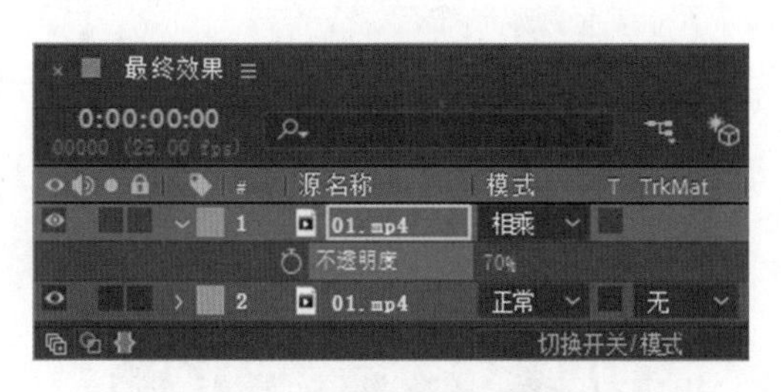

图 8-96

图 8-97

（2）选择“效果 > 风格化 > 查找边缘”命令，在“效果控件”面板中进行参数设置，如图 8-98 所示。“合成”预览面板中的效果如图 8-99 所示。

图 8-98　　图 8-99

（3）选择“效果 > 颜色校正 > 色相 / 饱和度”命令，在“效果控件”面板中进行参数设置，如图 8-100 所示。“合成”预览面板中的效果如图 8-101 所示。

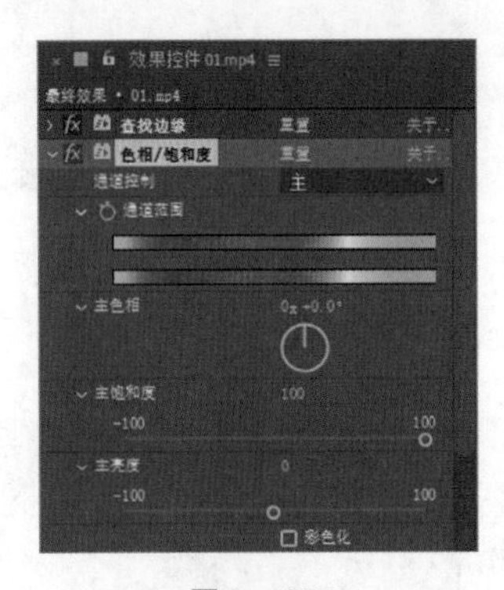

图 8-100

图 8-101

（4）选择“效果 > 颜色校正 > 曲线”命令，在“效果控件”面板中调整曲线，如图 8-102 所示。“合成”预览面板中的效果如图 8-103 所示。

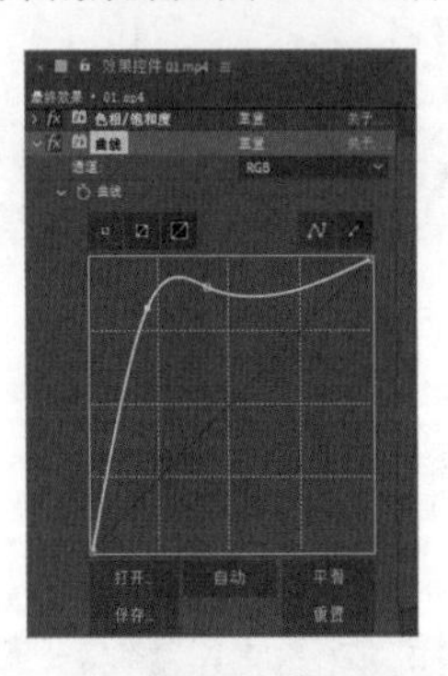

图 8-102

图 8-103

（5）选择“效果 > 模糊和锐化 > 快速方框模糊”命令，在“效果控件”面板中进行参数设置，如图 8-104 所示。“合成”预览面板中的效果如图 8-105 所示。水墨画效果制作完成。

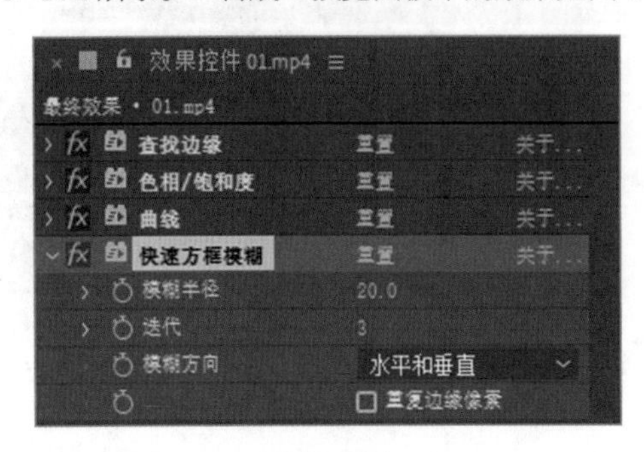

图 8-104

图 8-105

8.3.2 亮度和对比度

“亮度和对比度”效果用于调整画面的亮度和对比度，可以同时调整所有像素的高亮、暗部和中间色，操作简单且有效，缺点是不能对单一通道进行调节，如图 8-106 所示，其各参数介绍如下。

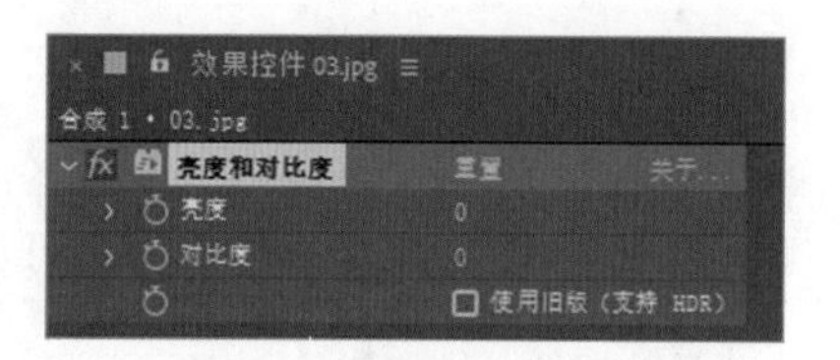

图 8-106

亮度： 用于调整亮度值。正值表示增加亮度，负值表示降低亮度。

对比度： 用于调整对比度值。正值表示增加对比度，负值表示降低亮度。

“亮度和对比度”效果演示如图 8-107 ~ 图 8-109 所示。

图 8-107

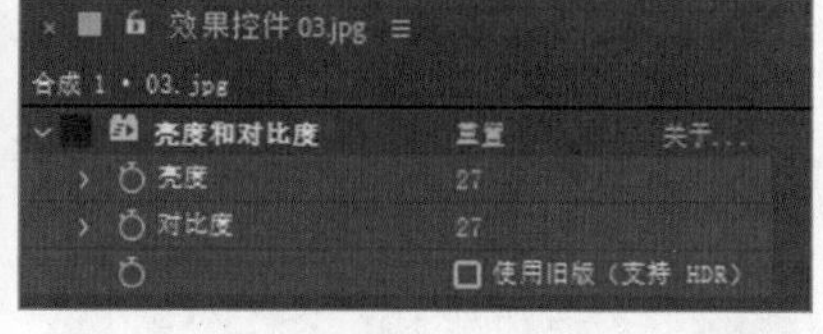

图 8-108

图 8-109

8.3.3 曲线

After Effects 里的“曲线”效果与 Photoshop 中的曲线控制功能类似，均可对图像的各个通道进行控制，调节图像色调范围。曲线可以用 0~255 的灰阶调节颜色。相应的“效果控件”面板是 After Effects 里非常重要的一个调色工具，如图 8-110 所示。

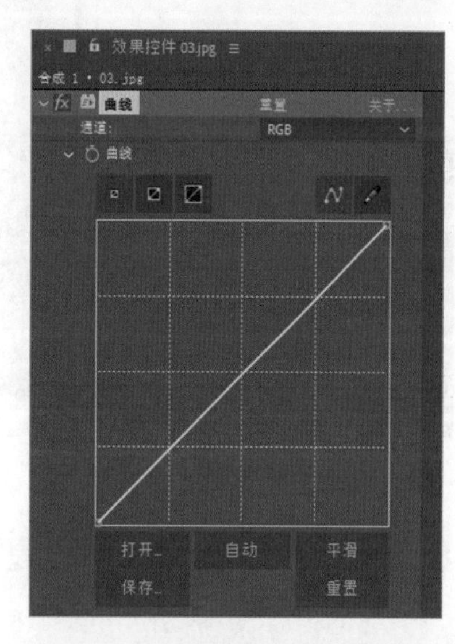

图 8-110

在曲线图表中，可以调整图像的阴影部分、中间色调区域和高亮区域，其各参数介绍如下。

通道： 用于选择进行调控的通道，可以选择 RGB、红、绿、蓝和 Alpha 通道分别进行调控。图像通道需要在通道下拉列表中指定。可以同时调节图像的 RGB 通道，也可以对红、绿、蓝和 Alpha 通道分别进行调节。

曲线： 用来调整校正值，即输入（原始亮度）和输出的对比度。

“曲线”工具： 选中曲线工具并单击曲线，可以在曲线上增加控制点。如果要删除控制点，可在曲线上选中要删除的控制点，将其拖曳至坐标区域外即可。按住鼠标左键拖曳控制点，可对曲线进行编辑。

“铅笔”工具： 选中铅笔工具，在坐标区域中拖曳光标，可以绘制一条曲线。

“平滑”按钮： 单击此按钮，可以平滑曲线。

“自动”按钮： 单击此按钮，可以自动调整图像的对比度。

“打开”按钮： 单击此按钮，可以打开存储的曲线调节文件。

“保存”按钮： 单击此按钮，可以将调节完成的曲线存储为一个 .amp 或 .acv 文件，以供再次使用。

8.3.4 色相 / 饱和度

“色相 / 饱和度”效果用于调整图像的色调、饱和度和亮度。它利用颜色控制轮盘来进行控制，如图 8-111 所示，其各参数介绍如下。

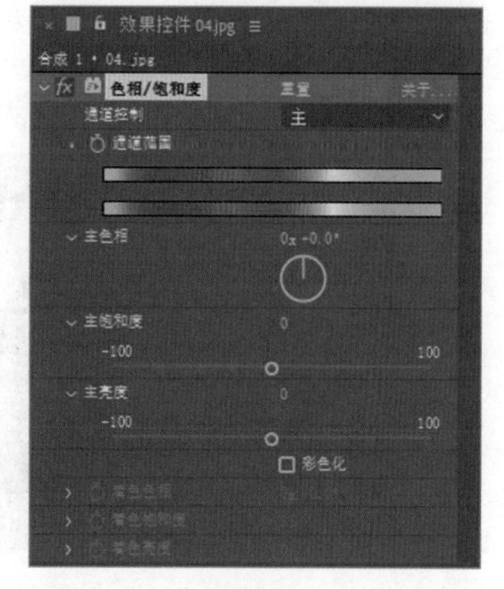

图 8-111

通道控制： 用于选择颜色通道。如果选择“主”通道，则对所有颜色应用效果；如果分别选择红、黄、绿、青、蓝和品红通道，则对所选颜色应用效果。

通道范围： 显示颜色映射的谱线，用于控制通道范围。上面的色条表示调节前的颜色，下面的色条表示在满饱和度下进行的调节来影响整个色调。当对单独的通道进行调节时，下面的色条会显示控制滑杆。拖曳竖条可调节颜色范围，拖曳三角可调整羽化量。

主色相： 用于控制所调节的颜色通道色调，可利用颜色控制轮盘（代表色轮）改变总的色调。

主饱和度： 用于调整主饱和度。通过调节滑块，控制所调节的颜色通道的饱和度。

主亮度： 用于调整主亮度。通过调节滑块，可控制所调节的颜色通道亮度。

彩色化： 用于将图像调整为一个色调值，可以将灰阶图转换为带有色调的双色图。

着色色相： 通过颜色控制轮盘，可控制彩色化图像后的色调。

着色饱和度： 通过调节滑块，可控制彩色化图像后的饱和度。

着色亮度： 通过调节滑块，可控制彩色化图像后的亮度。

> **提示：** “色相 / 饱和度”效果是 After Effects 里非常重要的一个调色工具，在更改对象色相属性时很方便。在调节颜色的过程中，可以使用色轮来预测一个颜色成分中的更改是如何影响其他颜色的，并了解这些更改如何在 RGB 色彩模式间转换。

“色相 / 饱和度”效果演示如图 8-112 ~ 图 8-114 所示。

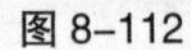

图 8-112

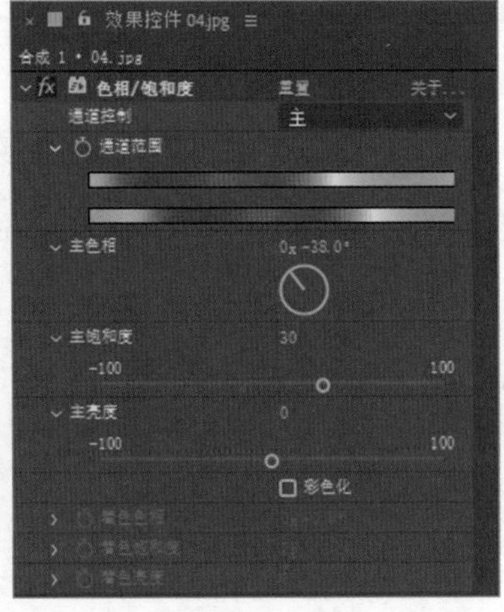

图 8-113

图 8-114

8.3.5 课堂案例——修复影片色调

案例学习目标： 学习使用色阶调整图片。

案例知识要点： 使用“导入”命令导入素材；使用“色阶”命令调整图像的亮度；使用“颜色平衡”命令调整图像的颜色平衡；使用“色相 / 饱和度”命令调整图像的饱和度。修复影片色调效果如图 8-115 所示。

效果所在位置： 云盘 \Ch06\ 修复影片色调 \ 修复影片色调 .aep。

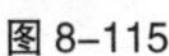

图 8-115

（1）按 Ctrl+N 组合键，弹出“合成设置”对话框，在“合成名称”文本框中输入“最终效果”，其他选项的设置如图 8–116 所示，单击“确定”按钮，创建一个新的合成“最终效果”。

（2）选择“文件 > 导入 > 文件”命令，在弹出的“导入文件”对话框中，选择云盘中的“Ch08 \ 修复影片色调 \ (Footage) \ 01.avi”文件，如图 8–117 所示，单击“导入”按钮，将视频导入“项目”面板中。

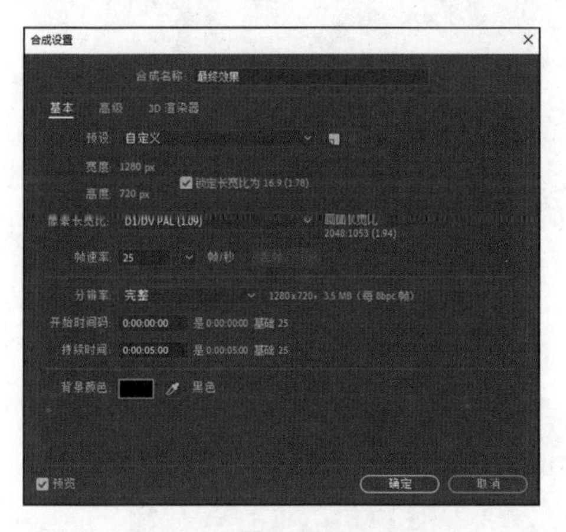

图 8–116

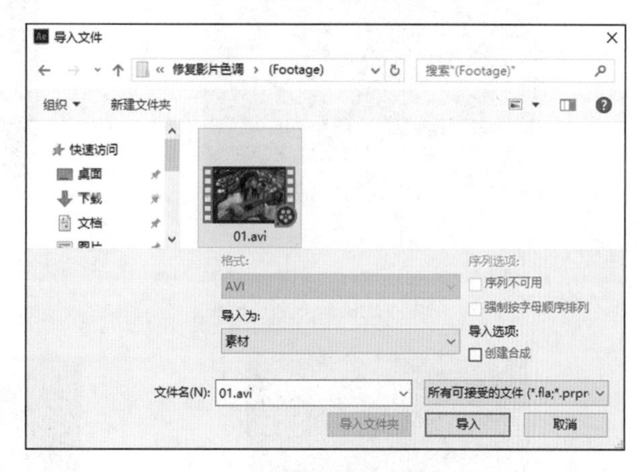

图 8–117

（3）在“项目”面板中选中“01.avi”文件，并将其拖曳到“时间轴”面板中，按 S 键，展开“缩放”属性，设置“缩放”选项的数值为 75.0,75.0%，如图 8–118 所示。“合成”预览面板中的效果如图 8–119 所示。

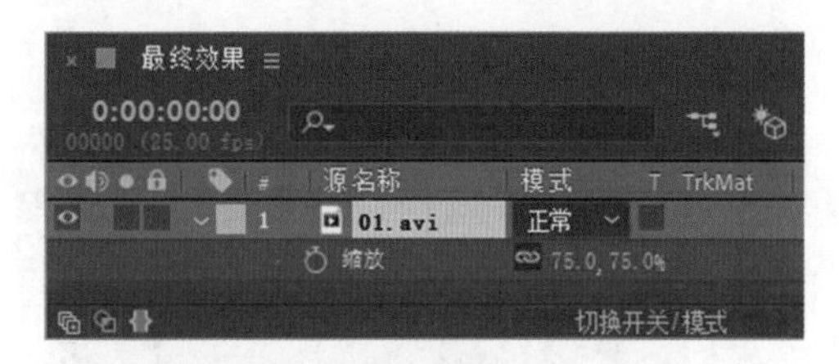

图 8–118

图 8–119

（4）选择“效果 > 颜色校正 > 色阶”命令，在“效果控件”面板中进行参数设置，如图 8–120 所示。“合成”预览面板中的效果如图 8–121 所示。

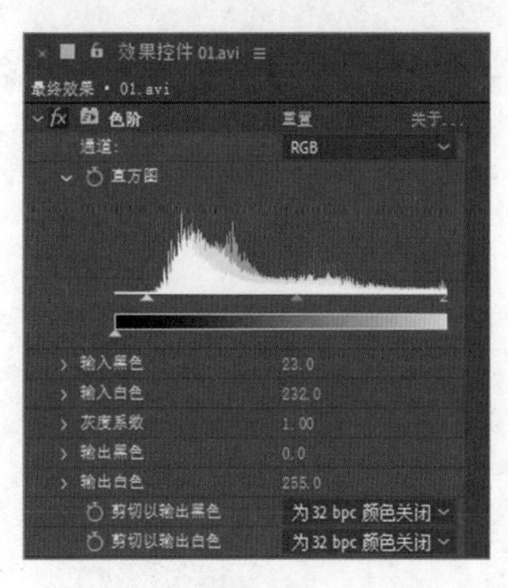

图 8–120

图 8–121

（5）选择“效果 > 颜色校正 > 颜色平衡”命令，在“效果控件”面板中进行参数设置，如图 8–122 所示。“合成”预览面板中的效果如图 8–123 所示。

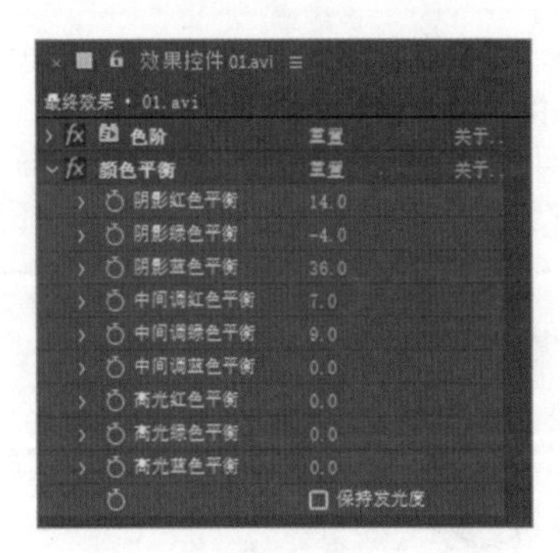

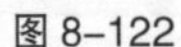

图 8-122　　图 8-123

（6）选择“效果 > 颜色校正 > 色相 / 饱和度”命令，在“效果控件”面板中进行参数设置，如图 8-124 所示。“合成”预览面板中的效果如图 8-125 所示。修复影片色调效果制作完成。

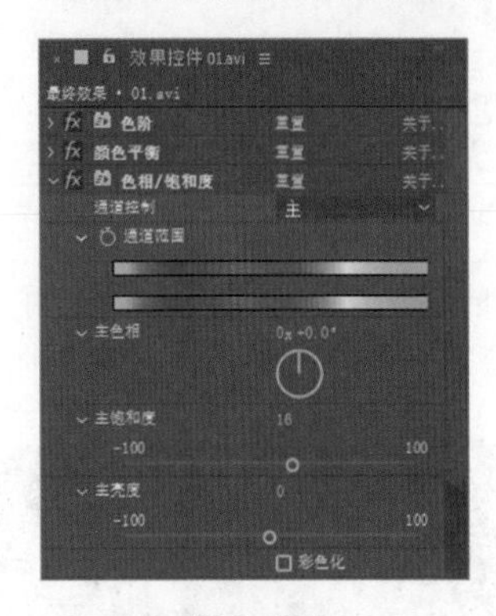

图 8-124　　图 8-125

8.3.6　颜色平衡

“颜色平衡”效果用于调整图像的色彩平衡，其应用的效果和“色相 / 饱和度”效果一样。通过对图像的红、绿、蓝通道分别进行调节，可调节颜色在暗部、中间色调和高亮部分的强度，如图 8-126 所示，其各参数介绍如下。

阴影红色 / 绿色 / 蓝色平衡： 用于调整 RGB 彩色的阴影范围平衡。

中间调红色 / 绿色 / 蓝色平衡： 用于调整 RGB 彩色的中间亮度范围平衡。

高光红色 / 绿色 / 蓝色平衡： 用于调整 RGB 彩色的高光范围平衡。

保持发光度： 该选项用于保持图像的平均亮度，来保持图像的整体平衡。

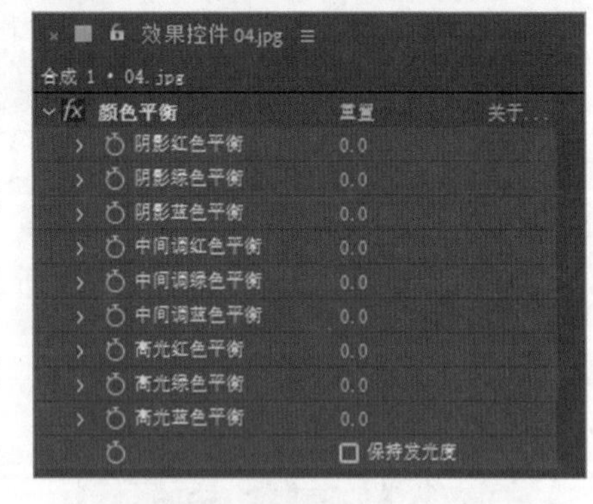

图 8-126

“颜色平衡”效果演示如图 8-127 ~ 图 8-129 所示。

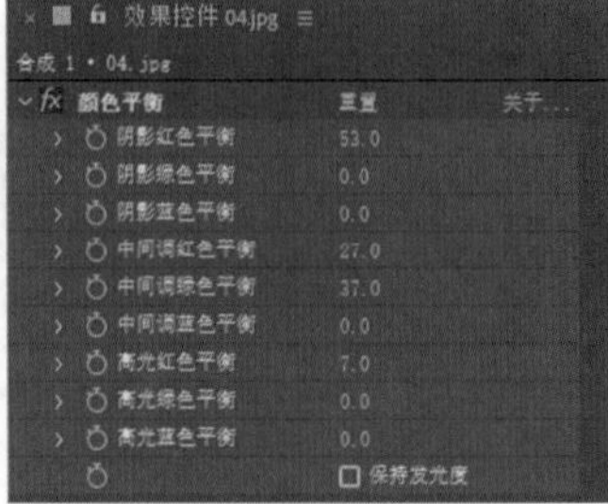

图 8-127　　图 8-128　　图 8-129

8.3.7 色阶

“色阶”效果是一个常用的调色工具，用于将输入的颜色范围重新映射到输出的颜色范围，还可以改变 Gamma 校正曲线。“色阶”效果可以完成与“曲线”效果类似的工作，但“曲线”效果的控制能力更强，而“色阶”效果主要用于基本的影像质量调整，如图 8–130 所示，其各参数介绍如下。

通道： 用于选择要进行调控的通道。可以选择 RGB、红、绿、蓝和 Alpha 通道分别进行调控。

直方图： 可以通过该图了解到像素在图像中的分布情况。水平方向表示亮度值，垂直方向表示该亮度值的像素值。像素值不会比“输入黑色”值更低，也不会比“输入白色”值更高。

输入黑色： 用于限定输入图像黑色值的阈值。

输入白色： 用于限定输入图像白色值的阈值。

灰度系数： 用于设置确定输出图像明亮度值分布的功率曲线的指数。

输出黑色： 用于限定输出图像黑色值的阈值，黑色输出在图下方灰阶条中。

输出白色： 用于限定输出图像白色值的阈值，白色输出在图下方灰阶条中。

剪切以输出黑色和剪切以输出白色：用于确定明亮度值小于“输入黑色”值或大于“输入白色”值的像素的结果。

“色阶”效果演示如图 8–131 ~ 图 8–133 所示。

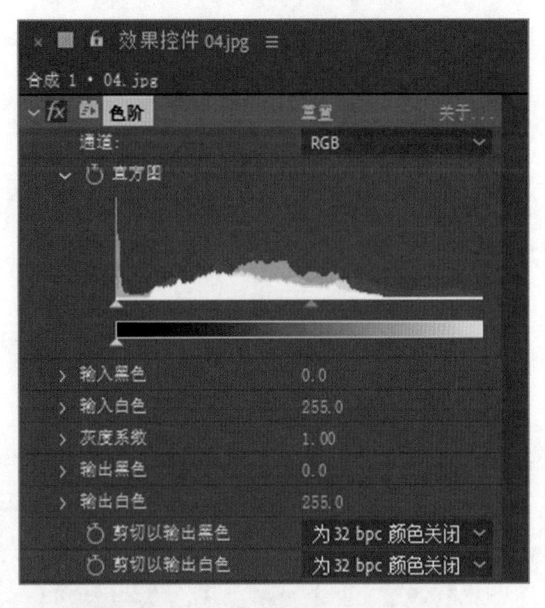

图 8–130

图 8–131

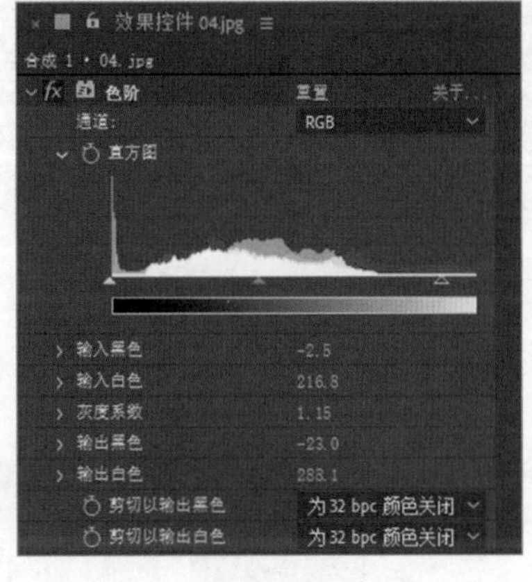

图 8–132

图 8–133

8.4 生成

“生成”效果组里包含很多特效，通过这些特效可以创造一些原画面中没有的效果，这些效果在制作动画的过程中有着广泛的应用。

8.4.1 课堂案例——动感模糊文字

案例学习目标： 学习使用“镜头光晕”命令制作特效。

案例知识要点： 使用“卡片擦除”命令制作动感文字；使用“定向模糊”命令、“色阶”命令、“Shine”命令制作文字发光效果并改变发光颜色；使用“镜头光晕”命令添加镜头光晕效果。动感模糊文字效果如图 8–134 所示。

效果所在位置：云盘 \Ch08\ 动感模糊文字 \ 动感模糊文字 .aep。

图 8-134

1. 输入文字

（1）按 Ctrl+N 组合键，弹出“合成设置”对话框，在“合成名称”文本框中输入“最终效果”，其他选项的设置如图 8-135 所示，单击“确定”按钮，创建一个新的合成“最终效果”。

（2）选择“文件 > 导入 > 文件”命令，在弹出的“导入文件”对话框中，选择云盘中的“Ch08 \ 动感模糊文字 \ (Footage) \ 01.mp4”文件，单击“导入”按钮，将视频导入“项目”面板中，如图 8-136 所示，再将其拖曳到“时间轴”面板中。

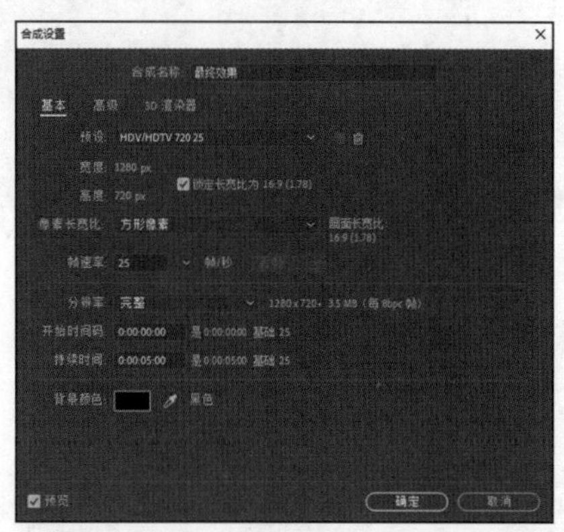

图 8-135

图 8-136

（3）选择“横排文字”工具T，在“合成”预览面板输入文字“博文学佳教育”。选中文字，在“字符”面板中，设置“填充颜色”为蓝色（182、193、0），其他参数设置如图 8-137 所示。“合成”预览面板中的效果如图 8-138 所示。

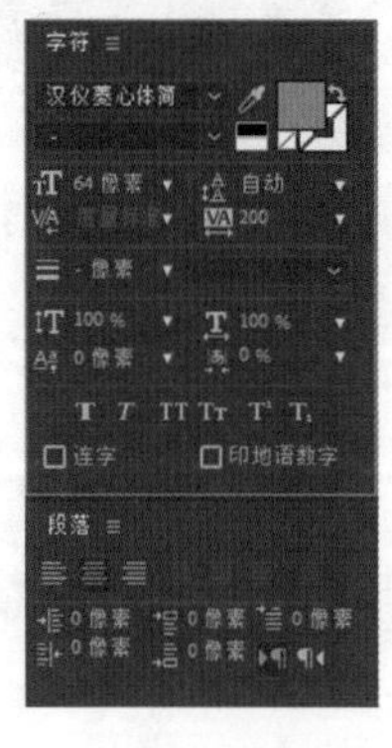

图 8-137

图 8-138

2. 添加文字特效

（1）选中“文字”层，选择“效果 > 过渡 > 卡片擦除”命令，在“效果控件”面板中进行参数设置，如图 8-139 所示。“合成”预览面板中的效果如图 8-140 所示。

（2）将时间标签放置在 0:00:00:00 的位置。在“效果控件”面板中，单击“过渡完成”选项左侧的“关键帧自动记录器”按钮，如图 8-141 所示，记录第 1 个关键帧。

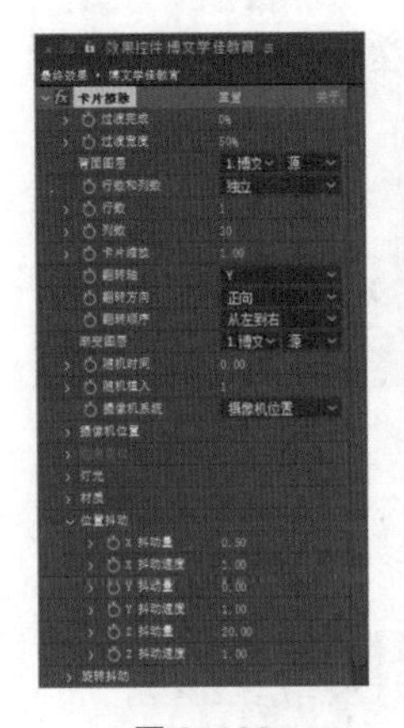

图 8-139

图 8-140

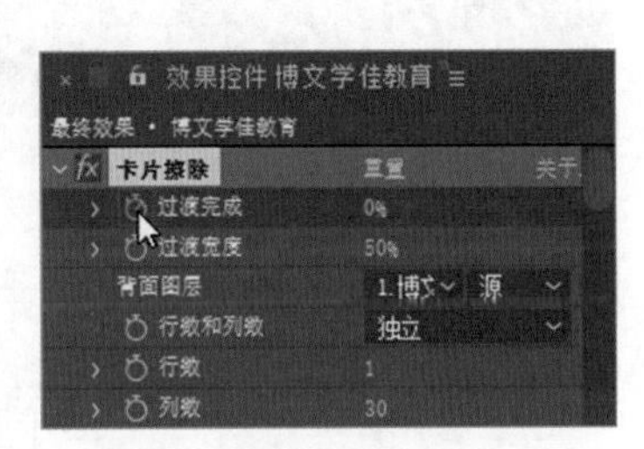

图 8-141

（3）将时间标签放置在 0:00:02:00 的位置，在“效果控件”面板中，设置“过渡完成”选项的数值为 100.0%，如图 8-142 所示，记录第 2 个关键帧。“合成”预览面板中的效果如图 8-143 所示。

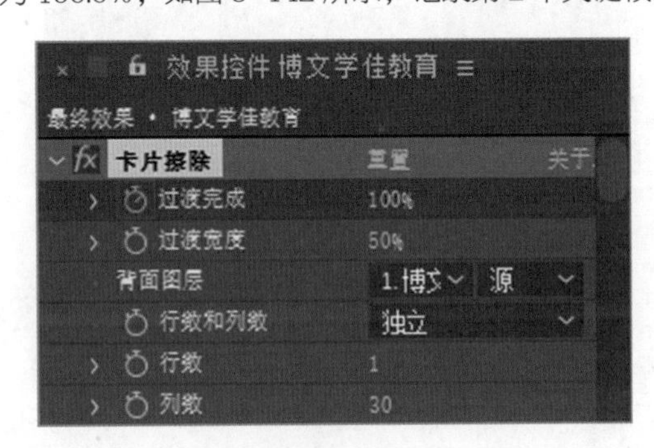

图 8-142

图 8-143

（4）将时间标签放置在 0:00:00:00 的位置，在“效果控件”面板中，展开“摄像机位置”选项，设置“Y 轴旋转”选项的数值为 100x+0.0°，“Z 位置”选项的数值为 1.00。分别单击“摄像机位置”下的“Y 轴旋转”和“Z 位置”，“位置抖动”下的“X 抖动量”和“Z 抖动量”选项前面的“关键帧自动记录器”按钮，如图 8-144 所示。

（5）将时间标签放置在 0:00:02:00 的位置，设置“Y 轴旋转”选项的数值为 0x+0.0°，“Z 位置”选项的数值为 2.00，“X 抖动量”选项的数值为 0.00，“Z 抖动量”选项的数值为 0.00，如图 8-145 所示。“合成”预览面板中的效果如图 8-146 所示。

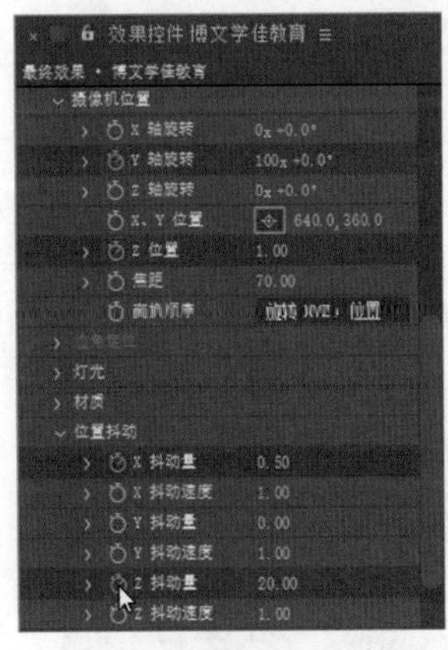

图 8-144

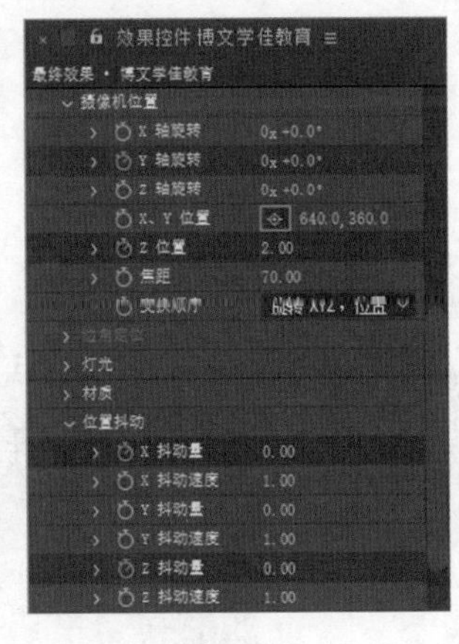

图 8-145

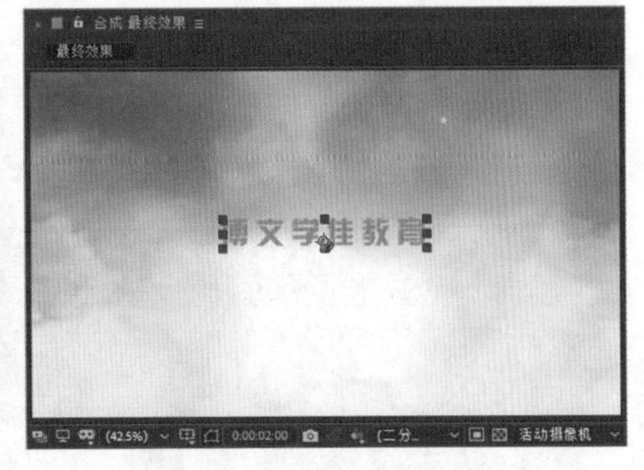

图 8-146

3. 添加文字动感效果

（1）选中文字层，按 Ctrl+D 组合键复制图层，如图 8-147 所示。在“时间轴”面板中，设置新复制层的混合模式为“相加”，如图 8-148 所示。

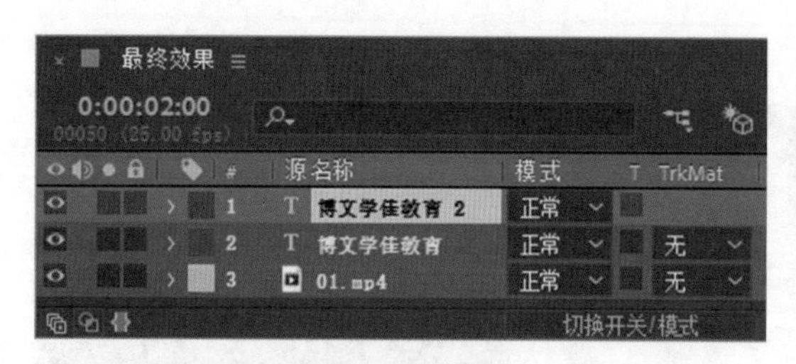

图 8-147

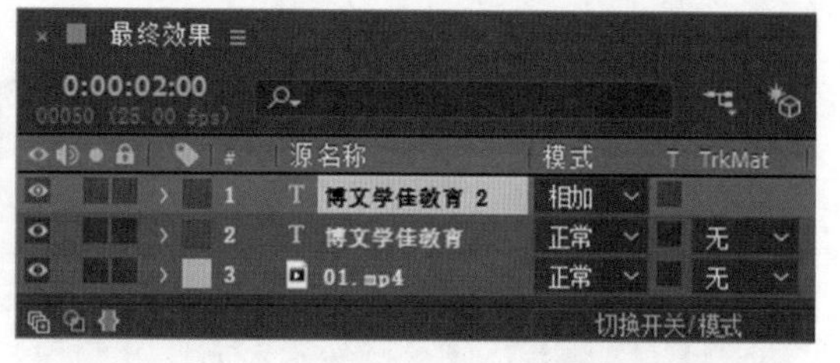

图 8-148

（2）选中“博文学佳教育 2”层，选择“效果 > 模糊和锐化 > 定向模糊”命令，在“效果控件”面板中进行参数设置，如图 8-149 所示。“合成”预览面板中的效果如图 8-150 所示。

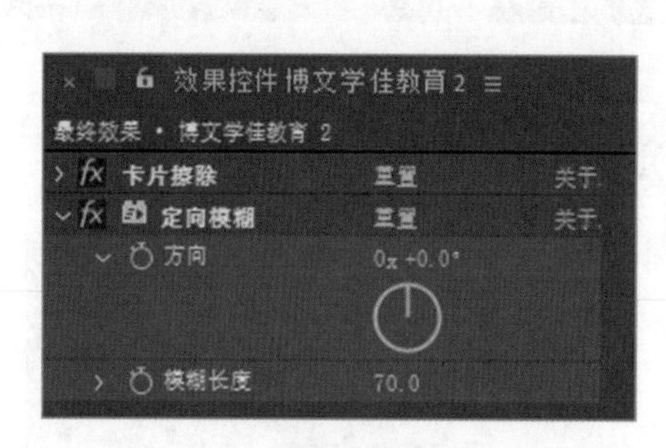

图 8-149

图 8-150

（3）将时间标签放置在 0:00:00:00 的位置，在“效果控件”面板中，单击“模糊长度”选项左侧的“关键帧自动记录器”按钮，记录第 1 个关键帧。将时间标签放置在 0:00:01:00 的位置，在“效果控件”面板中，设置“模糊长度”选项的数值为 100.0，如图 8-151 所示，记录第 2 个关键帧。“合成”预览面板中的效果如图 8-152 所示。

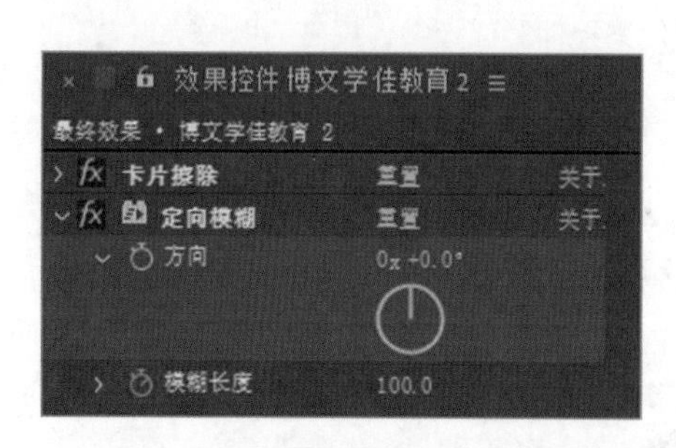

图 8-151

图 8-152

（4）将时间标签放置在 0:00:02:00 的位置，按 U 键，展开“博文学佳教育 2”层中的所有关键帧，单击“模糊长度”选项左侧的“在当前时间添加或移除关键帧”按钮，记录第 3 个关键帧，如图 8-153 所示。

（5）将时间标签放置在 0:00:02:05 的位置，在“效果控件”面板中，设置“模糊长度”选项的数值为 150.0，如图 8-154 所示，记录第 4 个关键帧。

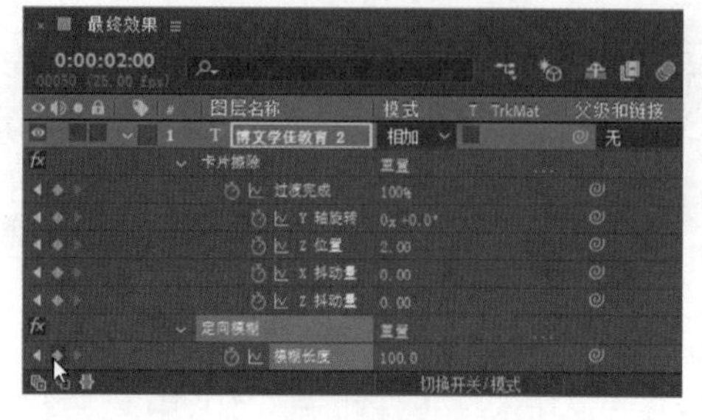

图 8-153

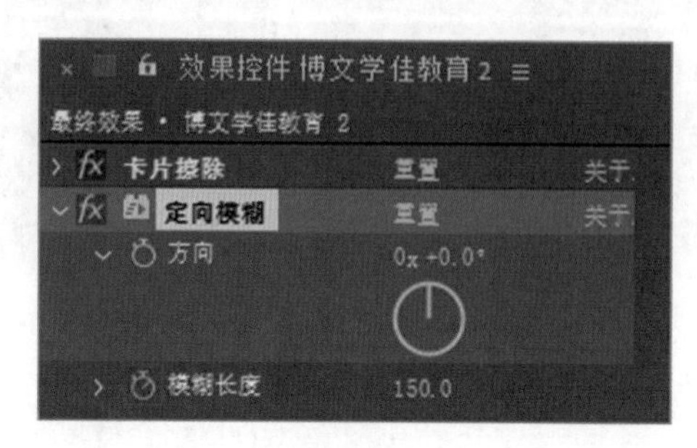

图 8-154

（6）选择“效果 > 颜色校正 > 色阶”命令，在“效果控件”面板中进行参数设置，如图 8-155 所示。选择“效果 > Trapcode > Shine”命令，在“效果控件”面板中进行参数设置，如图 8-156 所示。“合成”预览面板中的效果如图 8-157 所示。

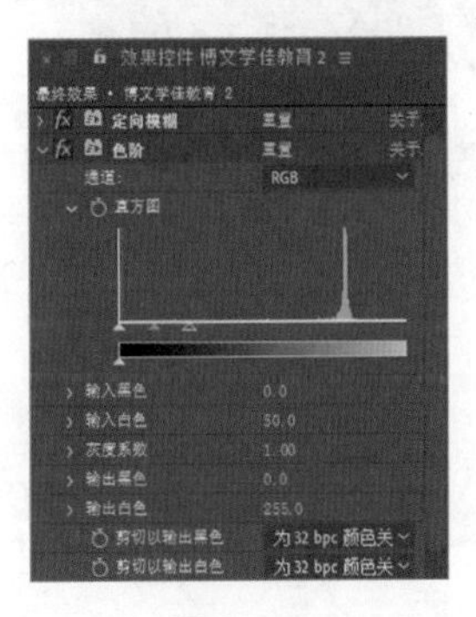

图 8-155

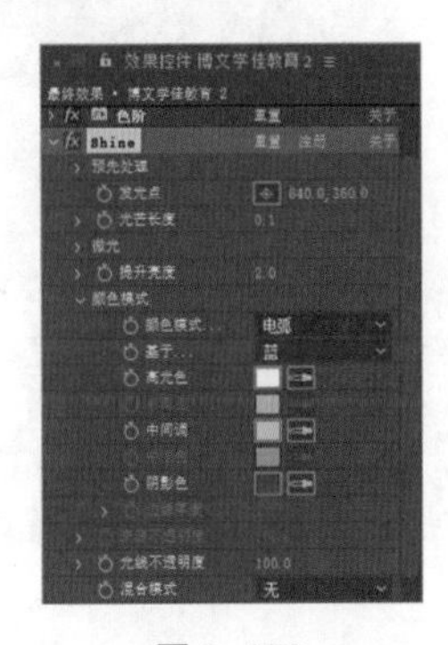

图 8-156

图 8-157

（7）在当前合成中建立一个新的黑色纯色层，命名为“遮罩”。按 P 键，展开“位置”属性，将时间标签放置在 0:00:02:00 的位置，设置“位置”选项的数值为 640.0,360.0，单击“位置”选项左侧的“关键帧自动记录器”按钮，如图 8-158 所示，记录第 1 个关键帧。将时间标签放置在 0:00:03:00 的位置，设置“位置”选项的数值为 1560.0,360.0，如图 8-159 所示，记录第 2 个关键帧。

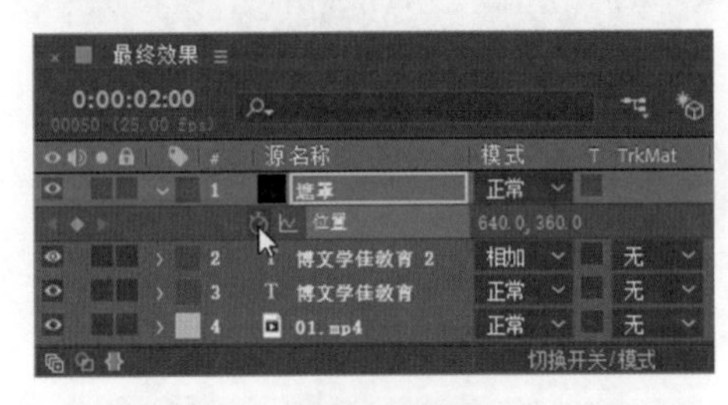

图 8-158

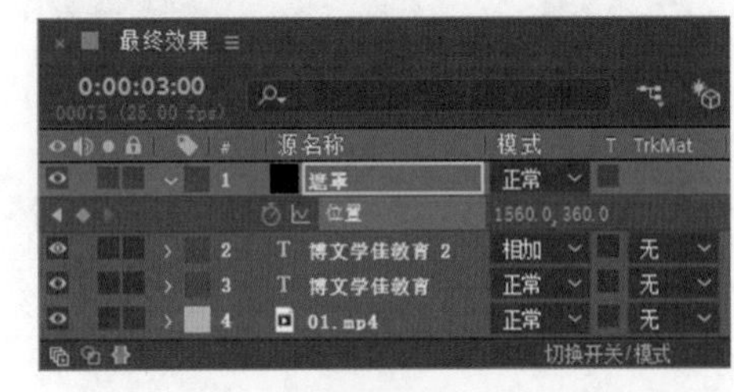

图 8-159

（8）选中“博文学佳教育 2”层，将层的“T 轨道蒙版”选项设置为“Alpha”，如图 8-160 所示。“合成”预览面板中的效果如图 8-161 所示。

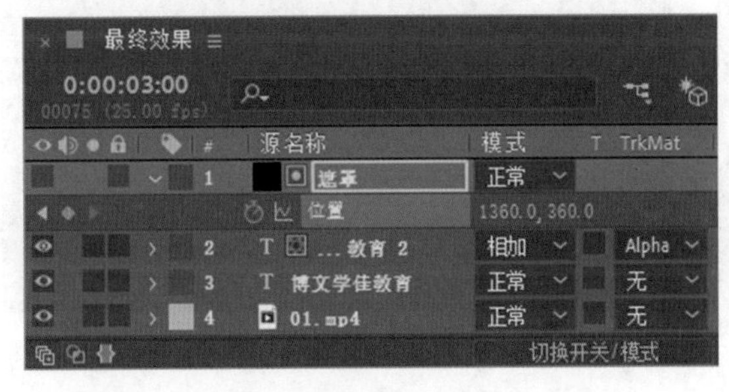

图 8-160

图 8-161

4. **添加镜头光晕**

（1）将时间标签放置在 0:00:02:00 的位置，在当前合成中建立一个新的黑色纯色层“光晕”，如图 8-162 所示。在“时间轴”面板中，设置“光晕”层的模式为“相加”，如图 8-163 所示。

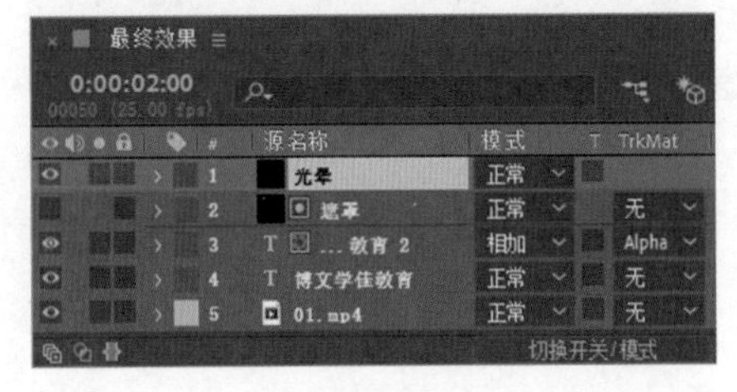

图 8-162

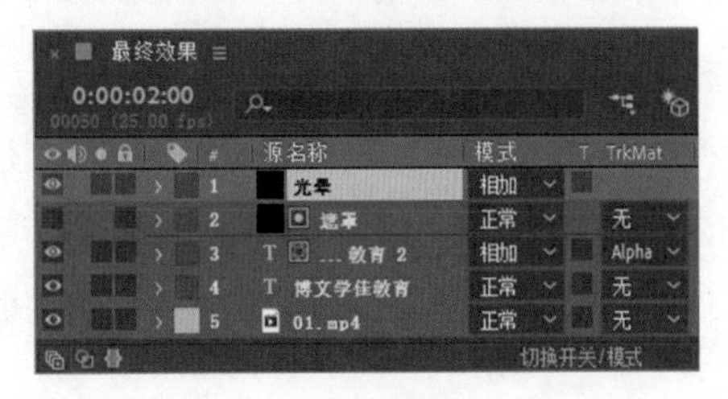

图 8-163

（2）选中“光晕”层，选择“效果 > 生成 > 镜头光晕”命令，在“效果控件”面板中进行参数设置，如图 8-164 所示。“合成”预览面板中的效果如图 8-165 所示。

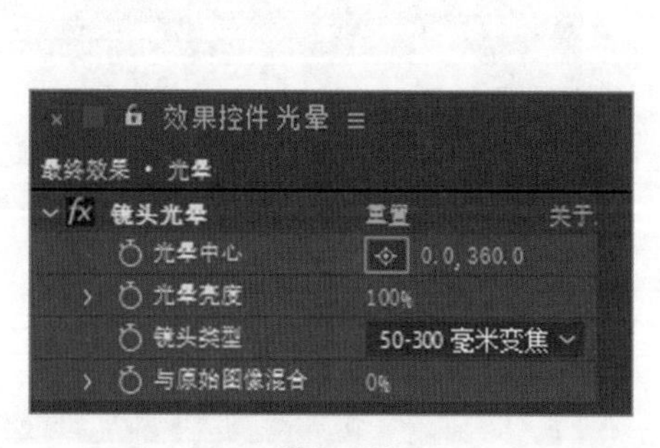

图 8-164

图 8-165

（3）在“效果控件”面板中，单击“光晕中心”选项左侧的“关键帧自动记录器”按钮，如图 8-166 所示，记录第 1 个关键帧。将时间标签放置在 0:00:03:00 的位置，在“效果控件”面板中，设置“光晕中心”选项的数值为 1280.0,360.0，如图 8-167 所示，记录第 2 个关键帧。

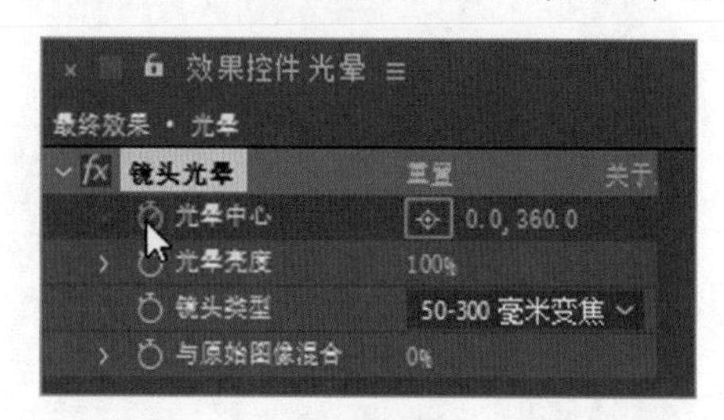

图 8-166

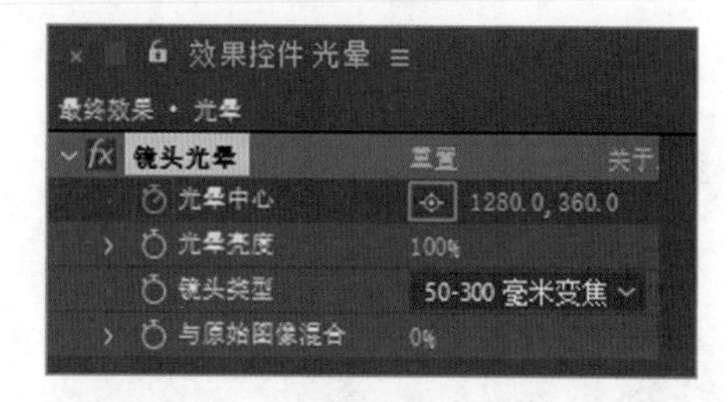

图 8-167

（4）选中“光晕”层，将时间标签放置在 0:00:02:00 的位置，按 Alt+ [组合键设置入点，如图 8-168 所示。将时间标签放置在 0:00:03:00 的位置，按 Alt+] 组合键设置出点，如图 8-169 所示。动感模糊文字效果制作完成。

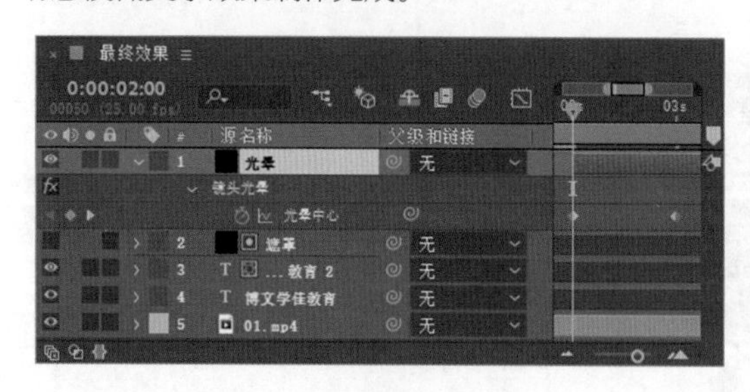

图 8-168

图 8-169

8.4.2 高级闪电

“高级闪电”效果可以用来模拟真实的闪电和放电效果，并可自动设置动画，其参数设置如图 8-170 所示，其各参数介绍如下。

闪电类型：用于设置闪电的种类。

源点：用于设置闪电的起始位置。

方向：用于设置闪电的结束拉置。

传导率状态：用于设置闪电的主干变化。

核心半径：用于设置闪电主干的宽度。

核心不透明度：用于设置闪电主干的不透明度。

核心颜色：用于设置闪电主干的颜色。

发光半径：用于设置闪电光晕的大小。

发光不透明度：用于设置闪电光晕的不透明度。

发光颜色：用于设置闪电光晕的颜色。

Alpha 障碍：用于设置闪电障碍的大小。

湍流：用于设置闪电的流动变化。

分叉：用于设置闪电的分叉数量。

衰减：用于设置闪电的衰减数量。

主核心衰减：用于勾选此复选框，可以控制闪电的主核心衰减量。

在原始图像上合成：勾选此复选框可以直接针对图片设置闪电。

复杂度：用于设置闪电的复杂程度。

最小分叉距离：表示分叉之间的距离。值越高，分叉越少。

终止阈值：为低值时闪电更容易被终止。

仅主核心碰撞：若勾选该复选框，则只有主核心会受到 Alpha 障碍的影响，从主核心衍生出的分叉不会受到影响。

分形类型：用于设置闪电主干的线条样式。

核心消耗：用于设置闪电主干的渐隐结束。

分叉强度：用于设置闪电分叉的强度。

分叉变化：用于设置闪电分叉的变化。

“高级闪电”效果演示如图 8-171 ~ 图 8-173 所示。

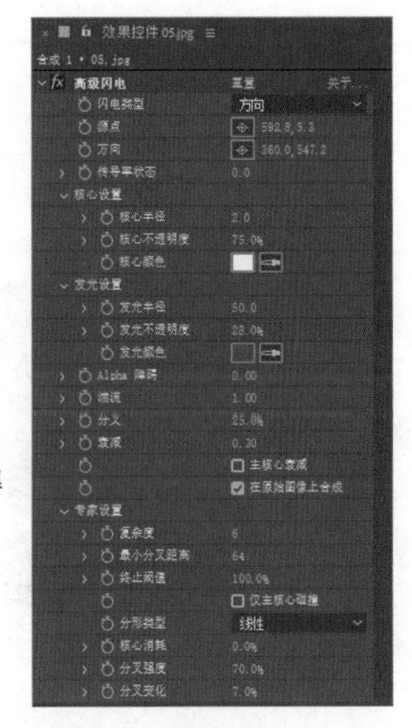

图 8-170

图 8-171

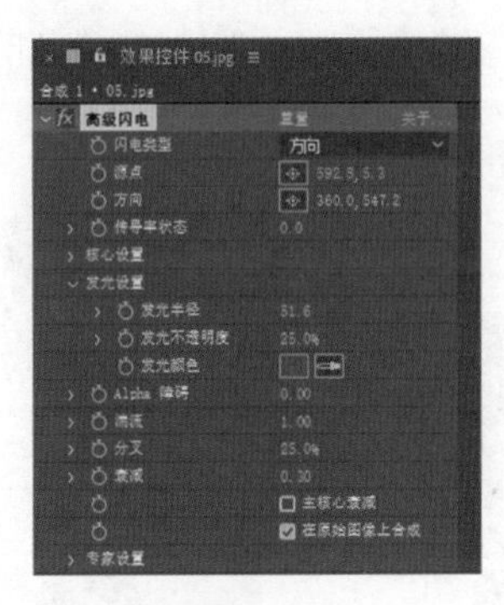

图 8-172

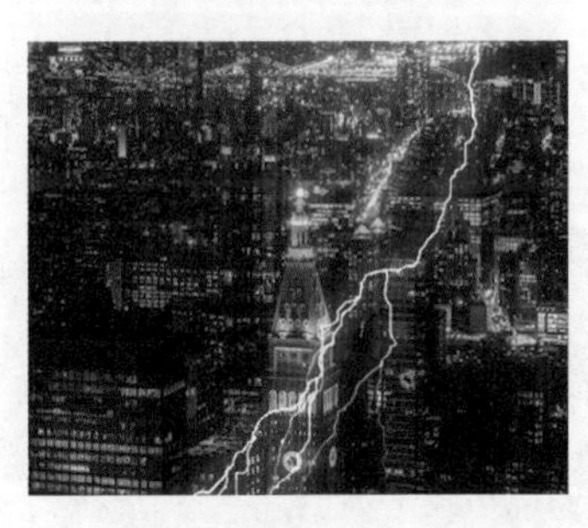

图 8-173

8.4.3 镜头光晕

“镜头光晕”效果可以模拟当镜头拍摄到发光的物体上时，由于经过多片镜头所产生的很多光环效果，这是后期制作中经常用于提升画面效果的手法，如图 8-174 所示，其各参数介绍如下。

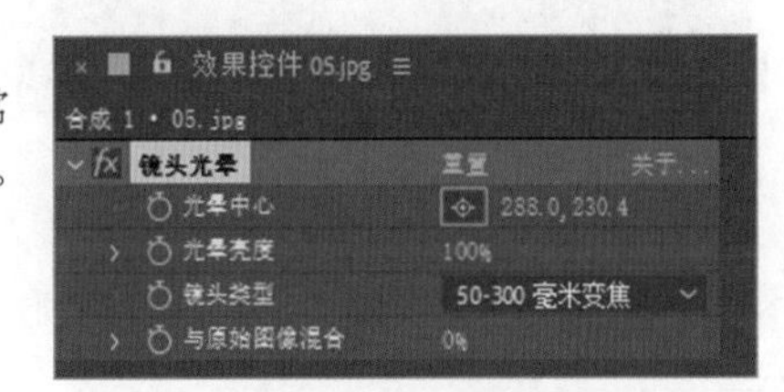

图 8-174

光晕中心：用于设置发光点的中心位置。

光晕亮度：用于设置光晕的亮度。

镜头类型：用于选择镜头的类型，有“50-300 毫米变焦”“35 毫米定焦”和“105 毫米定焦”3 种。

与原始图像混合：用于设置和原素材图像的混合程度。

“镜头光晕”效果演示如图 8-175 ~ 图 8-177 所示。

图 8-175

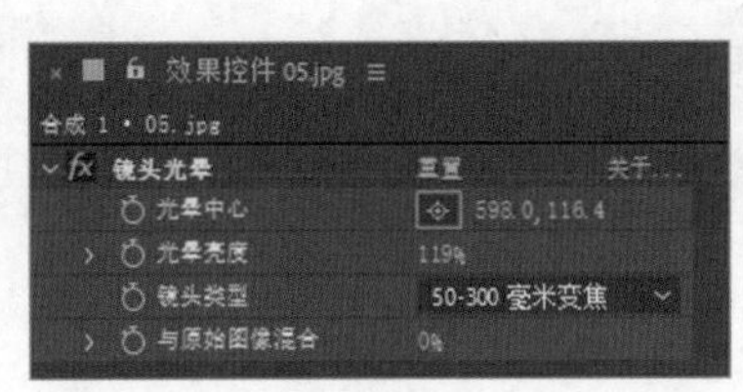

图 8-176

图 8-177

8.4.4 课堂案例——透视光芒

案例学习目标：学习使用“单元格图案”命令制作特效。

案例知识要点：使用“单元格图案”命令、“亮度和对比度”命令、“快速方框模糊”命令、“发光”命令制作光芒形状；利用“3D 图层”属性编辑透视效果。透视光芒效果如图 8-178 所示。

效果所在位置：云盘 \Ch08\ 透视光芒 \ 透视光芒 . aep。

图 8-178

1. 调整视频的色调

（1）按 Ctrl+N 组合键，弹出“合成设置”对话框，在“合成名称”文本框中输入“最终效果”，其他选项的设置如图 8-179 所示，单击“确定”按钮，创建一个新的合成“最终效果”。

（2）选择“文件 > 导入 > 文件”命令，在弹出的“导入文件”对话框中，选择云盘中的“Ch08\ 透视光芒 \(Footage)\01..avi”文件，单击“导入”按钮，导入视频。在“项目”面板中选中“01.avi”文件并将其拖曳到“时间轴”面板中，如图 8-180 所示。

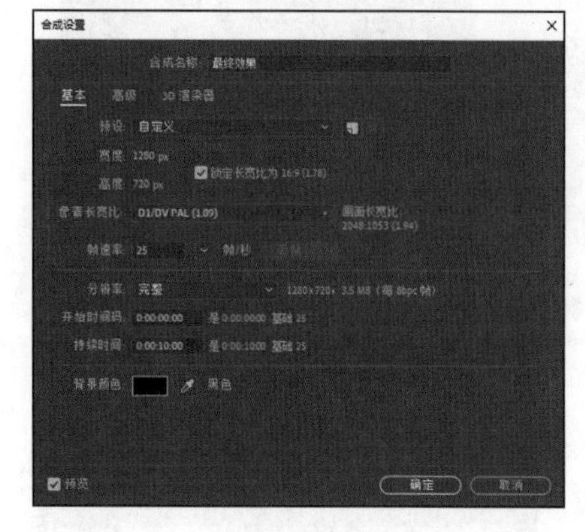

图 8-179

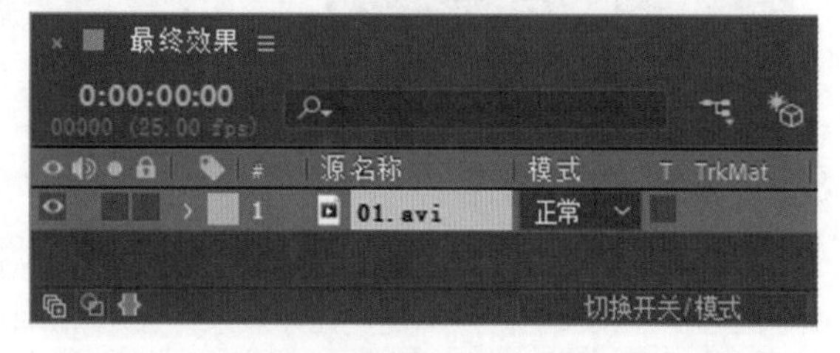

图 8-180

（3）选中“01.avi”层，按 S 键，展开“缩放”属性，设置“缩放”选项的数值为 75.0,75.0%，如图 8-181 所示。“合成”预览面板中的效果如图 8-182 所示。

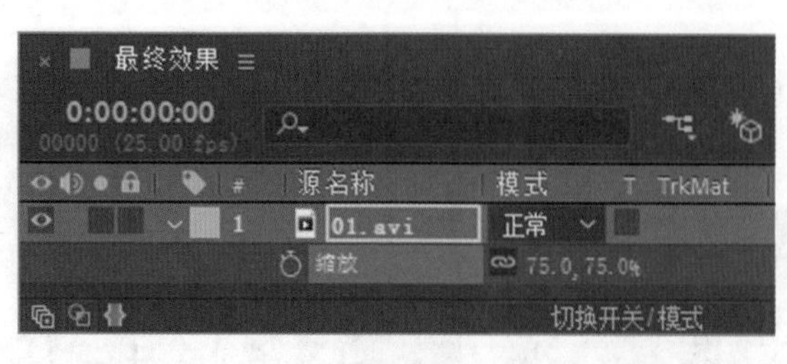

图 8-181

图 8-182

（4）选择“效果 > 颜色校正 > 色阶”命令，在“效果控件”面板中进行参数设置，如图 8-183 所示。“合成”预览面板中的效果如图 8-184 所示。

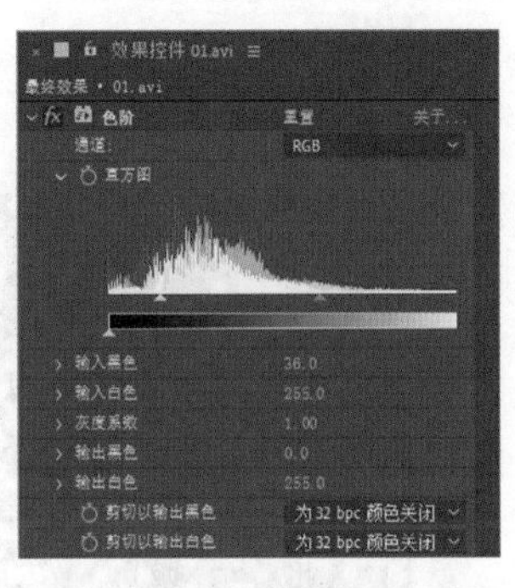

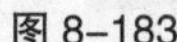

图 8-183　　图 8-184

（5）选择“效果 > 颜色校正 > 自然饱和度”命令，在“效果控件”面板中进行参数设置，如图 8-185 所示。“合成”预览面板中的效果如图 8-186 所示。

图 8-185　　图 8-186

2. 编辑单元格形状

（1）选择“图层 > 新建 > 纯色”命令，弹出“纯色设置”对话框，在“名称”文本框中输入“光芒”，将“颜色”设置为黑色，单击“确定”按钮，在“时间轴”面板中新增一个黑色纯色层，如图 8-187 所示。

（2）选中“光芒”层，选择“效果 > 生成 > 单元格图案”命令，在“效果控件”面板中进行参数设置，如图 8-188 所示。“合成”预览面板中的效果如图 8-189 所示。

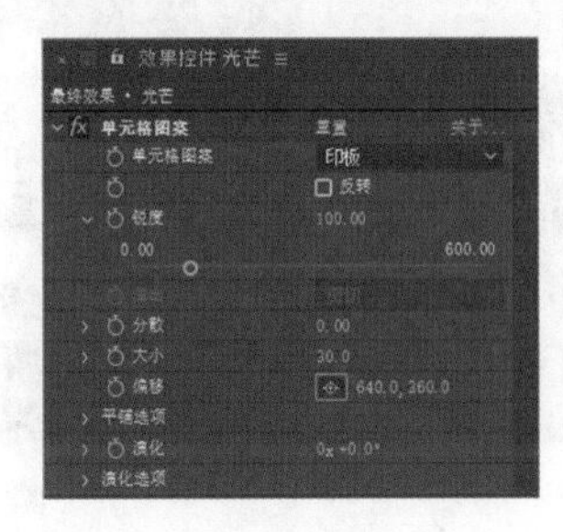

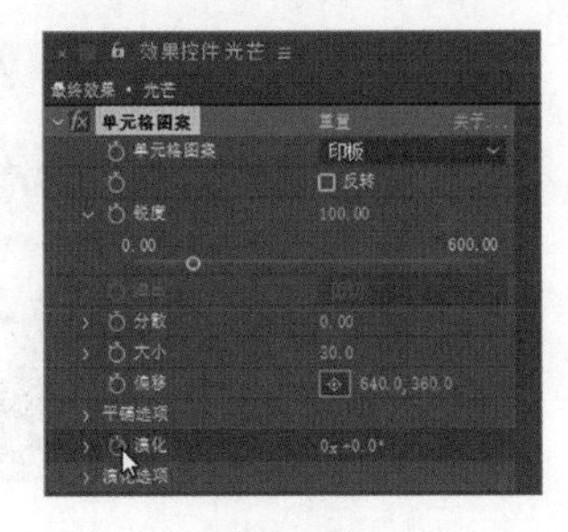

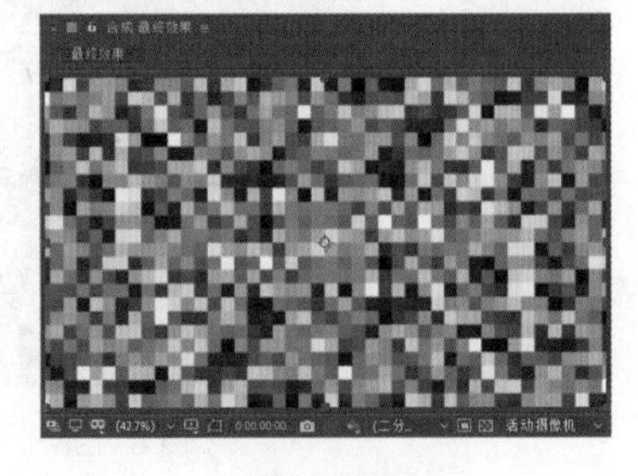

图 8-187　　图 8-188　　图 8-189

（3）在“效果控件”面板中，单击“演化”选项左侧的“关键帧自动记录器”按钮，如图 8-190 所示，记录第 1 个关键帧。将时间标签放置在 0.00.09.24 的位置，在“效果控件”面板中，设置“演化”选项的数值为 7x+0.0° ，如图 8-191 所示，记录第 2 个关键帧。

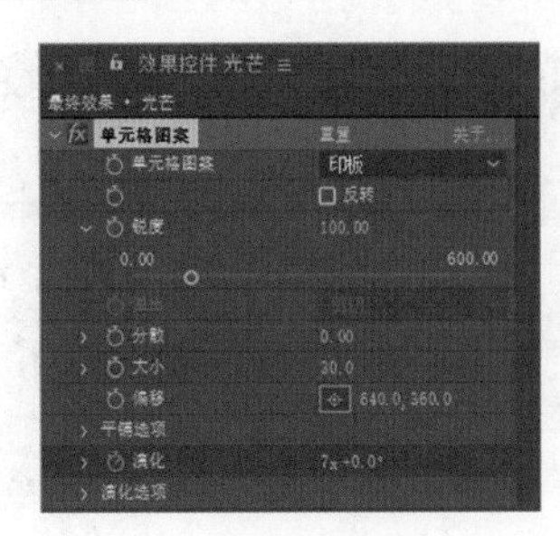

图 8-190　　图 8-191

（4）选择“效果 > 颜色校正 > 亮度和对比度”命令，在“效果控件”面板中进行参数设置，如图 8-192 所示。“合成”预览面板中的效果如图 8-193 所示。

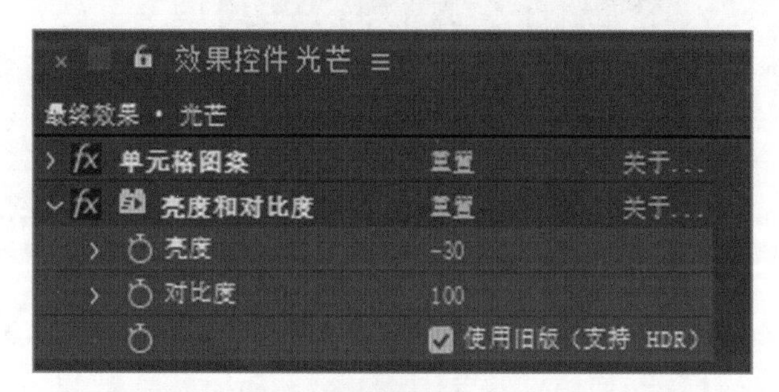

图 8-192

图 8-193

（5）选择“效果 > 模糊和锐化 > 快速方框模糊”命令，在“效果控件”面板中进行参数设置，如图 8-194 所示。“合成”预览面板中的效果如图 8-195 所示。

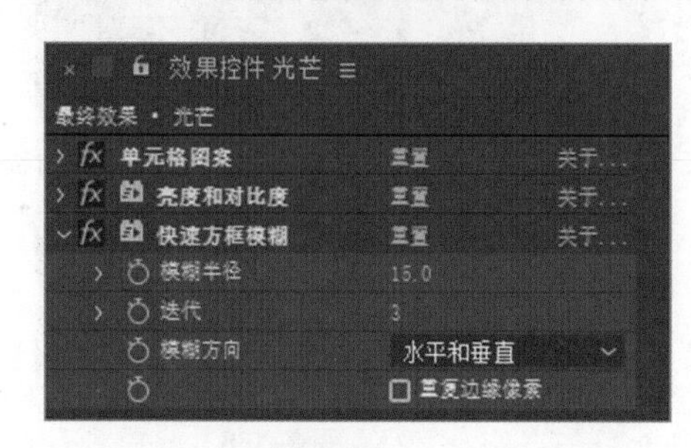

图 8-194

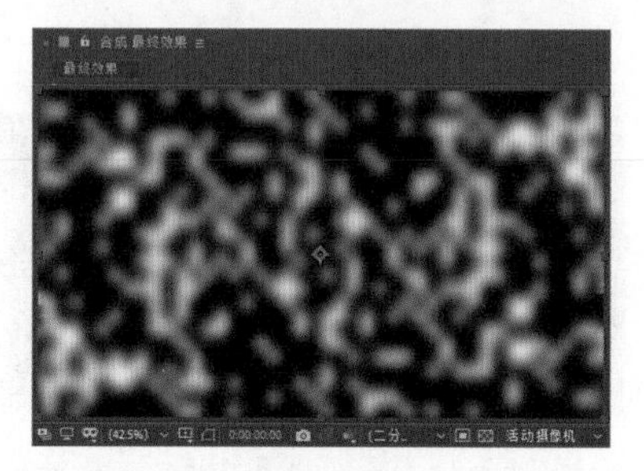

图 8-195

（6）选择“效果 > 风格化 > 发光”命令，在“效果控件”面板中，设置“颜色 A”为黄色（255、228、0），“颜色 B”为红色（255、0、0），其他参数设置如图 8-196 所示。“合成”预览面板中的效果如图 8-197 所示。

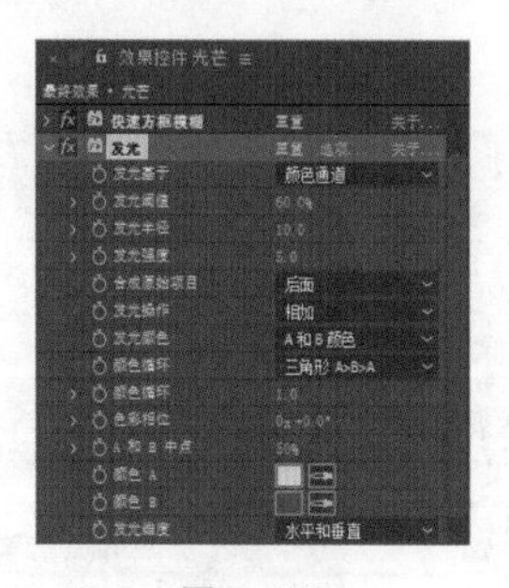

图 8-196

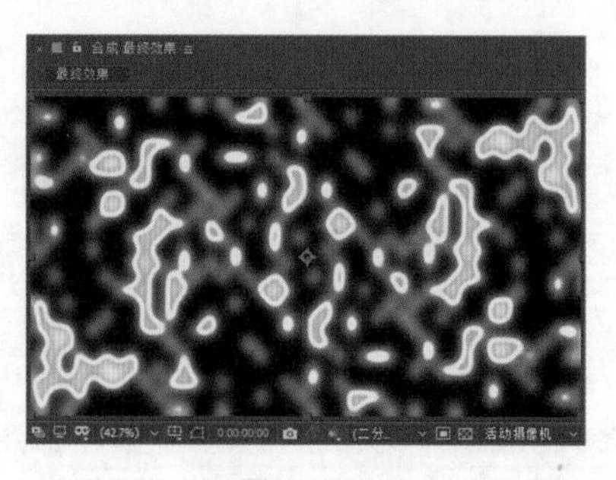

图 8-197

3. 添加透视效果

（1）选择“矩形”工具，在“合成”预览面板中拖曳鼠标绘制一个矩形蒙版，选中“光芒”层，按两次 M 键，展开蒙版属性，设置“蒙版不透明度”选项的数值为 100.0%，“蒙版羽化”选项的数值为 233.0,233.0 像素，如图 8-198 所示。“合成”预览面板中的效果如图 8-199 所示。

图 8-198

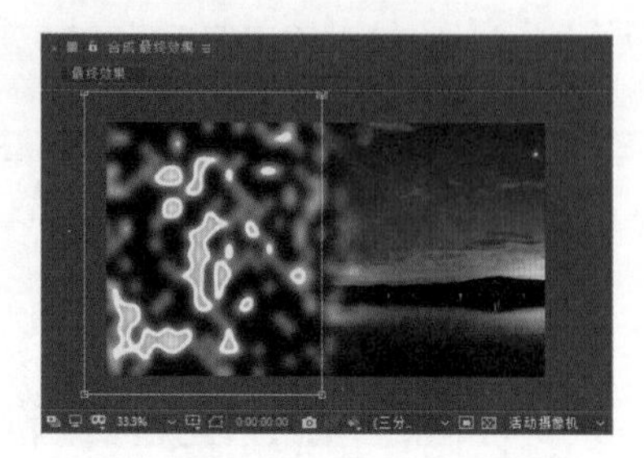

图 8-199

（2）选择“图层 > 新建 > 摄像机”命令，弹出“摄像机设置”对话框，在“名称”文本框中输入“摄像机　1”，其他选项的设置如图 8-200 所示，单击“确定”按钮，在“时间轴”面板中新增一个摄像机层，如图 8-201 所示。

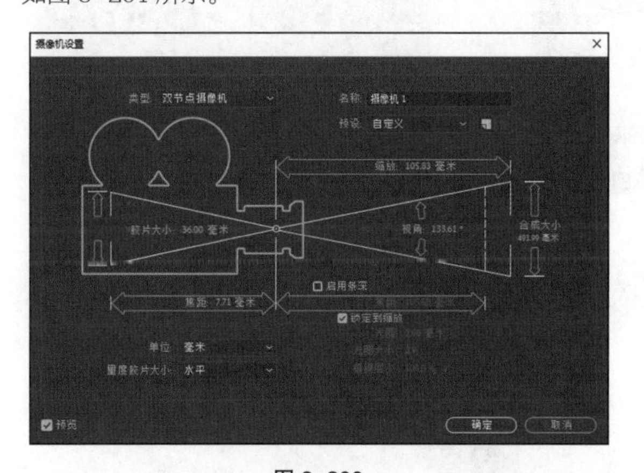

图 8-200

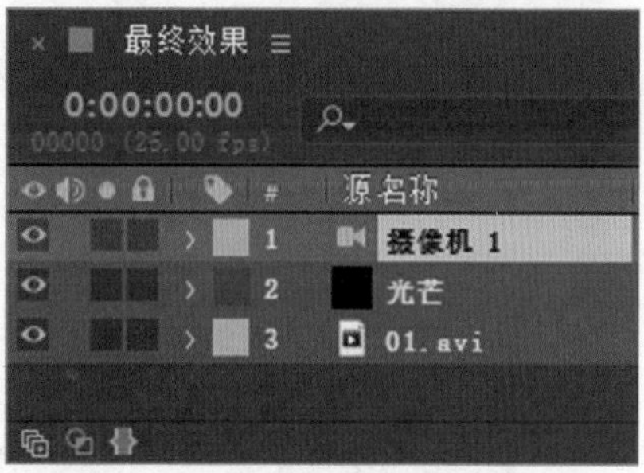

最终效果
0:00:00:00
00000 (25.00 fps)
源名称
1 摄像机 1
2 光芒
3 01.avi

图 8-201

（3）选中“光芒”层，单击“光芒”层右侧的“3D 图层”按钮，打开三维属性，设置“变换”属性，如图 8-202 所示。“合成”预览面板中的效果如图 8-203 所示。

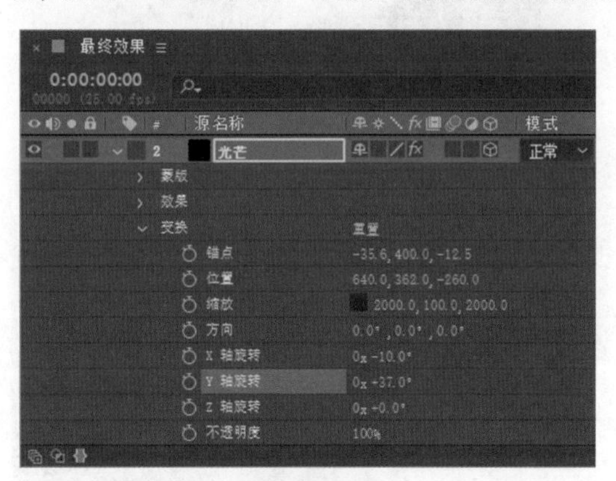

图 8-202

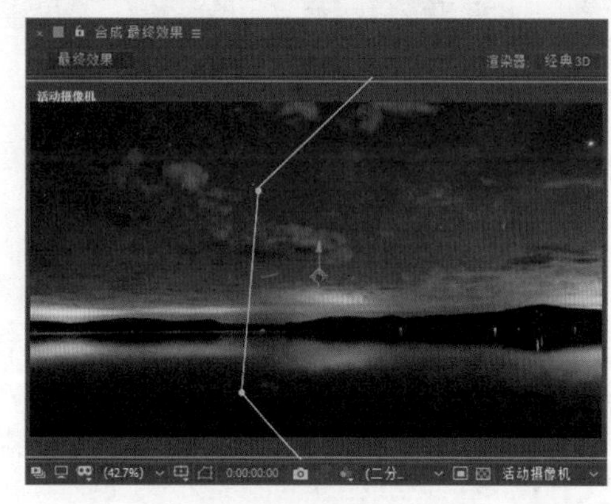

图 8-203

（4）将时间标签放置在 0:00:00:00 的位置，单击“锚点”选项左侧的“关键帧自动记录器”按钮，如图 8-204 所示，记录第 1 个关键帧。将时间标签放置到 0:00:09:24 的位置。设置“锚点”选项的数值为 884.8,400.0、-12.5，记录第 2 个关键帧，如图 8-205 所示。

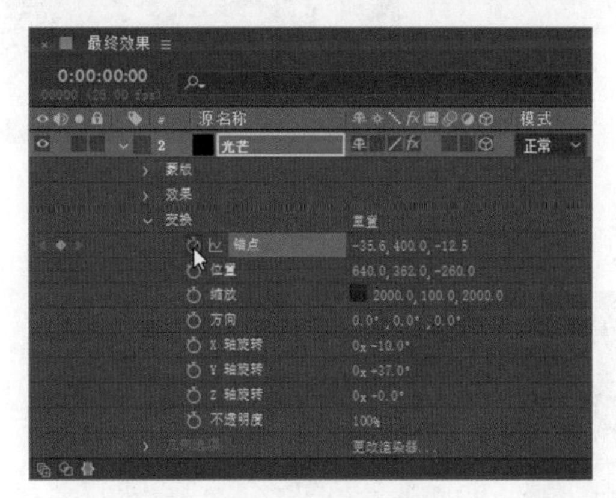

图 8-204

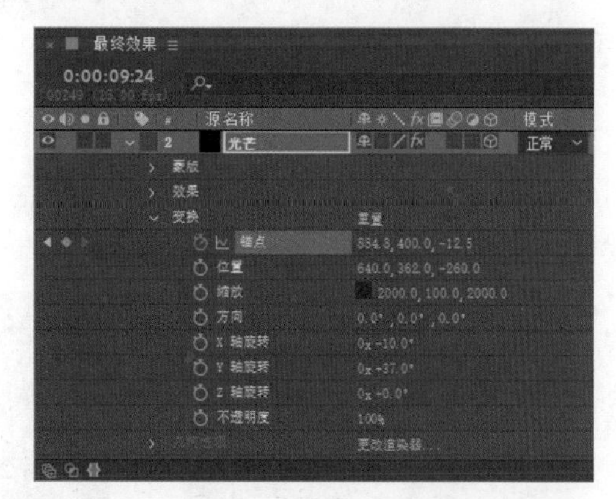

图 8-205

（5）在“时间轴”面板中，设置“光芒”层的混合模式为“线性减淡”，如图 8-206 所示。“合成”预览面板中的效果如图 8-207 所示。

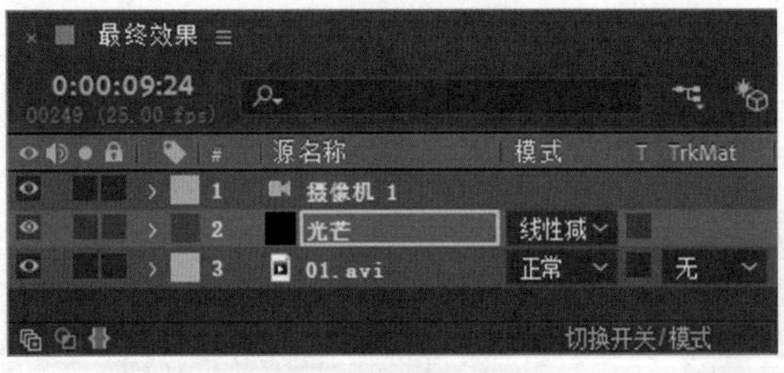

图 8-206

图 8-207

（6）将时间标签放置在 0:00:00:00 的位置，选中“摄像机　1”层，展开“变换”属性，设置参数如图 8-208 所示。“合成”预览面板中的效果如图 8-209 所示。透视光芒效果制作完成。

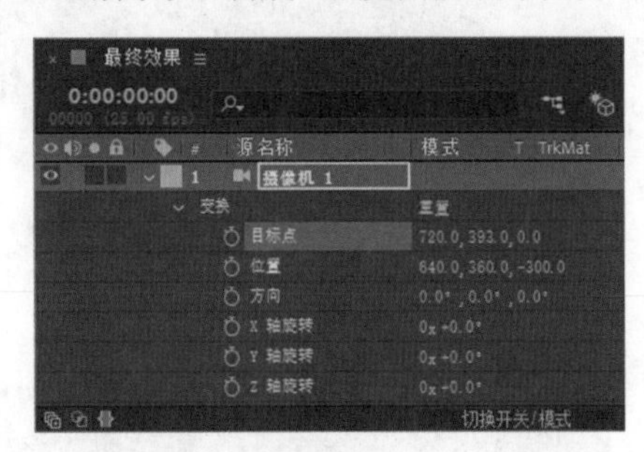

图 8-208

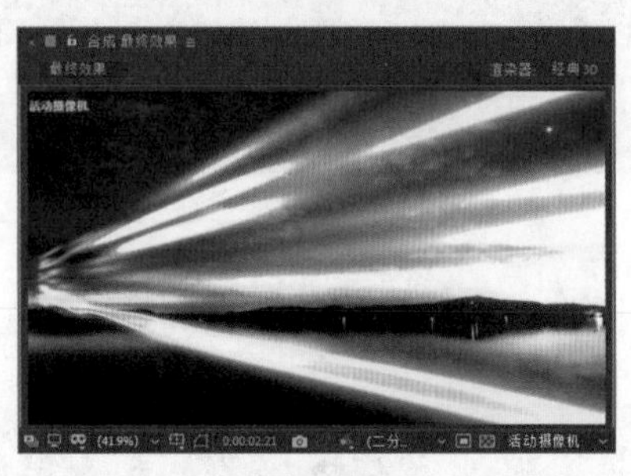

图 8-209

8.4.5　单元格图案

使用“单元格图案”效果可以创建多种类型的类似细胞图案的单元图案拼合效果，如图 8-210 所示，其各参数介绍如下。

单元格图案：用于选择图案的类型，包括“气泡”“晶体”“印板”“静态板”“晶格化”“枕状”“晶体 HQ”“印板 HQ”“静态板 HQ”“晶格化 HQ”“混合晶体”和“管状”。

反转：勾选此复选框，可反转图案效果。

对比度：用于设置单元格的颜色对比度。

溢出：包括“剪切”“柔和夹住”“背面包围”。

分散：用于设置图案的分散程度。

大小：用于设置单个图案大小尺寸。

偏移：用于设置图案偏离中心点的量。

平铺选项：在该选项下勾选“启用平铺”复选框后，可以设置水平单元格和垂直单元格的数值。

演化：为这个参数设置关键帧，可以记录运动变化的动画效果。

演化选项：用于设置图案的各种扩展变化。

循环（旋转次数）：用于设置图案的循环。

随机植入：用于设置生产单元格图案的使用值。

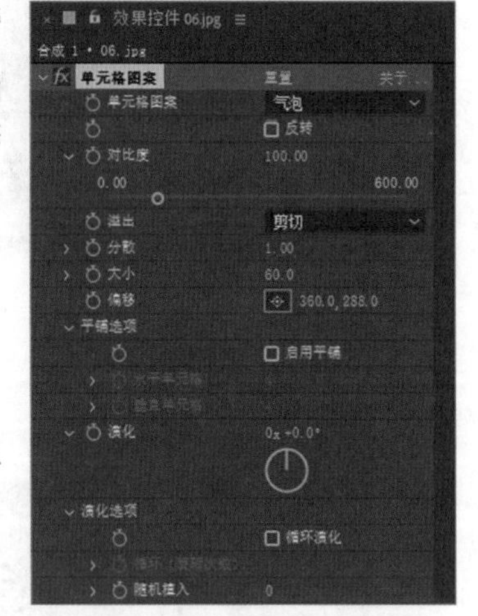

图 8-210

“单元格图案”效果演示如图 8-211 ~ 图 8-213 所示。

图 8-211

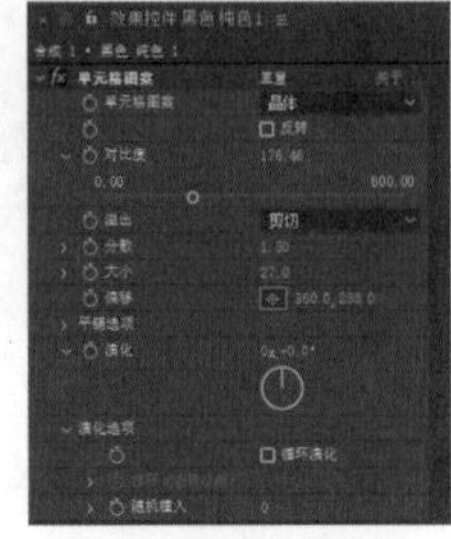

图 8-212

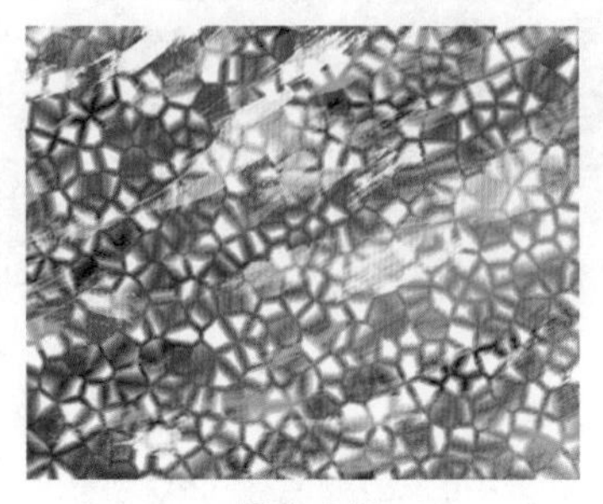

图 8-213

8.4.6 棋盘

使用“棋盘”效果能在图像上创建棋盘格的图案效果，如图 8-214 所示，其各参数介绍如下。

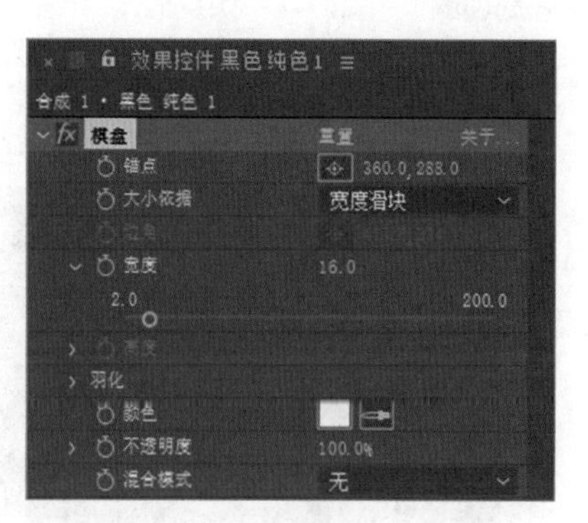

图 8-214

锚点：用于设置棋盘格的位置。

大小依据：用于选择棋盘的尺寸类型，包括“角点”“宽度滑块”和“宽度和高度滑块”。

边角：只有在“大小依据”中选中“角点”选项，才能激活此选项。

宽度：只有在“大小依据”中选中“宽度滑块”或“宽度和高度滑块”选项，才能激活此选项。

高度：只有在“大小依据”中选中“宽度滑块”或“宽度和高度滑块”选项，才能激活此选项。

羽化：用于设置棋盘格水平或垂直边缘的羽化程度。

颜色：用于选择棋盘格的颜色。

不透明度：用于设置棋盘的不透明度。

混合模式：选择棋盘与原图的混合方式。

“棋盘”效果演示如图 8-215 ~ 图 8-217 所示。

图 8-215

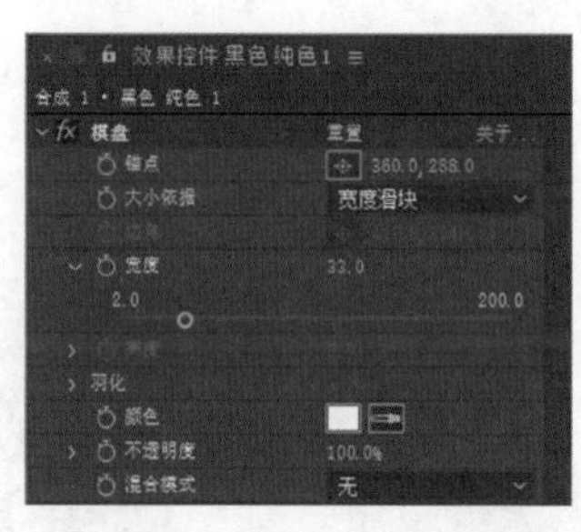

图 8-216

图 8-217

8.5 扭曲

“扭曲”效果组中的众多特效主要用来对图像进行扭曲变形，是很重要的一类画面特效，它可以对画面的形状进行校正，还可以使平常的画面变形为特殊的效果。

8.5.1 课堂案例——放射光芒

案例学习目标：学习使用“扭曲”效果组制作四射的光芒效果。

案例知识要点：使用“分形杂色”命令、“定向模糊”命令、“色相 / 饱和度”命令、“发光”命令、“极坐标”命令制作光芒特效。放射光芒效果如图 8-218 所示。

效果所在位置：云盘 \Ch08\ 放射光芒 \ 放射光芒 .aep。

图 8-218

（1）按 Ctrl+N 组合键，弹出“合成设置”对话框，在“合成设置”文本框中输入“最终效果”，其他选项的设置如图 8-219 所示，单击“确定”按钮，创建一个新的合成“最终效果”。

（2）选择“文件 > 导入 > 文件”命令，在弹出的“导入文件”对话框中，选择云盘中的“Ch08\ 放射光芒 \(Footage)\01.avi”文件，单击“导入”按钮，将素材导入“项目”面板中，如图 8-220 所示。

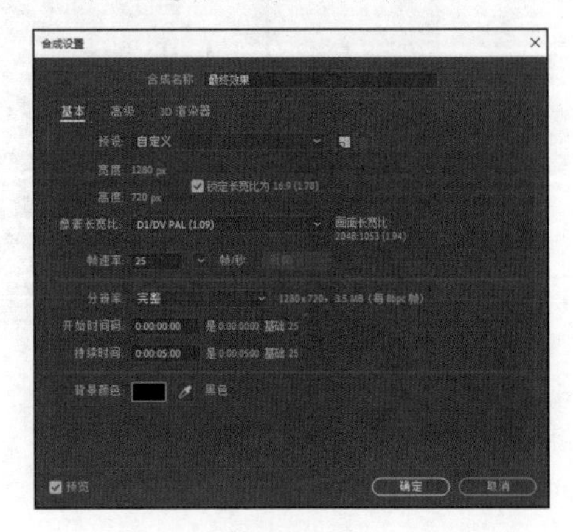

图 8-219

图 8-220

（3）在“项目”面板中，选中“01.avi”文件，将其拖曳到“时间轴”面板中，按 S 键，展开“缩放”属性，设置“缩放”选项的数值为 75.0,75.0%，如图 8-221 所示。“合成”预览面板中的效果如图 8-222 所示。

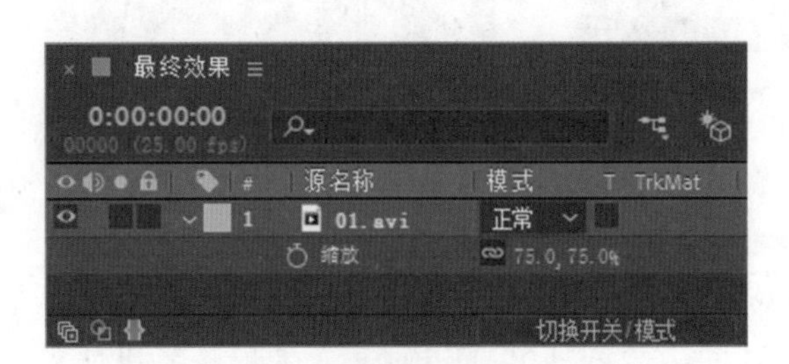

图 8-221

图 8-222

（4）选择“效果 > 颜色校正 > 色相 / 饱和度”命令，在“效果控件”面板中进行参数设置，如图 8-223 所示。“合成”预览面板中的效果如图 8-224 所示。

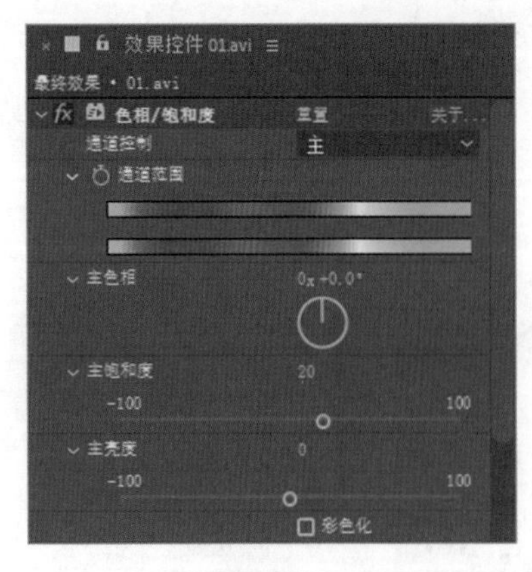

图 8-223

图 8-224

（5）选择“效果 > 颜色校正 > 色阶”命令，在“效果控件”面板中进行参数设置，如图 8-225 所示。“合成”预览面板中的效果如图 8-226 所示。

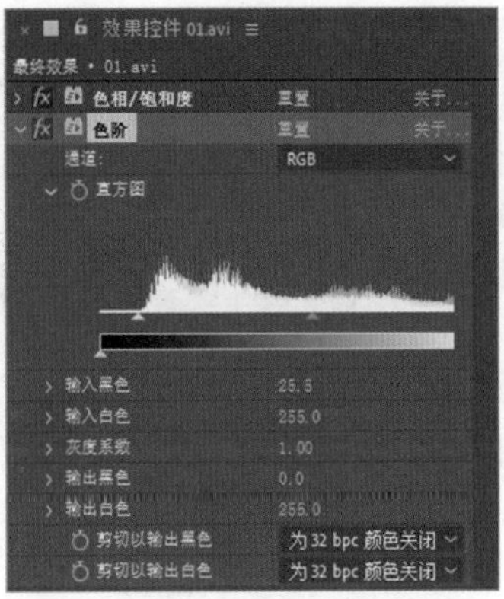

图 8-225

图 8-226

（6）选择“图层 > 新建 > 纯色”命令，弹出“纯色设置”对话框，在“名称”文本框中输入“放射光芒”，将“颜色”设置为黑色，单击“确定”按钮，在“时间轴”面板中新增一个黑色纯色层，如图 8-227 所示。

（7）选中“放射光芒”层，选择“效果 > 杂波和颗粒 > 分形杂色”命令，在“效果控件”面板中进行参数设置，如图 8-228 所示。“合成”预览面板中的效果如图 8-229 所示。

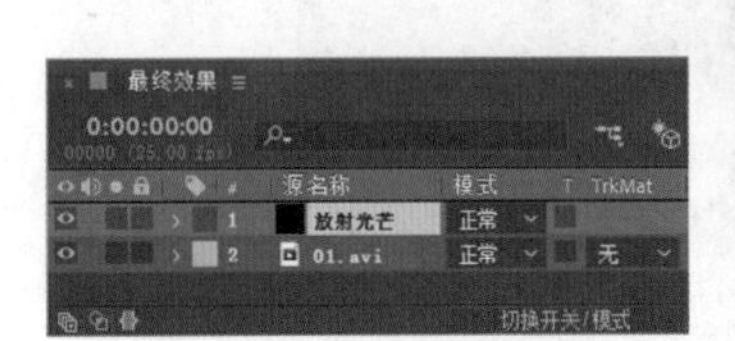

图 8-227

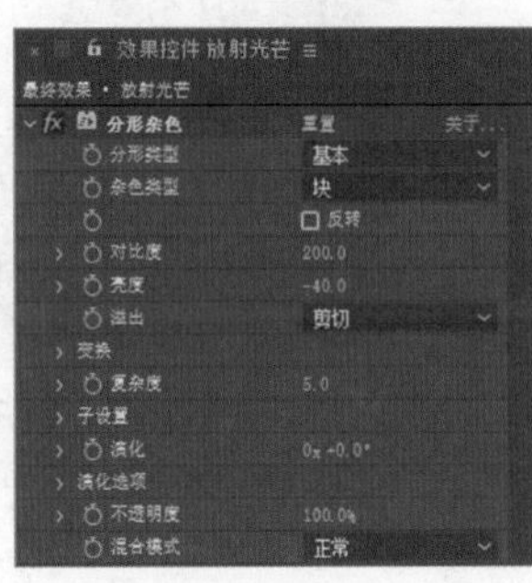

图 8-228

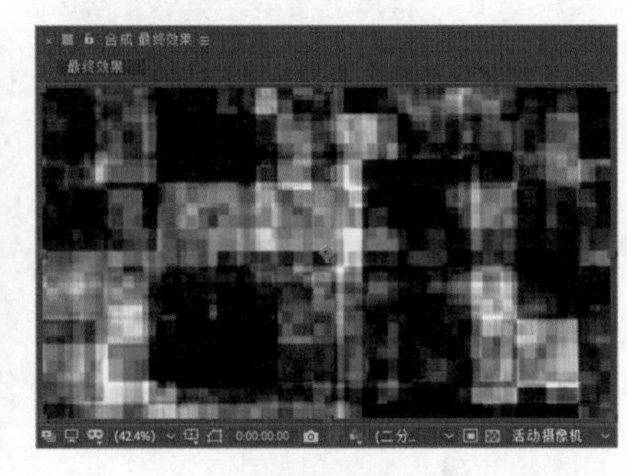

图 8-229

（8）将时间标签放置在 0:00:00:00 的位置，在“效果控件”面板中，单击“演化”选项左侧的“关键帧自动记录器”按钮⏱，如图 8-230 所示，记录第 1 个关键帧。将时间标签放置在 0:00:04:24 的位置，在“效果控件”面板中，设置“演化”选项的数值为 10x+0°，如图 8-231 所示，记录第 2 个关键帧。

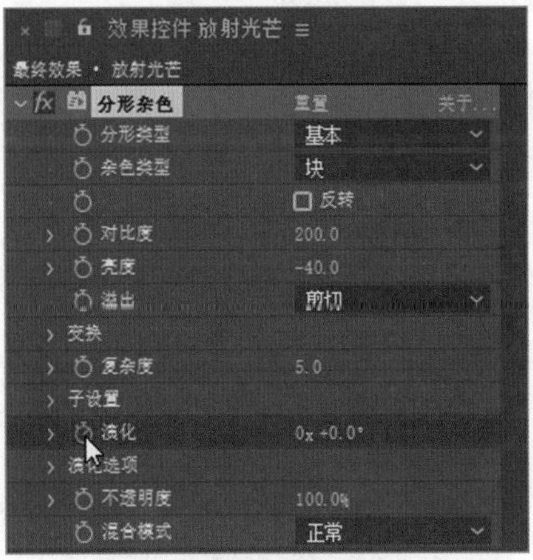

图 8-230

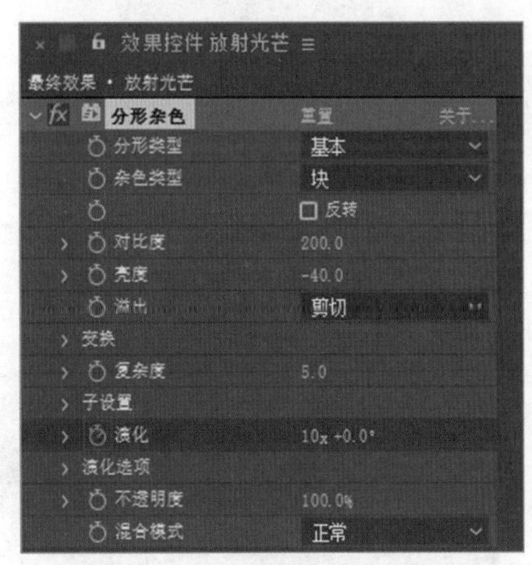

图 8-231

（9）将时间标签放置在 0:00:00:00 的位置，选中“放射光芒”层，选择“效果 > 模糊和锐化 > 定向模糊”命令，在“效果控件”面板中进行参数设置，如图 8-232 所示。“合成”预览面板中的效果如图 8-233 所示。

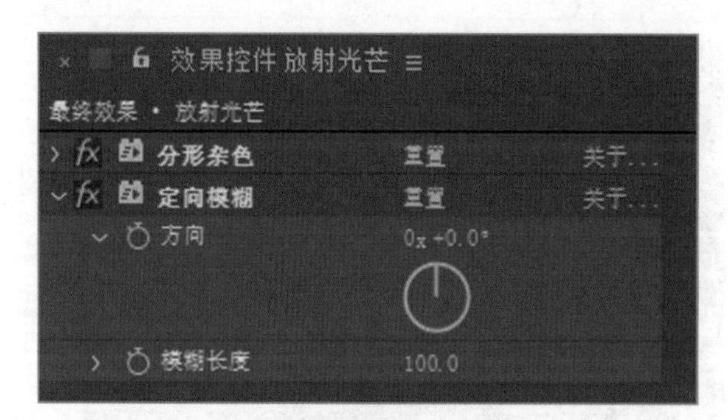

图 8-232

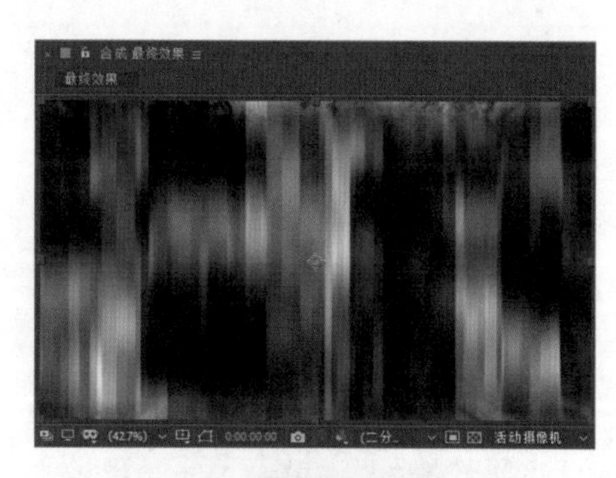

图 8-233

（10）选择“效果 > 颜色校正 > 色相 / 饱和度”命令，在“效果控件”面板中进行参数设置，如图 8-234 所示。“合成”预览面板中的效果如图 8-235 所示。

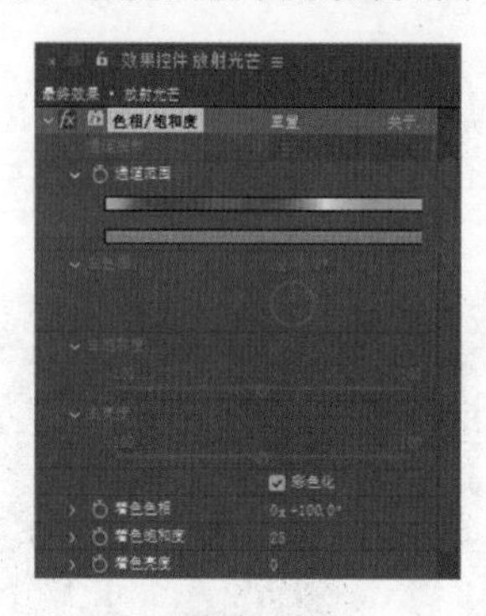

图 8-234

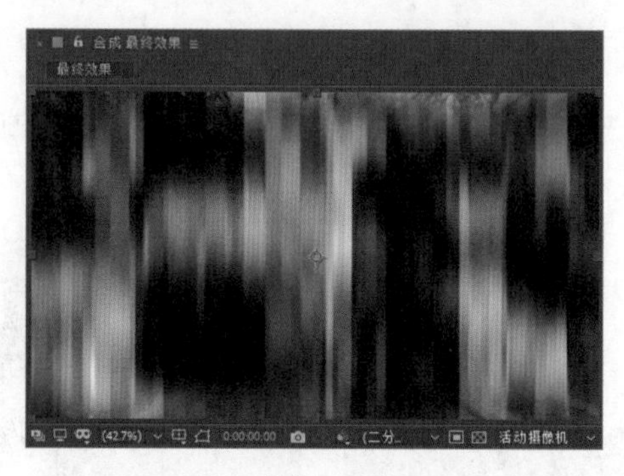

图 8-235

（11）选择“效果 > 风格化 > 发光”命令，在“效果控件”面板中，设置“颜色 A”为浅绿色（194、255、201），设置“颜色 B”为绿色（0、255、24），其他参数的设置如图 8-236 所示。“合成”预览面板中的效果如图 8-237 所示。

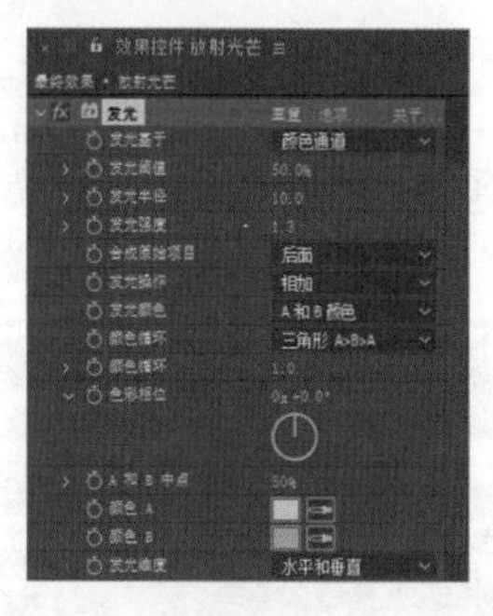

图 8-236

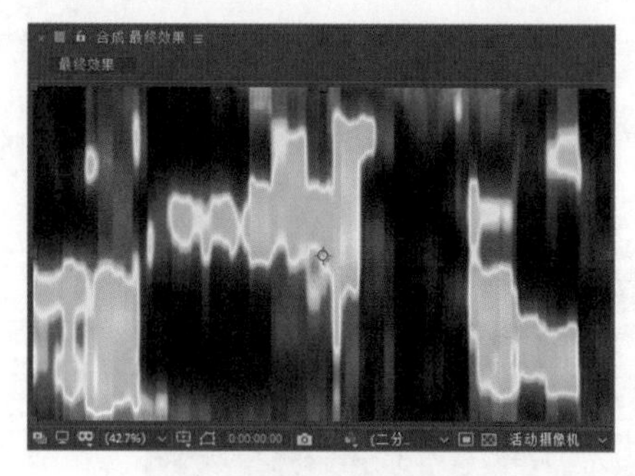

图 8-237

（12）选择“效果 > 扭曲 > 极坐标”命令，在“效果控件”面板中进行参数设置，如图 8-238 所示。“合成”预览面板中的效果如图 8-239 所示。

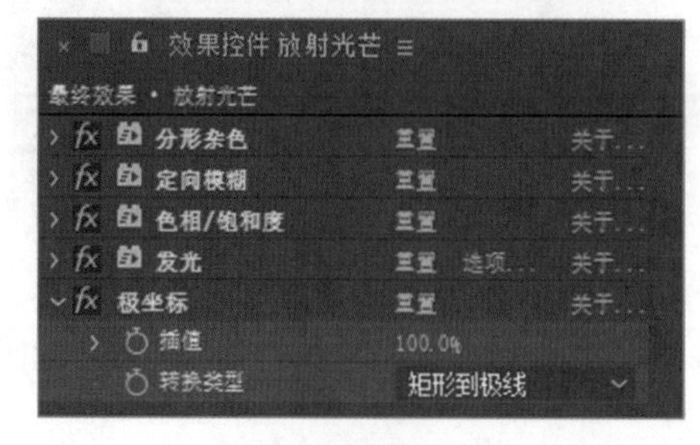

图 8-238

图 8-239

（13）在“时间轴”面板中，设置“放射光芒”层的混合模式为“相加”，如图 8-240 所示。放射光芒效果制作完成，如图 8-241 所示。

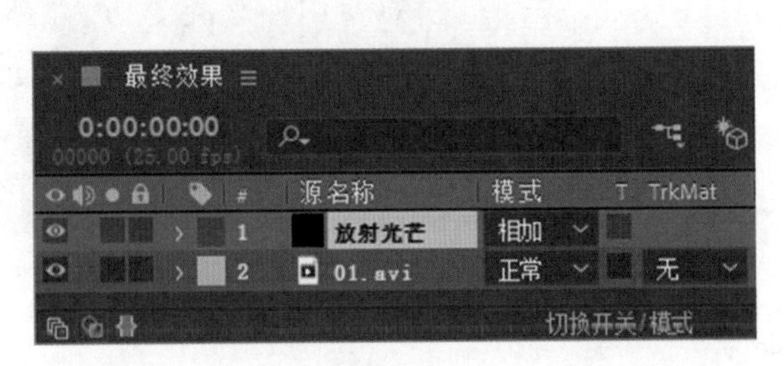

图 8-240

图 8-241

8.5.2 凸出

使用“凸出”效果可以模拟图像透过气泡或放大镜时所产生的放大效果，如图 8-242 所示，其各参数介绍如下。

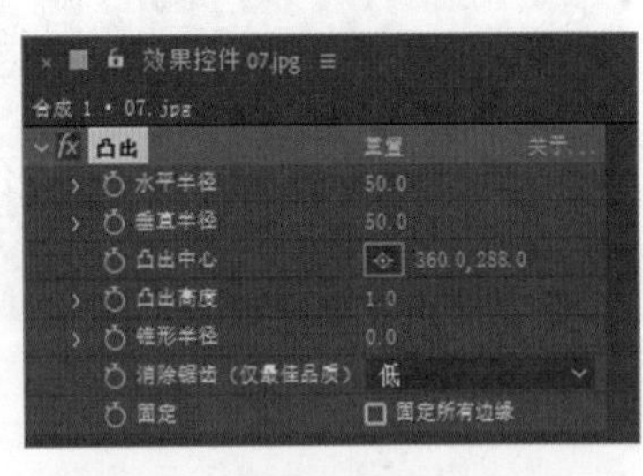

图 8-242

水平半径： 用于设置膨胀镜效果的水平半径大小。

垂直平径： 用于设置膨胀效果的垂直半径大小。

凸出中心： 用于设置膨胀效果的中心定位点。

凸出高度： 用于膨胀程度的设置。正值时为膨胀，负值时为收缩。

锥形半径： 用于设置膨胀边界的锐利程度。

消除锯齿（仅最佳品质）： 反锯齿设置，只用于最高质量。

固定所有边缘： 勾选此复选框可固定住所有边界。

“凸出”效果演示如图 8-243 ~ 图 8-245 所示。

图 8-243

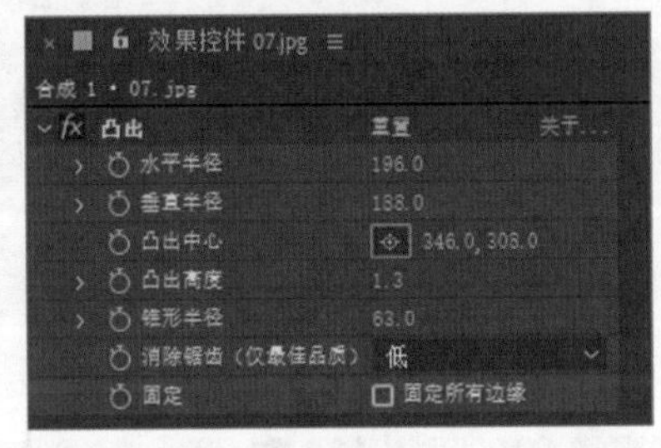

图 8-244

图 8-245

8.5.3 边角定位

使用“边角定位”效果可通过改变 4 个角的位置来使图像变形，根据需要来定位。它既可以拉伸、收缩、倾斜和扭曲图形，也可以用来模拟透视效果，还可以和运动蒙版层相结合，形成画中画的效果，如图 8-246 所示，其参数介绍如下。

左上： 用于设置左上定位点。

右上： 用于设置右上定位点。

左下： 用于设置左下定位点。

右下： 用于设置右下定位点。

“边角定位”效果演示如图 8-247 所示。

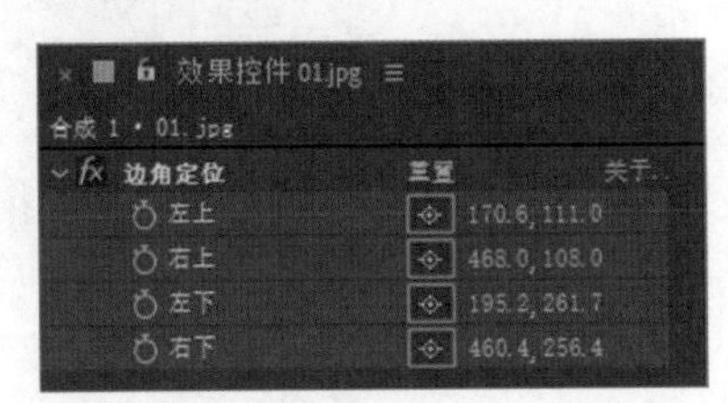

图 8-246

图 8-247

8.5.4 网格变形

“网格变形”效果的原理是使用网格化的曲线切片控制图像的变形区域。对于网格变形的效果控制，确定好网格数量之后，更多的是在合成图像中通过光标拖曳网格的节点来完成，如图 8-248 所示，其各参数介绍如下。

行数：用于设置行数。

列数：用于设置列数。

品质：用于设置变形品质，可以弹性设置。

扭曲网格：用于改变分辨率，在行列数发生变化时显示。如果要调整显示更细微的效果，可以增加行 / 列数（控制节点）。

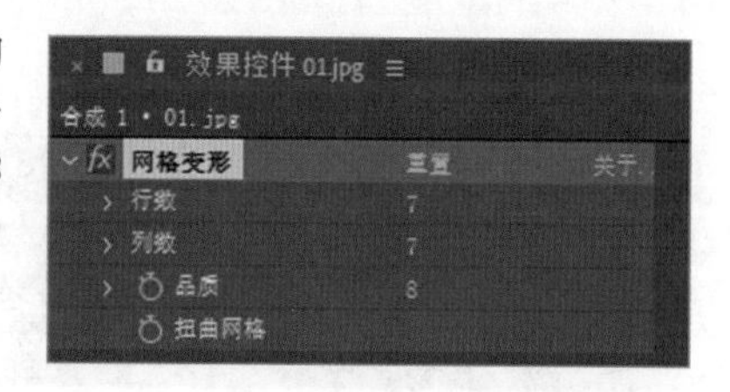

图 8-248

“网格变形”效果演示如图 8-249 ~ 图 8-251 所示。

图 8-249

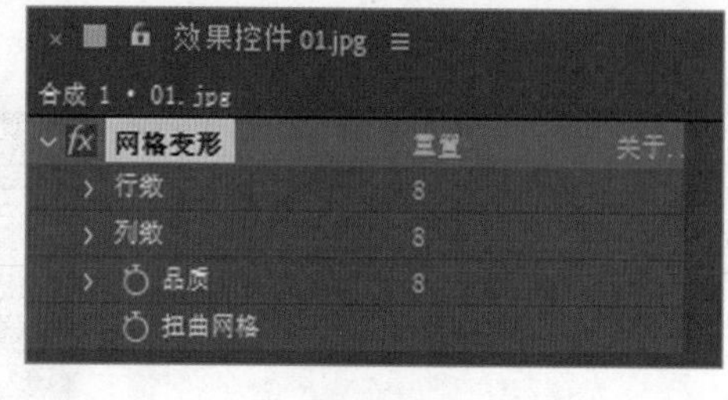

图 8-250

图 8-251

8.5.5 极坐标

“极坐标”效果用于将图像的直角坐标转化为极坐标，以产生扭曲效果，如图 8-252 所示，其各参数介绍如下。

插值：设置扭曲程度。

变换类型：用于设置转换类型。“极线到矩形”表示将极坐标转化为直角坐标，“矩形到极线”表示将直角坐标转化为极坐标。

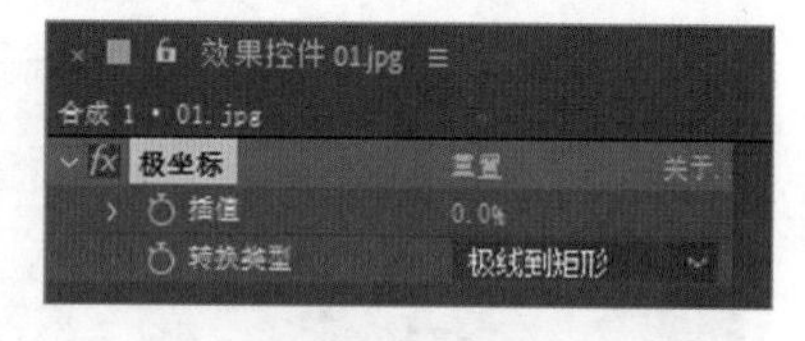

图 8-252

“极坐标”效果演示如图 8-253 ~ 图 8-255 所示。

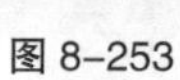

图 8-253

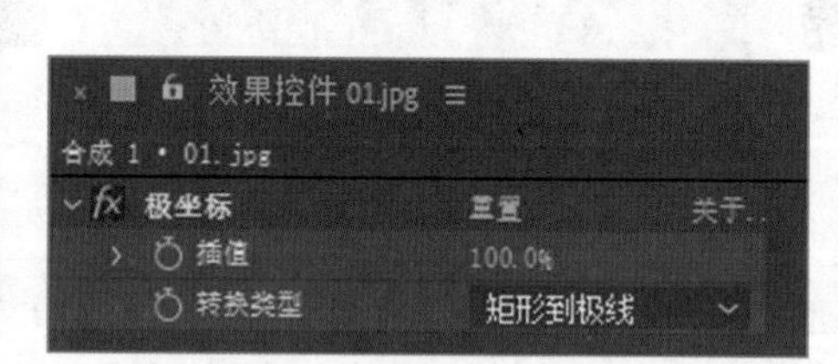

图 8-254

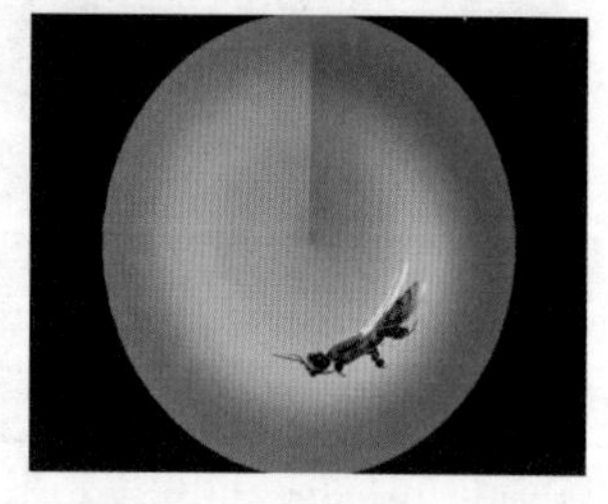

图 8-255

8.5.6 置换图

“置换图”效果实质上是用另一张作为映射层的图像的像素来置换原图像像素，通过映射的像素颜色值对本层变形，变形方向分水平和垂直两个方向，如图 8-256 所示，其各参数介绍如下。

置换图层：用于选择作为映射层的图像名称。

用于水平置换 / 用于垂直置换：调节水平或垂直方向的通道，默认值范围为 -100 ~ 100。

最大水平置换 \ 最大垂直置换：用于调节映射层的水平或垂直位置，在水平方向上，数值为负数表示向左移动，正数为向右移动；在垂直方向上，数值为负数表示向下移动，正数表示向上移动，默认数值范围为 -100 ~ 100。

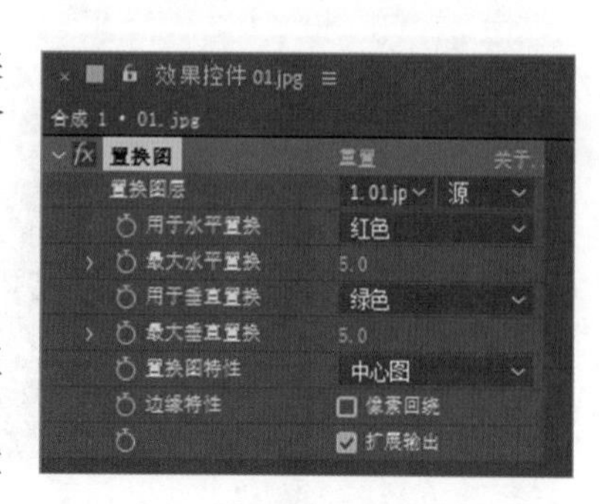

图 8-256

置换图特性：用于选择映射方式。

边缘特性：用于设置边缘行为。

像素回绕：勾选此复选框，可锁定边缘像素。

扩展输出：勾选此复选框，表示将设置特效伸展到原图像边缘外。

“置换图”效果演示如图 8-257 ~ 图 8-259 所示。

图 8-257

图 8-258

图 8-259

8.6 杂波和颗粒

使用“杂波和颗粒”效果组中的众多特效可以为素材设置噪波或颗粒效果，通过它可分散素材或使素材的形状产生变化。

8.6.1 课堂案例——降噪

案例学习目标：学习使用噪波和颗粒滤镜制作降噪效果。

案例知识要点：使用“移除颗粒”命令、“色阶”命令修饰照片；使用“曲线”命令调整图片曲线。降噪效果如图 8-260 所示。

效果所在位置：云盘 \Ch08\ 降噪 \ 降噪 . aep。

扫码观看
本案例视频

图 8-260

（1）按 Ctrl+N 组合键，弹出“合成设置”对话框，在“合成设置”文本框中输入“最终效果”，其他选项的设置如图 8-261 所示，单击“确定”按钮，创建一个新的合成“最终效果”。

（2）选择“文件 > 导入 > 文件”命令，在弹出的“导入文件”对话框中，选择云盘中的“Ch08\ 降噪 \(Footage)\01.jpg”文件，单击“导入”按钮，将素材导入“项目”面板中并将其拖曳到“时间轴”面板中，如图 8-262 所示。

图 8-261

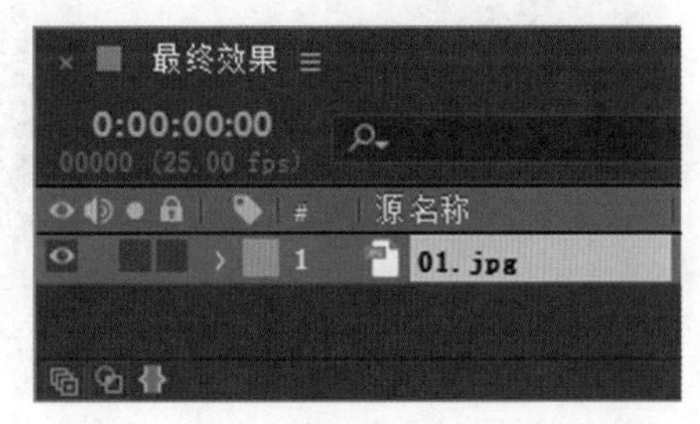

图 8-262

（3）选中“01.jpg”层，选择“效果 > 杂波和颗粒 > 移除颗粒”命令，在“效果控件”面板中进行参数设置，如图 8-263 所示。“合成”预览面板中的效果如图 8-264 所示。

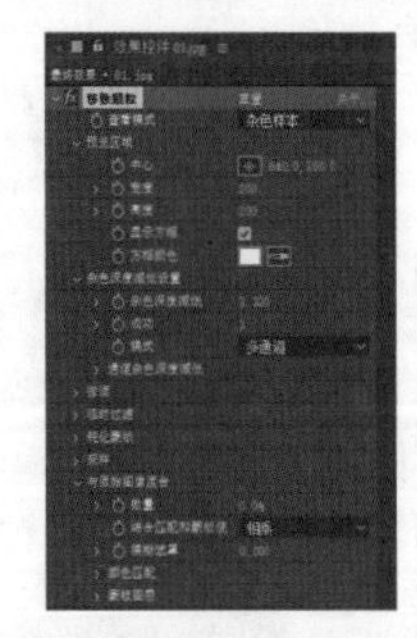

图 8-263

图 8-264

（4）在“效果控件”面板中的“查看模式”下拉列表中选择“最终输出”选项，如图 8-265 所示。“合成”预览面板中的效果如图 8-266 所示。

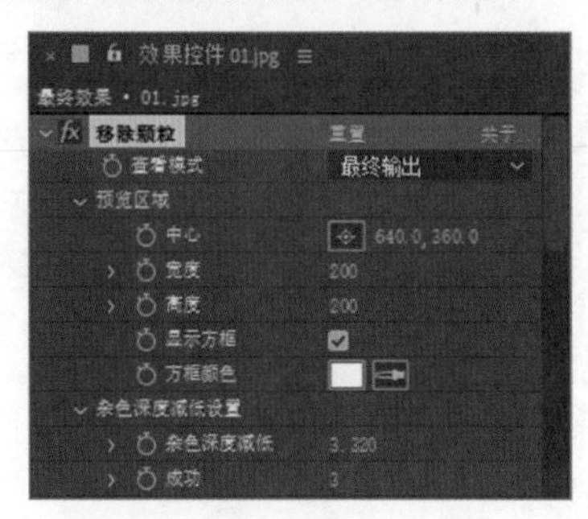

图 8-265

图 8-266

（5）选择“效果 > 颜色校正 > 色阶”命令，在“效果控件”面板中进行参数设置，如图 8-267 所示。“合成”预览面板中的效果如图 8-268 所示。

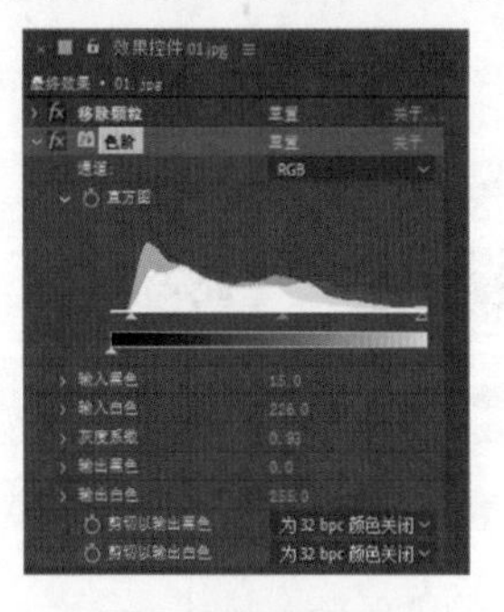

图 8-267

图 8-268

（6）选择“效果 > 颜色校正 > 曲线”命令，在“效果控件”面板中调整曲线，如图 8-269 所示。降噪效果制作完成，如图 8-270 所示。

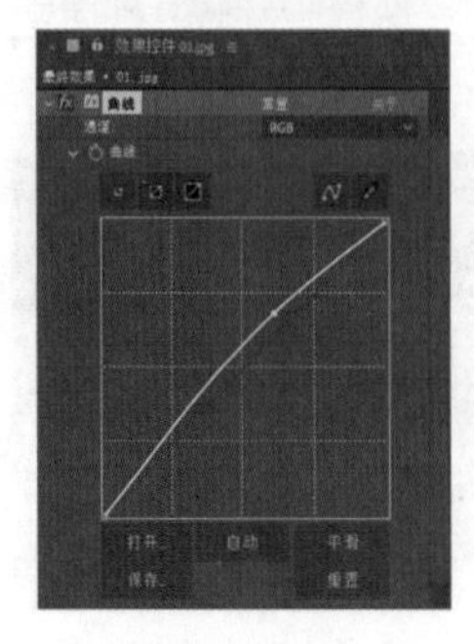

图 8-269

图 8-270

8.6.2 分形杂色

使用“分形杂色”效果可以模拟烟、云、水流等纹理图案，如图 8-271 所示，其各参数介绍如下。

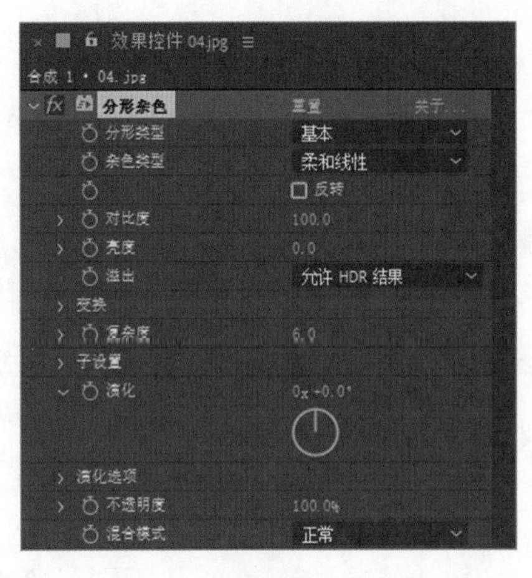

图 8-271

分形类型：用于选择分形类型。

杂色类型：用于选择杂波的类型。

反转：用于反转图像的颜色，可将黑色和白色反转。

对比度：用于调节生成杂波图像的对比度。

亮度：用于调节生成杂波图像的亮度。

溢出：用于选择杂波图案的比例、旋转和偏移等。

复杂度：用于设置杂波图案的复杂程度。

子设置：可进行杂波的子分形变化的相关设置（如子分形影响力、子分形缩放等）。

演化：用于控制杂波的分形变化相位。

演化选项：用于控制分形变化的一些设置（循环、随机种子等）。

不透明度：用于设置所生成的杂波图像的不透明度。

混合模式：用于选择生成的杂波图像与原素材图像的叠加模式。

“分形杂色”效果演示如图 8-272 ~ 图 8-274 所示。

图 8-272

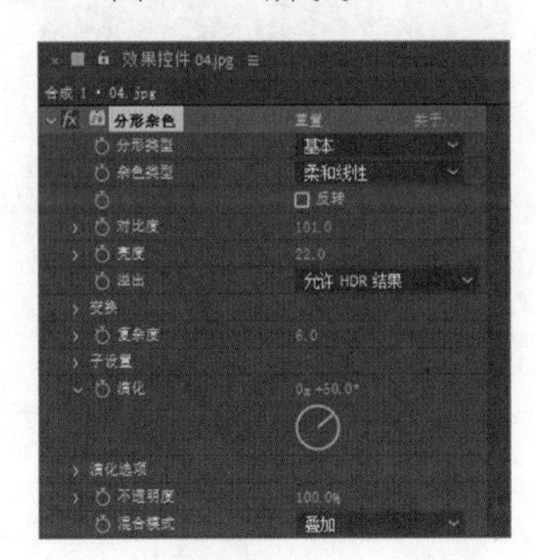

图 8-273

图 8-274

8.6.3 中间值（旧版）

利用“中间值（旧版）”效果可使用指定半径范围内像素的平均值来取代像素值。指定较低数值的时候，该效果可以用来减少画面中的杂点；取较高数值的时候，会产生一种绘画效果，其设置如图 8-275 所示，各参数介绍如下。

图 8-275

半径：用于指定像素半径。

在 Alpha 通道上运算：勾选此复选框，表示将特效应用于 Alpha 通道。

“中间值（旧版）”效果演示如图 8-276 ~ 图 8-278 所示。

图 8-276

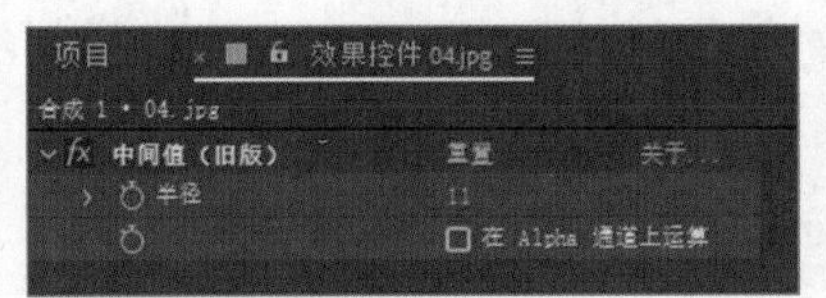

图 8-277

图 8-278

8.6.4 移除颗粒

利用“移除颗粒”效果可以移除杂点或颗粒，如图 8-279 所示，其各参数介绍如下。

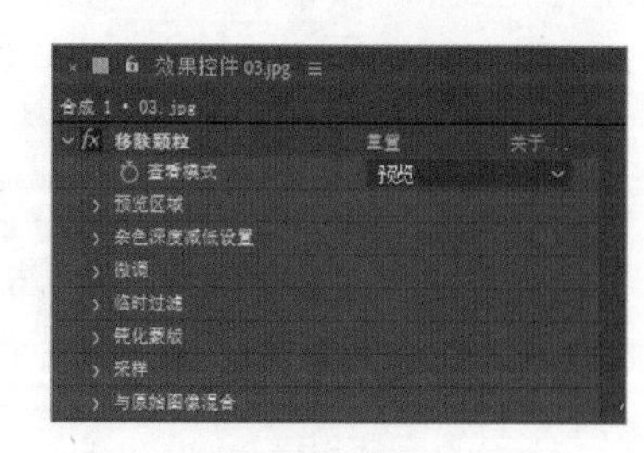

图 8-279

查看模式：用于设置产看的模式，有预览、杂波采样、混合蒙版、最终输出 4 种。

预览区域：用于设置预览区域的大小、位置等。

杂波深度减低设置：用于对杂点或噪波进行设置。

微调：用于对材质、尺寸、色泽等进行精细的设置。

临时过滤：选择是否开启实时过滤。

钝化蒙版：设置反锐化遮罩。

采样：用于设置各种采样情况、采样点等参数。

与原始图像混合：用于混合原始图像。

“移除颗粒”效果演示如图 8-280 ~ 图 8-282 所示。

图 8-280

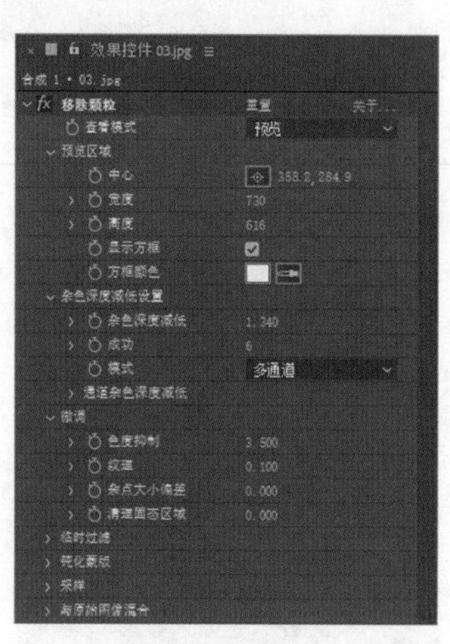

图 8-281

图 8-282

8.7 模拟

“模拟”效果组有卡片舞蹈、水波世界、泡沫、焦散、碎片和粒子运动几种效果，这些效果功能强大，可以用来设置多种逼真的效果，不过其参数项较多，设置也比较复杂。

8.7.1 课堂案例——气泡效果

案例学习目标：学习使用“泡沫”命令制作气泡。

案例知识要点：使用“泡沫”命令制作气泡并编辑属性。气泡效果如图 8-283 所示。

效果所在位置：云盘 \Ch08\ 气泡效果 \ 气泡效果 .aep。

图 8-283

扫码观看
本案例视频

扫码查看
扩展案例

（1）按 Ctrl+N 组合键，弹出“合成设置”对话框，在“合成名称”文本框中输入“最终效果”，其他选项的设置如图 8-284 所示，单击“确定”按钮，创建一个新的合成“最终效果”。

（2）选择“文件 > 导入 > 文件”命令，在弹出的“导入文件”对话框中，选择云盘中的“Ch08 \ 气泡效果 \ (Footage) \ 01.jpg”文件，单击“导入”按钮，将背景图片导入“项目”面板中，并将其拖曳到“时间轴”面板中。选中“01.jpg”层，按 Ctrl+D 组合键复制图层，如图 8-285 所示。

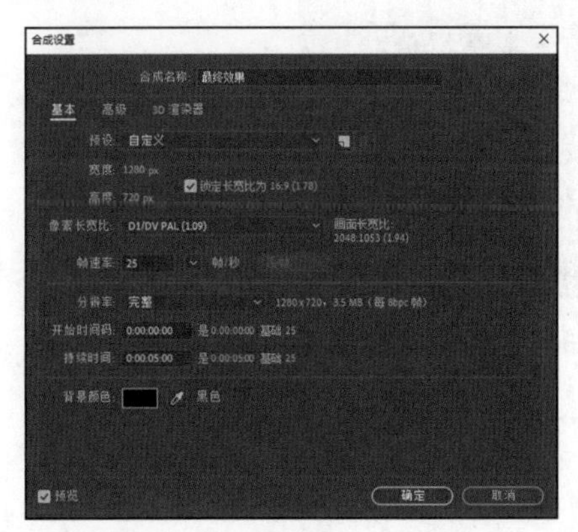

图 8-284

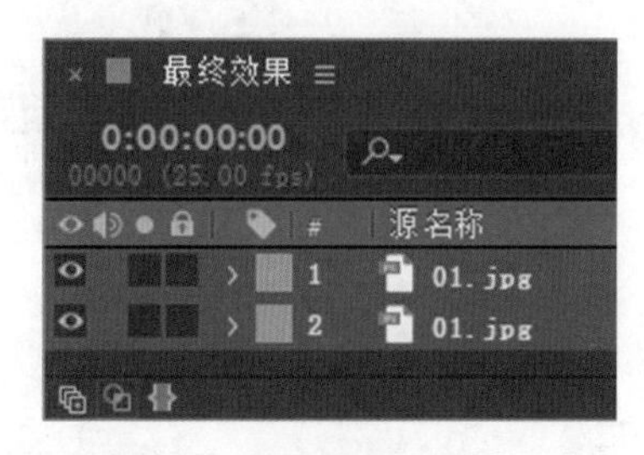

图 8-285

（3）选中图层 1，选择“效果 > 模拟 > 泡沫”命令，在“效果控件”面板中进行参数设置，如图 8-286 所示。

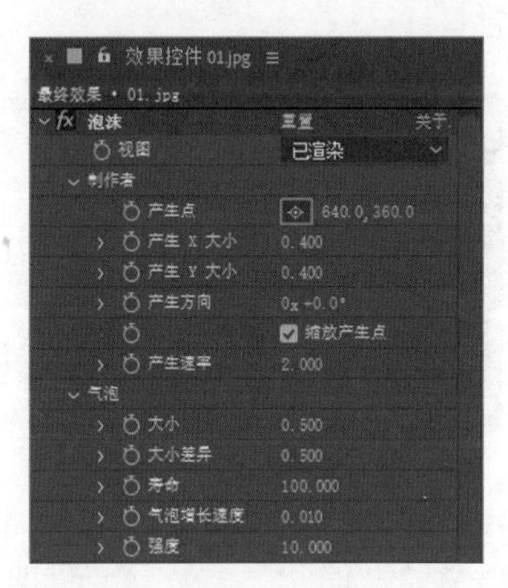

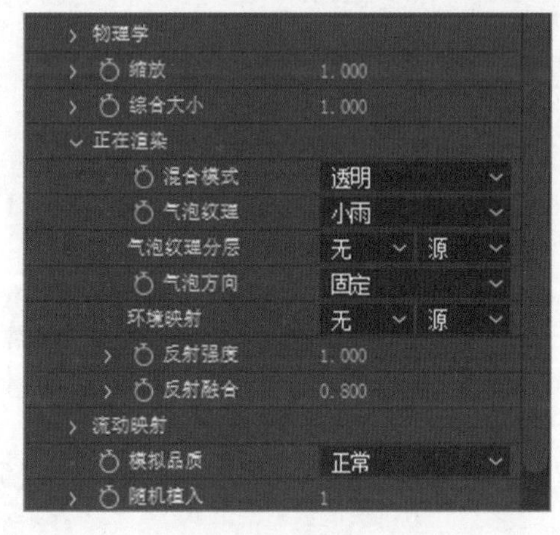

图 8-286

（4）将时间标签放置在 0:00:00:00 的位置，在“效果控件”面板中，单击“强度”选项左侧的“关键帧自动记录器”按钮，如图 8-287 所示，记录第 1 个关键帧。将时间标签放置在 0:00:04:24 的位置，在“效果控件”面板中，设置“强度”选项的数值为 0.000，如图 8-288 所示，记录第 2 个关键帧。

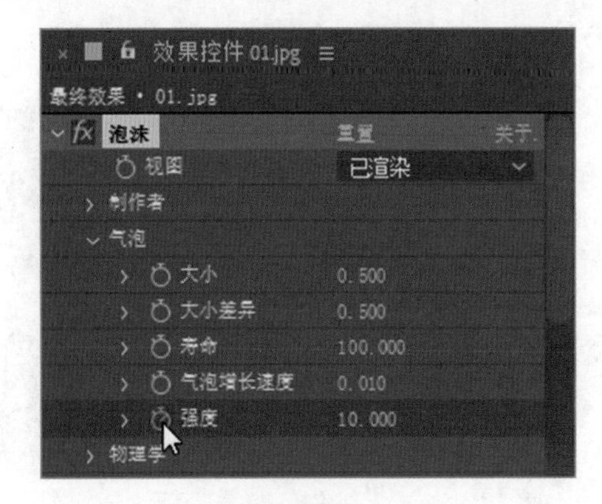

图 8-287

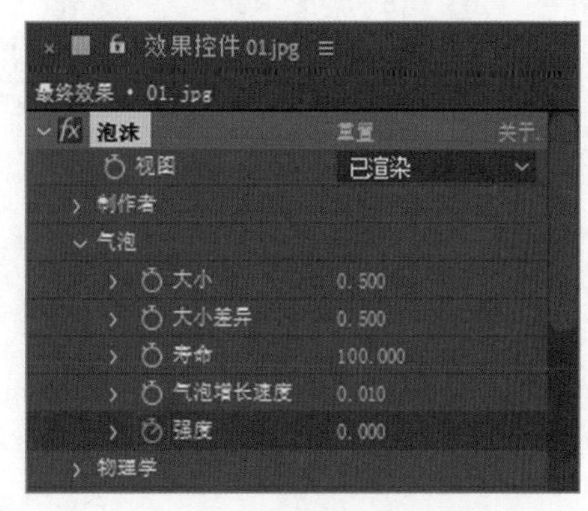

图 8-288

（5）气泡效果制作完成，如图 8-289 所示。

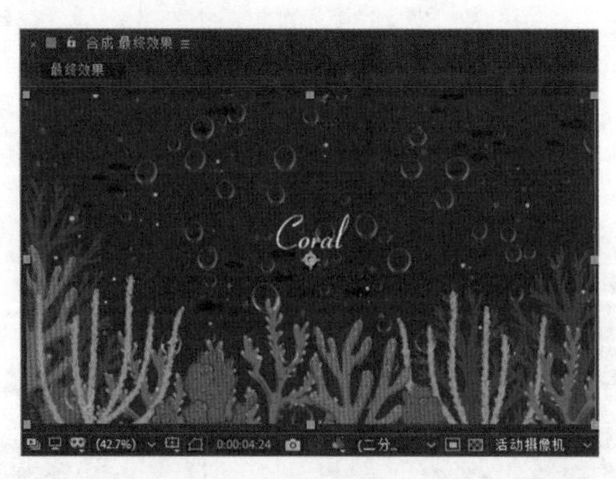

图 8-289

8.7.2 泡沫

“泡沫”效果参数设置如图 8-290 所示，其参数介绍如下。

视图：在该下拉列表中，可以选择气泡效果的显示方式。“草图”方式以草图模式渲染气泡效果，虽然不能在该方式下看到气泡的最终效果，但是可以预览气泡的运动方式和设置状态，该方式计算非常快速。为特效指定影响通道后，使用“草图 + 流动映射”方式可以看到指定的影响对象。在“已渲染”方式下可以预览气泡的最终效果，但是计算速度相对较慢。

制作者：用于设置气泡粒子发射器的相关参数，如图 8-291 所示，其各参数介绍如下。

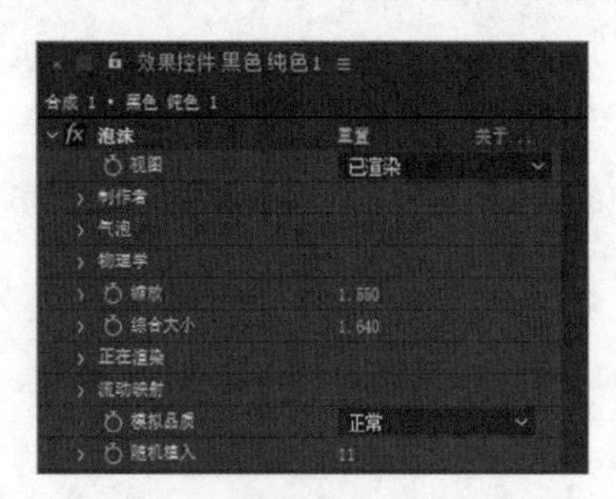

图 8-290

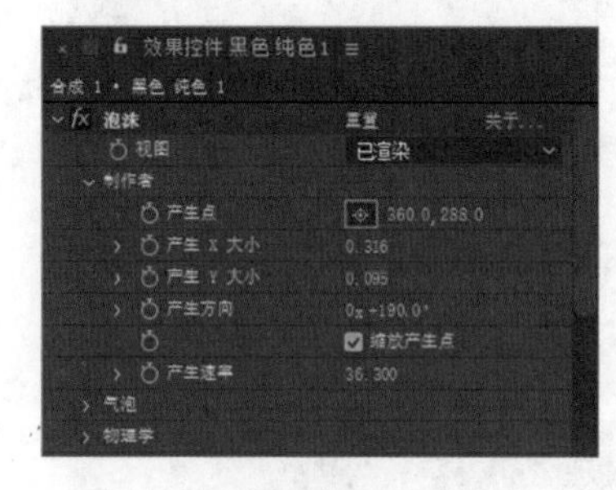

图 8-291

产生点：用于控制发射器的位置。所有的气泡粒子都由发射器产生，就好像在水枪中喷出气泡一样。

产生 *X/Y* 大小：分别控制发射器的大小。在“草稿”或“草稿 + 流动映射”方式下预览效果时，可以观察发射器。

产生方向：用于旋转发射器，使气泡产生旋转效果。

缩放产生点：勾选该复选框可缩放发射器位置。如不选择此项，则系统默认以发射效果点为中心缩放发射器的位置。

产生速率：用于控制发射速度。一般情况下，数值越高，发射速度越快，单位时间内产生的气泡粒子也越多。当数值为 0 时，不发射粒子。系统发射粒子时，在特效的开始位置，粒子数目为 0。

气泡：可对气泡粒子的大小、寿命以及强度进行控制，如图 8-292 所示，其参数介绍如下。

大小：用于控制气泡粒子的尺寸。数值越大，每个气泡粒子越大。

大小差异：用于控制粒子的大小差异。数值越高，每个粒子的大小差异越大。数值为 0 时，每个粒子的最终大小相同。

寿命：用于控制每个粒子的生命值。每个粒子在发射产生后，最终都会消失。生命值即粒子从产生到消亡的时间。

气泡增长速度：用于控制每个粒子生长的速度，即粒子从产生到最终大小的时间。

强度：用于控制粒子效果的强度。

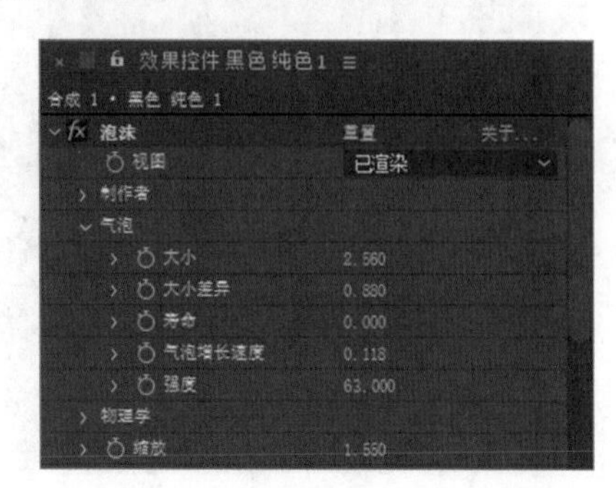

图 8-292

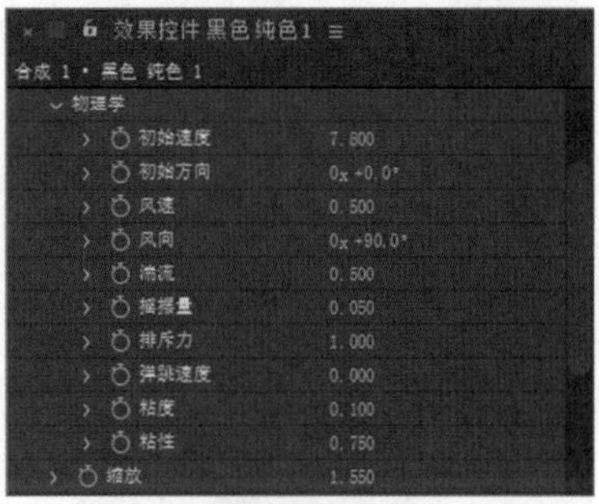

物理学：该参数影响粒子运动因素，如初始速度、风速、湍流及摇摆量等，如图 8-293 所示。

初始速度：用于控制粒子特效的初始速度。

初始方向：用于控制粒子特效的初始方向。

风速：用于控制影响粒子的风速，效果就像一阵风吹动粒子一样。

风向：用于控制风的方向。

湍流：用于控制粒子的混乱度。该数值越大，粒子运动越混乱，同时向四周发散；数值较小，则粒子运动较为有序和集中。

摇摆量：用于控制粒子的摇摆强度。数值较大时，粒子会产生摇摆变形。

排斥力：用于在粒子间产生排斥力。数值越大，粒子间的排斥性越强。

图 8-293

弹跳速度：用于控制粒子的总速率。

粘度：用于控制粒子的紧密程度。数值越小，粒子堆砌得越紧密。

粘性：用于控制粒子间的黏着程度。

缩放：用于对粒子效果进行缩放。

综合大小：控制粒子效果的综合尺寸。在“草图”或“草图 + 流动映射”方式下预览效果时，可以观察综合尺寸范围框。

正在渲染：该参数栏控制粒子的渲染属性，如混合模式、气泡纹理及反射强度等。该参数栏的设置效果仅在“渲染”方式下才能看到。参数设置如图 8-294 所示，其各参数介绍如下。

混合模式：用于控制粒子间的融合模式。在“透明”模式下，粒子与粒子间进行透明叠加。

气泡纹理：可在该下拉列表中选择气泡粒子的材质。

气泡纹理分层：除了系统预制的粒子材质外，还可以指定合成图像中的一个层作为粒子材质。指定层作为粒子材质必须先在“气泡纹理”下拉列表中将粒子材质设置为“Use Defined”才行，该层可以是一个动画层，粒子将使用其动画材质。

气泡方向：可在该下拉列表中设置气泡的方向。可以使用默认的坐标，也可以使用物理参数控制方向，还可以根据气泡产生速率进行控制。

环境映射：设置后，所有的气泡粒子都可以对周围的环境进行反射。可以在该下拉列表中指定气泡粒子的反射层。

反射强度：用于控制反射的强度。

反射融合：用于控制反射的融合度。

流动映射：可以在该参数栏中指定一个层来影响粒子效果。在“流动映射”下拉列表中，可以选择对粒子效果产生影响的目标层。选择目标层后，在“草图 + 流动映射”方式下可以看到流动映射，如图 8-295 所示。

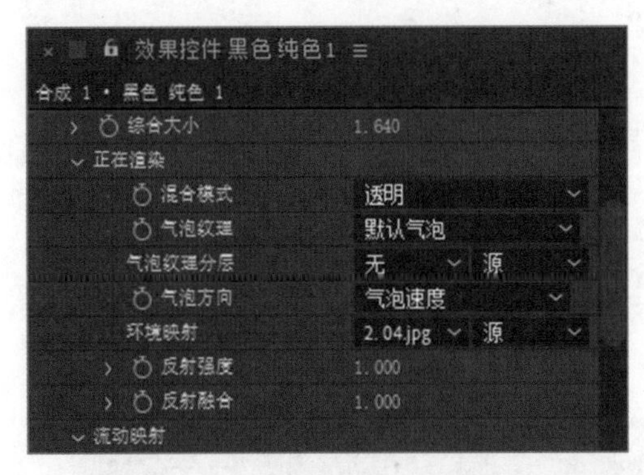

图 8-294

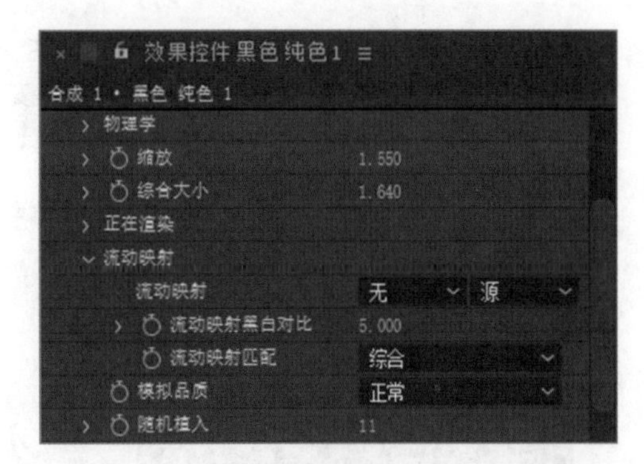

图 8-295

流动映射黑白对比：用于控制参考图对粒子的影响。

流动映射匹配：在该下拉列表中，可以设置参考图的大小。可以使用合成图像屏幕大小和粒子效果的总体范围大小。

模拟品质：在该下拉列表中，可以设置气泡粒子的仿真质量。

“泡沫”效果演示如图 8-296 ~ 图 8-298 所示。

图 8-296

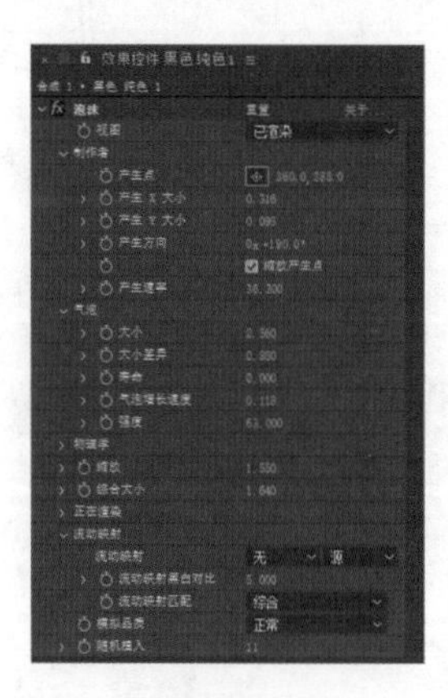

图 8-297

图 8-298

8.8 风格化

使用“风格化”效果组中的特效可以模拟一些实际的绘画效果，或为画面提供某种风格化效果。

8.8.1 课堂案例——手绘效果

案例学习目标： 学习使用“查找边缘”命令制作手绘效果。

案例知识要点： 使用“查找边缘”命令、“色阶”命令、“照片滤镜”命令制作手绘效果。手绘效果如图 8-299 所示。

效果所在位置： 云盘 \Ch08\ 手绘效果 \ 手绘效果 .aep。

扫码查看
扩展案例

图 8-299

（1）按 Ctrl+N 组合键，弹出“合成设置”对话框，在“合成名称”文本框中输入“最终效果”，其他选项的设置如图 8-300 所示，单击“确定”按钮，创建一个新的合成“最终效果”。

（2）选择“文件 > 导入 > 文件”命令，在弹出的“导入文件”对话框中，选择云盘中的“Ch08\ 手绘效果 \(Footage)\01.avi”文件，单击“导入”按钮，导入视频。在“项目”面板中选中“01.avi”文件并将其拖曳到“时间轴”面板中，如图 8-301 所示。

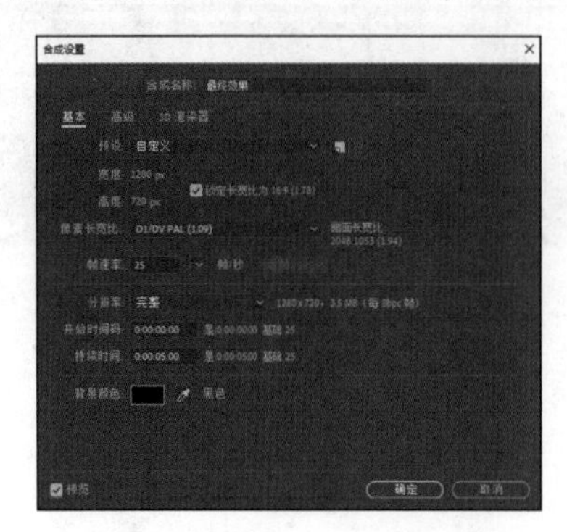

图 8-300

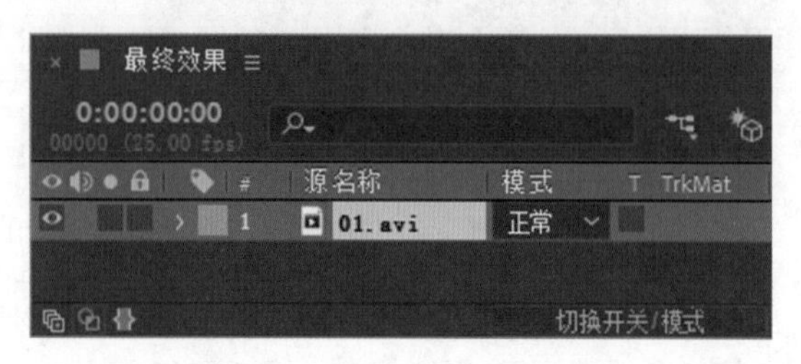

图 8-301

（3）选中“01.avi”层，按S键，展开“缩放”属性，设置“缩放”选项的数值为75.0,75.0%，如图8-302所示。“合成”预览面板中的效果如图8-303所示。

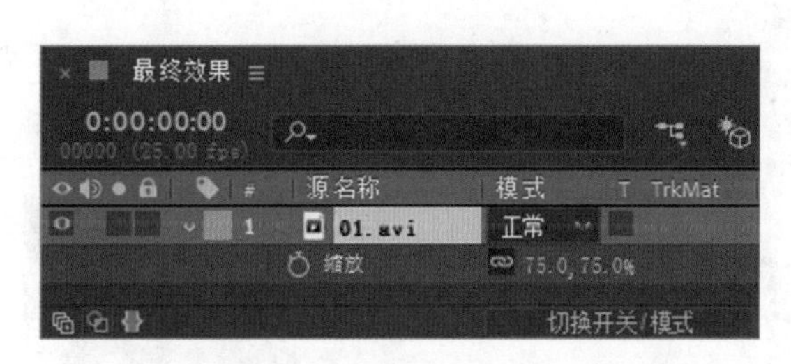

图8-302

图8-303

（4）按Ctrl+D组合键，复制图层，如图8-304所示。选择图层1，按T键，展开“不透明度”属性，设置“不透明度”选项的数值为70.0%，如图8-305所示。

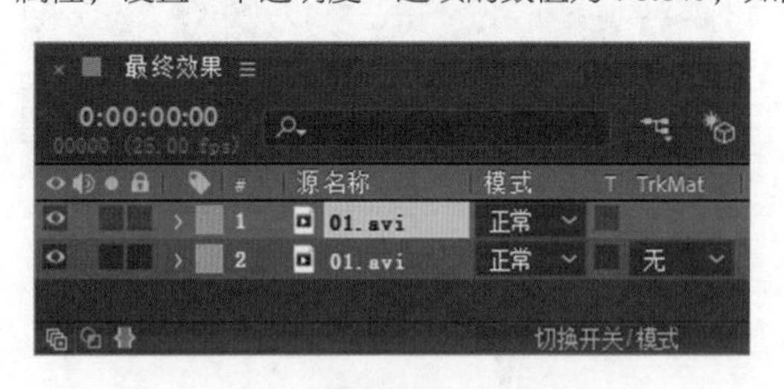

图8-304

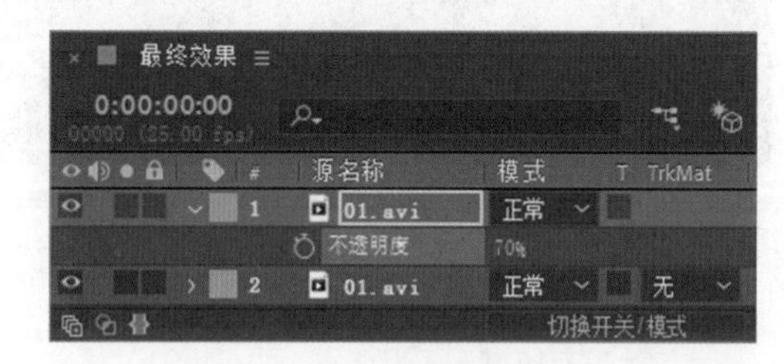

图8-305

（5）选择图层1，选择“效果 > 风格化 > 查找边缘”命令，在“效果控件”面板中进行参数设置，如图8-306所示。“合成”预览面板中的效果如图8-307所示。

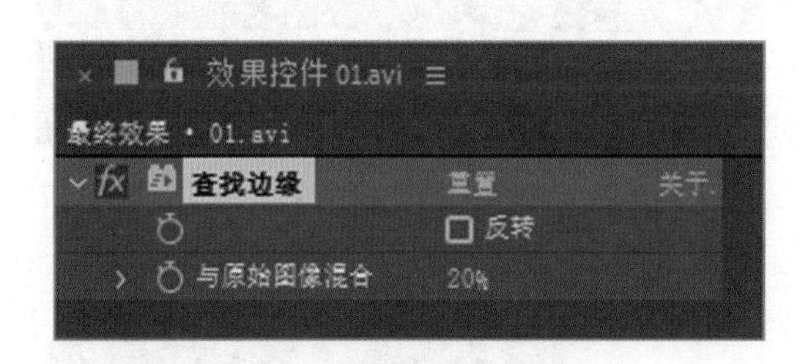

图8-306

图8-307

（6）将时间标签放置在0:00:02:00的位置，在“效果控件”面板中，单击“与原始图像混合”选项左侧的“关键帧自动记录器”按钮，如图8-308所示，记录第1个关键帧。将时间标签放置在0:00:04:00的位置，在“效果控件”面板中，将“与原始图像混合”选项的数值设为80.0%，如图8-309所示，记录第2个关键帧。

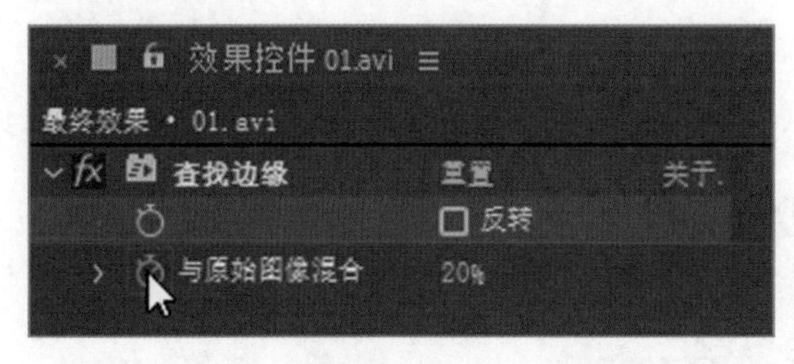

图8-308

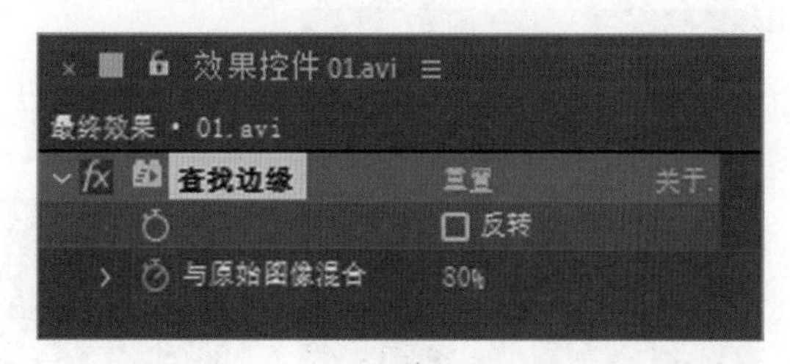

图8-309

（7）选择“效果 > 颜色校正 > 色阶”命令，在“效果控件”面板中进行参数设置，如图 8-310 所示。“合成”预览面板中的效果如图 8-311 所示。

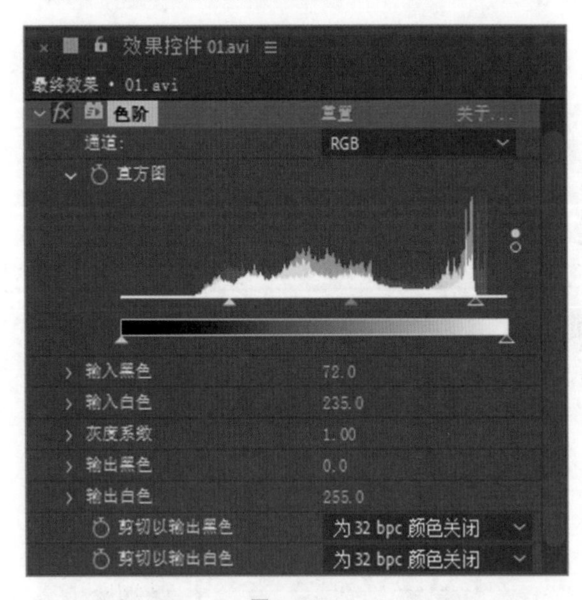

图 8-310

图 8-311

（8）选择“效果 > 颜色校正 > 照片滤镜”命令，在“效果控件”面板中进行参数设置，如图 8-312 所示。“合成”预览面板中的效果如图 8-313 所示。手绘效果制作完成。

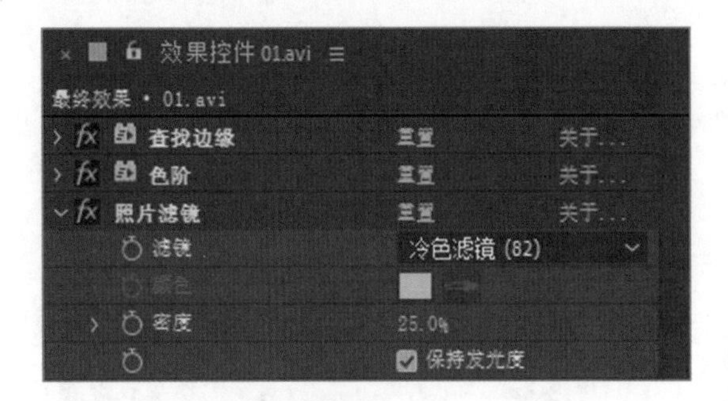

图 8-312

图 8-313

8.8.2 查找边缘

使用“查找边缘”效果便可通过强化过渡像素来产生彩色线条，如图 8-314 所示，其各参数介绍如下。

反转：勾选该复选框，表示反向勾边结果。

与原始图像混合：用于设置和原始素材图像的混合比例。

“查找边缘”效果演示如图 8-315 ~图 8-317 所示

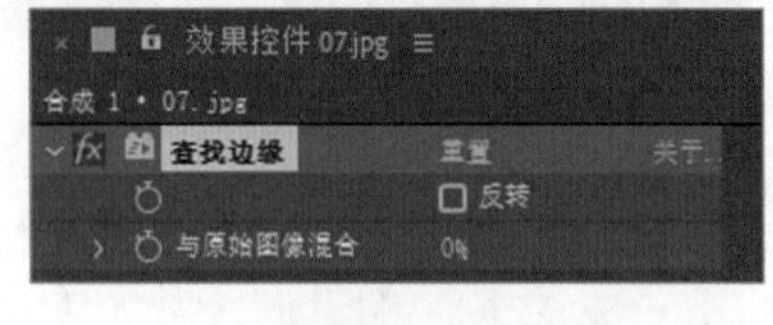

图 8-314

图 8-315

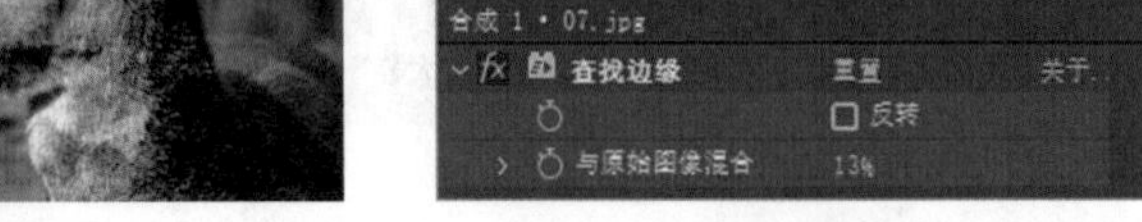
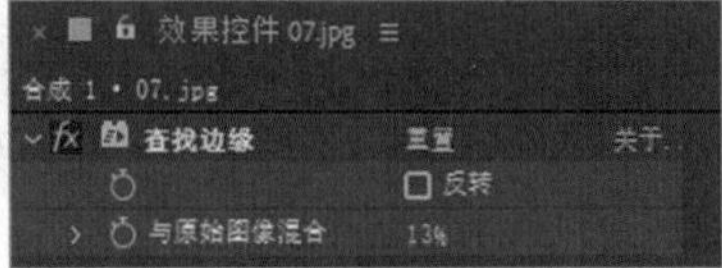

图 8-316

图 8-317

8.8.3 发光

“发光”效果经常用于图像中的文字和带有 Alpha 通道的图像的特效制作，可产生发光或光晕的效果，如图 8-318 所示，其各参数介绍如下。

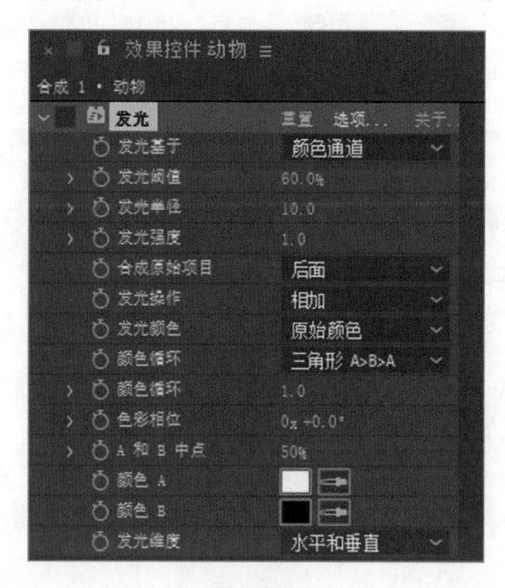

图 8-318

发光基于：用于控制辉光效果基于哪一种通道方式。

发光阈值：用于设置辉光的阈值，会影响辉光的覆盖面。

发光半径：用于设置辉光的发光半径。

发光强度：用于设置辉光的发光强度，会影响辉光的亮度。

合成原始项目：用于设置和原始素材图像的合成方式。

发光操作：用于选择辉光的发光模式，类似层模式的选择。

发光颜色：用于设置辉光的颜色，会影响辉光的颜色。

“颜色循环”下拉列表：用于设置辉光颜色的循环方式。

“颜色循环”数值项：用于设置辉光颜色循环的数值。

色彩相位：用于设置辉光的颜色相位。

A 和 B 中点：用于设置辉光颜色 A 和 B 的中点百分比。

颜色 A：表示选择颜色 A。

颜色 B：表示选择颜色 B。

发光维度：用于设置辉光作用的方向，有水平、垂直、水平和垂直 3 种方式。

“发光”效果演示如图 8-319 ~ 图 8-321 所示。

图 8-319

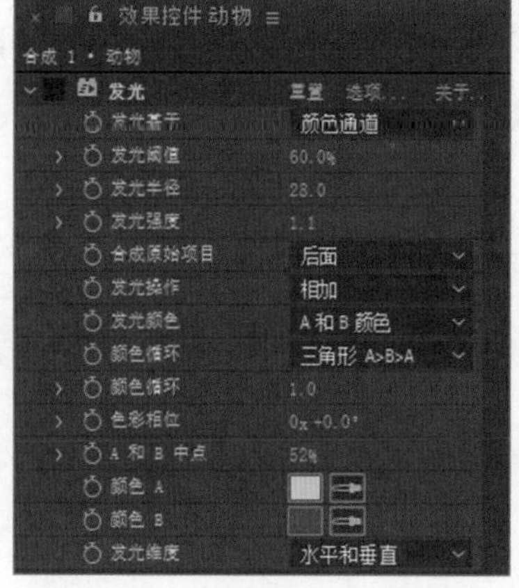

图 8-320

图 8-321

8.9 课堂练习——保留颜色

练习知识要点：使用“曲线”命令、“保留颜色”命令、“色相 / 饱和度”命令调整图片局部颜色效果；使用“横排文字”工具输入文字。保留颜色效果如图 8-322 所示。

效果所在位置：云盘 \Ch06\ 保留颜色 \ 保留颜色 .aep。

图 8-322

8.10 课后习题——随机线条

习题知识要点：使用“照片滤镜”命令和“自然饱和度”命令调整视频的色调；使用“分形杂色”命令制作随机线条效果。随机线条效果如图 8-323 所示。

效果所在位置：云盘 \Ch08\ 随机线条 \ 随机线条 .aep。

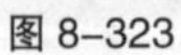
图 8-323

第 9 章 跟踪与表达式

本章介绍

本章对 After Effects CC 2019 中的跟踪运动与表达式控制进行了介绍，重点讲解了跟踪运动中的单点跟踪和多点跟踪及表达式的创建和编写。通过对本章内容的学习，读者可以制作影片自动生成的动画，完成最终的影片效果。

学习目标

- 掌握跟踪运动的方法
- 掌握表达式的用法

9.1 跟踪运动

跟踪运动是指对影片中产生运动的物体进行追踪。应用跟踪运动时，合成文件中应该至少有两个层：一层为跟踪目标层，一层为连接到跟踪点的层。当导入影片素材后，在菜单栏中选择“动画 > 跟踪运动”命令增加追踪运动，如图 9-1 所示。

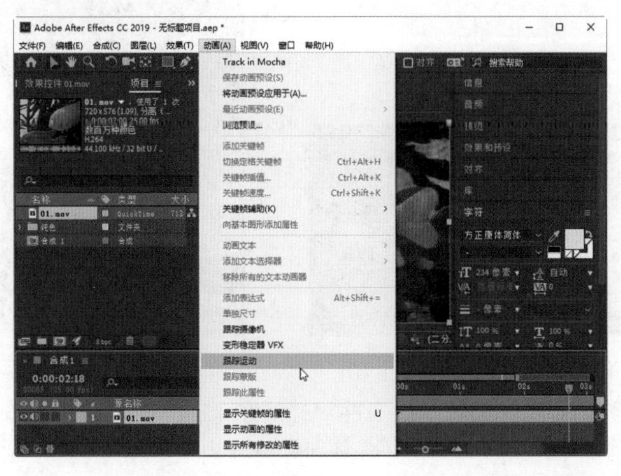

图 9-1

9.1.1 课堂案例——单点跟踪

案例学习目标：学习使用单点跟踪的方法。

案例知识要点：使用“空对象”命令新建空图层；使用“跟踪器”命令添加跟踪点。单点跟踪效果如图 9-2 所示。

效果所在位置：云盘 \Ch09\ 单点跟踪 \ 单点跟踪 . aep。

图 9-2

（1）按 Ctrl+N 组合键，弹出“合成设置”对话框，在“合成名称”文本框中输入“最终效果”，其他选项的设置如图 9-3 所示，单击“确定”按钮，创建一个新的合成“最终效果”。选择“文件 > 导入 > 文件”命令，在弹出的“导入文件”对话框中，选择云盘中的“Ch09\ 单点跟踪 \ (Footage) \ 01.avi”文件，单击“导入”按钮，将视频文件导入“项目”面板中，如图 9-4 所示。

图 9-3

图 9-4

（2）在“项目”面板中，选中“01.avi”文件并将其拖曳到“时间轴”面板中，按 S 键，展开“缩放”属性，设置“缩放”选项的数值为 67.0，67.0%，如图 9-5 所示。“合成”预览面板中的效果如图 9-6 所示。

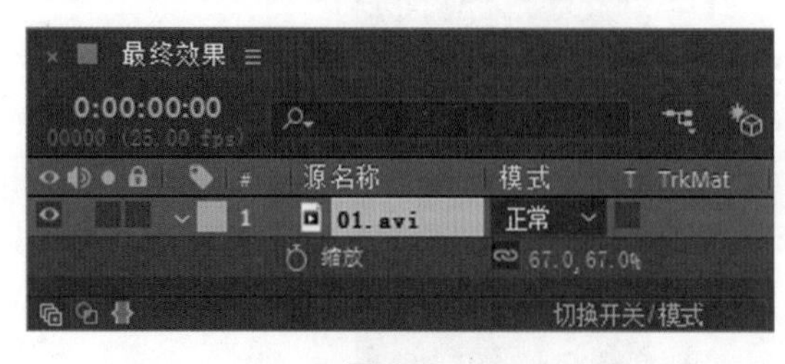

图 9-5

图 9-6

（3）选择“图层 > 新建 > 空对象”命令，在“时间轴”面板中新增一个“空 1”层，如图 9-7 所示。按 S 键，展开“缩放”属性，设置“缩放”选项的数值为 67.0，67.0%；按住 Shift 键的同时，按 A 键，展开“锚点”属性，设置“锚点”选项的数值为 48.0，52.0，如图 9-8 所示。

图 9-7

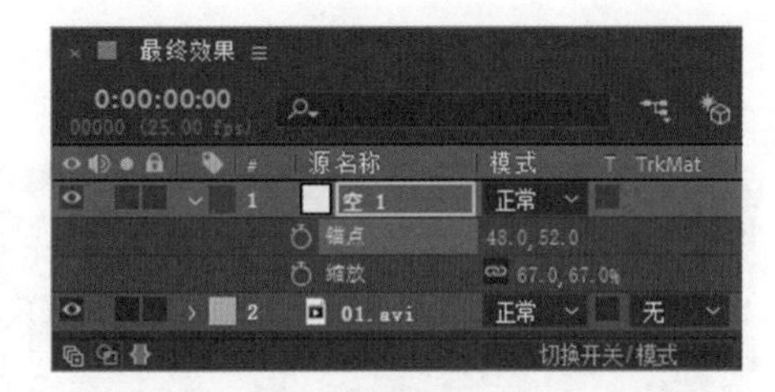

图 9-8

（4）选择“窗口 > 跟踪器”命令，打开“跟踪器”面板，如图 9-9 所示。选中“01.avi”层，在“跟踪器”面板中，单击“跟踪运动”按钮，面板处于激活状态，如图 9-10 所示。“合成”预览面板中的效果如图 9-11 所示。

图 9-9

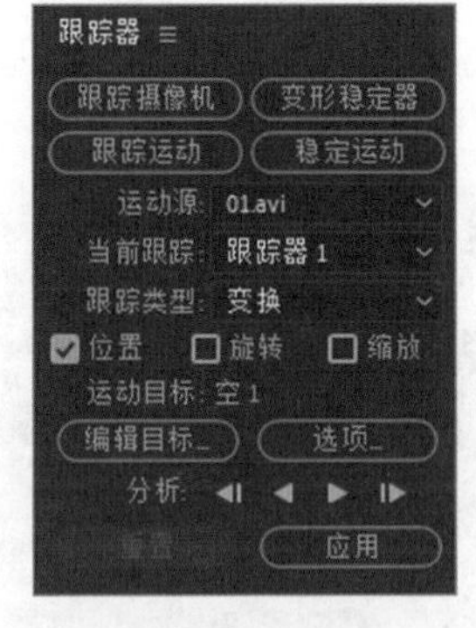

图 9-10

图 9-11

（5）拖曳控制点到画面中人物眉心的位置，如图 9-12 所示。在“跟踪器”面板中单击“向前分析”按钮▶自动跟踪计算，如图 9-13 所示。

图 9-12

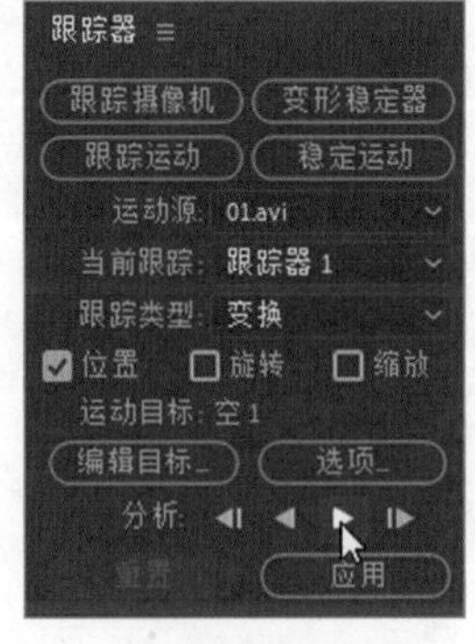

图 9-13

（6）在“跟踪器”面板中单击“应用”按钮，如图 9-14 所示，弹出“动态跟踪器应用选项”对话框，单击“确定”按钮，如图 9-15 所示。

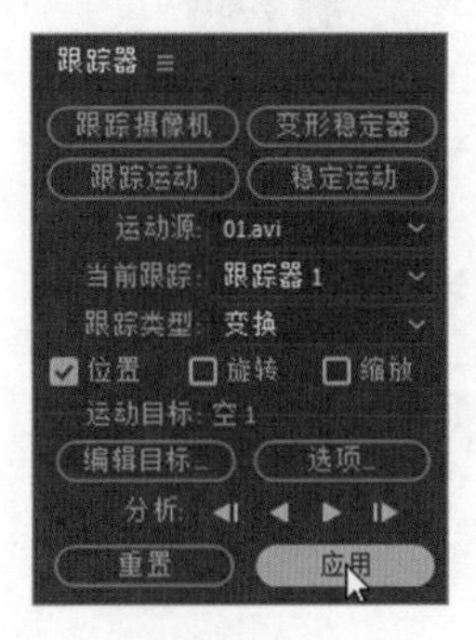

图 9-14

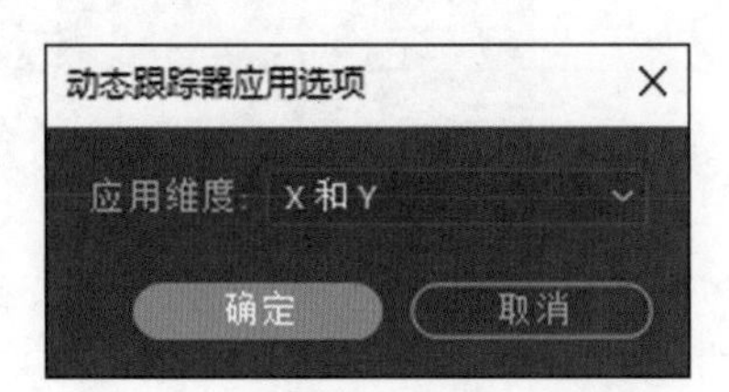

图 9-15

（7）选中“01.avi”层，按 U 键，展开所有关键帧，可以看到刚才的控制点经过跟踪计算后所产生的一系列关键帧，如图 9-16 所示。

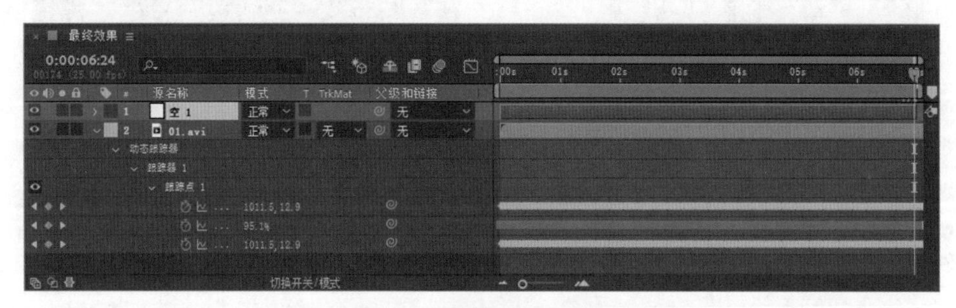

图 9-16

（8）选中“空 1”层，按 U 键，展开所有关键帧，同样可以看到跟踪所产生的一系列关键帧，如图 9-17 所示。单点跟踪效果制作完成。

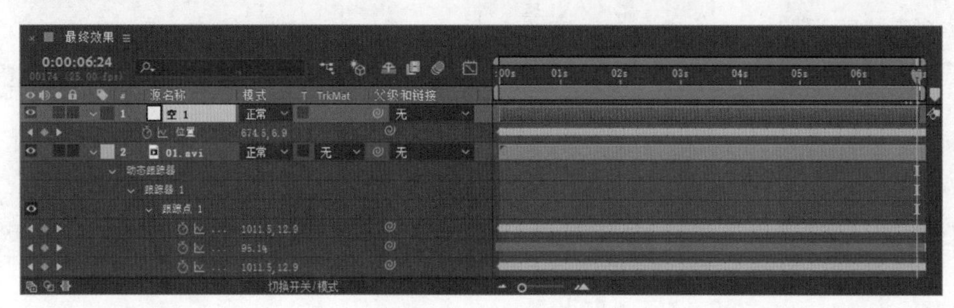

图 9-17

9.1.2 单点跟踪

在某些合成效果中可能需要使某种特效追踪另外一个物体运动，从而创建出想要得到的最佳效果。例如，动态跟踪通过追踪鱼单独一个点的运动轨迹，使调节层与鱼的运动轨迹相同，完成合成效果，如图 9-18 所示。

图 9-18

制作单点跟踪步骤如下。选择“动画 > 跟踪运动”或“窗口 > 跟踪器”命令，打开“跟踪器”面板，在“图层”预览窗口中显示当前层。设置“跟踪类型”为“变换”，制作单点跟踪效果。在“跟踪器”面板中还可以设置“跟踪摄像机”“变形稳定器”“跟踪运动”“稳定运动”“运动源”“当前跟踪”“跟踪类型”“位置”“旋转”“缩放”“编辑目标”“选项”“分析”“重置”和“应用”等，与“图层”预览窗口相结合，可以设置单点跟踪，如图 9-19 所示。

图 9-19

9.1.3 课堂案例——四点跟踪

案例学习目标：学习使用多点跟踪制作四点跟踪效果。

案例知识要点：使用“导入”命令导入视频文件；使用“跟踪器”命令添加跟踪点。四点跟踪效果如图 9-20 所示。

效果所在位置：云盘 \Ch09\ 四点跟踪 \ 四点跟踪 . aep。

图 9-20

（1）按 Ctrl+N 组合键，弹出“合成设置”对话框，在“合成名称”文本框中输入“最终效果”，其他选项的设置如图 9-21 所示，单击“确定”按钮，创建一个新的合成“最终效果”。选择“文件 > 导入 > 文件”命令，弹出“导入文件”对话框，选择云盘中的“Ch09 \ 四点跟踪 \ (Footage) \01.mp4 和 02.mp4”文件，单击“导入”按钮，将文件导入“项目”面板，如图 9-22 所示。

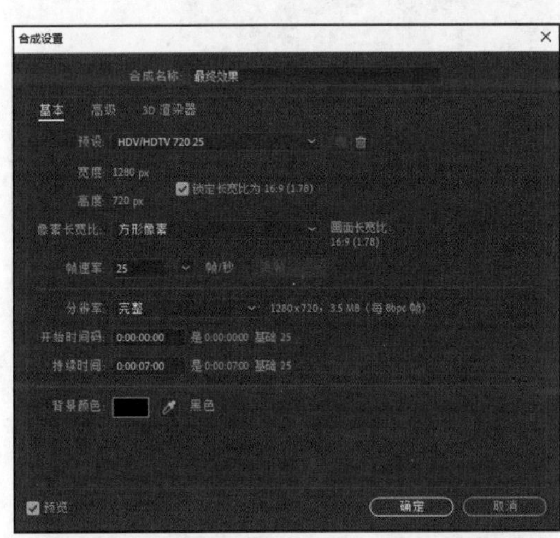

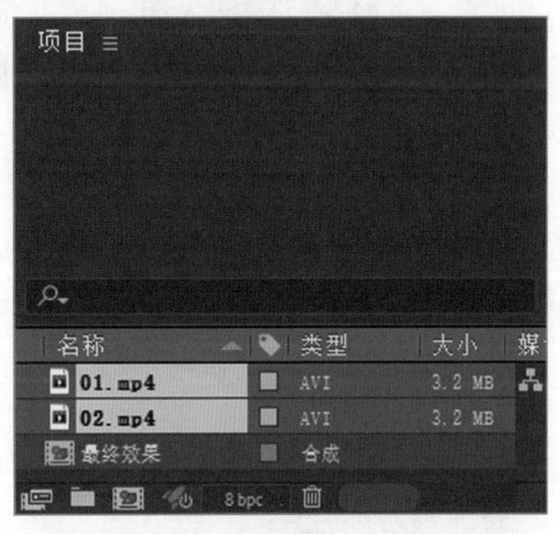

图 9-21

图 9-22

（2）在“项目”面板中选择“01.mp4”和“02.mp4”文件，并将它们拖曳到“时间轴”面板中，层的排列顺序如图 9-23 所示。选中“01.mp4”层，按 S 键，展开“缩放”属性，设置“缩放”选项的数值为 67.0,67.0%，如图 9-24 所示。用相同的方法设置“02.mp4”层。

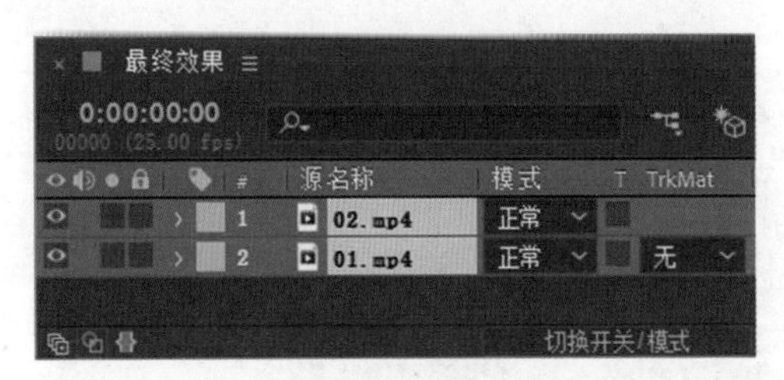

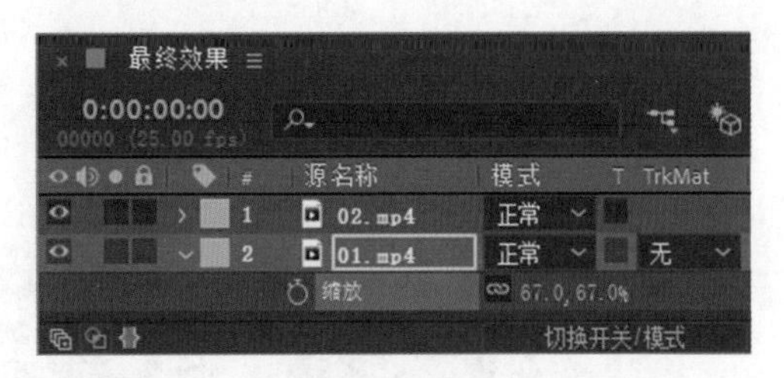

图 9-23

图 9-24

（3）选择“窗口 > 跟踪器”命令，打开“跟踪器”面板，如图 9-25 所示。选中“01.mp4”层，在“跟踪器”面板中单击“跟踪运动”按钮，面板处于激活状态，如图 9-26 所示。“合成”预览面板中的效果如图 9-27 所示。

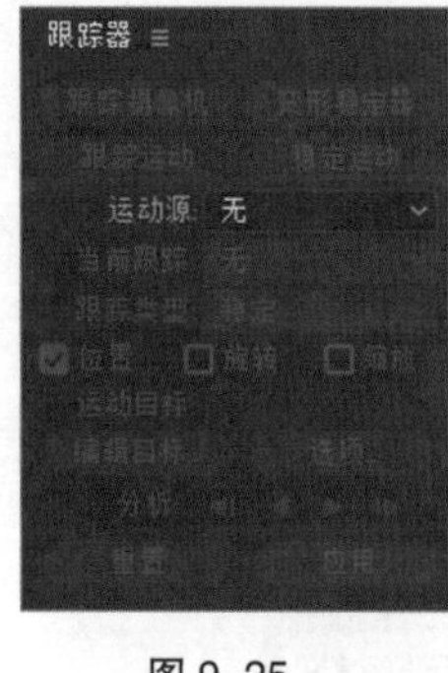

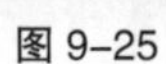

图 9-25

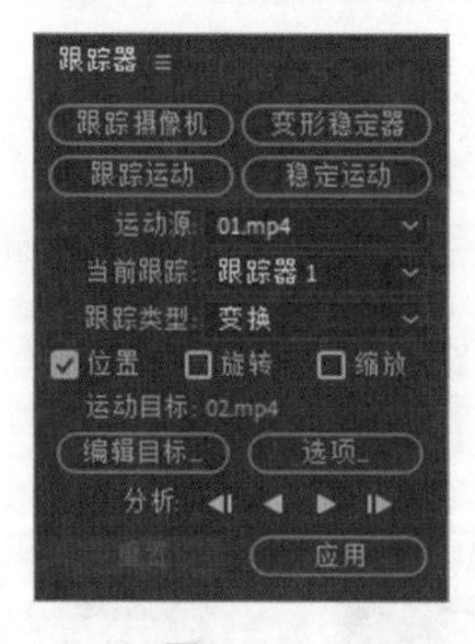

图 9-26

图 9-27

（4）在“跟踪器”面板的“跟踪类型”下拉列表中选择“透视边角定位”选项，如图 9-28 所示。“合成”预览面板中的效果如图 9-29 所示。

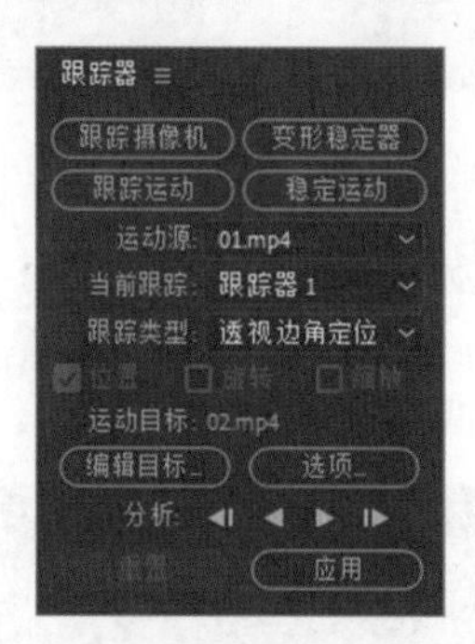

图 9-28

图 9-29

（5）用鼠标分别拖曳 4 个控制点到画面的四角，如图 9-30 所示。在“跟踪器”面板中单击“向前分析”按钮▶自动跟踪计算，如图 9-31 所示。单击“应用”按钮，如图 9-32 所示。

图 9-30

图 9-31

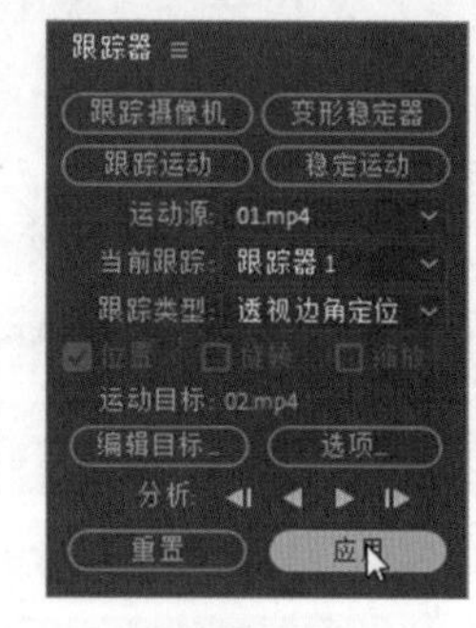

图 9-32

（6）选中“01.mp4”层，按 U 键，展开所有关键帧，可以看到刚才的控制点经过跟踪计算后所产生的一系列关键帧，如图 9-33 所示。

图 9-33

（7）选中“02.mp4”层，按 U 键，展开所有关键帧，同样可以看到跟踪所产生的一系列关键帧，如图 9-34 所示。

图 9-34

（8）四点跟踪效果制作完成，如图 9-35 所示。

图 9-35

9.1.4 多点跟踪

在某些影片的合成过程中，经常需要将动态影片中的某一部分图像设置成其他图像，并生成跟踪效果，最终制作出想要得到的结果。例如，将一段影片与另一指定的图像进行置换合成。动态跟踪通过追踪标牌上 4 个点的运动轨迹，使指定置换的图像与标牌的运动轨迹相同，完成合成效果，合成前与合成后效果分别如图 9-36 和图 9-37 所示。

多点跟踪效果的设置与单点跟踪效果设置大部分相同，只是在“跟踪类型”下拉列表中选择 “透视边角定位”选项，指定跟踪类型以后，“图层”视图中会由原来的定义 1 个跟踪点的位置变成定义 4 个跟踪点的位置，如图 9-38 所示。

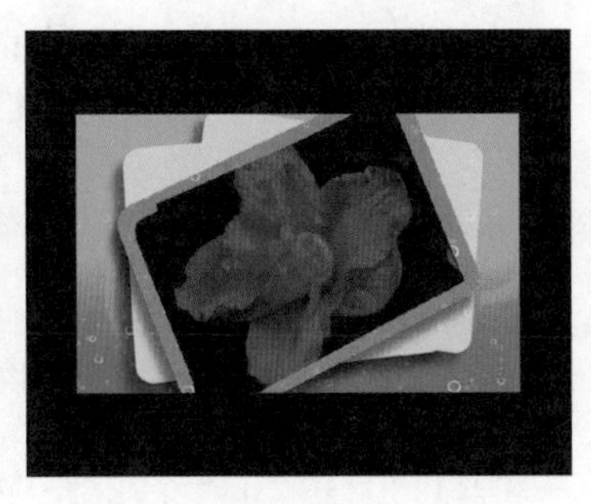

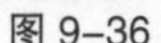

图 9-36 图 9-37 图 9-38

9.2 表达式

表达式可以创建层属性或创建一个属性关键帧到另一层或另一个属性关键帧的联系。当要创建一个复杂的动画，但又不愿意手动创建几十甚至几百个关键帧时，就可以试着用表达式代替。在 After Effects 中想要给一个层增加表达式，首先需要给该层增加一个“表达式控制”效果，如图 9-39 所示。

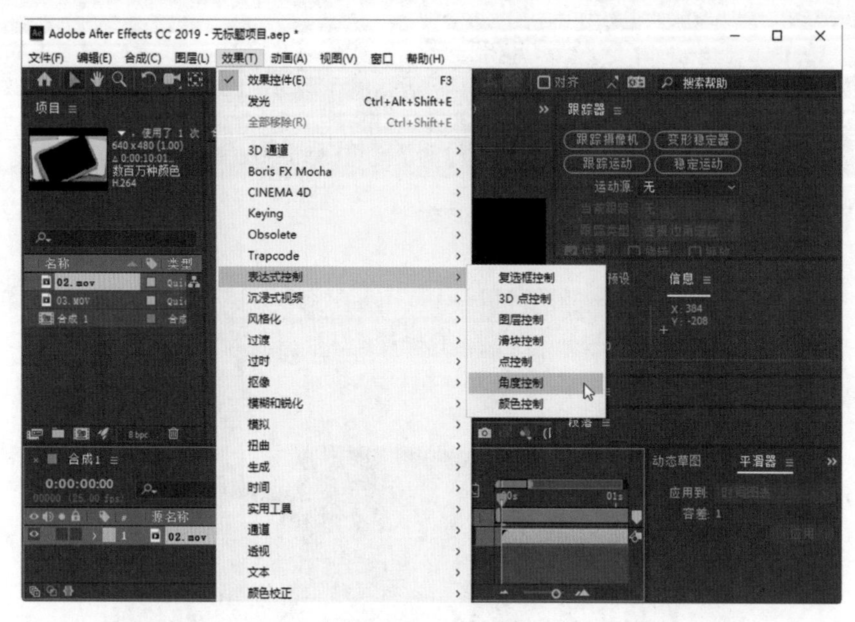

图 9-39

9.2.1 课堂案例——放大镜效果

案例学习目标：学习通过编写表达式制作放大镜效果。

案例知识要点：使用“导入”命令导入图片；使用“向后平移（锚点）”工具改变中心点位置效果；使用“球面化”命令制作球面效果；使用“添加表达式”命令制作放大效果。放大镜效果如图 9-40 所示。

效果所在位置：云盘 \Ch09\ 放大镜效果 \ 放大镜效果 .aep。

图 9-40

（1）按 Ctrl+N 组合键，弹出“合成设置”对话框，在“合成名称”文本框中输入“最终效果”，其他选项的设置如图 9-41 所示，单击“确定”按钮，创建一个新的合成“最终效果”。

（2）选择“导入 > 文件 > 导入”命令，在弹出的“导入文件”对话框中，选择云盘中的“Ch09 \ 放大镜效果 \ (Footage)\ 01.png、02.jpg”文件，单击“导入”按钮，将图片导入“项目”面板中，如图 9-42 所示。

（3）在“项目”面板中，选中“01.png”和“02.jpg”文件并将它们拖曳到“时间轴”面板中，层的排列如图 9-43 所示。

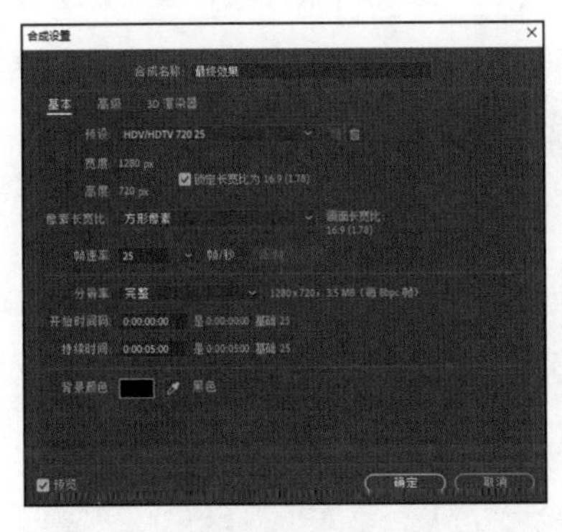

图 9-41

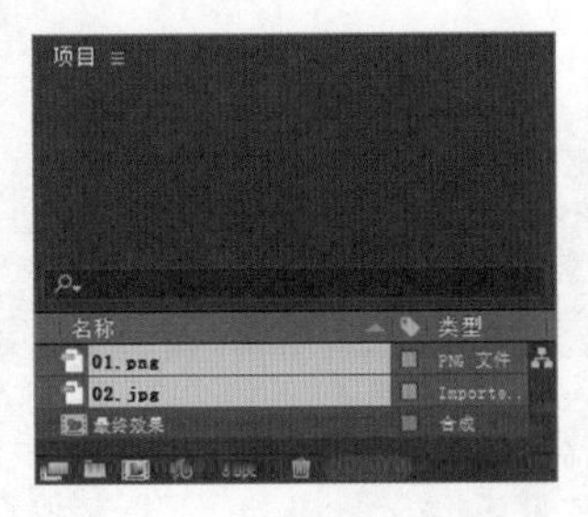

图 9-42

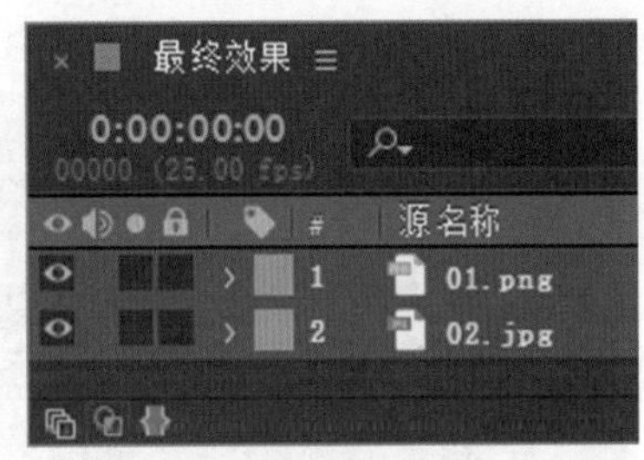

图 9-43

（4）选中“01.png”层，选择“向后平移（锚点）”工具，在“合成”预览面板中按住鼠标左键，调整放大镜的中心点位置，如图 9-44 所示。

（5）将时间标签放置在 0:00:00:00 的位置，按 P 键，展开“位置”属性，设置“位置”选项的数值为 764.6,113.7，单击“位置”选项左侧的“关键帧自动记录器”按钮，如图 9-45 所示，记录第 1 个关键帧。

图 9-44

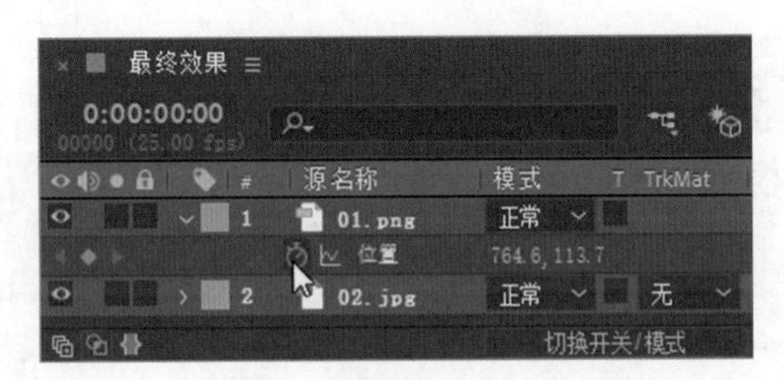

图 9-45

（6）将时间标签放置在 0:00:02:00 的位置，设置“位置”选项的数值为 768.9,322.3，如图 9-46 所示，记录第 2 个关键帧。将时间标签放置在 0:00:04:00 的位置，设置“位置”选项的数值为 948.6,436.8，如图 9-47 所示，记录第 3 个关键帧。

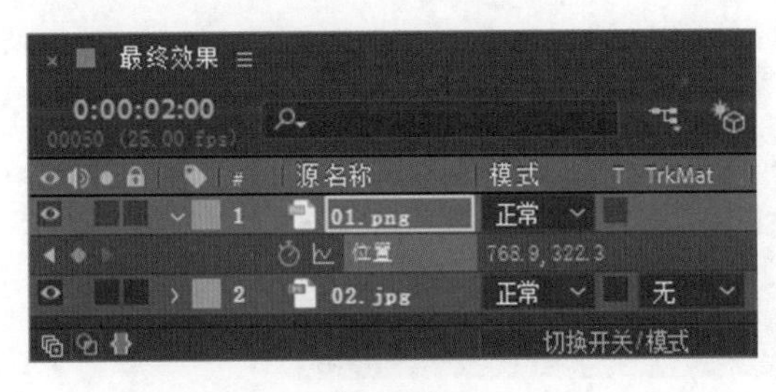

图 9-46

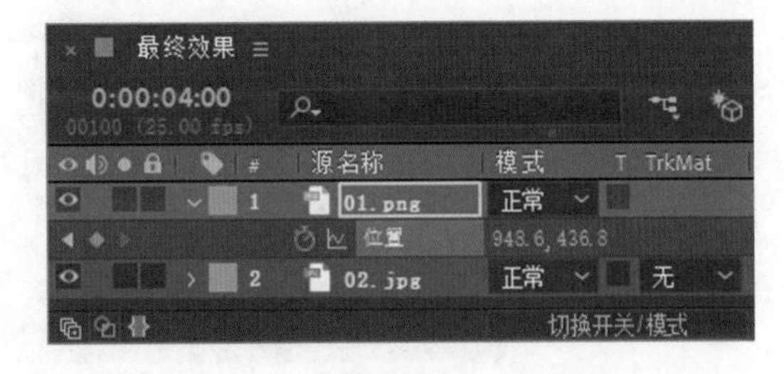

图 9-47

（7）将时间标签放置在 0:00:00:00 的位置，选中“01.png”层，按 R 键，展开“旋转”属性，单击“旋转”选项左侧的“关键帧自动记录器”按钮，记录第 1 个关键帧，如图 9-48 所示。将时间标签放置在 0:00:02:00 的位置，设置“旋转”选项的数值为 0x+48.0°，记录第 2 个关键帧，如图 9-49 所示。

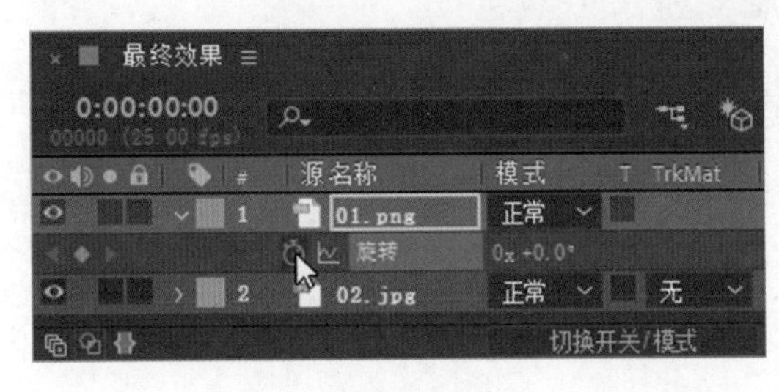

图 9-48

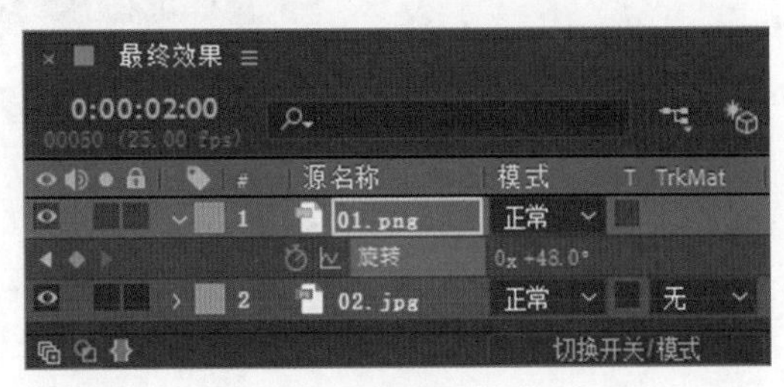

图 9-49

（8）将时间标签放置在 0:00:04:00 的位置，设置“旋转”选项的数值为 0x−39.0°，如图 9-50 所示，记录第 3 个关键帧。“合成”预览面板中的效果如图 9-51 所示。

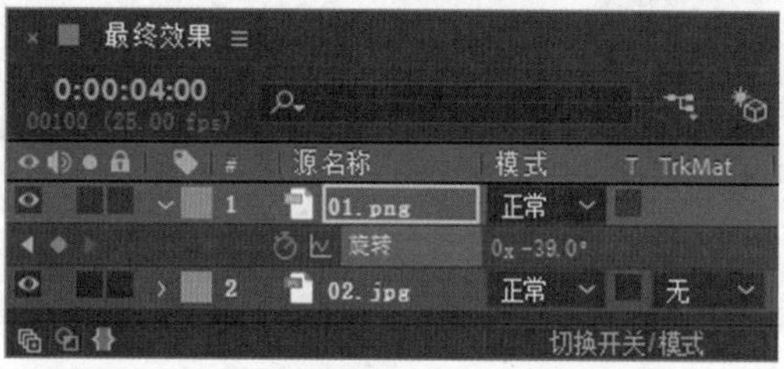

图 9-50

图 9-51

（9）将时间标签放置在 0:00:00:00 的位置，选中“02.jpg”层，选择“效果 > 扭曲 > 球面化”命令，在“效果控件”面板中进行参数设置，如图 9-52 所示。“合成”预览面板中的效果如图 9-53 所示。

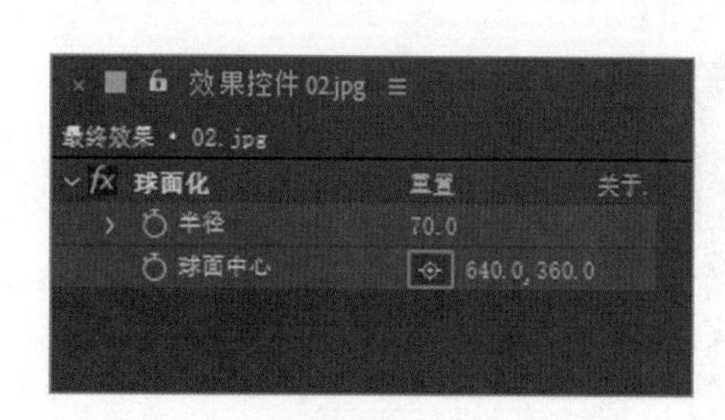

图 9-52

图 9-53

（10）在“时间轴”面板中，展开“球面化”属性，选中“球面中心”选项，选择“动画 > 添加表达式”命令，为“球面中心”属性添加一个表达式。在“时间轴”面板右侧输入表达式代码：thisComp.layer("01.png").position，如图 9-54 所示。

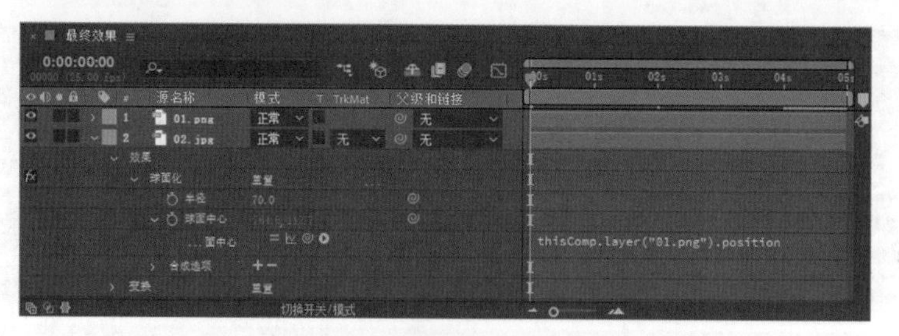

图 9-54

（11）放大镜效果制作完成，如图 9-55 所示。

图 9-55

9.2.2 创建表达式

创建表达式时，在“时间轴”面板中选择一个需要增加表达式的控制属性，在菜单栏中选择“动画 > 添加表达式”命令激活该属性，如图 9–56 所示。属性被激活后可以在该属性条中直接输入表达式以覆盖现有的文字。增加表达式的属性中会自动增加启用开关、显示图表、表达式拾取和语言菜单等工具，如图 9–57 所示。

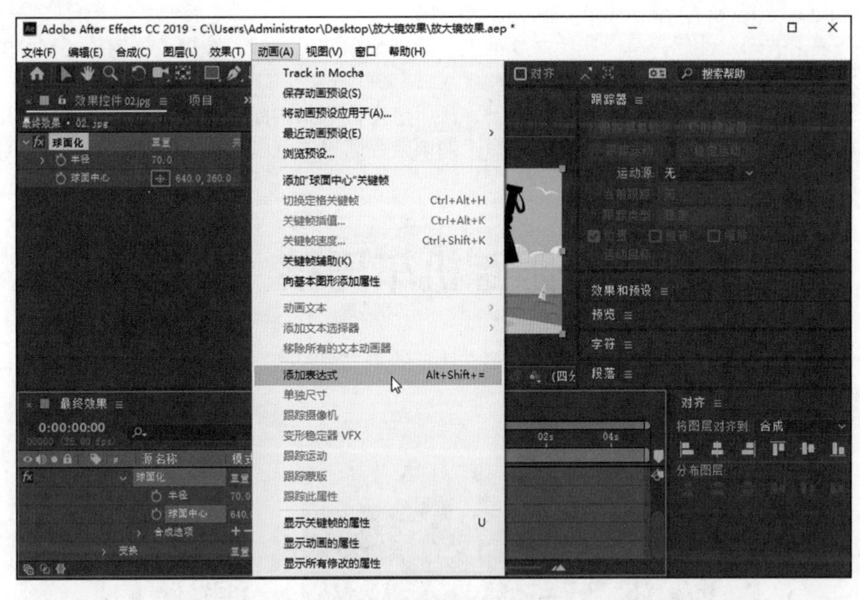

图 9–56

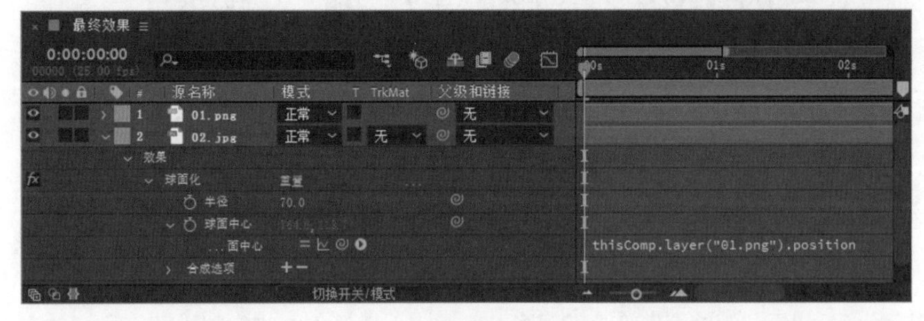

图 9–57

增加表达式的工作在“时间轴”面板中完成，当增加一个层属性的表达式到“时间轴”面板时，一个默认的表达式就出现在该属性下方的表达式编辑区中，可在这个表达式编辑区中可以输入新的表达式或修改该表达式的值。许多表达式依赖于层属性名，即如果改变了一个表达式所在层的属性名或层名，这个表达式可能产生一个错误的消息。

9.2.3 编写表达式

可以在“时间轴”面板中的表达式编辑区中直接写表达式，或通过其他文本工具编写。如果在其他文本工具中编写表达式，只需将在其他文本工具中编写好的表达式复制粘贴到表达式编辑区中即可。在编写自己的表达式时，可能需要用到一些 JavaScript 语法和数学基础知识。

当编写表达式时，需要注意如下事项：JavaScript 语句区分大小写；在一段或一行程序后需要加“；”符号，使词间空格被忽略。

在 After Effects 中，可以用表达式语言访问属性值。访问属性值时，用“.”符号将对象连接起来，例如，接层 A 的 Opacity 到层 B 的高斯模糊的 Blurriness 属性，可以在层 A 的 Opacity 属性下面输入如下表达式：

thisComp.layer(“layer B”).effect(“Gaussian Blur”)(“Blurriness”)

表达式的默认对象是表达式中对应的属性，接着是对层中内容的表达，因此，没有必要指定属性。例如，在层的位置属性上写摆动表达式可以用如下两种方法：

wiggle(5,10)

position.wiggle(5,10)

在表达式中可以包括层及其属性。例如，将 B 层的 Opacity 属性与 A 层的 Position 属性相连的表达式为

thisComp.layer(layerA).position[0].wiggle(5,10)

增加一个表达式到属性后，可以连续对属性进行编辑或增加关键帧。编辑或创建的关键帧的值将在表达式以外的地方使用。

写好表达式后可以存储它以便将来复制粘贴，还可以在记事本中编辑。但是表达式是针对层写的，不允许简单地存储表达式和装载表达式到一个项目。如果要存储表达式以便用于其他项目，要加注解或存储整个项目文件。

9.3 课堂练习——跟踪机车男孩

练习知识要点：使用“导入”命令导入视频文件；使用“跟踪器”命令编辑进行单点跟踪。跟踪机车男孩效果如图 9-58 所示。

效果所在位置：云盘 \Ch09\ 跟踪机车男孩 \ 跟踪机车男孩 . aep。

图 9-58

9.4 课后习题——跟踪对象运动

习题知识要点：使用“跟踪器”命令编辑多个跟踪点，选择不同的位置跟踪。跟踪对象运动效果如图 9-59 所示。

效果所在位置：云盘 \Ch09\ 跟踪对象运动 \ 跟踪对象运动 . aep。

图 9-59

第 10 章 三维动画

本章介绍

使用 After Effects 不仅可以在二维空间创建合成效果，随着新版本的推出，在三维立体空间中的合成功能也越来越强大。After Effects CC 2019 在具有深度的三维空间中可以以丰富图层的运动样式，创建更逼真的灯光和摄像机运动效果。读者通过对本章的学习，可以掌握制作三维合成特效的方法和技巧。

学习目标

- 掌握三维合成的制作方法
- 掌握应用灯光和摄像机的技巧

三维动画

10.1 三维合成

After Effects CC 2019 可以显示三维图层。将图层指定为三维时，After Effects 会添加一个 z 轴控制该层的深度。当 z 轴值增加时，该层在空间中移动到更远处；当 z 轴值减小时，该层在空间中则会更近。

10.1.1 课堂案例——特卖广告

案例学习目标： 学习使用三维合成制作特卖广告效果。

案例知识要点： 使用“导入”命令导入图片；利用三维属性制作三维效果；利用“位置”属性制作人物出场动画；利用“Y 轴旋转”属性和“缩放”属性制作标牌出场动画。特卖广告效果如图 10-1 所示。

效果所在位置： 云盘 \Ch10\ 特卖广告 \ 特卖广告 .aep。

图 10–1

（1）按 Ctrl+N 组合键，弹出“合成设置”对话框，在“合成名称”文本框中输入“最终效果”，设置“背景颜色”为淡黄色（255、237、46），其他选项的设置如图 10–2 所示，单击“确定”按钮，创建一个新的合成“最终效果”。

（2）选择“文件 > 导入 > 文件”命令，弹出“导入文件”对话框，选择云盘中的“Ch10 \ 特卖广告 \ (Footage) \01.png、02.png”文件，单击“导入”按钮，将文件导入“项目”面板，如图 10–3 所示。

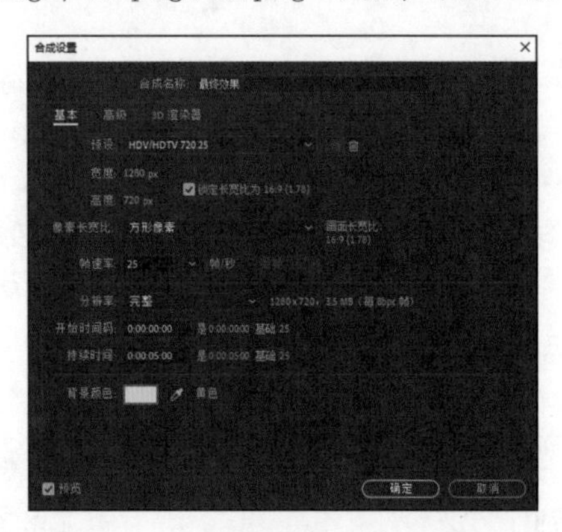

图 10–2

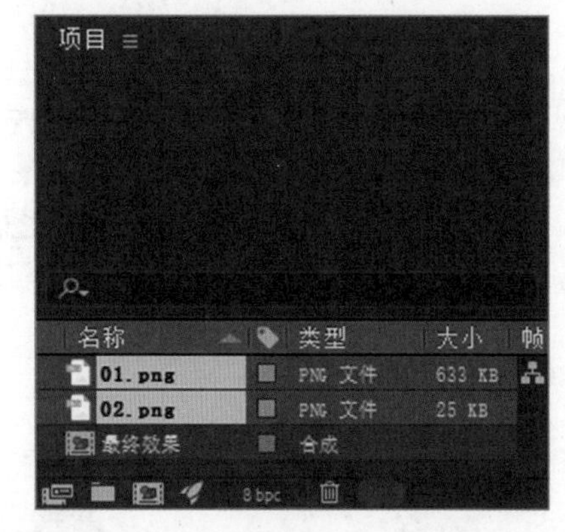

图 10–3

（3）在“项目”面板中，选中“01.png”文件，并将其拖曳到“时间轴”面板中，如图 10–4 所示。按 P 键，展开“位置”属性，设置“位置”选项的数值为 −289.0,458.5，如图 10–5 所示。

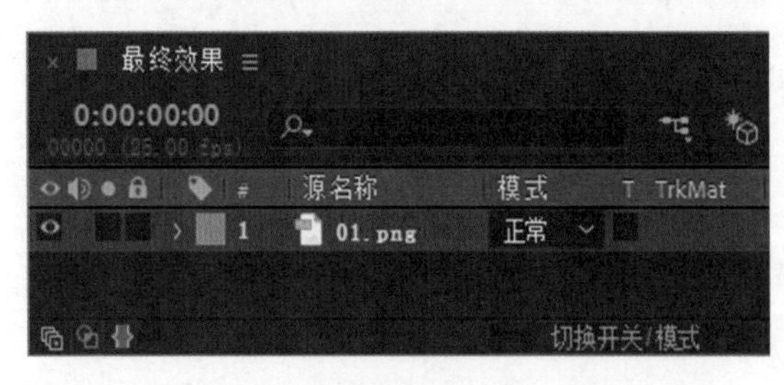

图 10–4

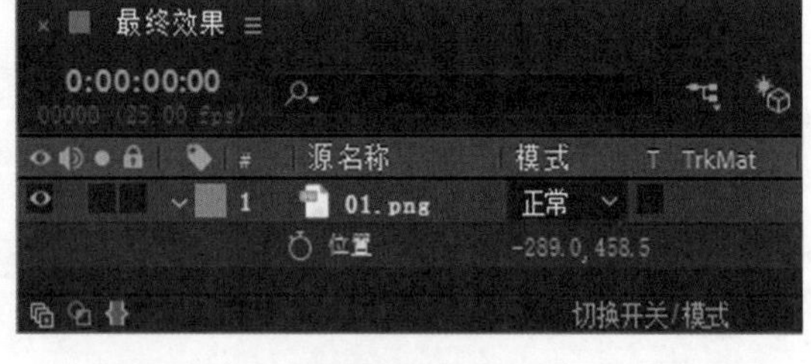

图 10–5

（4）保持时间标签在 0:00:00:00 的位置，单击“位置”选项左侧的“关键帧自动记录器”按钮，如图 10–6 所示，记录第 1 个关键帧。将时间标签放置在 0:00:01:00 的位置，设置“位置”选项的数值为 285.0,458.5，如图 10–7 所示，记录第 2 个关键帧。

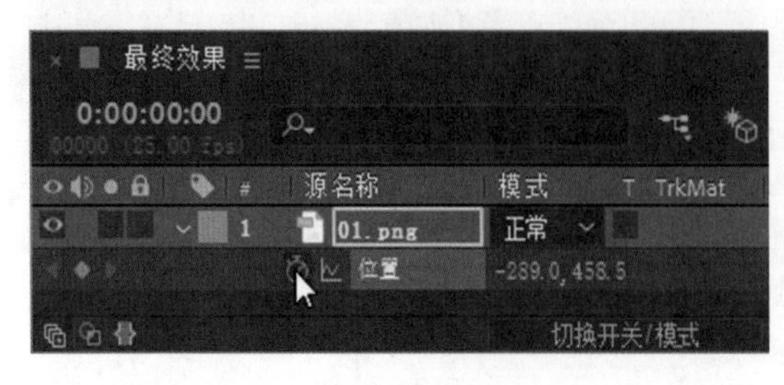

图 10–6

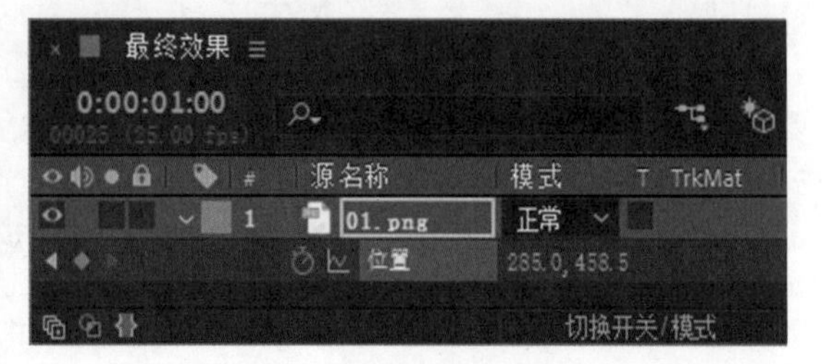

图 10–7

（5）在“项目”面板中，选中“02.png”文件，并将其拖曳到“时间轴”面板中，按P键，展开“位置”属性，设置“位置”选项的数值为957.0,363.0，如图10-8所示。“合成”预览面板中的效果如图10-9所示。

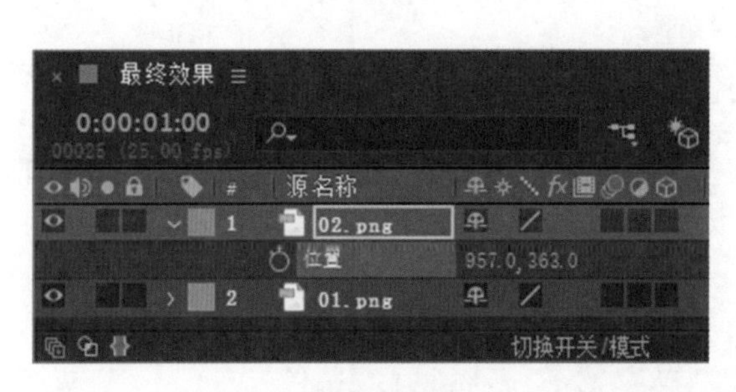

图 10-8

图 10-9

（6）单击“02.png”层右侧的“3D图层”按钮，打开三维属性，如图10-10所示。单击“Y轴旋转”选项左侧的“关键帧自动记录器”按钮，如图10-11所示，记录第1个关键帧。将时间标签放置在0:00:02:00的位置，设置“Y轴旋转”选项的数值为2x+0°，如图10-12所示，记录第2个关键帧。

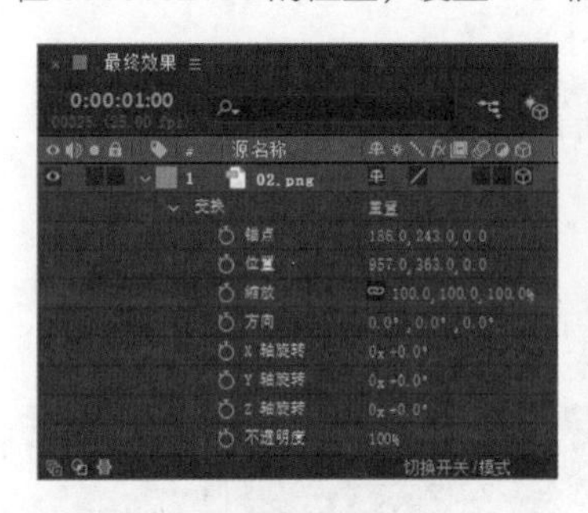

图 10-10

图 10-11

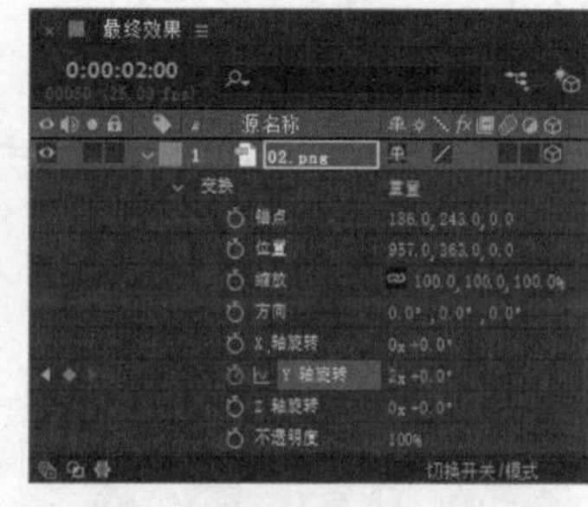

图 10-12

（7）将时间标签放置在0:00:00:00的位置，选中“02.png”层，按S键，展开“缩放”属性，设置“缩放”选项的数值为0.0,0.0,0.0%，单击“缩放”选项左侧的“关键帧自动记录器”按钮，如图10-13所示，记录第1个关键帧。将时间标签放置在0:00:01:00的位置，设置“缩放”选项的数值为100.0,100.0%，如图10-14所示，记录第2个关键帧。

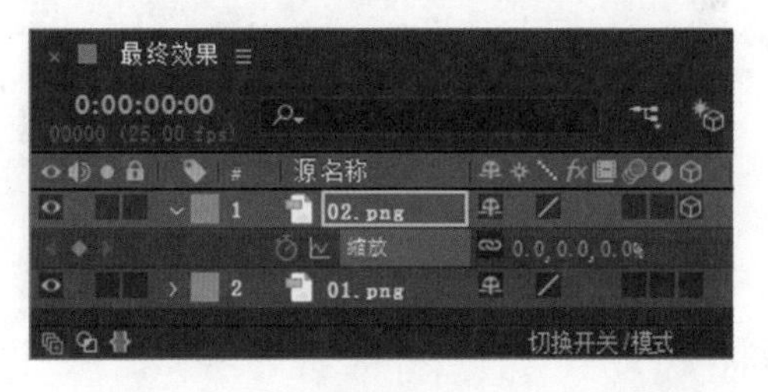

图 10-13

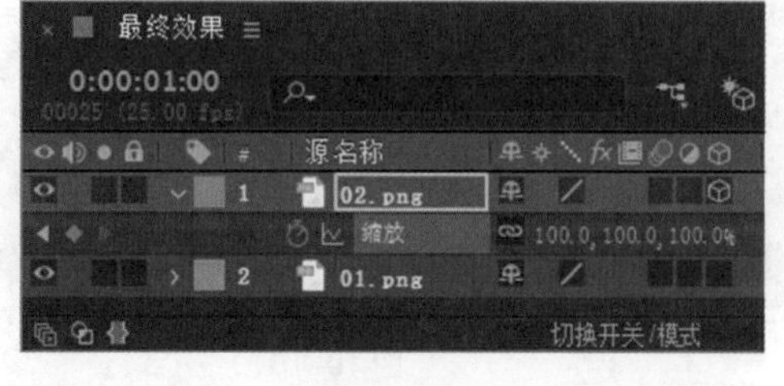

图 10-14

（8）将时间标签放置在0:00:02:00的位置，在“时间轴”面板中，单击“缩放”选项左侧的“在当前时间添加或移除关键帧”按钮，如图10-15所示，记录第3个关键帧。将时间标签放置在0:00:04:24的位置，设置“缩放”选项的数值为110.0,110.0,110.0%，如图10-16所示，记录第4个关键帧。

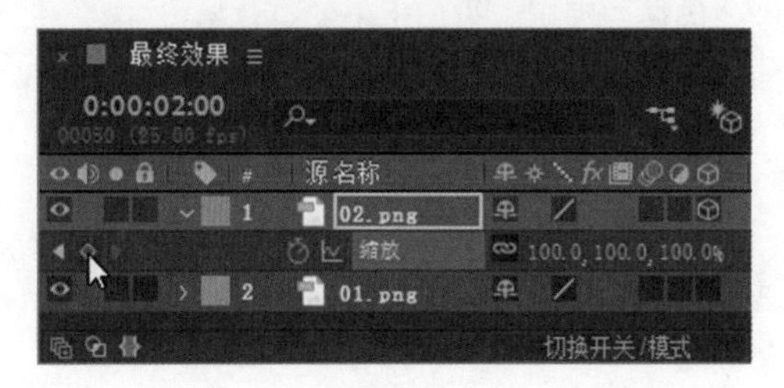

图 10-15

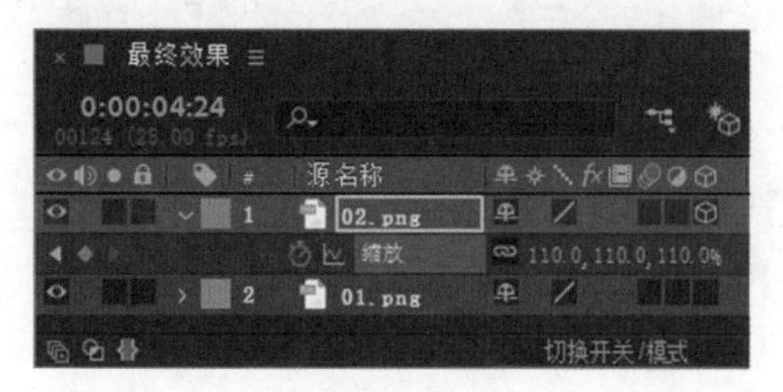

图 10-16

（9）特卖广告效果制作完成，如图 10-17 所示。

图 10-17

10.1.2 转换成三维层

除了声音以外，所有素材层都具有实现三维层的功能。将一个普通的二维层转化为三维层也非常简单，只需要在层属性开关面板单击“3D 图层”按钮打开三维属性即可，展开层属性就会发现，变换属性中无论是“锚点”属性、“位置”属性、“缩放”属性、“方向”属性、还是“旋转”属性，都出现了 z 轴向参数信息，另外还添加了一个“材质选项”属性，如图 10-18 所示。

调节“Y 轴旋转”选项的数值为 0x+45.0° 。“合成”预览面板中的效果如图 10-19 所示。

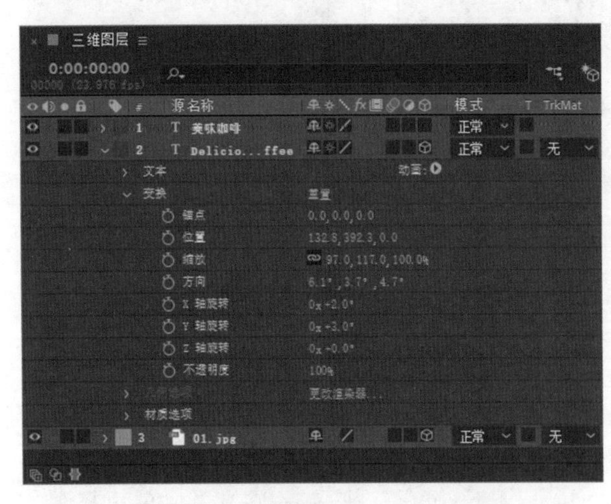

图 10-18

图 10-19

如果要将三维层重新变回二维层，只需要在层属性开关面板再次单击“3D 图层”按钮，关闭三维属性即可，三维层中的 z 轴信息和“材质选项”信息将丢失。

> **提示：** 虽然很多特效可以模拟三维空间效果（例如，“效果 > 扭曲 > 凸出”滤镜），不过这些都是实实在在的二维特效，也就是说，即使这些特效当前作用在三维层，它们也仍然只是模拟三维效果而不会对三维层轴产生任何影响。

10.1.3 变换三维层的位置属性

对于三维层来说，“位置”属性由 x 轴向、y 轴向、z 轴向 3 个维度的参数控制，如图 10-20 所示，其具体参数介绍如下。

图 10-20

（1）打开 After Effects 软件，选择“文件 > 打开项目”命令，选择云盘中的“基础素材 \Ch10\ 三维图层 .aep”文件，单击“打开”按钮打开此文件。

（2）在“时间轴”面板中，选择某个三维层，或者摄像机层、灯光层，被选择层的坐标轴将会显示出来，其中红色坐标轴代表 x 轴向，绿色坐标轴代表 y 轴向，蓝色坐标轴代表 z 轴向。

（3）在“工具”面板，选择“选取”工具，在“合成”预览面板中，将鼠标停留在各个轴向上，观察光标的变化，当光标变成↖$_x$时，代表移动锁定在 x 轴向上；当光标变成↖$_y$时，代表移动锁定在 y 轴向上；当鼠标变成↖$_z$时，代表移动锁定在 z 轴向上。

提示：光标如果没有呈现任何坐标轴信息，表示可以在空间中全方位地移动三维对象。

10.1.4　变换三维层的旋转属性

1. 使用“方向”属性旋转

使用“方向”属性旋转，步骤如下。

（1）选择“文件 > 打开项目”命令，选择云盘中的“Ch10\ 基础素材 \ 三维图层 .aep”文件，单击“打开”按钮打开此文件。

（2）在“时间轴”面板中，选择某三维层或者摄像机层、灯光层。

（3）在“工具”面板中，选择“旋转”工具，在坐标系选项的右侧下拉列表中选择“方向”选项，如图 10-21 所示。

图 10-21

（4）在“合成”预览面板中，将鼠标指针放置在某个坐标轴上，当光标变成↖$_x$时，进行 x 轴向旋转；当光标变成↖$_y$时，进行 y 轴向旋转；当光标变成↖$_z$时，进行 z 轴向旋转；在没有出现任何信息时，可以全方位旋转三维对象。

（5）在“时间轴”面板中，展开当前三维层变换属性，观察 3 组“旋转”属性值的变化，如图 10-22 所示。

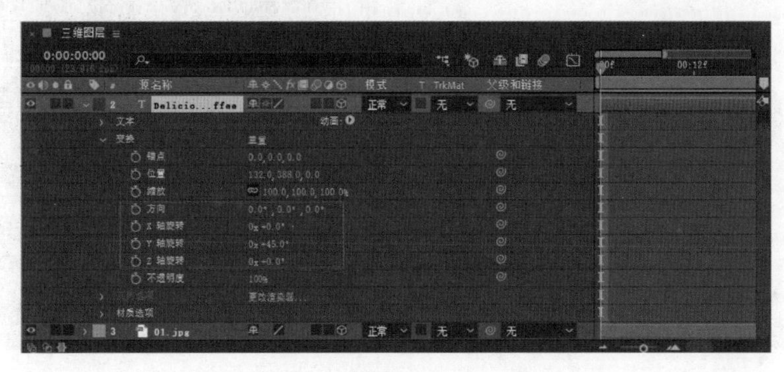

图 10-22

2. 使用“旋转”属性旋转

使用“旋转”属性旋转，步骤如下。

（1）使用上面的素材案例，选择“编辑 > 撤销”命令，还原到项目文件的上次存储状态。

（2）在“工具”面板中，选择“旋转”工具，在坐标系选择的右侧下拉列表中选择“旋转”选项，如图 10-23 所示。

图 10-23

（3）在“合成”预览面板中，将鼠标指针放置在某坐标轴上，当光标变成↖$_x$时，进行 x 轴向旋转；当光标变成↖$_y$时，进行 y 轴向旋转；当光标变成↖$_z$时，进行 z 轴向旋转；当没有出现任何信息时，可以全方位旋转三维对象。

（4）在“时间轴”面板中，展开当前三维层变换属性，观察 3 组“旋转”属性值的变化，如图 10-24 所示。

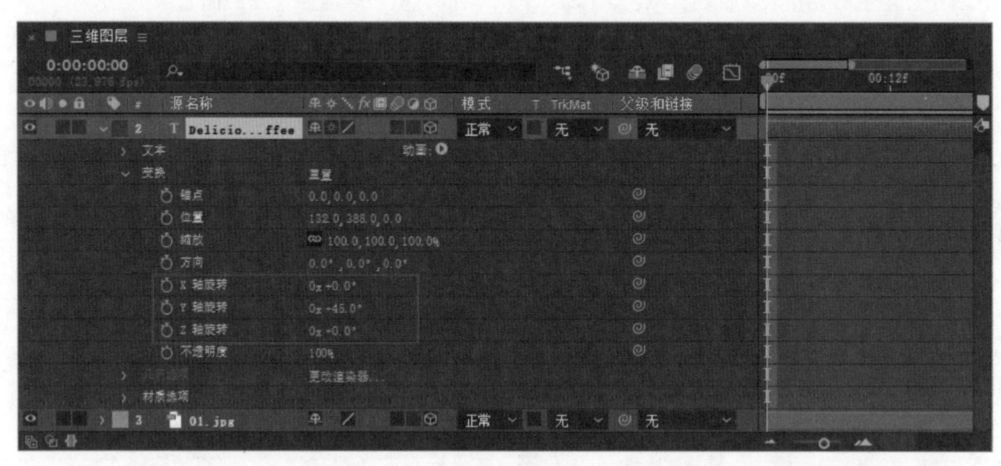

图 10-24

10.1.5 三维视图

虽然对三维空间感知并不需要通过专业的训练，是任何人都具备的本能感应，但是在制作过程中，往往会由于各种原因（场景过于复杂等因素）导致视觉错觉，无法仅通过对透视图的观察正确判断当前三维对象的具体空间状态，因此往往需要借助更多的视图作为参照，例如，正面、左侧、顶部、活动摄像机等。从而达到准确的空间位置信息，如图 10-25 ~ 图 10-28 所示。

图 10-25

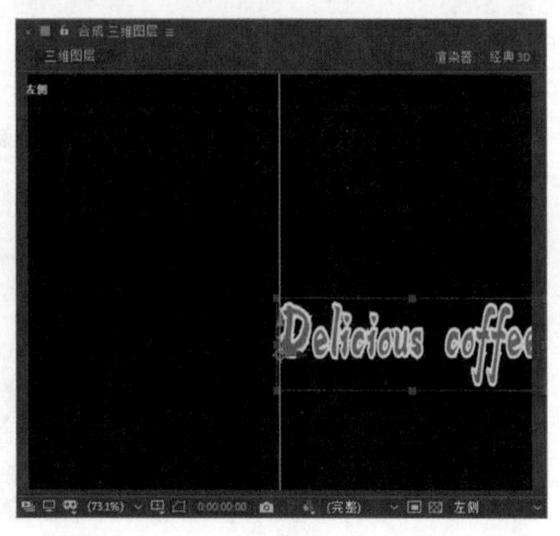

图 10-26

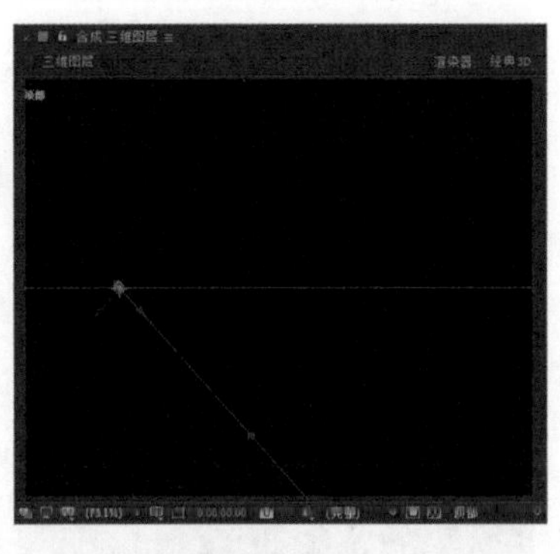

图 10-27

图 10-28

在“合成”预览面板中，可以通过单击 活动摄像机 （3D 视图）下拉列表，在各个视图模块中进行切换，这些模式大致分为 3 类：正交视图、摄像机视图和自定义视图。

1．正交视图

正交视图包括：正面、左侧、顶部、背面、右侧和底部，其实就是以垂直正交的方式观看空间中的6个面。在正交视图中，长度尺寸和距离以原始数据的方式呈现，从而忽略掉了透视所导致的大小变化，也就意味着在正交视图观看立体物体时，没有透视感，如图 10-29 所示。

2．摄像机视图

摄像机视图是从摄像机的角度，通过镜头去观看空间。与正交视图不同的是，这里描绘出的空间和物体是带有透视变化的视觉空间，可以非常真实地再现近大远小、近长远短的透视关系，通过镜头的特殊属性设置，还能对此进行进一步的夸张设置等，如图 10-30 所示。

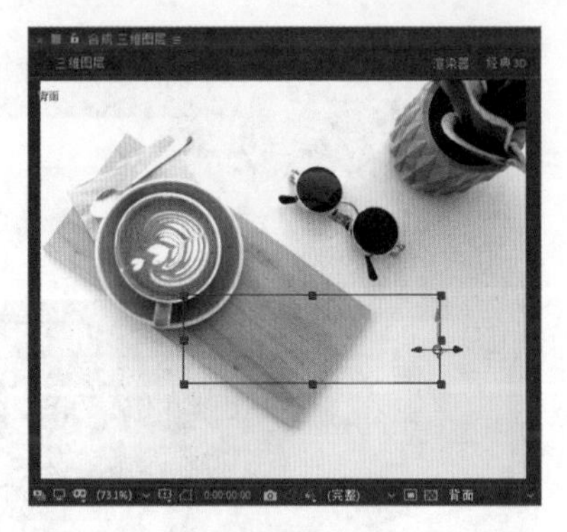

图 10-29

图 10-30

3．自定义视图

自定义视图是从几个默认的角度观看当前空间，可以通过“工具”面板中的摄像机视图工具调整其角度。同摄像机视图一样，自定义视图同样是遵循透视的规律来呈现当前空间的，不过自定义视图并不要求合成项目中必须有摄像机才能打开，当然也不具备通过镜头设置带来的景深、广角、长焦之类的观看空间方式，自定义视图可以仅仅理解为 3 个可自定义的标准透视视图。

活动摄像机 （3D 视图）下拉式菜单中具体选项，如图 10-31 所示，其参数介绍如下。

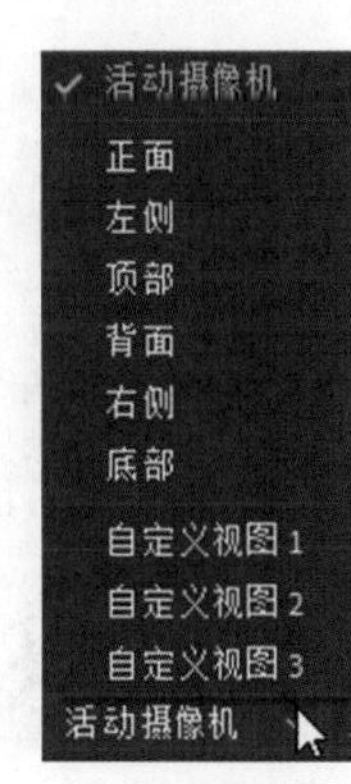

图 10-31

活动摄像机：当前激活的摄像机视图，也就是当前时间位置被打开的摄像机层的视图。

正面：正视图，表示从正前方观看合成空间，不带透视效果。

左侧：左视图，表示从正左方观看合成空间，不带透视效果。

顶部：顶视图，表示从正上方观看合成空间，不带透视效果。

背面：背视图，表示从后方观看合成空间，不带透视效果。

右侧：右视图，表示从正右方观看合成空间，不带透视效果。

底部：底视图，表示从正底部观看合成空间，不带透视效果。

自定义视图 1~3：3 个自定义视图，从 3 个默认的角度观看合成空间，含有透视效果，可以通过“工具”面板中的摄像机位置工具移动视角。

10.1.6 多视图方式观测三维空间

在进行三维创作时，虽然可以通过 3D 视图下拉列表方便地切换各个不同视角，但是仍然不利于各个视角的参照对比，而且来回频繁地切换视图也会导致创作效率低下。值得庆幸的是，After Effects 提供了多种视图方式，可以同时多角度观看三维空间，通过“合成”预览面板中的“选定视图方案”下拉菜单中进行选择，其下拉菜单内容介绍如下。

1 视图：仅显示一个视图，如图 10-32 所示。

2 视图 - 水平：同时显示两个视图，左右排列，如图 10-33 所示。

图 10-32

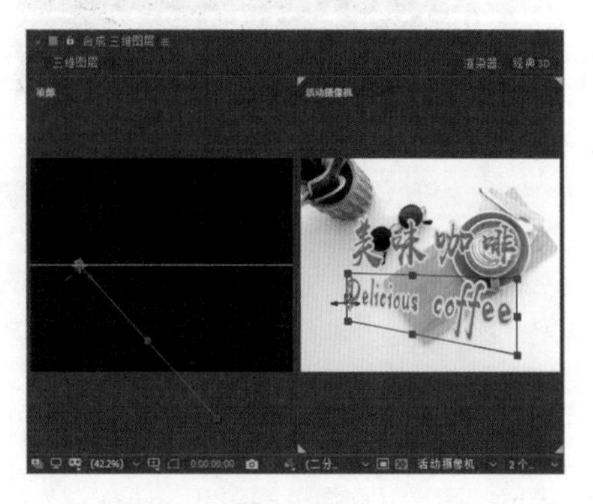

图 10-33

2 视图 - 纵向：同时显示两个视图，上下排列，如图 10-34 所示。

4 视图：同时显示 4 个视图，如图 10-35 所示。

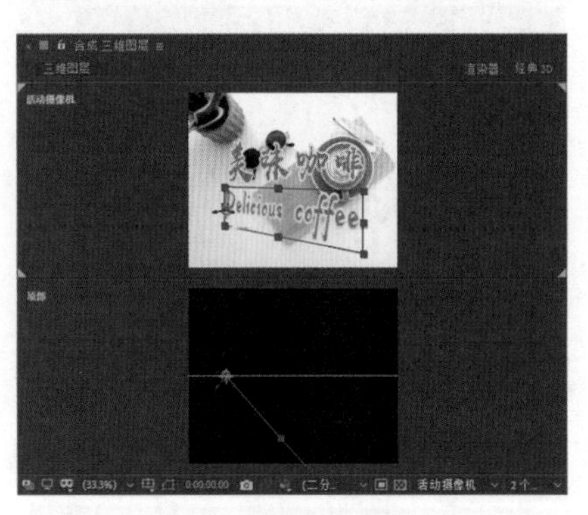

图 10-34

图 10-35

4 视图 - 左侧：同时显示 4 个视图，其中主视图在右边，如图 10-36 所示。

4 视图 - 右侧：同时显示 4 个视图，其中主视图在左边，如图 10-37 所示。

4 视图 - 顶部：同时显示 4 个视图，其中主视图在下边，如图 10-38 所示。

4 视图 - 底部：同时显示 4 个视图，其中主视图在上边，如图 10-39 所示。

图 10-36

图 10-37

图 10-38

图 10-39

每个分视图都可以在被激活后，单击“合成”面板下方的 3D 视图菜单更换具体观测角度，或者进行视图显示设置等。

另外，通过选中“共享视图选项”，可以让多视图共享同样的视图设置。例如，“安全框显示”选项、“网格显示”选项、“通道显示”选项等。

> **提示：** 通过上下滚动鼠标中键的滚轴，可以在不激活视图的情况下，对鼠标位置下的视图进行缩放操作。

10.1.7 坐标体系

在控制三维对象的时候，都会依据某种坐标体系进行轴向定位。在 After Effects 里，提供了 3 种轴向坐标：当前坐标系、世界坐标系和视图坐标系。坐标系的切换是通过“工具”面板里的、和实现的。

1. 本地坐标系

此坐标系采用被选择物体本身的坐标轴向作为变换的依据，有助于物体的方位与世界坐标不同时的情况，如图 10-40 所示。

2. 世界坐标系

世界坐标系是使用合成空间中的绝对坐标系作为定位，坐标系轴向不会随着物体的旋转而改变，属于一种绝对值。无论在哪一个视图，x 轴向始终是往水平方向延伸，y 轴向始终是往垂直方向延伸，z 轴向始终往纵深方向延伸，如图 10-41 所示。

3. 视图坐标系

视图坐标系同当前所处的视图有关，也可以称之为屏幕坐标系，对于正交视图和自定义视图，x 轴向和 y 轴向始终平行于视图，其纵深轴 z 轴向始终垂直于视图；对于摄像机视图，x 轴向和 y 轴向仍然始终平行于视图，但 z 轴向则有一定的变动，如图 10-42 所示。

图 10-40

图 10-41

图 10-42

10.1.8 三维层的材质属性

当普通的二维层转化为三维层时，还添加了一个全新的属性——“材质选项”属性，可以通过此属性的各项设置，决定三维层如何响应灯光光照系统，如图 10-43 所示。

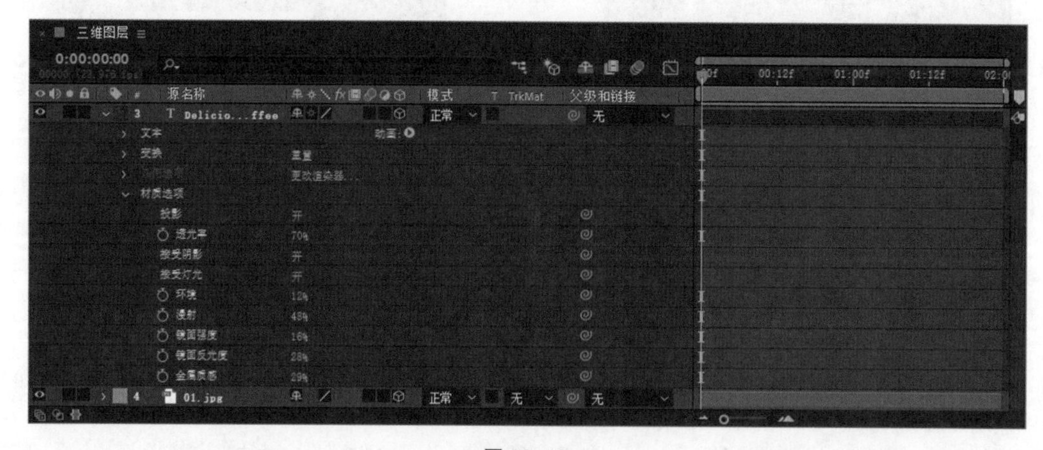

图 10-43

选中某个三维素材层，连续两次按 A 键，展开“材质选项”属性，其各参数介绍如下。

投影：决定是否投射阴影。其中包括：“打”“关”“仅”3 种模式，效果如图 10-44 ~ 图 10-46 所示。

图 10-44

图 10-45

图 10-46

透光率：表示透光程度，可以体现半透明物体在灯光下的照射效果，主要效果体现在阴影上，如图 10-47 和图 10-48 所示。

透光率值为 0%

图 10-47

透光率值为 70%

图 10-48

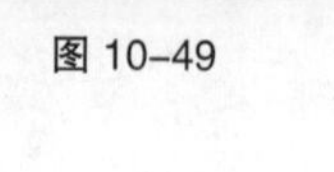

图 10-49

接受阴影：用于选择是否接受阴影，此属性不能制作关键帧动画。

接受灯光：用于选择是否接受光照，此属性不能制作关键帧动画。

环境：用于调整三维层受“环境”类型灯光影响的程度。设置“环境”灯光类型如图 10-49 所示。

漫射：用于调整层漫反射程度。如果设置为 100%，将反射大量的光；如果为 0，则不反射大量的光。

镜面强度：用于调整层镜面反射的程度。

镜面反光度：用于设置“镜面强度”的区域。值越小，“镜面强度”区域就越小。在“镜面强度”值为 0 的情况下，此设置将不起作用。

金属质感：用于调节镜面反射的光的颜色。值越接近 100%，就会越接近图层的颜色；值越接近 0，就越接近灯光的颜色。

10.2 灯光和摄像机

After Effects 中三维层具有了材质属性，但要得到满意的合成效果，还必须在场景中创建和设置灯光，图层的投影、环境和反射等特性都是在一定的灯光作用下才会发挥作用。

在三维空间的合成中，除了灯光和图层材质赋予的多种多样的效果以外，摄像机的功能也是相当重要的，因为不同的视角所得到的光影效果也是不同的，而且能在动画的控制方面增强灵活性和多样性，丰富图像合成的视觉效果。

10.2.1 课堂案例——星光碎片

案例学习目标： 学习通过调整摄像机制作星光碎片。

案例知识要点： 使用“梯度渐变”命令制作背景渐变和彩色渐变效果；使用“分形杂色”命令制作发光特效；使用“闪光灯”命令制作闪光灯效果；使用“矩形”工具绘制形状蒙版；使用“碎片”命令制作碎片效果；使用“摄像机”命令添加摄像机层并制作关键帧动画；利用“位置”属性改变摄像机层的位置动画；使用“启用时间重映射”命令改变时间。星光碎片如图 10-50 所示。

效果图所在位置： 云盘 \Ch10\ 星光碎片 \ 星光碎片 . aep。

图 10-50

1. 制作渐变和彩色发光效果

（1）按 Ctrl+N 组合键，弹出“合成设置”对话框，在“合成名称”文本框中输入“渐变”，其他选项的设置如图 10-51 所示，单击“确定”按钮，创建一个新的合成“渐变”。

（2）选择“图层 > 新建 > 纯色”命令，弹出“纯色设置”对话框，在“名称”文本框中输入“渐变”，将“颜色”设置为黑色，单击“确定”按钮，在“时间轴”面板中新增一个黑色纯色层，如图 10-52 所示。

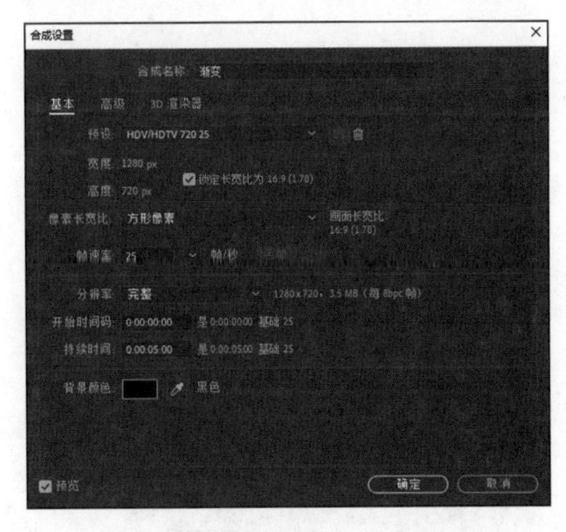

图 10-51

图 10-52

（3）选中“渐变”层，选择“效果 > 生成 > 梯度渐变”命令，在“效果控件”面板中，设置“起始颜色”为黑色，“结束颜色”为白色，其他参数设置如图 10-53 所示，设置完成后，“合成”预览面板中的效果如图 10-54 所示。

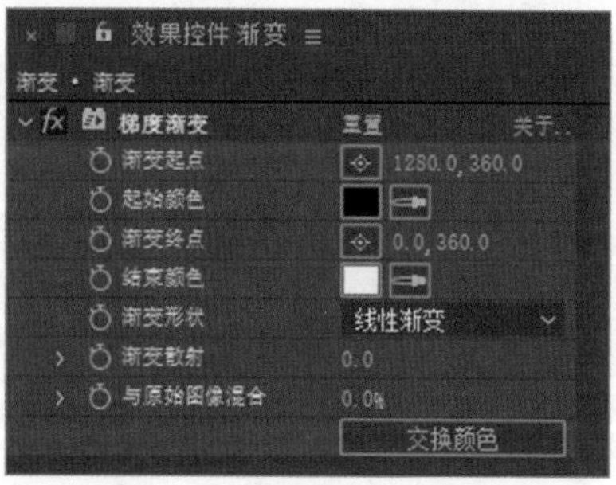

效果控件 渐变
渐变 • 渐变
梯度渐变 重置 关于...
渐变起点 1280.0, 360.0
起始颜色
渐变终点 0.0, 360.0
结束颜色
渐变形状 线性渐变
渐变散射 0.0
与原始图像混合 0.0%
交换颜色

图 10-53

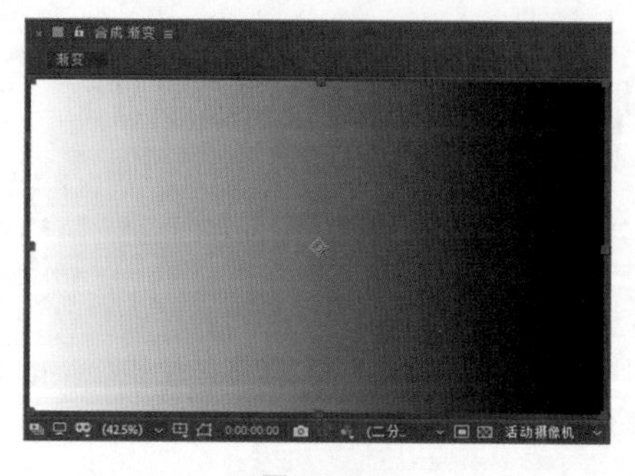

图 10-54

（4）再次创建一个新的合成并命名为“星光”。在当前合成中新建一个纯色层“噪波”。选中“噪波”层，选择“效果 > 杂色和颗粒 > 分形杂色”命令，在“效果控件”面板中进行参数设置，如图 10-55 所示。“合成”预览面板中的效果如图 10-56 所示。

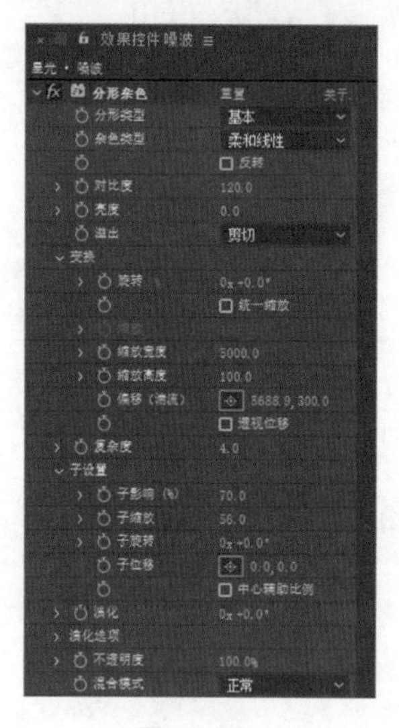

图 10-55

图 10-56

（5）将时间标签放置在 0:00:00:00 的位置，在“效果控件”面板中，分别单击“变换”属性下的“偏移（湍流）”和“演化”选项左侧的“关键帧自动记录器”按钮，如图 10-57 所示，记录第 1 个关键帧。

（6）将时间标签放置在 0:00:04:24 的位置，在“效果控件”面板中，设置“偏移（湍流）”选项的数值为 -5689.9,300.0，“演化”选项的数值为 1x+0°，如图 10-58 所示，记录第 2 个关键帧。

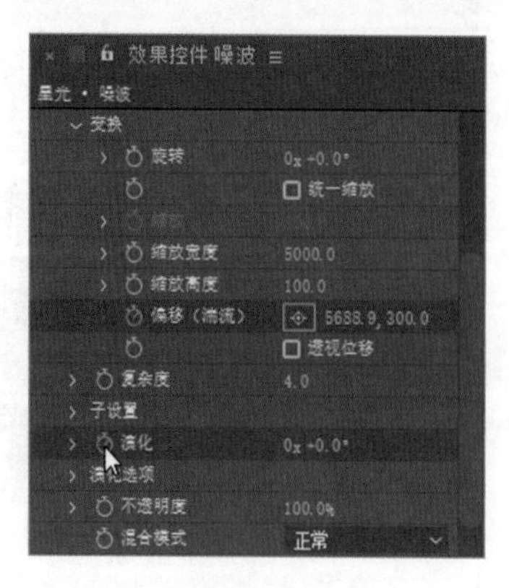

图 10-57

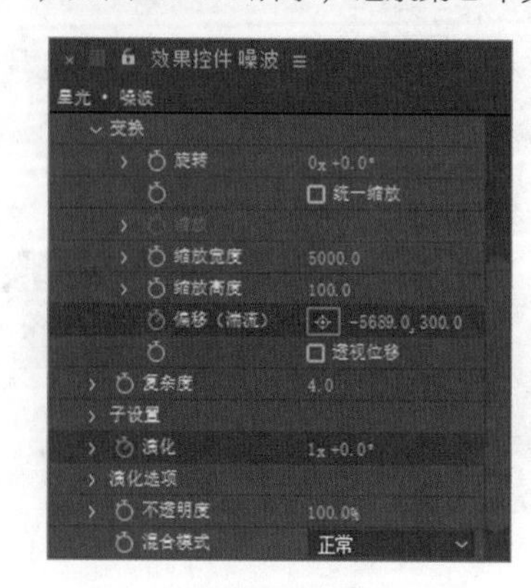

图 10-58

（7）选择“效果 > 风格化 > 闪光灯”命令，在“效果控件”面板中进行参数设置，如图 10-59 所示。“合成”预览面板中的效果如图 10-60 所示。

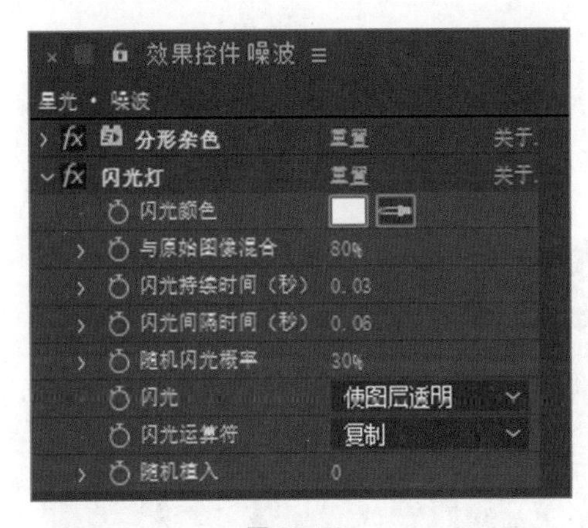

图 10-59

图 10-60

（8）在“项目”面板中，选中“渐变”合成并将其拖曳到“时间轴”面板中。将“噪波”层的“轨道蒙版”选项设置为“亮度遮罩‘渐变’”，如图 10-61 所示。隐藏“渐变”层，“合成”预览面板中的效果如图 10-62 所示。

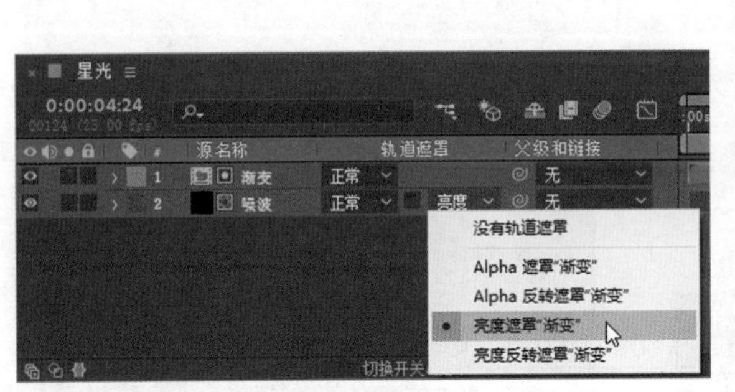

图 10-61

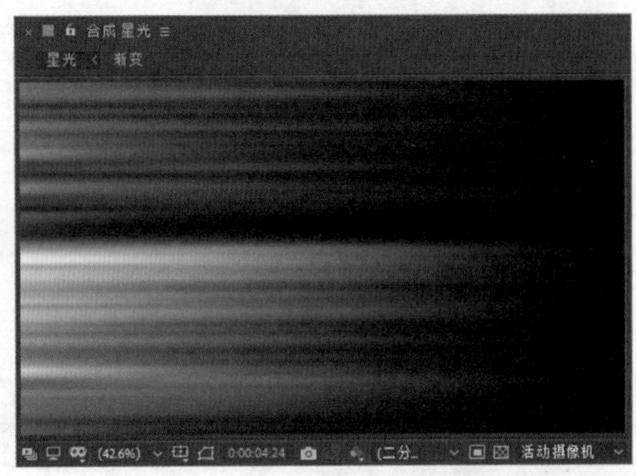

图 10-62

2. 制作彩色发光效果

（1）在当前合成中建立一个新的纯色层“彩色光芒”。选择“效果 > 生成 > 梯度渐变”命令，在“效果控件”面板中，设置“起始颜色”为黑色，“结束颜色”为白色，其他参数设置如图 10-63 所示，设置完成后，“合成”预览面板中的效果如图 10-64 所示。

扫码观看本案例视频

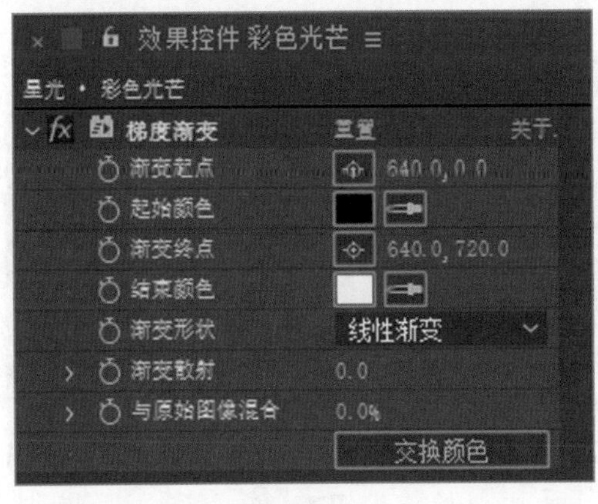

图 10-63

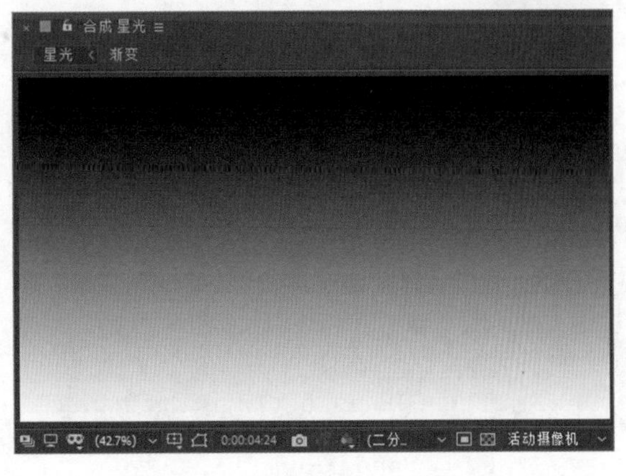

图 10-64

（2）选择“效果 > 颜色校正 > 色光”命令，在“效果控件”面板中进行参数设置，如图 10-65 所示。“合成”预览面板中的效果如图 10-66 所示。

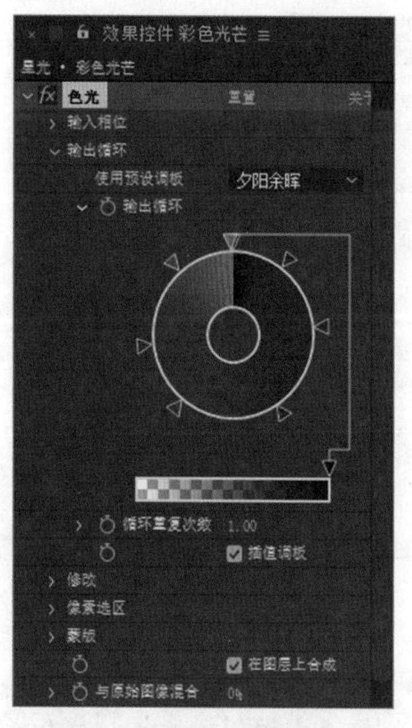

图 10-65

图 10-66

（3）在“时间轴”面板中，设置“彩色光芒”层的混合模式为“颜色”，如图 10-67 所示。“合成”预览面板中的效果如图 10-68 所示。

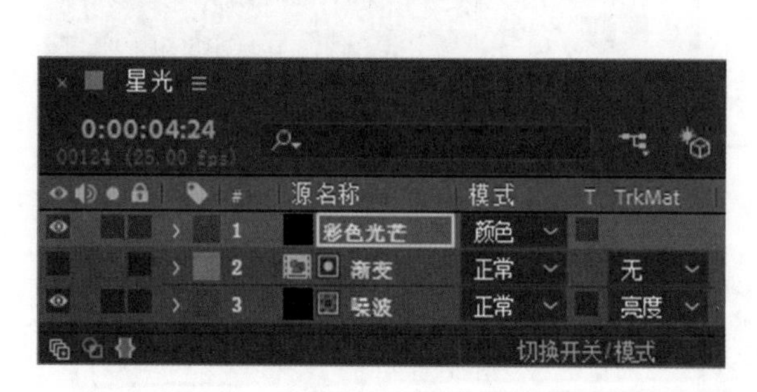

图 10-67

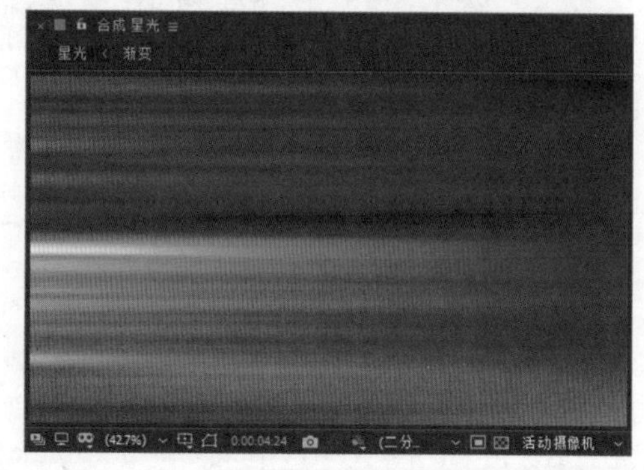

图 10-68

（4）在当前合成中建立一个新的纯色层“蒙版”，如图 10-69 所示。选择“矩形”工具■，在“合成”预览面板中拖曳鼠标绘制一个矩形蒙版图形，如图 10-70 所示。

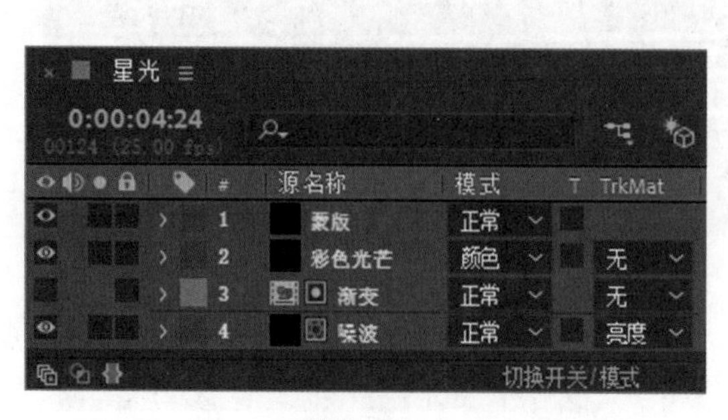

图 10-69

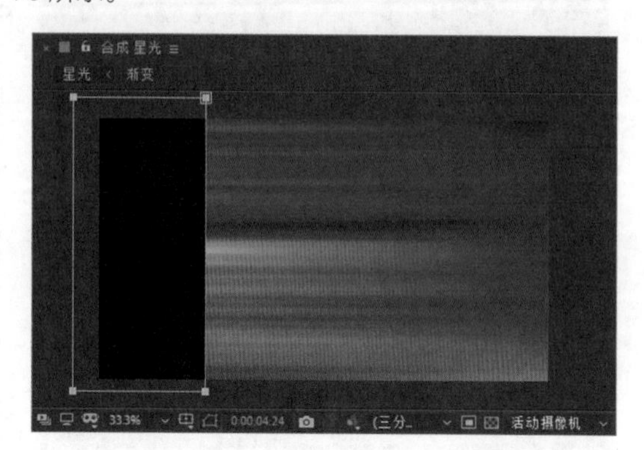

图 10-70

（5）选中“蒙版”层，按 F 键，展开“蒙版羽化”属性，如图 10-71 所示，设置“蒙版羽化”选项的数值为 200.0,200.0，如图 10-72 所示。

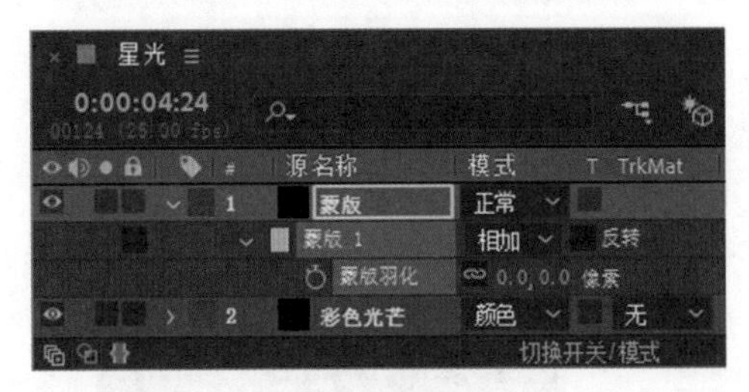

图 10-71

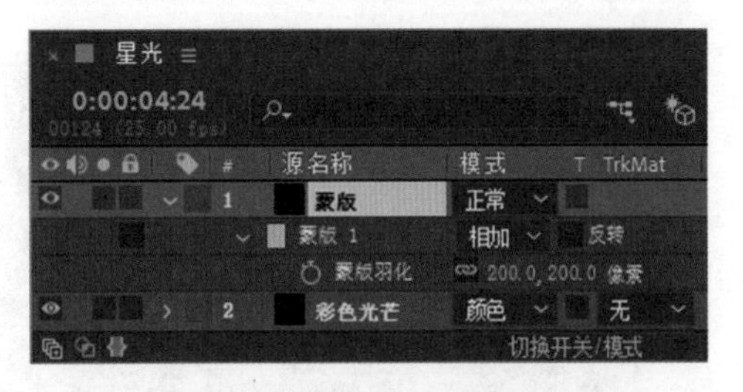

图 10-72

（6）选中“彩色光芒”层，将“彩色光芒”层的“轨道蒙版”设置为“Alpha 遮罩‘蒙版’”，如图 10-73 所示。自动隐藏“蒙版”层，“合成”预览面板中的效果如图 10-74 所示。

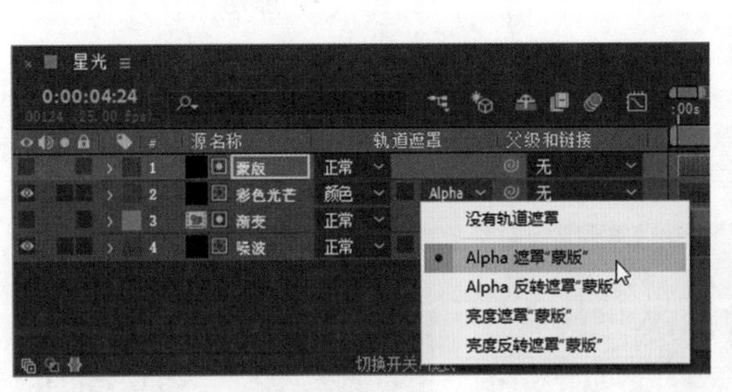

图 10-73

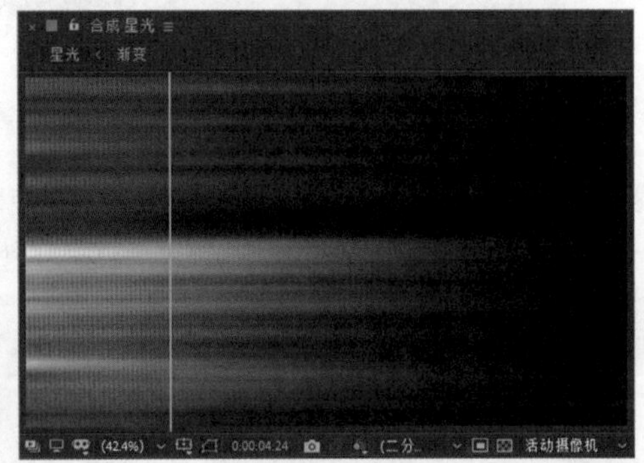

图 10-74

（7）按 Ctrl+N 组合键，弹出“合成设置”对话框，在“合成名称”文本框中输入“碎片”，其他选项的设置如图 10-75 所示，单击“确定”按钮，创建一个新的合成“碎片”。

（8）选择“文件 > 导入 > 文件”命令，在弹出的“导入文件”对话框中，选择云盘中的“Ch10\ 星光碎片 \ (Footage)\ 01.jpg”文件，单击“导入”按钮，导入图片。在“项目”面板中，选中“渐变”合成和“01.jpg”文件，将它们拖曳到“时间轴”面板中，分别单击“渐变”层左侧的“眼睛”按钮，关闭该层的可视性，如图 10-76 所示。

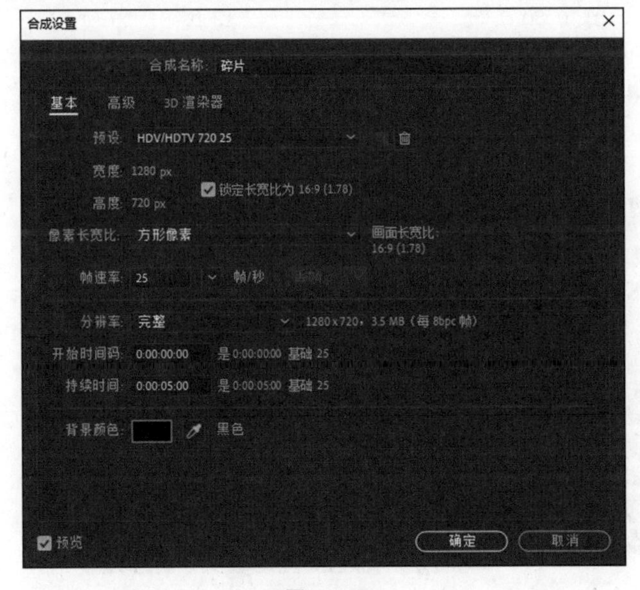

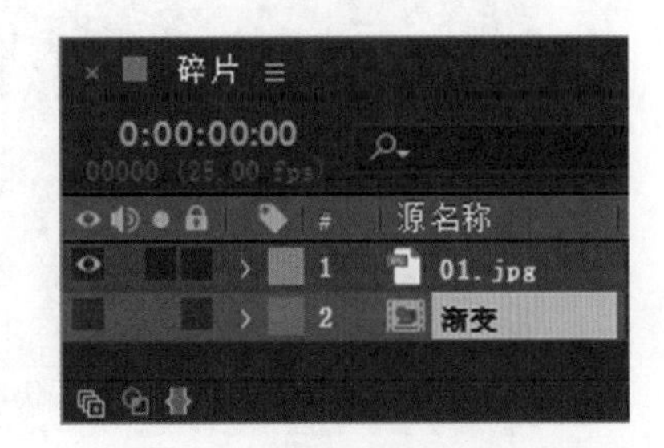

图 10-75

图 10-76

（9）选择“图层 > 新建 > 摄像机”命令，弹出“摄像机设置”对话框，在“名称”文本框中输入“摄像机 1”，其他选项的设置如图 10-77 所示，单击“确定”按钮，在“时间轴”面板中新增一个摄像机层，如图 10-78 所示。

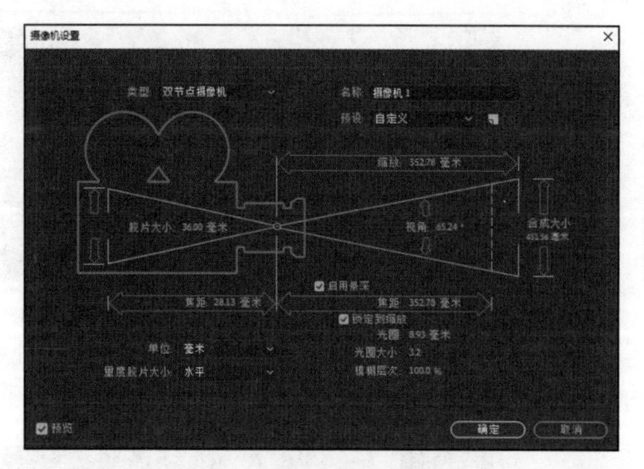

图 10-77

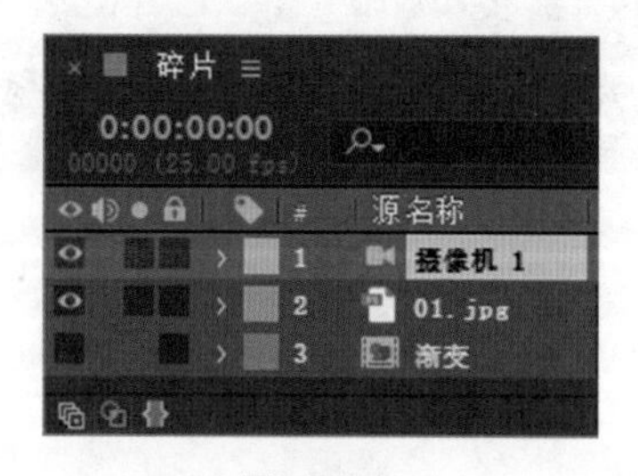

图 10-78

（10）选中“01.jpg”层，选择“效果 > 模拟 > 碎片”命令，在“效果控件”面板中，将“视图”改为“已渲染”模式，展开“形状”属性，在“效果控件”面板中进行参数设置，如图 10-79 所示。展开“作用力 1”和“作用力 2”属性，在“效果控件”面板中进行参数设置，如图 10-80 所示。展开“渐变”和“物理学”属性，在“效果控件”面板中进行参数设置，如图 10-81 所示。

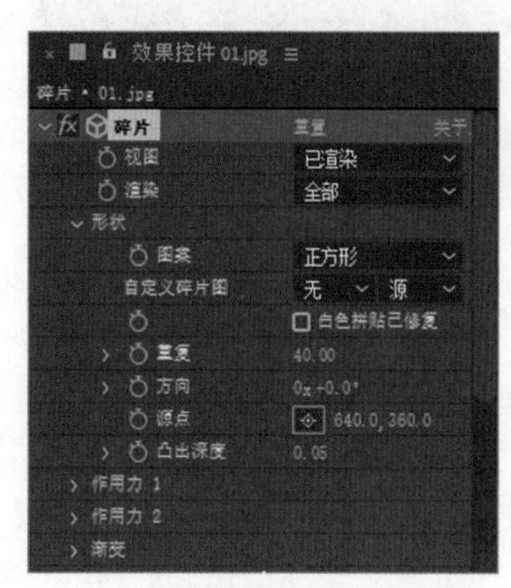

图 10-79

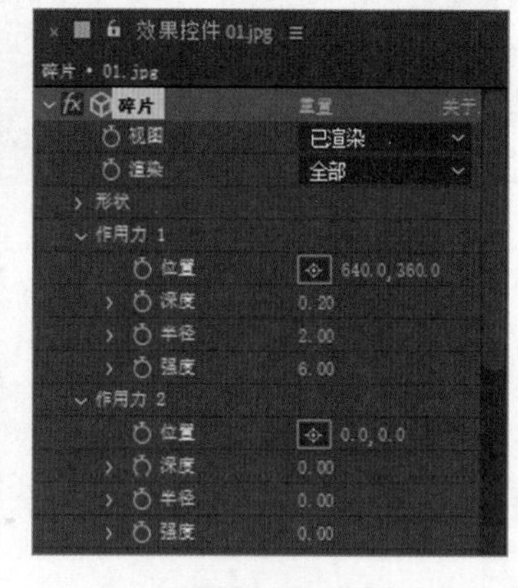

图 10-80

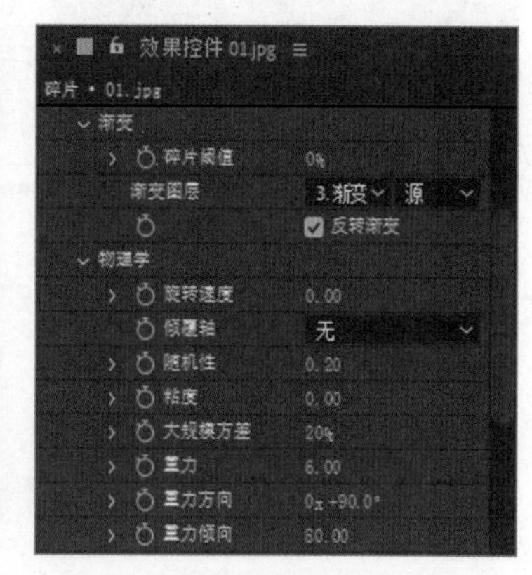

图 10-81

（11）将时间标签放置在 0:00:02:00 的位置，在“效果控件”面板中，单击“渐变”选项下的“碎片阈值”选项左侧的“关键帧自动记录器”按钮，如图 10-82 所示，记录第 1 个关键帧。将时间标签放置在 0:00:03:18 的位置，在“效果控件”面板中，设置“碎片阈值”选项的数值为 100.0%，如图 10-83 所示，记录第 2 个关键帧。

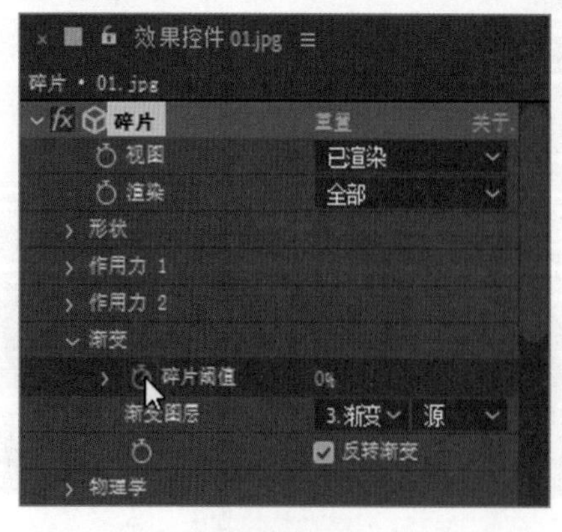

图 10-82

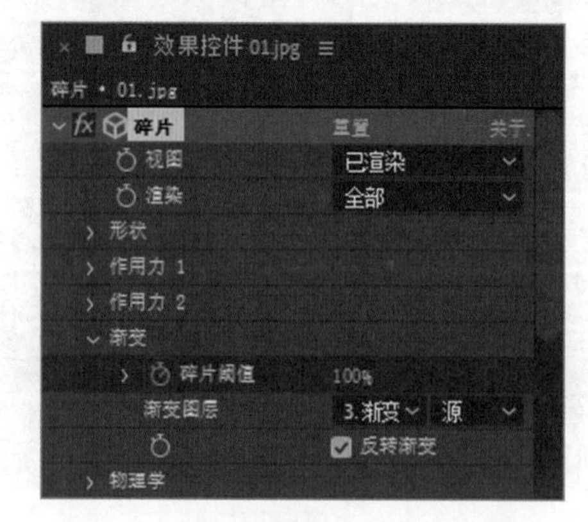

图 10-83

（12）在当前合成中建立一个新的红色纯色层“参考层”，如图 10-84 所示。单击“参考层”右侧的“3D 图层”按钮，打开三维属性，单击“参考层”左侧的“眼睛”按钮，关闭该层的可视性。设置“摄像机 1”的“父级”关系为“1. 参考层”，如图 10-85 所示。

图 10-84

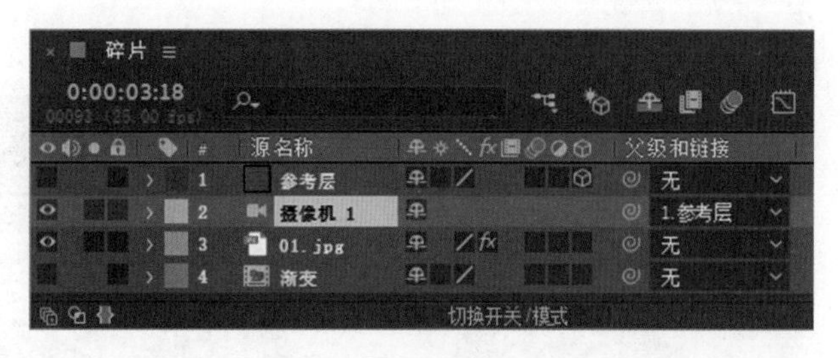

图 10-85

（13）选中“参考层”层，按 R 键，展开“旋转”属性，设置“方向”选项的数值为 90.0°,0.0°,0.0°，如图 10-86 所示。将时间标签放置在 0:00:01:06 的位置，单击“Y 轴旋转”选项左侧的“关键帧自动记录器”按钮，如图 10-87 所示，记录第 1 个关键帧。

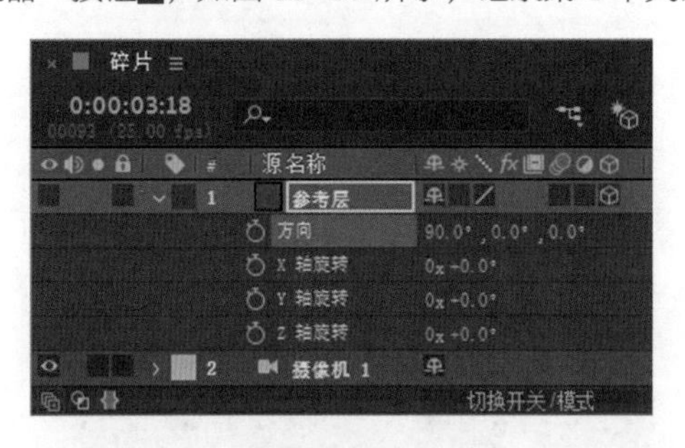

图 10-86

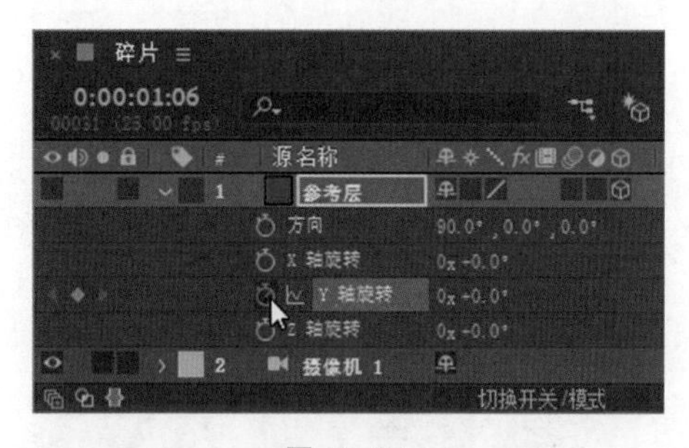

图 10-87

（14）将时间标签放置在 0:00:04:24 的位置，设置“Y 轴旋转”选项的数值为 0x+120°，如图 10-88 所示，记录第 2 个关键帧。将时间标签放置在 0:00:00:00 的位置，选中“摄像机 1”层，展开“变换”属性，设置“目标点”选项的数值为 360.0,288.0,0.0，“位置”选项的数值为 320.0,−900.0,−50.0，单击“位置”选项左侧的“关键帧自动记录器”按钮，如图 10-89 所示，记录第 1 个关键帧。

（15）将时间标签放置在 0:00:01:10 的位置，设置“位置”选项的数值为 320.0,−700.0,−250.0，如图 10-90 所示，记录第 2 个关键帧。将时间标签放置在 0:00:04:24 的位置，设置“位置”选项的数值为 320.0,−560.0,−1000.0，如图 10-91 所示，记录第 3 个关键帧。

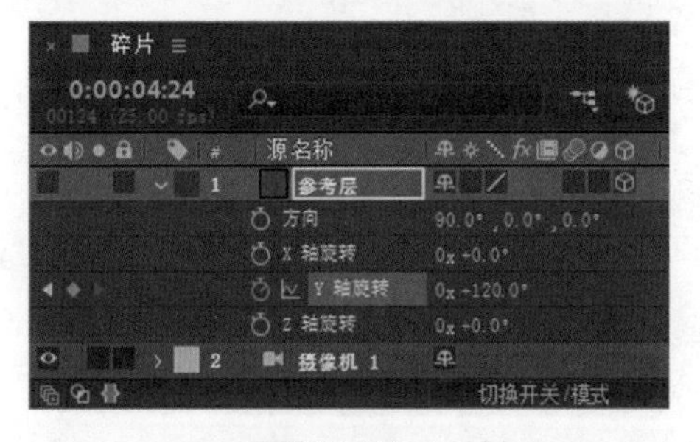

图 10-88

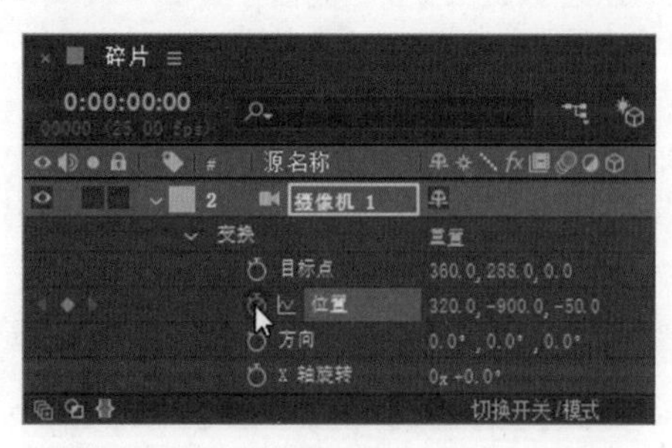

图 10-89

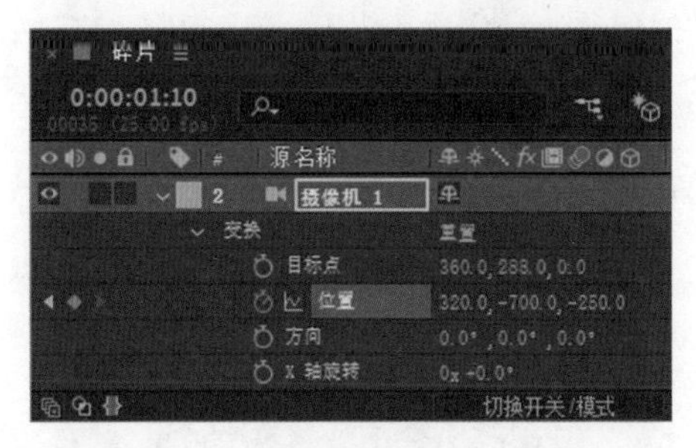

图 10-90

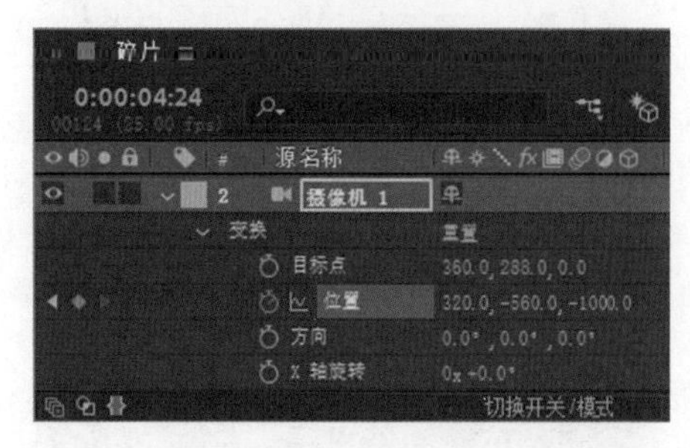

图 10-91

（16）在“项目”面板中，选中“星光”合成，将其拖曳到“时间轴”面板中，并放置在“摄像机 1”层的下方，如图 10-92 所示。单击该层右侧的“3D 图层”按钮，打开三维属性，设置该层的混合模式为

“相加”，如图 10-93 所示。

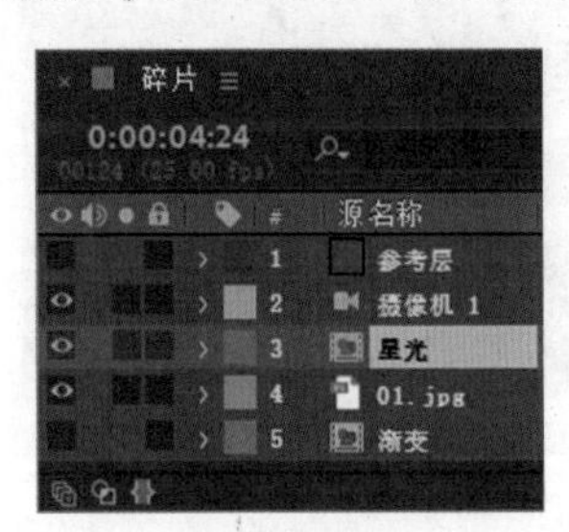

图 10-92

图 10-93

（17）将时间标签放置在 0:00: 01:22 的位置，选中“星光”层，按 A 键，展开“锚点”属性，设置“锚点”选项的数值为 0.0,360.0,0.0；按住 Shift 键的同时，按 P 键，展开“位置”属性，设置“位置”选项的数值为 1000.0,360.0,0.0；按住 Shift 键的同时，按 R 键，展开“旋转”属性，设置“方向”选项的数值为 0.0°,90.0°,0.0°，单击“位置”选项左侧的“关键帧自动记录器”按钮，如图 10-94 所示，记录第 1 个关键帧。将时间标签放置在 0:00:03:24 的位置，设置“位置”选项的数值为 288.0,360.0,0.0，如图 10-95 所示，记录第 2 个关键帧。

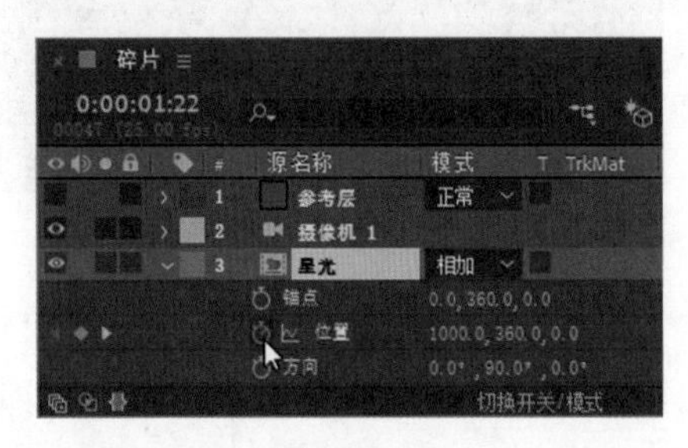

图 10-94

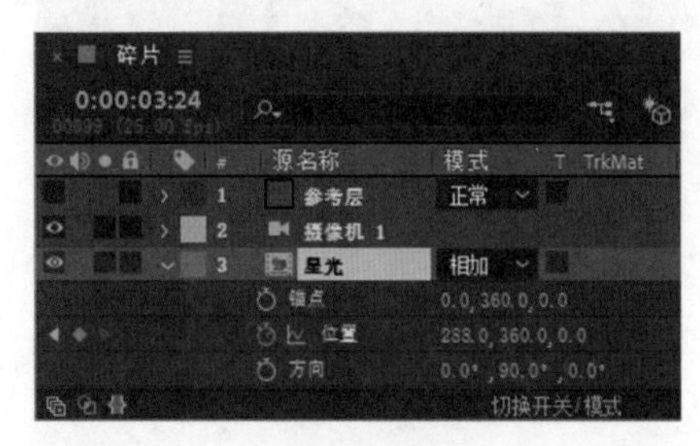

图 10-95

（18）将时间标签放置在 0:00:01:11 的位置，按 T 键，展开“不透明度”属性，设置“不透明度”选项的数值为 0.0%，单击“不透明度”选项左侧的“关键帧自动记录器”按钮，如图 10-96 所示，记录第 1 个关键帧。将时间标签放置在 0:00:01:22 的位置，设置“透明度”选项的数值为 100.0%，如图 10-97 所示，记录第 2 个关键帧。

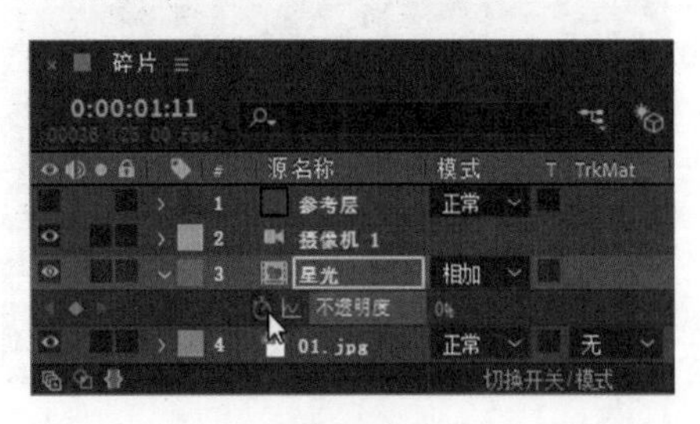

图 10-96

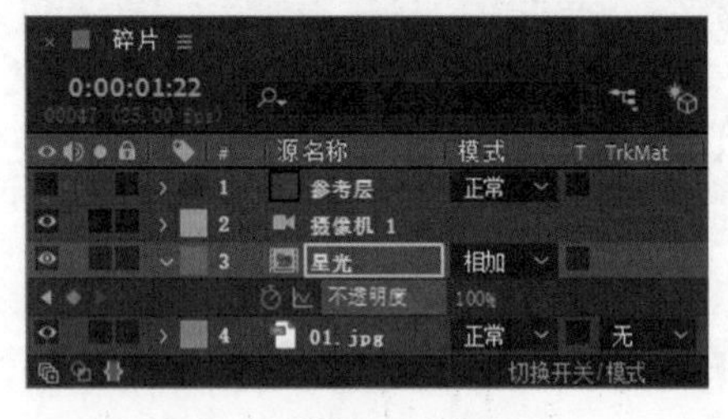

图 10-97

（19）将时间标签放置在 0:00:03:24 的位置，在“时间轴”面板中，单击“不透明度”选项左侧的“在当前时间添加或移除关键帧”按钮，如图 10-98 所示，记录第 3 个关键帧。将时间标签放置在 0:00:04:11 的位置，设置“不透明度”选项的数值为 0.0%，如图 10-99 所示，记录第 4 个关键帧。

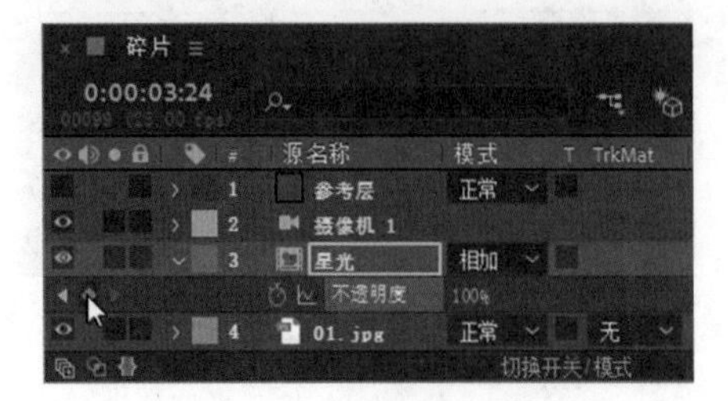

图 10-98

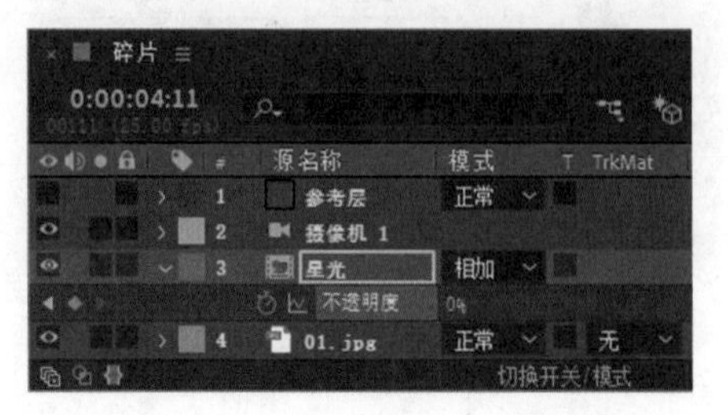

图 10-99

（20）选择“图层 > 新建 > 纯色”命令，弹出“纯色设置”对话框，在“名称”文本框中输入“底板”，将“颜色”设置为灰色（175、175、175），单击“确定”按钮，在当前合成中建立一个新的灰色纯色层，将其拖曳到最底层，如图 10-100 所示。单击“底板”层右侧的“3D 图层”按钮，打开三维属性，如图 10-101 所示。

图 10-100

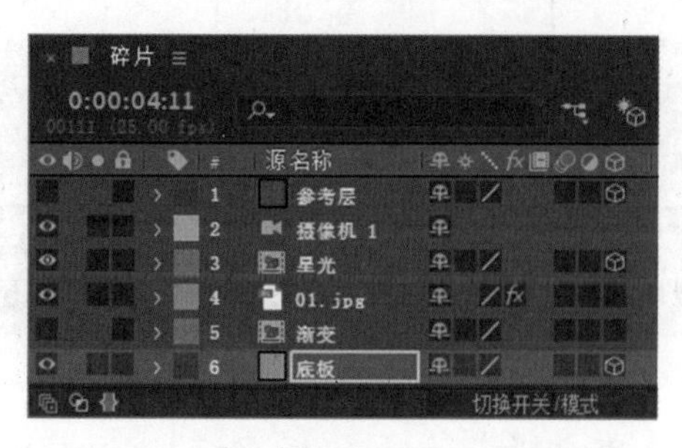

图 10-101

（21）将时间标签放置在 0:00:03:24 的位置，按 P 键，展开“位置”属性，设置“位置”选项的数值为 640.0,360.0,0.0；按住 Shift 键的同时，按 T 键，展开“不透明度”属性，设置“不透明度”选项的数值为 50.0%；分别单击“位置”选项和“不透明度”选项左侧的“关键帧自动记录器”按钮，如图 10-102 所示，记录第 1 个关键帧。

（22）将时间标签放置在 0:00:04:24 的位置，设置“位置”选项的数值为 -270.0,360.0,0.0°，“不透明度”选项的数值为 0.0%，如图 10-103 所示，记录第 2 个关键帧。

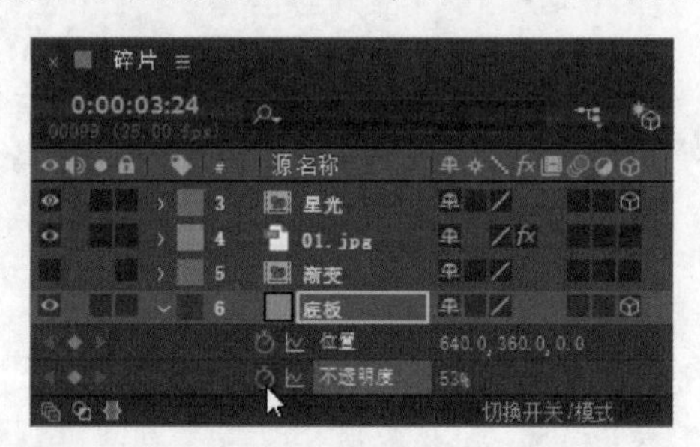

图 10-102

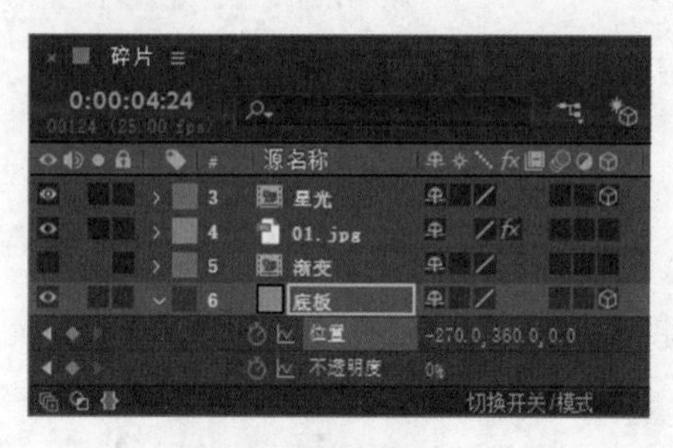

图 10-103

（23）按 Ctrl+N 组合键，弹出“合成设置”对话框，在“合成名称”文本框中输入“最终效果”，其他选项的设置如图 10-104 所示，单击“确定”按钮，创建一个新的合成“最终效果”。在“项目”面板中选中“碎片”合成，将其拖曳到“时间轴”面板中，如图 10-105 所示。

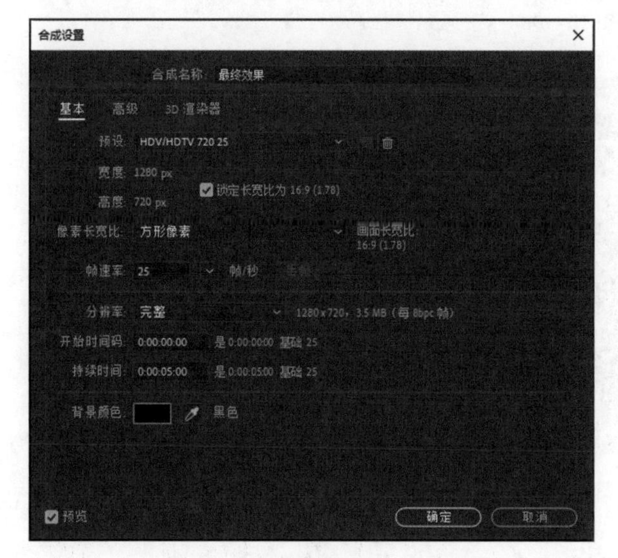

图 10-104

图 10-105

（24）选中“碎片”层，选择“图层 > 时间 > 启用时间重映射”命令，将时间标签放置在 0:00:00:00 的位置，在“时间轴”面板中，设置“时间重映射”选项的数值为 0:00:04:24，如图 10-106 所示，记录第 1 个关键帧。将时间标签放置在 0:00:04:24 的位置，在“时间轴”面板中，设置“时间重映射”选项的数值为 0:00:00:00，如图 10-107 所示，记录第 2 个关键帧。

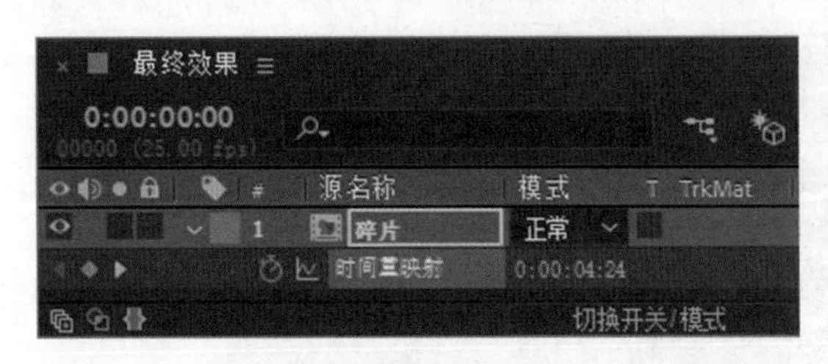

图 10-106

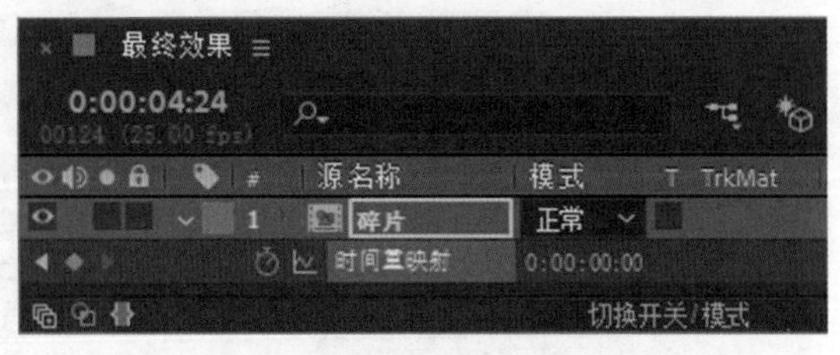

图 10-107

（25）选择“效果 > Trapcode > Starglow”命令，在“效果控件”面板中进行参数设置，如图 10-108 所示。将时间标签放置在 0:00:00:00 的位置，单击“阈值”选项左侧的“关键帧自动记录器”按钮，如图 10-109 所示，记录第 1 个关键帧。

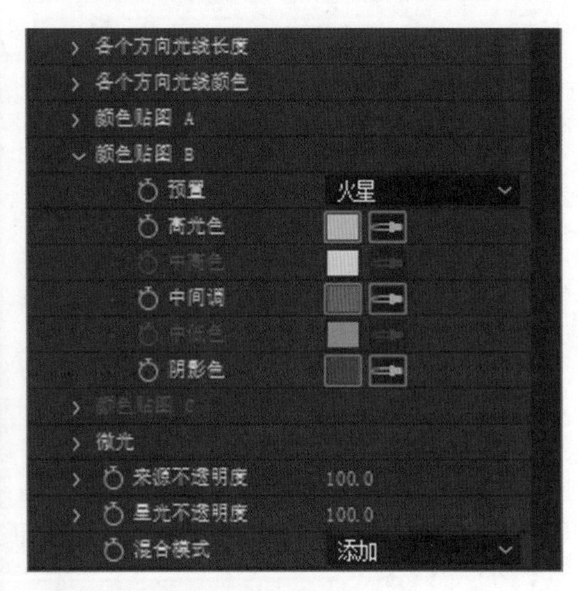

图 10-108

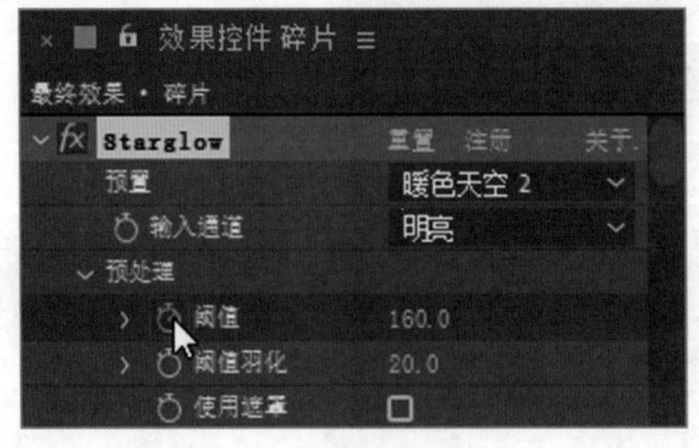

图 10-109

（26）将时间标签放置在 0:00:04:24 的位置，在“效果控件”面板中，设置“阈值”选项的数值为 480.0，如图 10-110 所示，记录第 2 个关键帧。星光碎片效果制作完成，如图 10-111 所示。

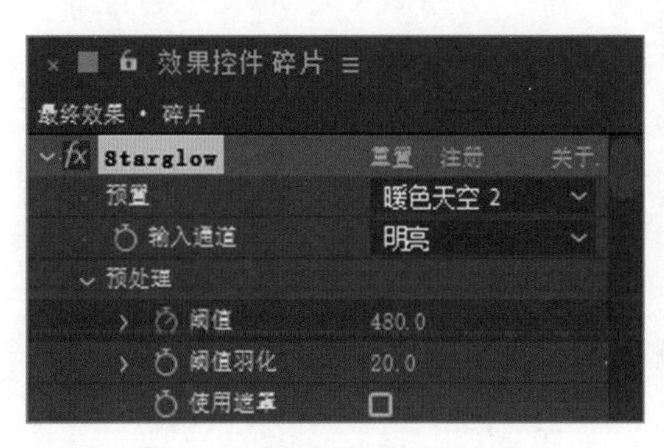

图 10-110

图 10-111

10.2.2 创建和设置摄像机

创建摄像机的方法很简单，可选择“图层 > 新建 > 摄像机”命令，或按 Ctrl+Shift+Alt+C 组合键，在弹出的对话框中进行设置，如图 10-112 所示，单击“确定”按钮完成设置，其各参数介绍如下。

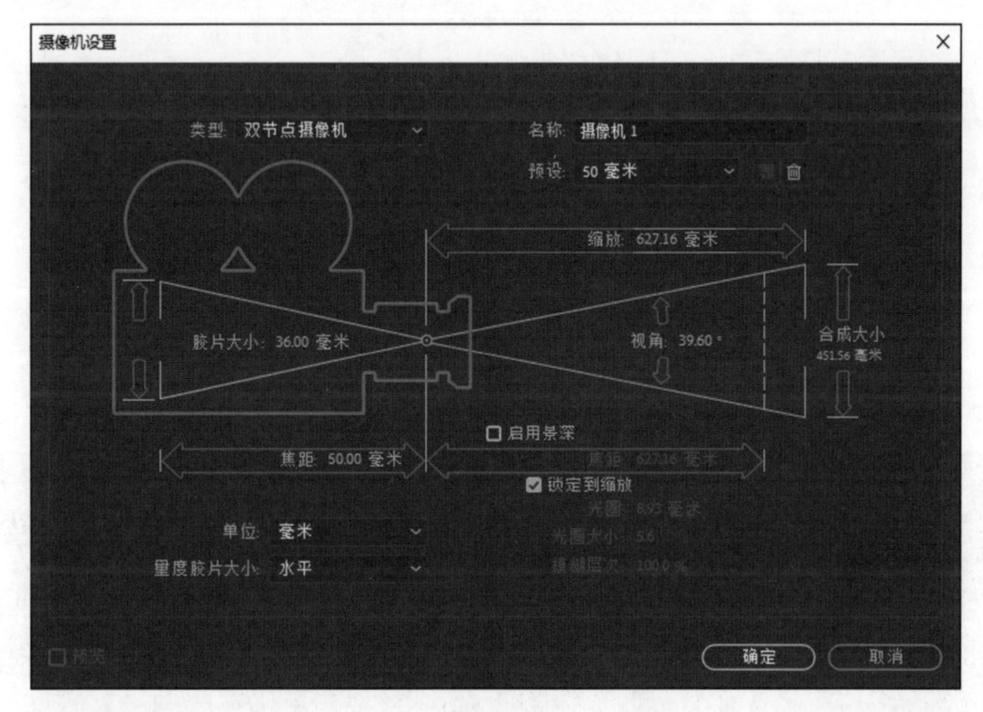

图 10-112

名称： 用于设定摄像机名称。

预设： 用于摄像机预设，此下拉菜单中包含了 9 种常用的摄像机镜头，有标准的“35 毫米”镜头、“15 毫米”广角镜头、“200 毫米”长焦镜头以及自定义镜头等。

单位： 用于确定在“摄像机设置”对话框中使用的参数单位，包括像素、英寸和毫米 3 个选项。

量度胶片大小： 可以改变“胶片大小”的基准方向，包括水平、垂直和对角 3 个选项。

缩放： 用于设置摄像机到图像的距离。“缩放”值越大，通过摄像机显示的图层大小就会越大，视野也就相应地越小。

视角： 用于视角设置。角度越大，视野越宽，相当于广角镜头；角度越小，视野越窄，相当于长焦镜头。调整此参数时，会和“焦长”“胶片大小”“变焦”3 个值互相影响。

焦距： 用于设置焦距，焦距指的是胶片和镜头之间的距离。焦距短，就是广角效果；焦距长，就是长焦效果。

启用景深：用于决定是否打开景深功能。配合“焦距”“光圈”“光圈大小”和“模糊层次”参数使用。

焦距（注：像距）：确定从摄像机开始，到图像最清晰位置的距离。

光圈：用于设置光圈大小。不过在After Effects里，光圈值大小与曝光没有关系，仅仅影响景深的大小。设置值越大，前后的图像清晰的范围就会越小。

光圈大小：用于调节快门速度，此参数与“光圈”是互相影响的，同样影响景深模糊程度。

模糊层次：控制景深模糊程度，值越大越模糊，为0%则不进行模糊处理。

10.2.3 利用工具移动摄像机

在“工具”面板中有4个移动摄像机的工具，在当前摄像机移动工具上按住鼠标不放，弹出其他摄像机移动工具的选项，按C键可以实现这4个工具之间的切换，如图10-113所示，其参数介绍如下。

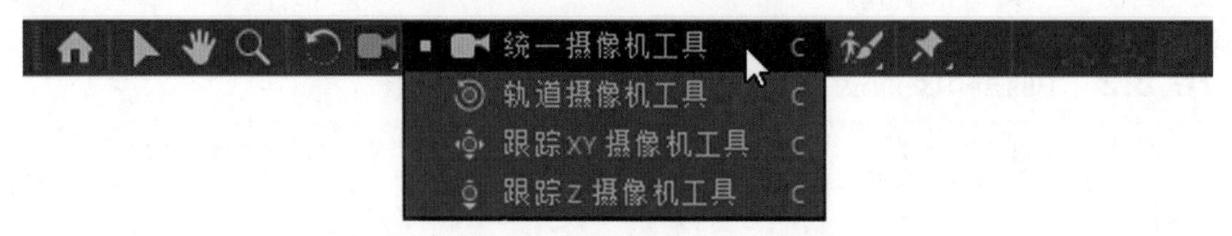

图10-113

统一摄像机工具：合并以下几种摄像机工具的功能，使用3键鼠标的不同按键可以灵活变换操作，鼠标左键为旋转、中键为平移、右键为推拉。

轨道摄像机工具：以目标为中心点，旋转摄像机的工具。

跟踪XY摄像机工具：在垂直方向或水平方向，平移摄像机的工具。

跟踪Z摄像机工具：摄像机镜头拉近、推远的工具，也就是让摄像机在z轴向上平移的工具。

10.2.4 摄像机和灯光的入点与出点

在“时间轴”默认状态下，新建立的摄像机和灯光入点和出点就是合成项目的入点和出点，即摄像机和灯光的入点与出点作用于整个合成项目中。为了使多个摄像机或者多个灯光在不同时间段起到作用，可以修改摄像机或者灯光的入点和出点，改变其持续时间，就像对待其他普通素材层一样，这样就可以方便地实现多个摄像机或者多个灯光在时间上的切换，如图10-114所示。

图10-114

10.3 课堂练习——旋转文字

练习知识要点：使用“导入”命令导入图片；利用三维属性制作三维效果；利用“Y轴旋转”属性和“缩放”属性，制作文字动画。旋转文字效果如图10-115所示。

效果所在位置：云盘\Ch10\旋转文字\旋转文字.aep。

图 10-115

10.4 课后习题——冲击波

习题知识要点： 使用“椭圆”工具绘制椭圆形；使用“毛边”命令制作形状粗糙化效果并添加关键帧；使用“Shine”命令制作形状发光效果；利用三维属性调整形状空间效果；利用“缩放”属性与“不透明度”属性，编辑形状的大小与透明度。冲击波效果如图 10-116 所示。

效果所在位置： 云盘 \Ch10\ 冲击波 \ 冲击波 . aep。

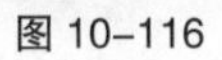
图 10-116

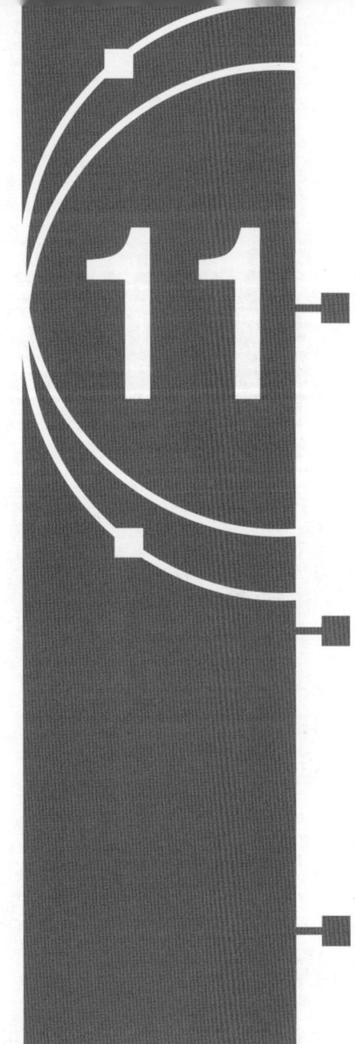

第 11 章 商业案例

本章介绍

本章的综合设计实训案例，是根据商业视频设计项目真实情境来训练学生利用所学知识完成商业视频设计项目的。通过多个视频设计项目案例的演练，可使读者进一步掌握 After Effects CC 2019 的强大操作功能和使用技巧，并应用所学技能制作出专业的视频设计作品。

商业案例

学习目标

- 掌握软件的综合应用
- 熟练各个特效的功能

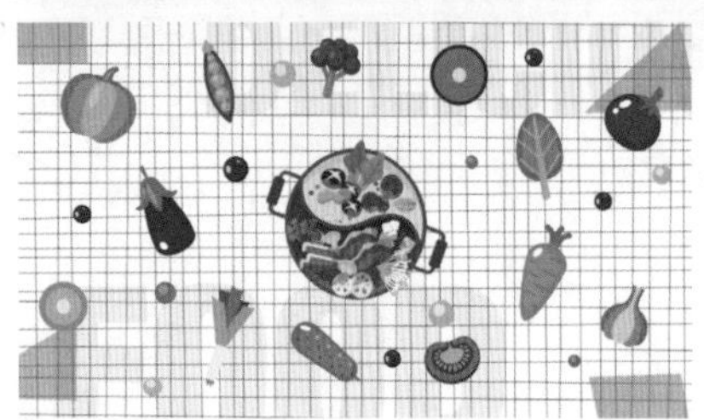

11.1 动态标志制作——制作动漫影视公司动态标志

11.1.1 项目背景

1. 客户名称

MQIWJ 有限公司。

2. 客户需求

MQIWJ 有限公司是一家刚刚成立的动漫影视公司，经营范围包括制作、发行动画片、专题片等节目。现需要制作公司标志，作为公司形象中的关键元素，标志设计要求具有特色，能够体现公司性质及特点。

11.1.2 设计要求

（1）要求以紫色和黄色作为标志设计的主体颜色，表现形式要层次分明，具有吸引力。

（2）标志设计能够体现出公司富有活力、充满朝气的特点，具有较高的识别性。

（3）标志以公司名称为主体进行设计，通过对文字的处理使标志看起来美观、独特。

（4）设计要求表现公司特色，整体设计搭配合理，并且富有变化。

（5）设计规格为 1280 px（宽）×720 px（高），像素纵横比为 1 ∶ 1，帧频率为 25f/s。

11.1.3 项目设计

本案例设计效果如图 11-1 所示。

图 11-1

11.1.4 项目要点

使用“导入”命令导入素材文件；利用“缩放”属性、“位置”属性、“不透明度”属性制作动画效果；使用“色相 / 饱和度”命令制作变色效果。

11.1.5 项目制作

11.2 宣传片制作——制作端午节宣传片

11.2.1 项目背景

1．客户名称

时尚生活电视台。

2．客户需求

时尚生活电视台是全方位介绍人们的衣、食、住、行等资讯的时尚生活类电视台。现端午节来临之际，要求制作端午节宣传片，要能体现出端午节的特点和其丰富多彩的娱乐活动。

11.2.2 设计要求

（1）宣传片设计要求以粽子、竹子等为画面主体，体现宣传片的主题。

（2）设计形式要简洁明晰，能表现宣传主题。

（3）颜色对比强烈，能直观地展示节目的性质。

（4）设计规格为 1280 px（宽）×720 px（高），像素纵横比为 1 ∶ 1，帧频率为 25f/s。

11.2.3 项目设计

本案例设计效果如图 11-2 所示。

制作文字动画

制作动画 1

制作动画 2

扫码观看
本案例视频

图 11-2

11.2.4 项目要点

使用“导入”命令导入素材文件；利用“位置”属性、“不透明度”属性制作动画效果；使用“卡片擦除”命令制作图像过渡效果。

11.2.5 项目制作

11.3 特效相册制作——制作女孩相册

11.3.1 项目背景

1. 客户名称

时尚摄影工作室。

2. 客户需求

时尚摄影工作室是摄影行业比较有实力的摄影工作室，工作室运用艺术家的眼光捕捉独特瞬间，使照片的艺术性和个性化得到充分的体现。现需要制作女孩相册，要求突出表现女孩绰约多姿的风格魅力。

11.3.2 设计要求

（1）相册要求具有极强的表现力。

（2）使用颜色和特效烘托出人物特有的个性。

（3）设计风格简洁大气，能够让人一目了然。

（4）设计规格为 1280 px（宽）×720 px（高），像素纵横比为 1 ：1，帧频率为 25f/s。

11.3.3 项目设计

本案例设计效果如图 11–3 所示。

制作文字动画　　制作相册 1 动画

制作相册 2 动画　　制作相册 3 动画

图 11–3

11.3.4 项目要点

使用“导入”命令导入素材文件；使用“下雨字符入”命令制作文字动画效果；利用“位置”属性、“旋转”属性、“不透明度”属性制作相册动画效果；使用“摄像机”命令制作合成动画效果。

11.3.5 项目制作

11.4 广告制作——制作汽车广告

11.4.1 项目背景

1. 客户名称

阿莱顿·马克。

2. 客户需求

阿莱顿·马克是一家跑车生产制作公司，以生产敞篷旅行车、赛车和限量跑车而闻名。公司现推出新款小火神 V7 系列跑车，需要一个宣传广告，要求设计方案能够突出跑车性能及特点，展现出品牌品质。

11.4.2 设计要求

（1）广告要求以深色调作为背景颜色以烘托主体。

（2）设计要简洁明确，能表现宣传主题。

（3）设计风格要具有特色，时尚新潮。

（4）要求设计形式多样，在细节的处理上要求细致独特。

（5）设计规格为 1280 px（宽）×720 px（高），像素纵横比为 1 ： 1，帧频率为 25f/s。

11.4.3 项目设计

本案例设计效果如图 11-4 所示。

制作页面 1 动画

制作页面 2 动画

图 11-4

11.4.4 项目要点

使用“导入”命令导入素材文件；使用“卡片擦除”命令制作图像过渡；利用“位置”属性、“缩放”属性、“不透明度”属性制作动画效果。

11.4.5 项目制作

11.5 节目片头制作——制作科技片头

11.5.1 项目背景

1. 客户名称

《科学部落》节目组。

2. 客户需求

《科学部落》是一档科技类节目，融汇科技资讯、传播科学知识，及时准确的报道科技要闻、科技新品，满足用户对不同类型资讯的需求。现要求为此节目制作片头，设计要求具有特色，能够体现节目性质及特点。

11.5.2 设计要求

（1）设计要求内容突出，重点宣传此节目内容。

（2）画面色彩搭配适宜，设计新潮、充满活力的特点。

（3）要求整体设计对比感强烈，能迅速吸引人们注意。

（4）设计规格为 1280 px（宽）×720 px（高），像素纵横比为 1 ∶ 1，帧频率为 25f/s。

11.5.3 项目设计

本案例设计效果如图 11-5 所示。

制作文字动画

最终效果

图 11-5

扫码查看
扩展案例

11.5.4 项目要点

使用“导入”命令导入素材文件；利用“位置”属性和“效果和预设”面板制作文字动画效果；使用“位置”属性、“不透明度”属性、“缩放”属性制作动画效果。

11.5.5 项目制作

11.6 MG 动画制作——制作 MG 风动画

11.6.1 项目背景

1. 客户名称

澄石生活网。

2. 客户需求

澄石生活网是一个的生活信息整合平台，为人们提供餐饮、购物、娱乐、健身、医院、银行等生活信息的一站式查询服务。现在需要为平台设计一款 MG 风动画，要求体现出神秘的气氛和绚丽多彩的活动项目。

11.6.2 设计要求

（1）动画要具有极强的表现力。

（2）设计形式要简洁明晰，能表现宣传主题。

（3）设计风格具有特色，能够引起读者共鸣并激发其查看兴趣。

（4）设计规格为 1280 px（宽）×720 px（高），像素纵横比为 1 ∶ 1，帧频率为 25f/s。

11.6.3 项目设计

本案例设计效果如图 11-6 所示。

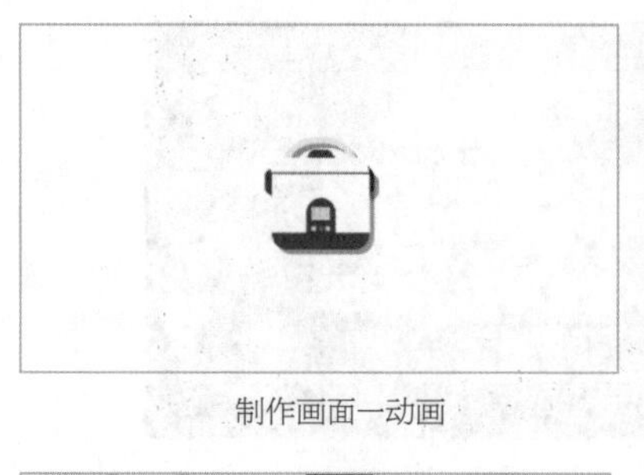

制作画面一动画

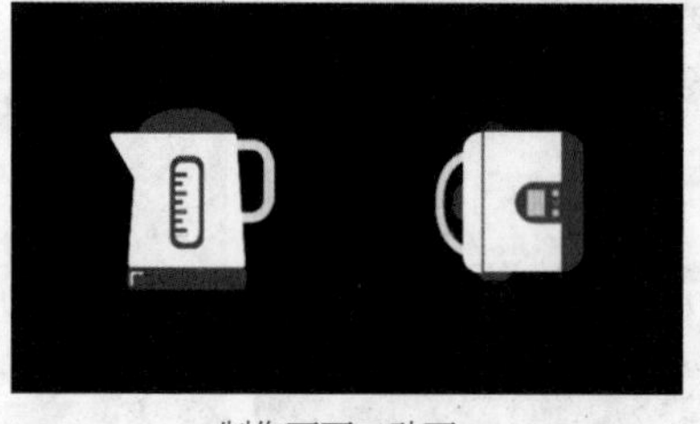

制作画面二动画

扫码观看 本案例视频

扫码观看 本案例视频

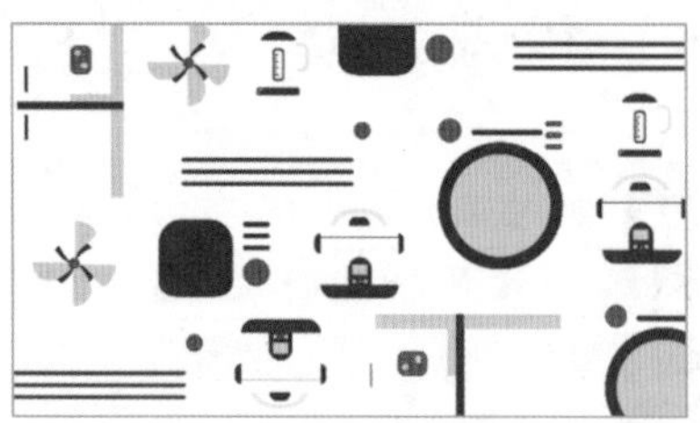

制作画面三动画

制作画面四动画

扫码观看 本案例视频

扫码观看 本案例视频

图 11-6

11.6.4 项目要点

使用“导入”命令导入素材文件；利用“位置”属性、“缩放”属性、“不透明度”属性和“旋转”属性制作动画效果；使用“梯度渐变”命令制作渐变背景；使用“效果和预设”面板制作文字动画效果。

11.6.5 项目制作

11.7 课堂练习——制作美食片头

11.7.1 项目背景

1. 客户名称

《美食厨房》栏目组。

2. 客户需求

《美食厨房》是一档以介绍做菜方法，做菜讲解技巧、食材处理和谈论做菜体会等为主要内容的栏目。本例是为《美食厨房》设计制作美食片头，要求符合主题，体现出健康、美味的特点。

11.7.2 设计要求

（1）内容以食材和美食为主。

（2）使用暖色的底图烘托出明亮、健康、美味的氛围。

（3）设计要求表现简单易懂，给人以色香味俱全的感觉。

（4）设计规格为 1280 px（宽）×720 px（高），像素纵横比为 1 ∶ 1，帧频率为 25f/s。

11.7.3 项目设计

本案例设计效果如图 11-7 所示。

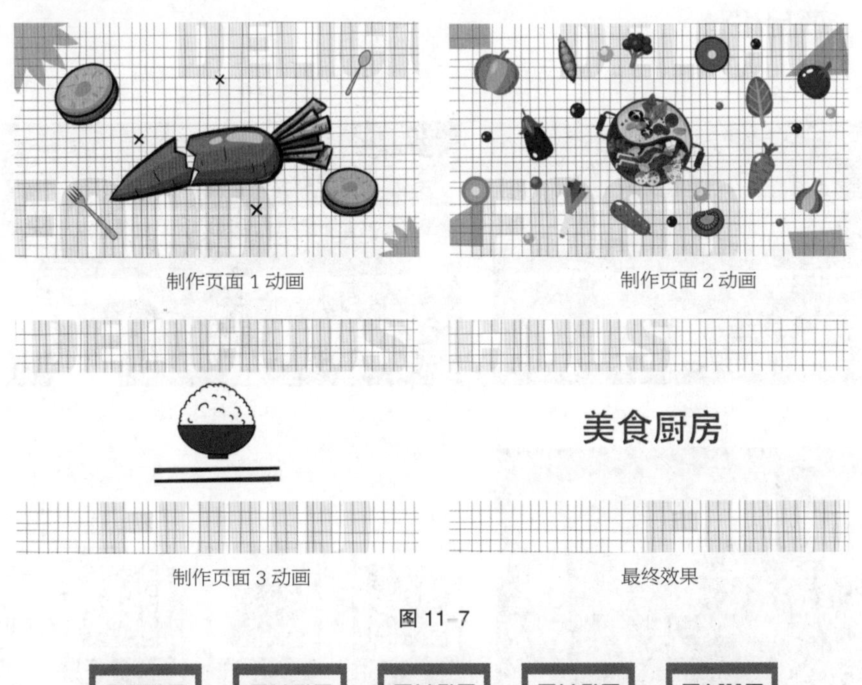

制作页面 1 动画　制作页面 2 动画

制作页面 3 动画　最终效果

图 11-7

11.7.4 项目要点

使用“导入”命令导入素材文件；使用“位置”属性、“缩放”属性、“旋转”属性制作动画效果；使用“横排文字”工具和“效果和预设”面板制作文字动画效果。

11.8 课后习题——制作新年宣传片

11.8.1 项目背景

1. 客户名称

创维有限公司。

2. 客户需求

创维有限公司是一家电商用品零售企业，贩售平整式包装的家具、配件、浴室和厨房用品等。现因春节即将来临，需要制作一款新年宣传片，用于线上传播，以便与合作伙伴以及公司员工联络感情和互致问候。要求宣传片具有温馨的祝福语言、浓郁的民俗色彩，以及传统的节日特色，能够充分表达公司的祝福与问候。

11.8.2 设计要求

（1）宣传片要求运用传统民俗的风格，既传统又具有现代感。

（2）设计要求使用直观醒目的文字来诠释广告内容，表现活动特色。

（3）使用具有春节特色的元素装饰画面，营造热闹的气氛。

（4）画面版式沉稳且富于变化。

（5）设计规格均 1280 px（宽）×720 px（高），像素纵横比为 1 ∶ 1，帧频率为 25f/s。

11.8.3 项目设计

本案例设计效果如图 11-8 所示。

制作画面一动画

制作画面二动画

制作画面三动画

图 11-8

11.8.4 项目要点

使用“导入”命令导入素材文件；使用“横排文字”工具和“效果和预设”面板制作文字动画效果；使用“位置”属性、“不透明度”属性、“旋转”属性和“缩放”属性制作动画效果。